新機能微粒子材料の開発と
プロセス技術

Development and Processing Technology of
New Function Corpuscle Materials

《普及版／Popular Edition》

監修 日高重助

シーエムシー出版

新機能複合粒子材料の開発とプロセス技術

Development and Processing Technology of
New Function Corpuscle Materials

《普及版 / Popular Edition》

監修 日高重助

シーエムシー出版

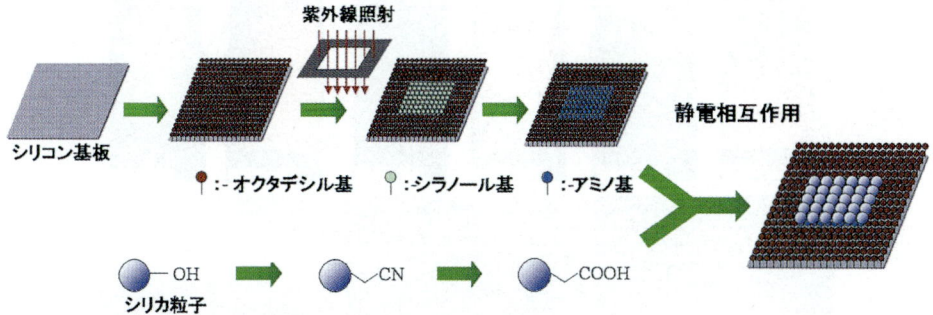

第Ⅲ編　第2章　図1　粒子-SAM間の静電相互作用を用いた液層パターニング

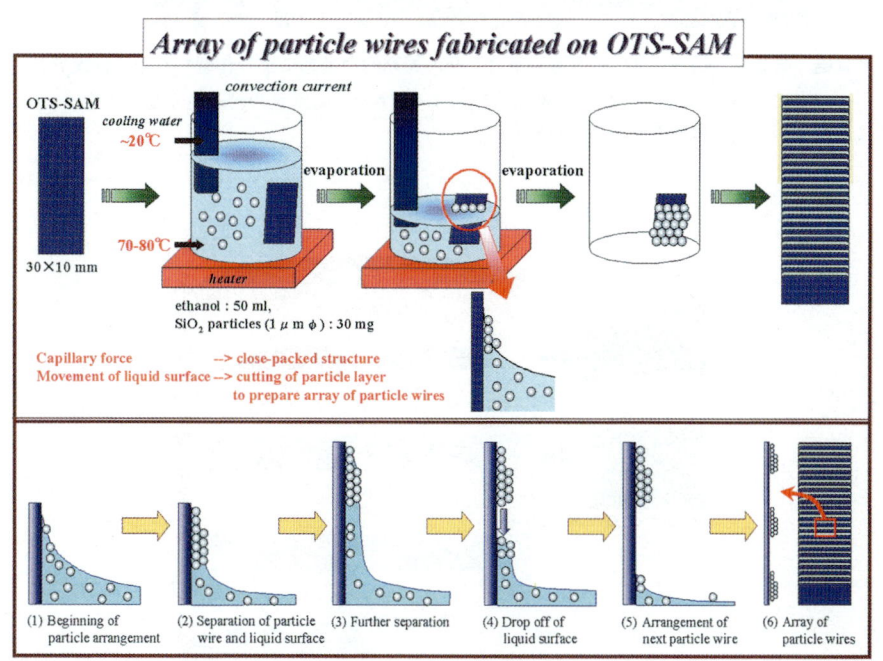

第Ⅲ編　第2章　図4　コロイド溶液気液界面の周期的な挙動を用いた微粒子細線アレイの作製

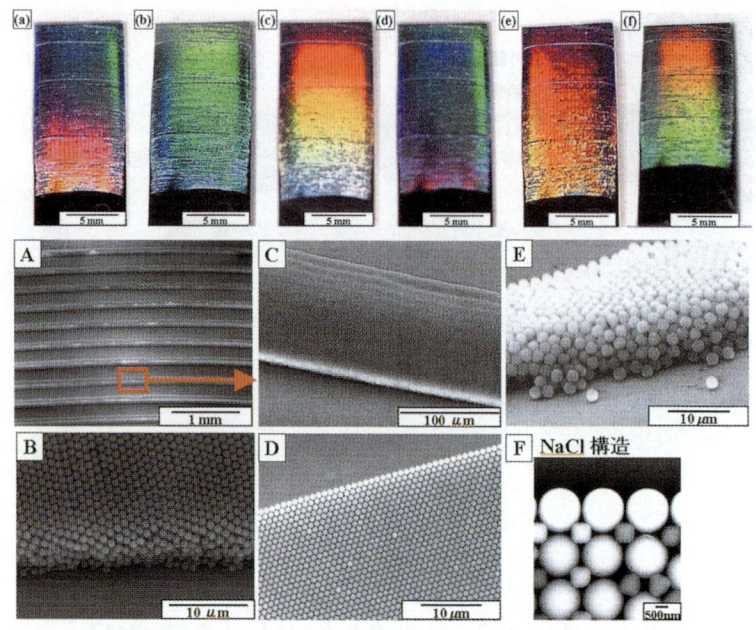

第Ⅲ編　第2章　図5　コロイド溶液気液界面の周期的な挙動により作製した粒子細線アレイ
上段：同一サンプルの写真。観察方向により，異なった虹色の構造色が見られる。
下段：粒子細線アレイの微細構造。

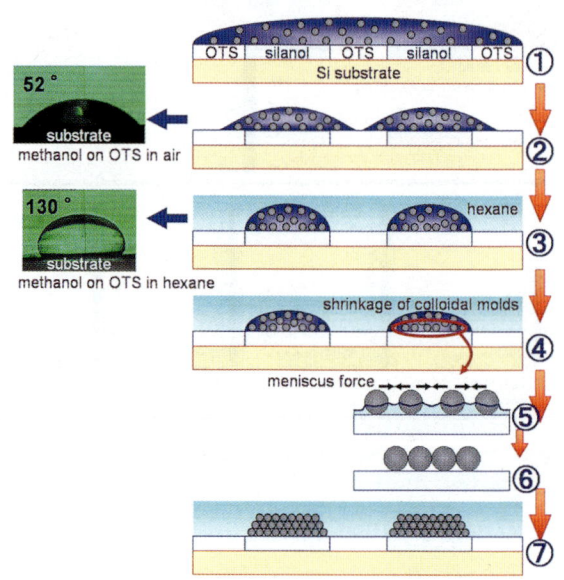

第Ⅲ編　第2章　図6　二溶液法による高規則性粒子積層膜の2次元パターンニング

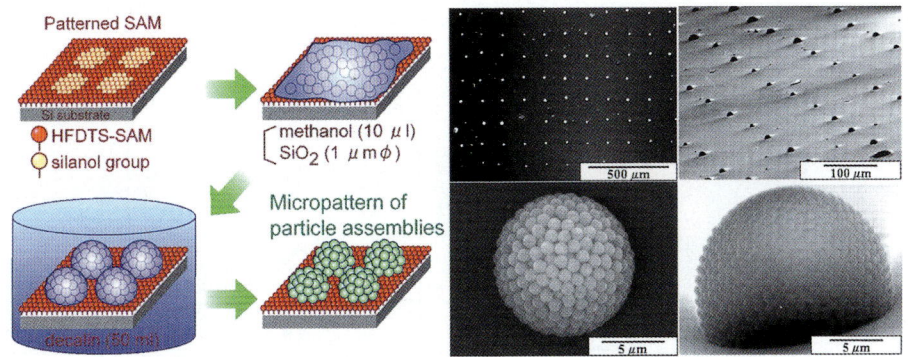

第Ⅲ編　第2章　図8　二溶液法による粒子球状集積体の作製

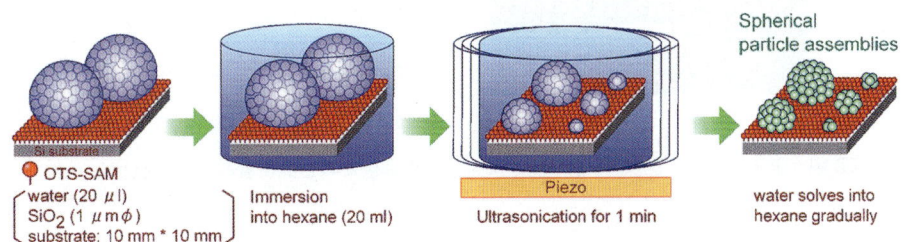

第Ⅲ編　第2章　図10　二溶液法による粒子球状集積体のマイクロパターニング

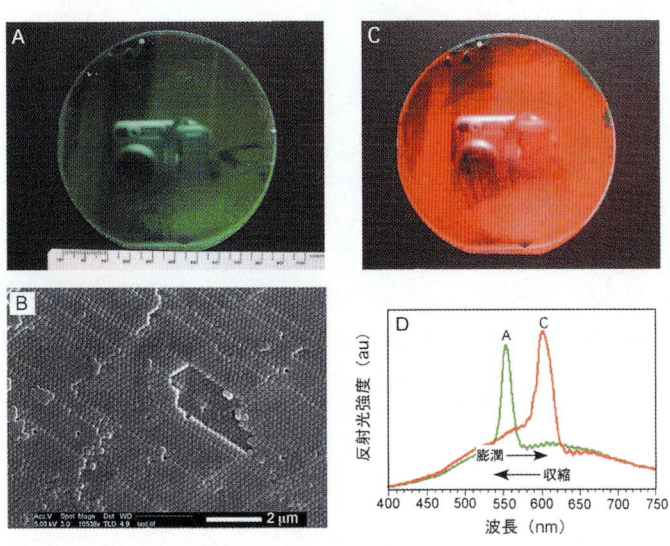

第Ⅲ編　第4章4　図3　シリコンエラストマーの膨潤・収縮による構造色の可逆的変化

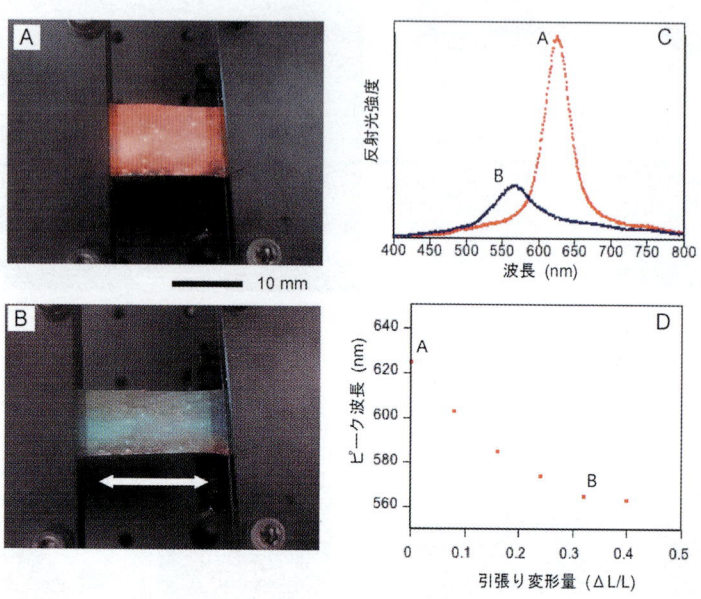

第Ⅲ編　第4章4　図5　引っ張り歪みによって構造色が可逆的に変化する弾性体シート

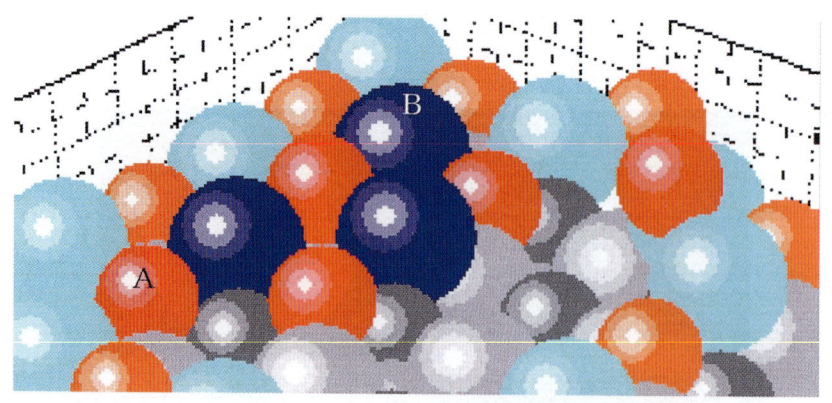

第Ⅳ編　第1章　図4　結晶表面への溶質イオン吸着挙動のシミュレーション結果
　赤球は付着したNaイオン，青球は付着したClイオンを表す。オレンジ，水色の球はそれぞれ結晶表面でステップの縁となるNaイオンとClイオンである。

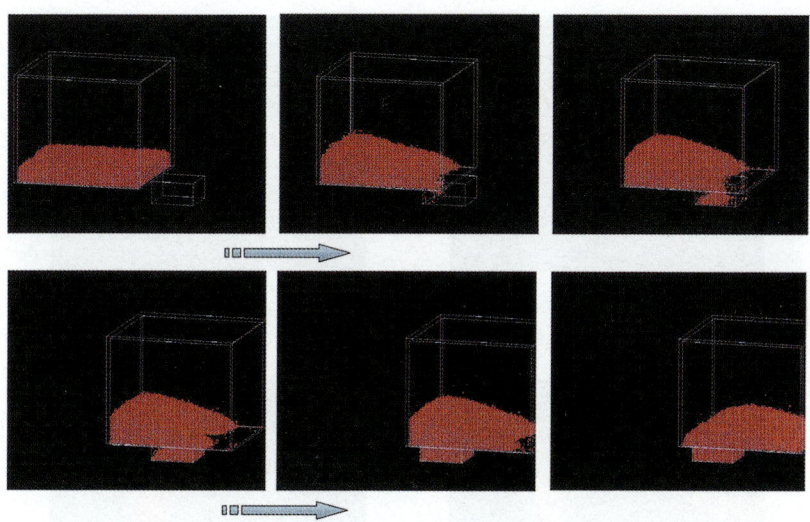

第Ⅳ編　第3章　図3　金型への顆粒充填シミュレーション
容器サイズ（15 mm×15 mm×7.5 mm），粒子数30625個
粒子径範囲600～120 μm，給粉機移動速度0.22 m/s。

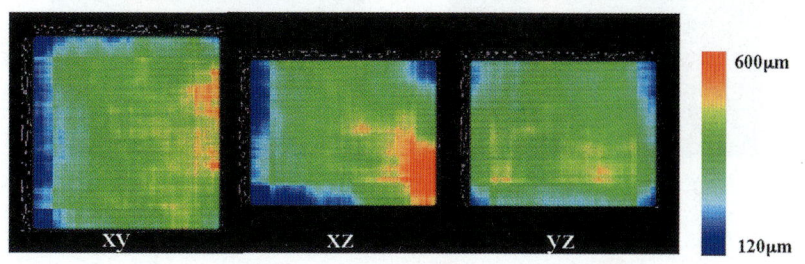

第Ⅳ編　第3章　図4　金型内の充填粒子の粒子径分布マップ
給粉機移動速度＝0.22 m/s，給粉方向＝0°，粒子間摩擦係数＝0.60。

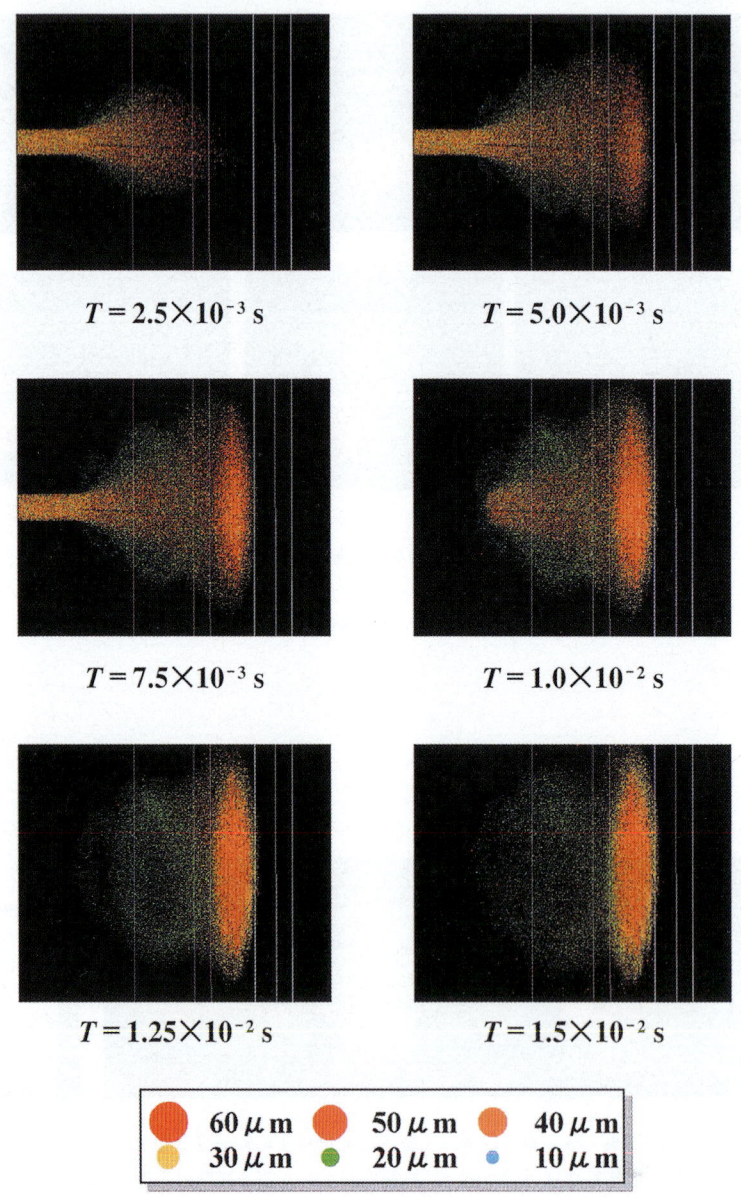

第Ⅳ編　第3章　図9　静電粉体塗着挙動シミュレーション

第3章　微粒子の形態制御法　白川善幸 …… 31

第4章　複合微粒子の調製法　横山豊和

1　はじめに …… 37
2　固体微粒子の複合化法 …… 37
3　複合ナノ粒子の調製法 …… 38
　3.1　気相法による複合ナノ微粒子の作製 …… 38
　3.2　液相法による複合ナノ微粒子の作製 …… 40
4　乾式機械的粒子複合化法による複合粒子の作製 …… 41
5　流動層乾燥造粒法による湿式粒子複合化法 …… 44
6　おわりに …… 45

第5章　機能性微粒子調製技術

1　高電気抵抗磁性粒子　廣田　健 …… 47
　1.1　磁性材料の電気抵抗（電気伝導）について …… 47
　　1.1.1　金属系磁性材料の電気抵抗率 ρ …… 47
　　1.1.2　酸化物系磁性材料の電気抵抗率 …… 48
　　1.1.3　その他の磁性材料の電気抵抗率 …… 49
　1.2　磁性材料の微粒子粉体調製法 …… 49
2　先端炭素材料へのナノSiC被覆とその応用　森貞好昭 …… 52
　2.1　はじめに …… 52
　2.2　ナノSiC被覆法 …… 52
　2.3　ナノSiC被膜生成機構 …… 53
　2.4　ナノSiC被覆炭素材料の耐酸化特性 …… 54
　2.5　ナノSiC被覆ダイヤモンド分散超硬合金 …… 55
　2.6　おわりに …… 56
3　高熱伝導基板材料AlNの燃焼合成　桜井利隆 …… 57
　3.1　はじめに …… 57
　3.2　AlNの燃焼合成における反応制御と生成粉の特性 …… 58
　　3.2.1　反応ガス中への水素ガス添加による反応制御 …… 58
　　3.2.2　水素，フッ化アンモニウム同時添加による反応制御 …… 59
　3.3　燃焼体の特性 …… 60
　3.4　まとめ …… 61
4　燃料電池用触媒白金微粒子　稲葉　稔 …… 62
　4.1　固体高分子形燃料電池とその構成 …… 62
　4.2　白金担持カーボン触媒 …… 63
　4.3　白金触媒の高活性化 …… 65
　4.4　白金触媒の劣化現象 …… 66
5　高機能触媒複合粒子　高津淑人 …… 68
　5.1　はじめに …… 68
　5.2　バイオディーゼル生産用の酸化カルシウム触媒 …… 68
　5.3　排水浄化用の銀ナノ粒子固定化酸化チタン光触媒 …… 70

目　　次

【序編】

序論　微粒子による新材料の開発と微粒子技術　　日高重助

1　粒体，微粒子そしてナノ粒子 …………… 3
2　新機能材料創生における微粒子の利用 …… 5
3　微粒子が拓く新材料 ……………………… 8
4　新機能性材料創製のための微粒子基盤技術研究 ………………………………………………… 9

【第Ⅰ編　微粒子の合成，調整技術】

第1章　気相法による微粒子合成　　奥山喜久夫，林　豊

1　はじめに …………………………………… 13
2　CVD法による微粒子合成 ………………… 14
　2.1　火炎プロセス ………………………… 14
　2.2　プラズマプロセス …………………… 15
　2.3　レーザープロセス …………………… 17
　2.4　電気炉加熱プロセス ………………… 17
3　生成微粒子の構造制御 …………………… 19
4　PVD法による微粒子合成 ………………… 20

第2章　液相法による微粒子合成　　廣田　健

1　液相法とは ………………………………… 22
　1.1　粉体合成における液相法（湿式法）の位置づけ ……………………………… 22
　1.2　液相法による粉体合成の分類 ……… 22
　1.3　溶液法について ……………………… 23
2　各溶液法の特徴と例 ……………………… 24
　2.1　析出反応を利用した粉体調製法 …… 24
　2.2　加水分解・重縮合反応 ……………… 24
　2.3　錯体形成反応（錯体重合反応） …… 25
3　液相法（溶液法）の問題点 ……………… 26
　3.1　均質な溶液の調製 …………………… 27
　　3.1.1　水溶液系の共沈法 ……………… 27
　　3.1.2　非水溶液系のゾル・ゲル法や錯体重合法 …………………………… 27
　3.2　粉体そのものの課題 ………………… 27
　3.3　溶液からの粉体の分離・乾燥 ……… 28
4　まとめ ……………………………………… 28

執筆者一覧（執筆順）

日高 重助	同志社大学　工学部　物質化学工学科　教授	
奥山 喜久夫	広島大学　大学院工学研究科　教授	
林　豊	広島大学　大学院工学研究科	
廣田 健	同志社大学　工学部　機能分子工学科　教授	
白川 善幸	同志社大学　工学部　物質化学工学科　助教授	
横山 豊和	㈱ホソカワ粉体技術研究所　管理本部　知財・学術情報部　取締役	
森貞 好昭	大阪市立工業研究所　加工技術課　軽金属材料研究室　研究員	
桜井 利隆	㈱イスマン　ジェイ　取締役	
稲葉 稔	同志社大学　工学部　機能分子工学科　教授	
髙津 淑人	同志社大学　先端科学技術センター　特別研究員	
森 康維	同志社大学　工学部　物質化学工学科　教授	
丸山 充	㈱島津製作所　分析計測事業部　応用技術部　主任	
鷲尾 一裕	㈱島津製作所　分析計測事業部　応用技術部　試験計測グループ　主任技師	
東谷 公	京都大学　大学院工学研究科　化学工学専攻　教授	
朸尾 達紀	㈱けいはんな　京都府地域結集型共同研究事業　コア研究室　博士研究員	
庄司 孝	理学電機工業㈱　研究部　課長	
福島 整	㈱独物質・材料研究機構　分析支援ステーション　主席研究員	
伊藤 嘉昭	京都大学　化学研究所　助教授	
松坂 修二	京都大学　大学院工学研究科　化学工学専攻　助教授	
増田 弘昭	京都大学　大学院工学研究科　化学工学専攻　教授	
中山 かほる	㈱堀場製作所　科学事業企画プロジェクト　企画チーム　マネジャー	
岩井 俊昭	東京農工大学　大学院生物システム応用科学府　教授	
多田 達也	キヤノン㈱　電子写真技術開発センター　電子写真22技術開発室　室長	
福岡 隆夫	㈱けいはんな　京都府地域結集型共同研究事業　コア研究室　雇用研究員	
吉門 進三	同志社大学　工学部　電子工学科　教授	
増田 佳丈	㈱独産業技術総合研究所　先進製造プロセス研究部門　研究員	
神谷 秀博	東京農工大学　大学院共生科学技術研究院　教授	
福井 武久	㈱ホソカワ粉体技術研究所　研究開発本部　執行役員　本部長	
不動寺 浩	㈱独物質・材料研究機構　光材料センター　主任研究員	
桐原 聡秀	大阪大学　接合科学研究所　助教授	
宮本 欽生	大阪大学　接合科学研究所　教授	
宮原 稔	京都大学　大学院工学研究科　化学工学専攻　教授	
下坂 厚子	同志社大学　工学部　講師	
渡邉 哲	京都大学　大学院工学研究科　化学工学専攻　助手	
吉田 幹生	岡山大学　大学院自然科学研究科　機能分子化学専攻　研究員（産業技術）	
三尾 浩	㈱けいはんな　京都府地域結集型共同研究事業　雇用研究員	

執筆者の所属表記は，2006年当時のものを使用しております。

普及版の刊行にあたって

本書は2006年に『新機能微粒子材料の開発とプロセス技術』として刊行されました。普及版の刊行にあたり，内容は当時のままであり加筆・訂正などの手は加えておりませんので，ご了承ください。

2012年8月

シーエムシー出版　編集部

まえがき

微粒子は医薬，農薬，電子材料，化粧品，食品や各種化学製品など広い分野で利用されている。我々の日常生活でも小麦粉や砂糖をはじめとする食品あるいは洗剤など身近なところで毎日お世話になっており，なじみ深い小さな固体粒子である。最近，この微粒子が大変脚光を浴びている。

我々の社会は，ますます健康で，安全，快適，そして一層質の高いものになることを誰もが強く願っている。このような社会を実現するには，これまでに考えられなかったほどの大変高度な機能を持つ材料が必要である。この新しい材料機能を模索する過程で，微粒子研究者は微粒子が持つ素晴らしい可能性に気がつき，新しい魅力的な材料の夢を育んでいる。例えば，微粒子が持つ大きな表面あるいは界面の特異性を利用する分離材料，微粒子化により個々の粒子の均質化を図った高度で安定な新規電磁気特性を発現する材料，微粒子を極めて秩序正しく配列・構造化させた光のスイッチング材料あるいは微粒子コンポジット材料による高強度材料などである。

さらに，酵素やウイルスなど生体機能をつかさどる基本単位の大きさに匹敵するナノ粒子の表面修飾や複合粒子の作成技術を手に入れるまでになった微粒子技術は，材料創生における大きな夢である自己診断・修復機能を有するスマート材料も視界に入れており，微粒子を利用する新材料開発の夢は膨らむばかりで，今世界的に微粒子研究が大変盛んになっている。

わが国における微粒子研究のレベルは世界的に高く，化学，化学工学や粉体工学など多くの学問分野でそれぞれの立場からの微粒子研究が活発に展開されており，いくつかの大型研究プロジェクトも立ち上がっている。

本書は，新しい微粒子材料の創製における主要な技術である微粒子生成技術，微粒子プロセシング技術と微粒子の計測評価技術について，その基礎から応用までを微粒子研究の第一線で活躍しておられる研究者にご執筆いただいたものである。微粒子に関する学術は急速な進展をみせているが，本書により微粒子に関する基礎的事項から最新の研究成果にもとづく微粒子利用材料とそのプロセシングに関する微粒子工学と技術の現状を容易にご理解いただけるものと思う。

本書を刊行するにあたり，大変ご多忙にもかかわらずスケジュールを調整していただいて原稿をお纏めいただいた執筆者の方々ならびに発刊にご努力いただいた出版社の方々に感謝の意を表します。

2006年7月

同志社大学　工学部　教授
日高　重助

6　結晶析出粒子の形状制御 ……… 白川善幸 … 72

【第Ⅱ編　微粒子計測技術】

第1章　粒子径分布　　森　康維，丸山　充

1　粒子の大きさ …………………………… 77
2　平均粒子径と粒子径分布 ……………… 77
3　粒子径分布測定法 ……………………… 80
4　レーザ回折・散乱法 …………………… 80
5　動的光散乱法 …………………………… 83
6　小角X線散乱法 ………………………… 86

第2章　比表面積，細孔分布　　鷲尾一裕

1　はじめに ………………………………… 89
2　ガス吸着法 ……………………………… 89
　2.1　吸脱着等温線 ……………………… 89
　2.2　ヒステリシス ……………………… 90
　2.3　測定手法と前処理 ………………… 91
　2.4　吸着等温線の解析方法―比表面積，細孔分布の計算 ………………… 92
　　2.4.1　BET法―代表的な比表面積計算法 …………………………… 92
　　2.4.2　tプロットとMP法―実験式に基づくマイクロポア評価法 …… 93
　　2.4.3　Horvath-Kawazoe法（HK法）他―マイクロポア分布解析法 ……… 94
　　2.4.4　マイクロポア分布解析法の使い分けと制約 …………………………… 95
　　2.4.5　毛管凝縮現象を利用する方法―メソポア，マクロポアの解析方法 …… 95
　　2.4.6　DFT法（Density Functional Theory） ……………………………………… 96
3　水銀圧入法 ……………………………… 97
4　ガス吸着法と水銀圧入法の比較 ……… 98

第3章　粒子表面特性　　東谷 公

1 はじめに …………………………………… 100
2 表面のぬれ（親・疎水性）の測定法 ……… 100
3 粒子のゼータ電位の測定法と表面荷電の推定
　 …………………………………………… 102
　3.1 球形粒子の拡散電気二重層 ………… 104
　3.2 球形粒子の電気泳動とζ電位 ……… 104
　3.3 緩和効果 ……………………………… 105
　3.4 ゼータ電位測定法の分類と特徴 …… 106
4 表面微細構造の直接観察法，表面関力の
　 測定法—原子間力顕微鏡による方法— … 107
　4.1 AFMの概要 ………………………… 107
　4.2 AFM像の操作モードと測定例 …… 108
　4.3 表面関力の操作モードと測定例 …… 110
　4.4 その他の顕微鏡 ……………………… 112

第4章　精密状態分析　　栃尾達紀，庄司 孝，福島 整，伊藤嘉昭

1 蛍光X線分析法 …………………………… 115
　1.1 1結晶分光器 ………………………… 116
　1.2 2結晶分光器 ………………………… 117
2 X線光電子分光 …………………………… 119

第5章　帯電量分布　　松坂修二，増田弘昭

1 はじめに …………………………………… 124
2 粒子の電荷および帯電量 ………………… 124
3 平均帯電量の測定 ………………………… 125
4 帯電量分布の測定 ………………………… 127
　4.1 層流場を利用する方法 ……………… 127
　4.2 重力場を利用する方法 ……………… 128
　4.3 音響場を利用する方法 ……………… 129
5 粒子のサンプリング ……………………… 129
6 おわりに …………………………………… 130

第6章　微粒子観測技術の実際

1 微粒子の粒子径分布計測技術
　　　　　　　　　　　中山かほる … 131
　1.1 微粒子の計測法　その動向とニーズ … 131
　　1.1.1 微粒子の開発と動向 …………… 131
　　1.1.2 微粒子計測技術の動向 ………… 131
　1.2 微粒子の大きさと分布を測る ……… 131
　　1.2.1 粒子径計測機の選択 …………… 131
　　1.2.2 粒子径計測原理とその特長 …… 132
　1.3 微粒子の計測技術の注意すべき点 … 135
2 低コヒーレンス動的光散乱法による濃厚
　 媒質の粒質計測　　　　　岩井俊昭 … 138
　2.1 はじめに ……………………………… 138
　2.2 コヒーレンス動的光散乱法 ………… 138
　2.3 コヒーレンス動的光散乱法による粒質

	計測 …………………………………… 140	
2.4	おわりに ……………………………… 142	
3	粉体トナーの帯電量分布測定	
	………………………… 多田達也 … 144	
3.1	はじめに ……………………………… 144	
3.2	トナーの帯電量分布測定の測定原理 … 144	
3.3	代表的なトナーの帯電量分布測定装置	
	…………………………………………… 146	
3.4	トナーの帯電量分布測定における留意点	
	…………………………………………… 147	
3.5	測定データの評価における留意点 …… 148	
3.6	あとがき ……………………………… 148	
4	土粒子や抹茶微粒子の化学組成分析	
	……… 枥尾達紀,庄司 孝,伊藤嘉昭 … 150	
4.1	蛍光X線分析装置に用いた化学組成	
	分析 …………………………………… 150	
4.2	蛍光X線分析装置 ……………………… 150	
4.3	試料前処理 …………………………… 151	
4.4	定性・定量分析 ……………………… 152	
5	表面増強ラマン散乱を用いた微粒子表面	
	状態評価 ………………… 福岡隆夫 … 153	
5.1	微粒子プラズモニクス ……………… 153	
5.2	表面増強ラマン散乱（SERS） ……… 153	
5.3	SERSに適したナノ構造体 …………… 155	
5.4	コロイドの凝集によるSERS基質の	
	特徴と問題点 ………………………… 157	
5.5	自己集合による異方性集合体の合成 … 158	

5.6	微粒子表面状態のSERS観察 ………… 160	
5.7	まとめ ………………………………… 161	
6	電磁波微粒子材料の電磁気特性―微粒子	
	配列制御による複合電磁波吸収体―	
	………………………… 吉門進三 … 164	
6.1	はじめに ……………………………… 164	
6.2	実験原理 ……………………………… 164	
6.3	実験方法 ……………………………… 165	
6.4	実験結果および考察 ………………… 166	
6.4.1	メカニカルミリングによるSiO_2	
	粒子の被覆 ………………………… 166	
6.4.2	メカニカルミリングを用いて作製	
	した複合体の複素比透磁率と複素	
	比誘電率 …………………………… 168	
6.4.3	メカニカルミリングを用いて作製	
	した複合体の電磁波吸収特性 …… 169	
6.4.4	$MnCO_3$の添加による複合体の誘電	
	率を改善した試料の電磁気的特性	
	と電磁波吸収特性 ………………… 170	
6.5	結論 …………………………………… 171	
7	微粒子の流動性 ………… 日高重助 … 173	
7.1	はじめに ……………………………… 173	
7.2	流動性の評価試験法 ………………… 176	
7.2.1	容器からの流出試験 ……………… 176	
7.2.2	安息角の測定 ……………………… 177	
7.3	剪断特性による流動性の評価 ……… 178	

【第Ⅲ編　微粒子プロセス技術】

第1章　供給，分散，分級技術　　松坂修二，増田弘昭

1 供給 …………………………………… 183
 1.1 ロータリーフィーダー（rotary feeder）
  ………………………………………… 184
 1.2 スクリューフィーダー（screw feeder）
  ………………………………………… 185
 1.3 テーブルフィーダー（table feeder） … 185
 1.4 ベルトフィーダー（belt feeder） …… 186
 1.5 振動フィーダー（vibrating feeder） … 186
 1.6 ゲート（gate） ……………………… 186

2 分散 …………………………………… 187
 2.1 エジェクター式分散機 ……………… 187
 2.2 回転翼型分散機 ……………………… 187
 2.3 流動層型分散器 ……………………… 188
3 分級 …………………………………… 188
 3.1 重力分級法 …………………………… 188
 3.2 遠心分級法 …………………………… 189
 3.3 慣性分級法 …………………………… 189
 3.4 その他の分級法 ……………………… 191

第2章　微粒子のパターニング　　増田佳丈

1 はじめに ……………………………… 192
2 液相パターニング（Liquid Phase Patterning）
 ………………………………………… 193
 2.1 粒子-SAM間の静電相互作用を用いた
  液相パターニング …………………… 194
 2.2 粒子-SAM間の化学反応を用いた液
  相パターニング ……………………… 194
3 ドライング-パターニング（Drying Patterning）
 ………………………………………… 195
 3.1 コロイド溶液モールド法を用いた粒子
  集積体パターンの作製 ……………… 195
 3.2 コロイド溶液気液界面の周期的な挙動
  を用いた粒子細線アレイの作製 …… 196
4 二溶液法による微粒子集積パターニング・
 3次元構造体作製 …………………… 197
 4.1 二溶液法 ……………………………… 197
 4.2 高規則性粒子積層膜（コロイドフォト
  ニック結晶）の2次元パターニング … 198
 4.3 粒子球状集積体の作製 ……………… 200
 4.4 粒子球状集積体のマイクロパターニング
  ………………………………………… 201
5 まとめ ………………………………… 202

第3章　分散と凝集技術　　神谷秀博

1 はじめに ……………………………… 204
2 液中凝集・分散挙動を支配する粒子間相互作用
 ………………………………………… 204
3 凝集現像のDLVO理論に基づく解析と評価

　　　　……………………………………… 205
4　非DLVO作用による粒子の凝集分散制御
　　　　……………………………………… 207
　4.1　高分子分散剤の吸着による分散状態の
　　　　制御 …………………………………… 207
　4.2　カップリング剤，表面グラフト重合など
　　　　の表面修飾による分散状態の制御 …… 209
5　ナノ粒子の分散制御 ……………………… 210
6　おわりに …………………………………… 211

第4章　材料プロセシング応用技術

1　半導体ナノ粒子の分散制御と蛍光特性
　　　　…………………… **森　康維** … 213
　1.1　逆ミセル法 ………………………… 213
　1.2　有機溶媒中での表面修飾法（ホット
　　　　ソープ法）…………………………… 215
　1.3　水溶液中での表面修飾法 ………… 215
2　微粒子分散型複合固体電解質材料
　　　　…………………… **白川善幸** … 218
3　微粒子による燃料電池電極材料
　　　　…………………… **福井武久** … 223
　3.1　はじめに …………………………… 223
　3.2　微粒子構造制御によるSOFC電極開発
　　　　の概念 ………………………………… 224
　3.3　LSM-YSZ複合微粒子を用いた空気極
　　　　の微細構造制御 ……………………… 226
　3.4　機械的粒子複合化によるNi-YSZサー
　　　　メット燃料極の微細構造制御 ………… 227
　3.5　まとめ ……………………………… 228
4　コロイド結晶の構造色を利用するセンシン
　　　グ材料 ……………… **不動寺浩** … 230
　4.1　はじめに …………………………… 230
　4.2　コロイド結晶の分類 ……………… 231
　4.3　構造色が変化するオパール型コロイド
　　　　結晶 …………………………………… 232
　　4.3.1　膨潤による構造色変化 ………… 232
　　4.3.2　機械応力による構造色変化 …… 234
　4.4　おわりに …………………………… 236
5　セラミック微粒子を分散した高分子材料の
　　　光造形とフォトニッククリスタルおよびフ
　　　ラクタルの開発 … **桐原聡秀, 宮本欽生** … 237
　5.1　はじめに …………………………… 237
　5.2　三次元光造形法の原理 …………… 237
　5.3　フォトニッククリスタルの開発 …… 238
　5.4　フォトニックフラクタルの開発 …… 242
　5.5　セラミック構造体の自由造形 ……… 246
　5.6　セラミック製マイクロ構造とその応用
　　　　………………………………………… 247
　5.7　おわりに …………………………… 248

【第Ⅳ編　微粒子シミュレーション技術】

第1章　分子シミュレーション　白川善幸 …… 255

第2章　微粒子挙動シミュレーション　宮原　稔

1　はじめに ……………………………… 263
2　時間・空間スケールマッピング ……… 264
　2.1　メゾの空白 ……………………… 264
　2.2　メゾをつなぐ階層構造の一例 …… 264
　　2.2.1　ブラウン動力学 …………… 264
　　2.2.2　ランジュバン動力学 ……… 266
3　メゾ領域の手法と特徴 ……………… 266
　3.1　ランジュバン動力学 …………… 267
　3.2　ブラウン動力学（慣性項を無視したLD）
　　　　………………………………… 269
　3.3　流体力学的効果を含むブラウン動力学
　　　………………………………… 269
4　流体を組み込んだ最近の手法 ……… 269
　4.1　散逸粒子動力学（DPD：Disspative Particle Dynamics）…………… 270
　4.2　流体粒子動力学（FPD：Fluid Particle Dynamics）……………………… 270
　4.3　格子ボルツマン法（LBM：Lattice Boltzmann Method）…………… 270
　4.4　Smoothed Profile（SP）法 ……… 271
5　おわりに ……………………………… 271

第3章　粉体挙動シミュレーション　下坂厚子

1　離散要素法 …………………………… 273
2　DEMを用いた粉体挙動のシミュレーション
　　………………………………………… 275
　2.1　金型への粒子充填シミュレーション … 275
　2.2　粒子群干渉沈降挙動のシミュレーション
　　　…………………………………… 277
　2.3　電場における帯電粒子の付着挙動シミュレーション …………………… 279

第4章　材料微構造の設計シミュレーション　日高重助

1　はじめに ……………………………… 283
2　誘電セラミックス材料の微構造設計 … 283
　2.1　誘電率推算モデル ……………… 283
　　2.1.1　微構造の構成要素—単位セル— … 284
　2.2　誘電率の推算 …………………… 286
　2.3　微構造の設計 …………………… 287
3　磁性セラミックスの微構造設計 …… 287
　3.1　磁気特性推算モデル …………… 287

3.2 磁気特性と微構造 …………………… 290
4 おわりに …………………………………… 291

第5章　シミュレーション利用技術

1 微粒子集積操作の設計
　………………… 宮原　稔，渡邉　哲 … 293
1.1 はじめに …………………………… 293
1.2 対象とする系 ……………………… 293
1.3 シミュレーション手法 …………… 294
　1.3.1 ブラウン動力学法 …………… 294
　1.3.2 DLVOポテンシャル ………… 294
　1.3.3 シミュレーションセル ……… 295
1.4 結果と考察 ………………………… 295
　1.4.1 秩序化決定因子とそのUniversality
　　　　に関する検討 ………………… 295
　1.4.2 秩序構造形成の確率速度過程のモ
　　　　デル化 ………………………… 298
1.5 検討結果のまとめ ………………… 300
2 粉体トナー帯電設計 ……… 吉田幹生 … 302
2.1 はじめに …………………………… 302
2.2 高分子粒子の帯電量推算式の導出 … 302
　2.2.1 単一粒子衝突帯電実験 ……… 302
　2.2.2 高分子粒子の帯電量推算式 … 303

2.3 高分子物質の帯電機構の検討 …… 304
　2.3.1 第一原理分子軌道法 ………… 304
　2.3.2 ダングリングボンドに基づく帯電
　　　　機構 …………………………… 305
2.4 まとめ ……………………………… 307
3 電子写真システムにおける現像システムの
　設計 ………………………… 三尾　浩 … 309
3.1 はじめに …………………………… 309
3.2 シミュレーション法 ……………… 309
3.3 一成分現像システム ……………… 311
3.4 二成分現像システム ……………… 312
3.5 おわりに …………………………… 313
4 セラミックプロセスの精密設計
　……………………………… 下坂厚子 … 315
4.1 焼結プロセス ……………………… 315
4.2 成形プロセス ……………………… 318
5 メカノケミカル法によるアモルファス物質
　の設計 ……………………… 白川善幸 … 322

序　編

序論　微粒子による新材料の開発と微粒子技術

日高重助*

1　粉体，微粒子そしてナノ粒子

　固体粒子群集合体を総称して「粉体」と呼び，粉体の中でも特有の性質を持つ細かい粒子を微粒子と呼ぶ。一般に，物質は気体，液体および固体の三態を呈するが，常温常圧の下では固体状態である物質が多い。化学便覧には，およそ3000種の代表的な無機および有機物質の物性が記載されているが，それによると無機物質の約75%，有機物質の約60%が固体である。したがって，化学物質に適当な処理を加えて社会に有用な材料を生み出す化学プロセスでは，固体を取り扱うことが非常に多い。

　気体と液体は流体と呼ばれ，流動性と圧縮性を示す。とくに，この流動性は化学プロセス内での化学物質の反応，混合，分離や輸送を連続的に行うことを可能にし，連続で，効率的な材料生産プロセスの形成に大きな役割を果たしている。

　固体は流動性も圧縮性も持たないのが特徴である。ところが，この固体を粒子群集合体である粉体にすると，固体でありながら流動性と圧縮性が現れる。

　流れる性質を持つ気体や液体では，気体あるいは液体の原子や分子（以下では構成粒子と呼ぶ）の周囲に自由空間が存在する。すなわち，気体では平均自由行程（mean free path）として知られるように気体分子間の間隔は気体分子の大きさの約10倍程度であり，液体分子間の間隔は液体分子の大きさの約1.1倍程度であり，液体分子間にも自由空間がある。この空間の存在により，外力を受けた流体内の構成粒子（原子や分子）は，互いに自由に位置を変えることができ，流れる性質を示す。これに対して，固体を構成する原子や分子は，外力を受けると構成

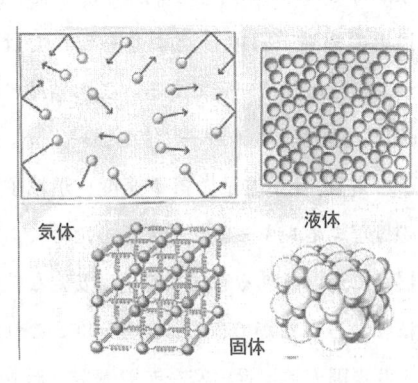

物質の状態と性質

	流動性	圧縮性
気　体	○	○
液　体	○	△
固　体	×	×

図1　物質の三態とその特徴

---

*　Jusuke Hidaka　同志社大学　工学部　物質化学工学科　教授

粒子間の間隔を変化させて変形するが，さらに大きな外力が作用すると破壊する。

この固体を，固体粒子群集合体である粉体にすると構成粒子間に自由空間が存在するので，外力を受けた粉体粒子は互いに位置を入れ替えることができ，気体や液体のように流れる性質を獲得する。加えて，多くの固体粒子群にすると（図2），新しい表面が増大することになり，反応性が著しく増大する。この流れる性質と反応性の増大により，化学，医薬，鉄鋼や食品などのあらゆる分野で流体と同様の連続的で大型の粉体が関係する生産プロセスが作り上げられている。

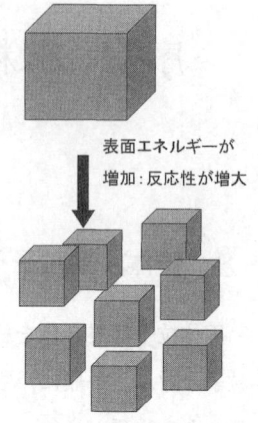

図2 反応性の増大

固体粒子群集合体である粉体は，さらに粒体，微粉体，超微粒子やナノ粒子と呼び分けられることが多い。それぞれの呼び名で呼ばれるものはいかなる固体粒子集合体であろうか？ それを理解するには，図3に示すかさ密度の測定実験を行ってみるのが良い。漏斗から粒子径D_pの粒子群を容器に充填し，容器の上端面ですり切る。容器に充填された粒子の質量を容器の容積で除した値が「かさ密度」で，一般に記号ρ_Bで表す。同じ物質の粒子群を用いて，かさ密度と粒子径の関係を調べると，図3(b)のような結果が得られる。粒子径D_pが約60〜100μm以上の領域（図中D点より右側）では，かさ密度はほぼ一定である。この領域の粒子は，運動エネルギー（$1/2\,mv^2$，m：粒子の質量，v：粒子の落下速度）が粒子間の付着エネルギーよりも大きいために，容器内に充填される過程で粒子は安定な位置に転がることができる（図4(a)）。これにより規則充填に近い密な充填構造を形成するため，粒子の大きさには無関係にかさ密度が一定となる。また，100μm以上の粒子は，一個一個の構成粒子を人間の目で識別できるので"粒体"と呼んでいる。

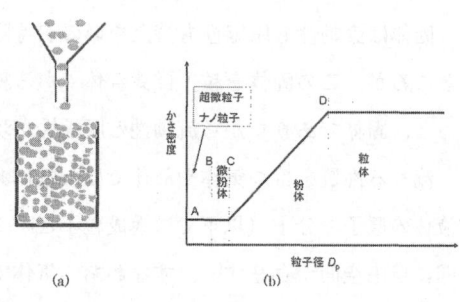

図3 粉体のかさ密度測定

粒子径が100μmよりも小さくなると（図3中C〜D），運動エネルギーに比べて粒子表面の付着力が無視できなくなり，充填過程で粒子は安定な位置に転がり込むこ

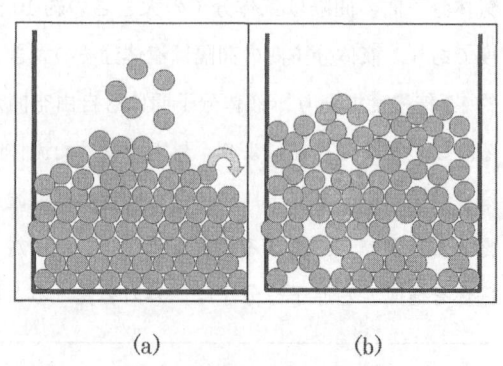

図4 粒子の充填挙動

とが出来ず，不安定な位置に留まるために粒子径D_pが小さくなるにつれてかさ高い構造になる（図4(b)）。

この領域の粒子群の一個一個は，もはや目で見ることができず，一般には，この状態を粉体と呼んでいる。以上の呼び名は，砂糖のパウダーシュガーとグラニュー糖を思い浮かべると理解できる。C点の粒子径はおよそ3μm程度であろう。さらに粒子径が小さくなると（図3中B〜C），粒子の充填過程で，粒子は他の粒子と接触した位置に留まり，いわゆる樹枝状の充填構造を形成して，95％以上が空間の状態になる。この場合も粒子径に無関係にかさ密度は一定になる。この領域を微粉体と呼ぶ。粒子径がさらに小さくなり，およそ100nmよりも小さくなると（図3中B点），後ほど詳しく説明する量子効果が発現する領域になる。この領域を超微粒子あるいはナノ粒子と呼んでいる。

粉体工学では，粒子集合体を粉体と総称しているが，一般には，このように粒子集合体を呼び分けている。各領域の大体の粒子径を記したが，粒子の大きさよりも粒子群の化学的あるいは物理的性質が異なることによって，粒子集合体を呼び分けていると理解するのがよい。

2　新機能材料創生における微粒子の利用

最近，微粒子を利用する新材料の開発が盛んで毎日のように新聞紙上を賑わしている（図5）。

とくに，粉体を小さくしてナノオーダーの大きさの粒子を含む微粒子にすると，新しい材料開発に魅力的な効果や特性が発現する。すなわち，(a)量子効果の発現，(b)粉体を構成する一個粒子の均質化，(c)大きな界面あるいは表面効果，(d)微粒子の構造化による新機能の創出などである。

(a)　量子効果はナノオーダーの粒子に期待される。たとえば，自由電子を有するナノオーダーの大きさの金属微粒子を考えよう。この金属微粒子の自由電子は，図6のようにナノメートルの大きさの粒子に閉じ込められることになる。このとき，この自由電子が持つことができるエネルギーは離散的になり，そのエネルギー間隔は粒子径に依存し，粒子径が小さくなるにつれてエネルギーギャップが大きくなる。このような離散的なエネルギーを持つ自由電子が，ある

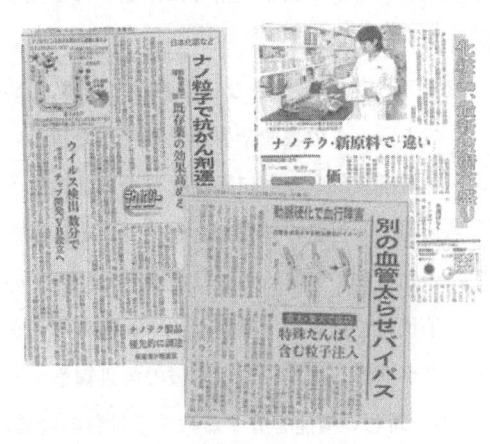

図5　微粒子材料の開発

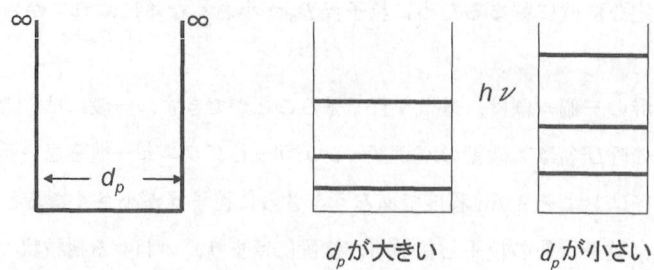

図6 ナノ粒子に閉じ込められた自由電子のエネルギーレベル

エネルギーレベルから次に高いエネルギーレベルに遷移するには外部から $h\nu$ の光のエネルギーが必要である。ここで，h はプランク定数，ν は光の振動数である。粒子径によりエネルギーギャップが異なるので，同じ物質でも粒子径が異なると，光に対するレスポンスが変わることになる。このように電子のエネルギーの離散性に起因して現れる新しい特性の発現を量子効果と呼び，ナノ粒子を用いた光学材料の開発が期待されている。

(b) 粒子特性の均質化は，古くから磁性材料で大きな期待を集めてきた。粒子が小さくなると単軸構造になり，その粒子を焼結した磁性セラミックスは大きな保持力をはじめ優れた磁気特性が期待される。一方，構造材料の力学特性を改善するための粒子コンポジット材料に用いる粒子群では，個々の粒子特性のバラツキがコンポジット材料の巨視的特性に与える影響はそれほど大きくなかった。しかし，微粒子の結晶構造や大きな界面を利用する光学あるいは電磁気材料では，その機能に粒子個々の特性が大きな影響を与え，すべての粒子の特性が均質であることが要求される。高度機能材料の創製では，とくに粒子特性が均一である粒子の合成法と個々の粒子の特性を計測する技術が非常に大切になっている。本書の第Ⅰ編微粒子の合成・調整技術では，とくに微粒子の特性制御に注目して粒子合成と形態制御技術を紹介している。

(c) 粉体粒子の大きな特徴のひとつは，なんと言っても大きな界面あるいは表面をもつことである。この表面や界面を利用した新しい機能材料が考えられている。導電材料あるいは固体電解質材料などに異種物質の固体微粒子を適当な割合で混合すると，電子やイオンなどが伝導する材料の体積割合が低くなるにもかかわらず導電率やイオン伝導率が大きくなることが知られている。これは混合した微粒子の界面効果であり，図7のように固体粒子界面の電子状態を計算し，最適なイオン伝導パスを設計して優れた特性を有する固体電解質材料の開発が進められている（本書の第Ⅲ編第4章2節参照）。

(d) 新しい機能を有する微粒子材料の構築の点から微粒子の構造化には大変大きな期待が寄せられている。カーボンナノチューブなどの微粒子によるプラスチック複合材料は大変優れ

序論　微粒子による新材料の開発と微粒子技術

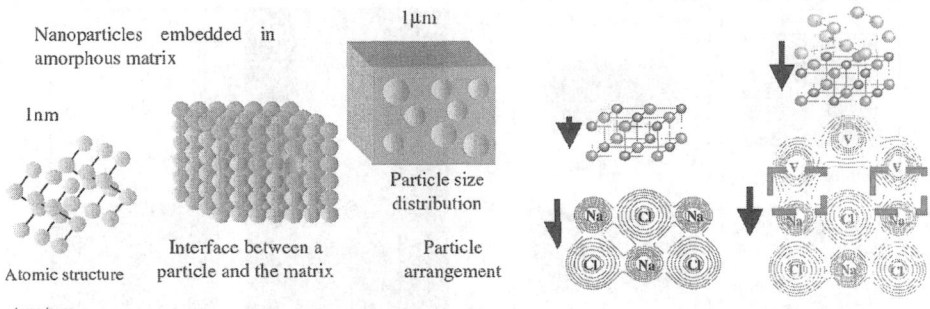

(a) ナノ粒子の界面設計からコンポジット材料　　(b) 粒子界面の電子状態の計算例（NaCl）

図7　固体電解質材料の計算化学的設計

た力学特性を発現し，ナノレベルでの材料構造の制御により壊れない材料としての期待が高い。このようなコンポジット材料への微粒子の均一混合は材料プロセッシングの上から大きな問題があるが，従来の混練法に加えて粘土のような層間化合物を利用する方法ならびに高分子原料の中に微小な均一液滴を作って反応させて複合化する新しい方法が生み出されている[1]。

一方，さらに微粒子を規則的に配列して新しい材料機能を創出する試みが盛んである。たとえば，南米に生息するモルフォ蝶（図8）の羽は透明な青い色を発して装飾品としても珍重される。この発色は色素によるものではなく，この羽の表面にある規則的な構造を持つ鱗（図9）により特定の波長の光が反射されるためである（いわゆるBragg反射）。この発色は構造色と呼ばれ，新しい機能材料開発におけるヒントとなっている。たとえば，不動寺ら[3]は，ゲルの中に微小なSiO$_2$粒子を規則的に配列した複合材料（図10）をお湯に浸すとゲルの膨張により粒子間隔が大きくなるので温度に依存して発色が異なる感温材料が出来上がる（本書第Ⅲ編第2章参照）。その他，微粒子を規則的に配列したフォトミック材料など微粒子の配列構造化による新機能の創出研究が盛んである[5]。

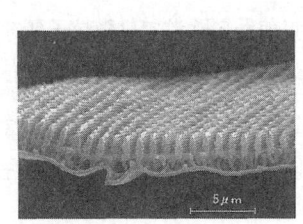
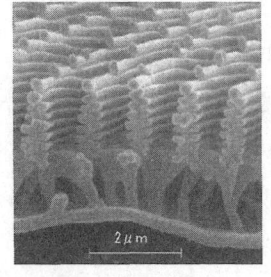

図8　モルフォ蝶[2]　　　　　　　図9　モルフォ蝶の翅の表面[2]

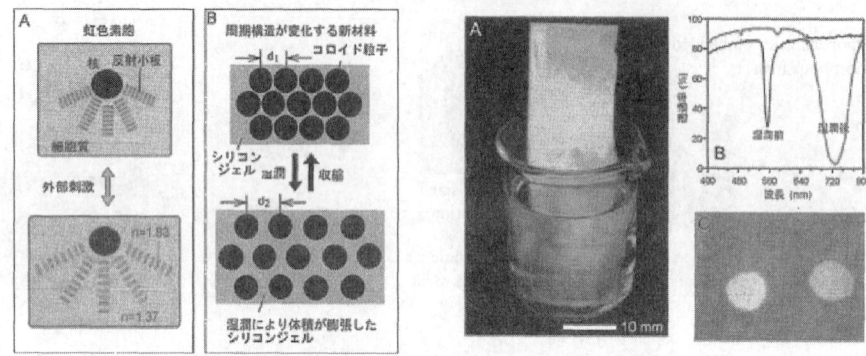

図10　微粒子の規則的配列による感温材料[4]

3　微粒子が拓く新材料

これからの社会は，ますます健康で，安全，かつ快適な質の高い生活の実現を目指して力強く進展を続けている。そうした社会を実現するための新しい高度な材料機能を模索するうえで，改めて微粒子の特徴を考えると今後の新材料開発に対して素晴らしい可能性を有していることに気がつく。

すなわち，①液体中の微粒子は熱運動し，特別な駆動力が不要である。②表面エネルギーが大きく，微粒子を取り巻く場を変化させると粒子の内部構造を変化でき，センサー材料として有望である。③体積力よりも表面力が圧倒的に大きく，自己集積化が容易で，集積構造に起因する新しい機能材料が構想できる[6]。

微粒子が拓くこれら新しい夢の材料も，ここ1〜2年の間に医薬品，化粧品そして感熱材料や光学材料の分野で少しずつ現実のものになろうとしている。さらに加えて，ナノ微粒子は酵素やウイルスなど生体機能をつかさどる基本単位の大きさに匹敵し，複雑な構造を有するナノ粒子の作成技術を手に入れるまでになった微粒子技術は，生体材料が持っている自己診断機能，自己分解機能，自己修復機能，自己学習機能など外部刺激や時間に対応して自らが適切に変化できる動的機能を有するスマート材料(Intelligent materials, 知能材料)の創生も視野に入れてきている。

これら新しい高機能微粒子材料を現実のものとするには，微粒子を意のままに制御できる微粒子技術の開発が必要であり，数年前から欧米では微粒子研究センターが次々と設立され（米国の例を図11に示す），先進的な微粒子材料の開発と微粒子プロセッシング技術の開発を強力に進めている。もともと我が国の粉体工学と技術は，ナノ粒子を含む微粒子の物性やその取り扱い技術に関して世界のトップレベルにあるが，欧米諸国の国を挙げての研究体制の確立は大きな脅威である。

序論　微粒子による新材料の開発と微粒子技術

図11　ニュージャージー工科大学，フロリダ大学，イリノイ工科大学，ペンシルバニア州立大学に設置された微粒子研究所

4　新機能性材料創製のための微粒子基盤技術研究

このような欧米における活発な微粒子研究体制の構築に対して，わが国では最近，京都府から科学技術振興機構に提案された微粒子研究「新しい機能性材料創製のための微粒子基盤技術の開発」が認められ，我が国初の粒子技術に関する大型研究プロジェクトとして本格的な研究を開始した。微粒子を利用する新材料開発では，(a)微粒子の生成技術，(b)微粒子の計測と評価技術，(c)微粒子材料の開発とプロセッシングの微粒子技術の全般にわたる開発が必要である。

「新しい機能性材料創製のための微粒子基盤技術の開発」研究プロジェクトでは，次の内容で微粒子技術全般について総合的に研究を展開している。

(a)　新しい電磁気特性を有する微粒子の合成技術の開発，微粒子の特性を精緻に制御する方法，微粒子の複合化技術などの開発。

(b)　ナノオーダの粒子径測定法，微粒子の帯電量測定法，微粒子表面特性の測定法ならびに微粒子の結晶状態や表面電子状態の評価技術の開発。

(c)　微粒子の自己組織化技術，微粒子による画像情報可視化技術ならびに微粒子の塗布技術などの開発。

カーボンナノチューブによる複合材料や電子材料が開発され，さらに無機系ナノ粒子の複合による電磁気材料が次々と創出されている。また最近では，ナノサイズの粒子を利用した医薬品や化粧品が開発され，副作用のない抗がん剤あるいは皮膚への吸収が非常に速い化粧品として注目されている[7]。

新材料開発に対する微粒子への期待は非常に高く，また大きな可能性も秘めている。しかし，

9

新機能微粒子材料の開発とプロセス技術

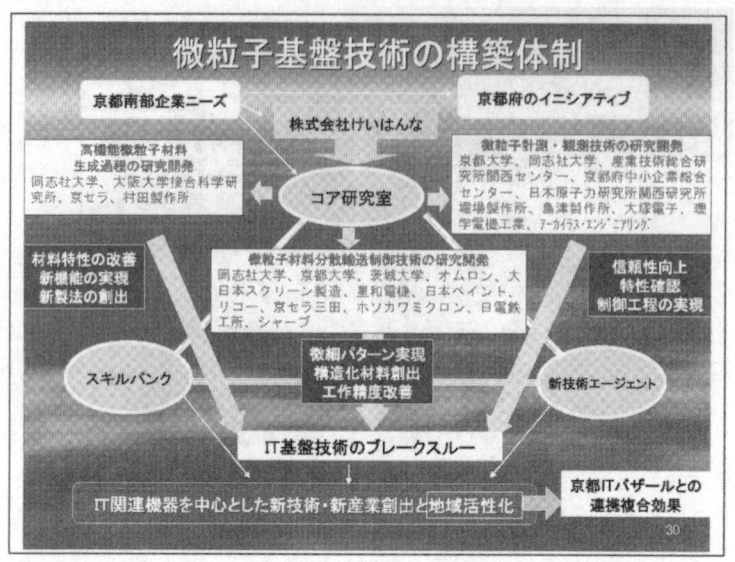

図12　科学技術振興機構「京都府地域結集型共同研究事業」

　その一方で，ナノ粒子の毒性が世界的な話題になってきている。ポジティブな面だけにとらわれることなく安全性を含めた微粒子全体の科学と工学を着実に進展させることが必要である。

文　　　献

1) 臼杵有光，粘土ポリマーナノコンポジット材料とその環境への貢献，粘土科学，39，[3] 151（2000）
2) http://www.technex.co.jo./tinycafe/dicoveryo2.html，モルフォ蝶の鱗粉の構造
3) 不動寺　浩，材料研究所機能融合材料グループ成果報告集，物質・材料研究機構，つくば，2004 pp. 149-162.
4) http://www.nims.go.jp/Smart/member/fudouzi/structcolor.html，コロイド結晶を応用した構造色発色材料
5) 宮崎英樹，ナノ粒子アセンブル技術によるフォトニック結晶の開発，細川益男監修；ナノパーティクルテクノロジーハンドブック，p. 475，日刊工業新聞社（2006）
6) 堀池靖浩，片岡一則，ナノバイオテクノロジー，p. 6，オーム社（2003）
7) 福井　寛，ナノ粒子による新化粧品開発，細川益男監修，ナノパーティクルテクノロジーハンドブック，p. 489，日刊工業新聞社（2006）

第Ⅰ編　微粒子の合成，調整技術

第Ⅰ部 学校下の会衆・教会教師

第1章　気相法による微粒子合成

奥山喜久夫[*1], 林　豊[*2]

1　はじめに

　平均径，粒度分布，組成などが制御された微粒子は，種々の分野で重要な材料となっている。粒子径が数 μm 以下の微粒子を気相分散状態で生成する気相法は，カーボンブラック，酸化物セラミックス（TiO_2，ZnO，SiO_2 など），フィラー，光学材料，磁気材料等の微粒子の生成法として重要な技術となっており，最近は，さらに付加価値の高い機能性微粒子を対象とした研究も数多く報告されている。気相法は，ガス-粒子転換プロセスとも呼ばれ，高温蒸気の冷却による物理的凝縮（Physical vapor deposition，PVD）法と気相化学反応による微粒子析出（Chemical vapor deposition，CVD）法とに大別される[1]。図1に示すように，気相法による微粒子の生成過程は一般に，ガス状原料物質の化学反応によって，のちに微粒子となる凝縮性物質の生成あるいは高温蒸気の冷却による凝縮性物質の過飽和状態が形成されると，核生成，粒子へのガスの凝縮，粒子同士の凝集，凝集粒子の焼結等の現象が生じ，微粒子が合成される。気相プロセスの特徴は，①量子機能などのサイズ効果が期待できるナノメーターサイズの微粒子の製造が比較的容易である，②凝集体が通常形成されるが，その構造が制御できる，③ワンステッププロセスであるために，決して高コストプロセスではない，④高純度で化学量論比が制御された微粒子の製造が可能である，などが挙げられる。しかしながら，粒子のサイズが小さくなるにつれて微粒子のブラウン運動による反応器への沈着や冷却部での沈着などによる損失が大きくなる。さらに，気相中での粒子の生成は同時に，製造装置の壁面上で不均一核生成と成長により薄膜，ウィスカーおよびバルク結晶体なども析出するので，粒子生成の収率を上げたいときには，できるだけ高い過飽和度を実現させ均一核生成により短時間で多数の粒子を生成させることが必要となる。また，合成された微粒子を機能性材料として用いるためには，高純度，組成および結晶構造の制御，サイズの制御，非凝集（球形）に調整された微粒子を合成することが重要となる。さらに，合成された微粒子の分散性の維持，基板上への集積・配列・薄膜化に関するハンドリング技術も重要となり，現在重要な研究課題となっている。

[*1] Kikuo Okuyama　広島大学　大学院工学研究科　教授
[*2] Yutaka Hayashi　広島大学　大学院工学研究科

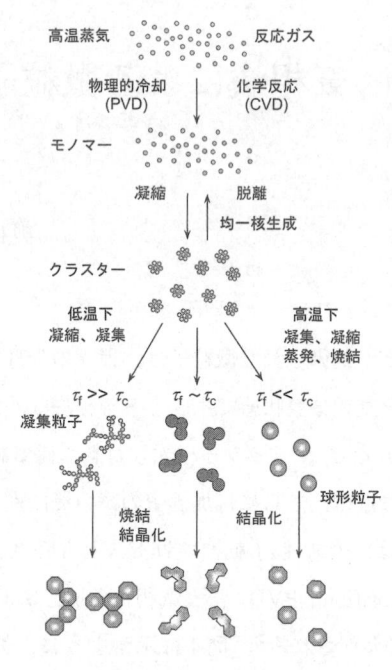

図1 ガス–粒子転換プロセスによる粒子生成の概念図
(τ_fは焼結特性時間，τ_cは凝集特性時間)

2 CVD法による微粒子合成

CVD法による微粒子の生成は，用いる熱源の種類により，火炎プロセス，プラズマプロセス，レーザープロセス，電気炉加熱プロセスに分類される[2]。実際には，熱源の種類が異なるほかに，反応ガスの種類，反応器の構造，反応器へのガスの導入法，反応器の出口での粒子の回収法などにより，生成される粒子の性状，収率，結晶構造などが大きく変化する。また出発物質が気体の場合は問題ないが，液体や固体の場合は気化しやすい蒸気圧の高いものを用いるべきである。ただし，多成分系の材料を生成する場合，2つ以上の原料蒸気が必要となるため，原料の蒸気圧，および化学反応が異なることなどのため不均一な組成となることが多い。しかし，最近では，多成分系微粒子を直接得ることができる単一プリカーサも合成されている。

2.1 火炎プロセス

水素–酸素系あるいは炭化水素–酸素系などによる火炎の中に金属化合物の蒸気を供給して，反応を起こし微粒子を生成する方法で，装置が簡易であるため古くから工業的に広く用いられている。代表的な合成微粒子として，サブミクロンサイズのカーボンブラック，顔料用途の TiO_2, SiO_2

第1章　気相法による微粒子合成

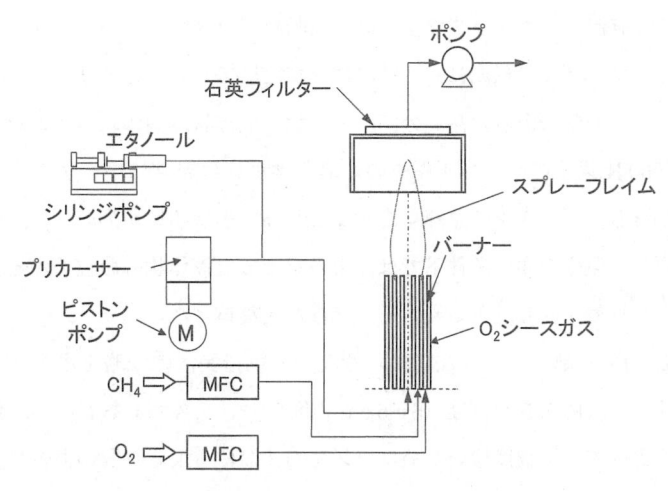

図2　スプレー火炎法によるナノ粒子生成プロセス

などがある。粒子形態やサイズなどの制御に関する研究も積極的に行われており，火炎中に冷却ガスを導入することで，粒子が生成される温度領域と滞留時間を制御し，微粒子の成長を抑制する手法も報告されている[3]。この化学炎プロセスでは，1300 K から 2000 K の比較的高い温度が達成され，酸化から還元反応条件下では ms オーダーで反応する。その結果，急激に反応生成物のモノマーが形成され，均一核生成により多量の粒子が生成される。工業レベルでは 25ton/hr という生産能力を持つプラントもある。

図2に，シリンジポンプで有機原料溶液を噴霧させた火炎法による微粒子の代表的な製造装置を示す。このプロセスでは，火炎中に噴霧させたプリカーサーを含む液滴が蒸発し，火炎内で粒子を生成する。合成される粒子の大きさは，数十 nm から比較的凝集の抑制された数 μm 程度で，酸化物微粒子（SiO_2，Al_2O_3 等）の合成に利用されている[4,5]。また最近，Zn にリチウムやインジウムをドープすることでナノサイズのロッド状 ZrO を合成する研究も報告されている[6]。

2.2　プラズマプロセス

プラズマプロセスは，火炎プロセスよりさらに高エネルギーが必要な窒化物，炭化物，純金属微粒子の生成に用いられる。プラズマプロセスに用いられるプラズマは，主にプラズマ溶射における熱プラズマと，低圧中のグロー放電のような低温プラズマとに大別される。このうち低温プラズマは電子温度が高く，イオンや中性粒子の温度が低い非平衡プラズマであり，プラズマのパラメータを比較的制御しやすい。一方，熱プラズマは粒子密度が高く，電子のみならずイオンや原子などの重い粒子も高温度範囲にある。そのため，エネルギー密度が大きく，被加熱物質を短時間で高温にすることができることから，通常プラズマによる粒子合成プロセスには熱プラズマ

が使用されている。直流アークプラズマ法，高周波誘導プラズマ法，ハイブリットプラズマ法などが代表的である。プラズマの形成には，アルゴンまたはアルゴンと各種ガスの混合物を用い，また原料物質としては非常に温度が高いので，ガス状，液体状，固体状の物質が使用される。プラズマ反応は，5000 K 以上の高エネルギーのため化学反応は非常に早くなり，ほとんどの反応生成物はガス状となる。プラズマの急速な冷却により高い過飽和比が形成され，均一核生成により微粒子が生成する。温度の高い条件下では，中の詰まった液体状の微粒子が発生し，その後プラズマの冷却により凝集が生じ，さらに冷却が進むと凝集体となる。

　図3は，高周波（RF）熱プラズマ法による微粒子の製造装置の概略を示す。高周波熱プラズマの重要な特色は，比較的大きな直径（5〜6 cm 程度）のプラズマであること，およびガス流速が直流アーク法に比べて一桁程度低いためプラズマ内における反応物質の滞留時間を制御できることである。また，反応後の急冷が可能であることも材料合成には有利な特徴である。トーチの出口に水冷など急冷装置を設置することにより，$10^5 \sim 10^6 \mathrm{K \cdot S^{-1}}$ 程度の冷却速度を得ることができる。熱力学的に不安定な材料合成をしようとする場合には，エネルギーレベルの高い状態で準安定相を凍結しなくてはならず，このような冷却が可能である RF 熱プラズマは，新しい材料合成の手段として適している。また RF プラズマは無電極放電の一種であることも，材料合成に適している。すなわち無電極放電であるために電極物質が不純物としてプラズマ中に混入しない。また各種の反応性ガスを利用して，酸化雰囲気や還元雰囲気を自由に選択することができる。さらに，急冷条件や原料初期組成および粉体の供給量を変化させるなどの工夫によりナノサイズの

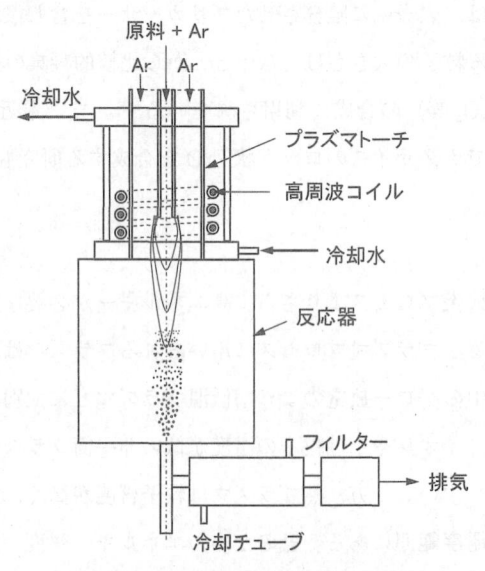

図3　高周波熱プラズマ法によるナノ粒子生成システム

第1章　気相法による微粒子合成

微粒子の生成も研究されている[7]。しかしながら，無電極放電であるRF熱プラズマは，外的じょう乱には敏感であるため，トーチに導入する反応物質によってプラズマが不安定にならないように，反応物質の量を限定しなくてはいけない。

また最近では，ナノサイズの微粒子合成にプラズマパラメーターの制御が容易な非平衡プラズマを利用する研究やプラズマのエネルギー密度が高いマイクロ波プラズマを利用しGaNナノ粒子などを合成する研究も報告されている[8]。

2.3 レーザープロセス

反応ガスへのレーザー光の照射により，化学反応を生じさせ，微粒子が生成されるプロセスである。一般に強力なパワーで，10.2 μm の波長をもつ炭素ガスレーザーが用いられる。達成される温度は約1800 K以下である。SiH_4，SiH_4/NH_4，SiH_4/炭化水素系が良く用いられ，Si，SiC，SiN_4 粒子が生成される。レーザーはガスを加熱し，SiH_4 の熱分解反応を促進させる。SiH_4 ガスからのSi粒子の生成の場合，反応温度はSiの融点より高いので，中の詰まったSi粒子が生成される。しかしながら，融点が高いSiCおよびSi_3N_4微粒子の場合，粒子は凝集粒子となる。SiCおよびSi_3N_4の中の詰まった粒子は，まず，低温でSi粒子を生成し，次に温度を上げ溶けた微粒子をガスと反応させ，炭化物および窒化物として生成される。また最近，酸素，窒素の混合ガス雰囲気中でワイヤーにレーザーを照射することで20～30 nmのγ-Fe_2O_3ナノ粒子をワンステップで合成する研究も報告されている[9]。ただし，このレーザープロセスは，量産技術とはなっていない。

2.4 電気炉加熱プロセス

一般に石英ガラス管のような耐高温性のセラミック管を反応管として管外壁より電気炉で加熱し，その反応管内に原料ガスを供給するものである。装置がシンプルであるため，広く用いられている。反応物質の供給方法としては，外部の蒸発器からキャリアガスによる同伴，反応器内での蒸発，昇華による方法などが主で，管内で起こる化学反応および均一核生成により粒子が生成される。また，粒子生成のシミュレーションのモデルリアクターとして用いられることも多く，粒子合成実験とシミュレーション結果を比較した研究も数多く行われている[10]。この電気炉加熱プロセスでは，反応温度，反応時間およびガスの滞留時間はかなり大きくなる。前述のプラズマプロセスでは，5000 K以上の高温であるので，反応時間は10^{-6}秒オーダーと短く，またガスの滞留時間も10^{-3}秒オーダーと短い。そのため，粒子の生成が短い時間で終了し，粒子が生成される。その結果，粒子生成の制御が困難となるのに対し，電気炉加熱プロセスでは反応時間，滞留時間を長くすることができるので，微粒子の生成を比較的制御しやすくなる。図4に電気炉加熱CVD法により合成した代表的な微粒子の電子顕微鏡写真を示す。また，有機金属とアンモニ

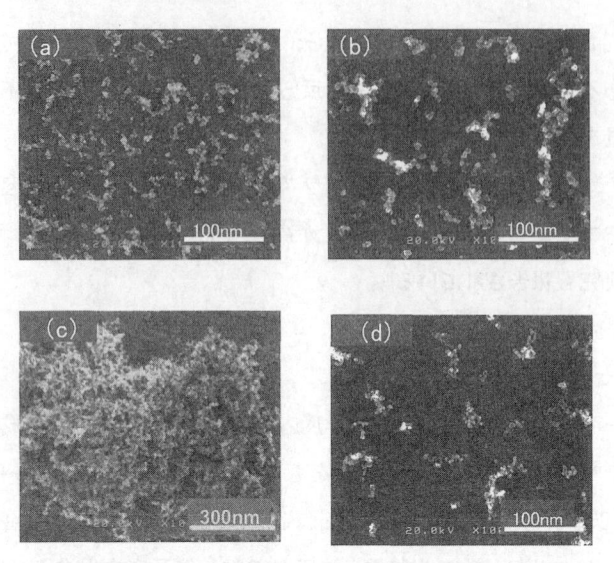

図4 電気炉加熱CVD法により生成した代表的なナノ粒子
写真：(a) ZrO_2, (b) SiO_2, (c) MgO, (d) TiO_2

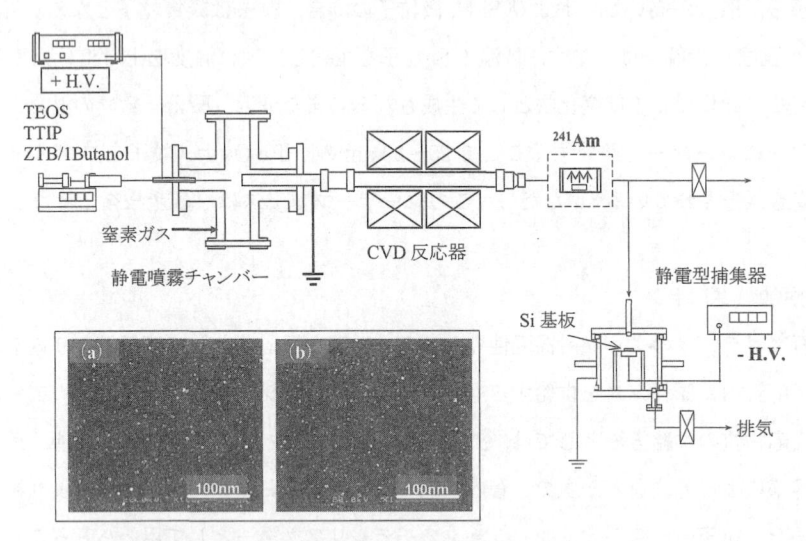

図5 静電噴霧-CVD法によるナノ粒子生成システム
写真 (a) TiO_2, (b) ZrO_2

アガスとの化学反応により，高純度，高結晶性のGaNナノ粒子の合成も可能となっている[11]。

また最近，微粒子の応用の観点から，分散性がよく，安定性が高いことが求められる。しかし，CVD法では合成される微粒子は凝集粒子となることが多い。そのため，凝集していない孤立した微粒子を生成するために静電噴霧-CVD法[12]が報告されている。図5に静電噴霧-CVD法による粒子合成装置の概要と合成された微粒子のSEM写真を示す。このプロセスは，静電噴霧法に

第1章　気相法による微粒子合成

より帯電した液滴を多量に発生させ，これを高温の反応炉に導入する。この反応炉内では，帯電液滴からの溶媒の蒸発と同時に，多量の単極イオンが発生し，これらのイオンと粒子の衝突により粒子が単極に帯電し，斥力により凝集が抑制された微粒子の合成が可能となる。

3　生成微粒子の構造制御

CVD法による微粒子の生成では，微粒子の結晶性，成長速度の角度依存性，粒子周囲の凝縮性物質の濃度などにより変化する。特に微粒子の結晶構造が非晶質か結晶質かにより大きく異なる。低温で合成される非晶質微粒子の場合，半径方向の成長速度が粒子面のすべての箇所で同一となるために球状となる。一方，高温下で生成する結晶粒子は，成長の過程において，粒子の表面で二次元核が形成されて成長していく。この二次元核の形成が，下地の結晶の方位に影響されない場合も球形の結晶粒子となる。しかしながら，下地の方位に従って成長（エピタキシャル成長）する結晶質粒子の場合，それぞれの結晶面の成長速度が異なることにより晶癖とも呼ばれる粒子特有の形状が生じる。遅い結晶速度を持つ面が結果として大きな面として生じ，結晶粒子の各方向の成長速度の相対的な速さにより，立方体，針状，棒状，板状といった形を形成する。図6に，CVD法により合成した種々の結晶形をもつ微粒子[13,14]の電子顕微鏡写真を示す。それぞれの材料の結晶特性に応じて，特異な形状をもつことがわかる。また，CVD法により製造される微粒子の多くは，鎖状の凝集粒子となるため，塊状の凝集粒子となることは少ない。しかし最近，亜鉛蒸気を発生，冷却させて亜鉛粒子を生成し，表面の酸化後，内部の亜鉛を取り除くことで，かご状の酸化亜鉛微粒子を合成する研究も報告されている[15]。

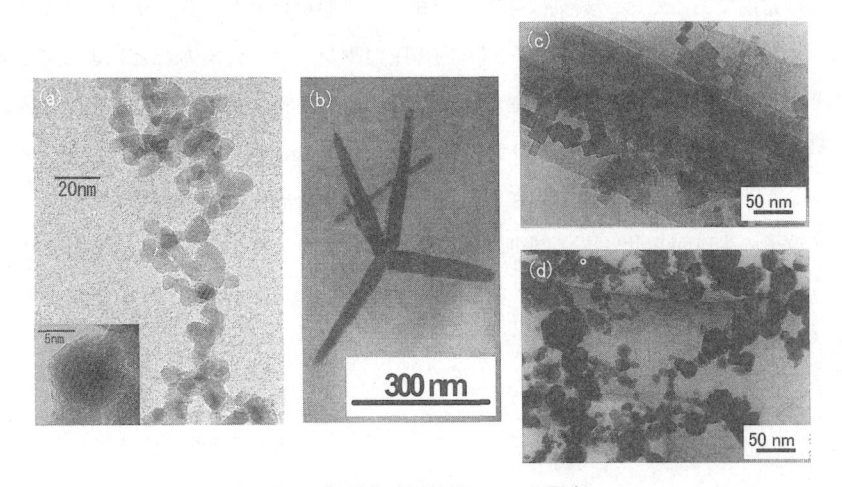

図6　各種非球形粒子のSEM写真
(a) GaN，(b) ZnO，(c) MgO，(d) Fe_2O_3

CVD法により生成される微粒子の形状が球状か凝集状態になるかは，凝集と凝集した粒子の焼結挙動に依存する[16]。凝集現象の速度を表す凝集特性時間（τ_c）が焼結現象の速度を表す焼結特性時間（τ_f）に比べて十分小さいとき，非球形の凝集粒子が生成されるが，時間τ_f経過すると焼結が進み球形粒子となる。しかし，このτ_f時間内に別の粒子が凝集すると，この場合も凝集粒子が生成する。すなわち，$\tau_f < \tau_c$では球形粒子，$\tau_c < \tau_f$では凝集粒子が生成される。τ_fの表示式は，焼結機構，粒子の物性（融点，拡散係数など），温度，さらには凝集体を構成する一次粒子の関数となる。したがって，合成粒子のサイズ評価には，微粒子の凝集現象と焼結現象の評価が重要となるが，どちらの現象も粒子生成過程における温度プロファイルにより決まる。

4 PVD法による微粒子合成

PVD法では，試料を物質の融点近くに加熱させて高温蒸気とし，これを冷却することで高い過飽和比の状態とし，均一核生成および凝縮によりナノ粒子を生成させる方法である。試料の材質（Ag, Au, Cuなど）と，冷却温度や試料の蒸発温度のコントロールにより発生する微粒子の大きさは約数nmから100 nmの範囲で調節できる。PVD法では，試料として用いる金属は塊状のものではなく，粉末あるいはメッシュ状のものを用いると塊状のものに比べて低温で高濃度のナノ粒子を合成できる。また，レーザーアブレーション法は，不純物の混入がなく，しかも高融点材料のナノ粒子が生成できるために，量子機能材料に適したナノ粒子の生成が可能となる。

ナノ粒子合成装置内でタングステン，シリコンなどの固体基板ターゲットに高出力のレーザー光を集光・照射すると，材料は蒸発し，プラズマプリュームを形成する。この際，雰囲気（不活性ガス等）は常温であるため，蒸気は急激に冷却され過飽和状態となり，ナノ粒子が生成する。生成したナノ粒子の粒子径は生成チャンバー内の圧力やレーザーの出力などによってある程度制御することができるが[17]，粒子の分布幅が広いために量子機能材料として用いるのは困難となっている。最近，3 nmのタングステンのナノ粒子[18]，5〜7 nmのシリコンナノ粒子[19,20]をレーザーアブレーション法によって合成し，さらに微分型静電分級器を組み合わせることで，大きさの揃ったナノ粒子の生成からサイズの制御，堆積・素子化まで一貫したプロセスが提案されている。

さらに，PVD法と電気炉加熱プロセスを組み合わせて，GaAsのナノ粒子を生成するプロセスも提案されている[21]。

第1章　気相法による微粒子合成

文　　献

1) 奥山喜久夫ほか，粉体工学叢書第2巻粉体の生成，pp. 67-104, 日刊工業新聞社（2005）
2) 奥山喜久夫ほか，微粒子工学，pp. 75-158, オーム社（1992）
3) K. Wegner *et al.*, *Mater. Lett.*, **55**, No. 5, 318（2002）
4) R. Mueller *et al.*, *Chem. Eng. Sci.*, **58**, 1969（2003）
5) R. Strobel *et al.*, *J. Catal.*, **213**, 296（2003）
6) J. Murray *et al.*, *Chem. Matter.*, **18**, 572（2006）
7) H. Nishiyama *et al.*, *Proceedings of 15 th International Symposium on Plasma Chemistry*, **4**, 1541（2001）
8) M. Shimada *et al.*, *Jpn. J. Appl. Phys.*, **45**, 328（2006）
9) Z. Wang *et al.*, *Powder Technol.*, **161**, 65（2006）
10) K. Nakaso *et al.*, *Aerosol Sci. Technol.*, **35**, 929（2001）
11) Y. Azuma *et al.*, *Chemical Vapor Deposition*, **10**, No. 1, 11（2004）
12) K. Nakaso *et al.*, *J. Aerosol Sci.*, **34**, 869（2003）
13) T. T. Kodas and H. Smith," Aerosol Processing of Materials", 33, WILEY-VCH（1999）
14) 瀬戸章文ほか，エアロゾル研究，**13**, No. 4, 337（1998）
15) H. J. Fan *et al.*, *Solid State Communications*, **130**, 517（2004）
16) 荻野ほか，化学工学ハンドブック，pp. 313-335, 朝倉書店（2004）
17) E. Ozawa *et al.*, *Scripta Mater.*, **44**, 2279（2001）
18) T. Seto *et al.*, *J. Aerosol Sci.*, **31**, S 628（2000）
19) N. Suzuki *et al.*, *Appl. Phys. Lett.*, **78**, 2043（2001）
20) Y. Kawakami *et al.*, *Appl. Phys. A*, **69**, 249,（1999）
21) K. Deppert *et al.*, *J. Cryst. Growth*, **169**, 13（1996）

第2章　液相法による微粒子合成

廣田　健*

1　液相法とは

1.1　粉体合成における液相法（湿式法）の位置づけ

　高い機能を有する無機材料（有機無機ハイブリッド等も含む），特にセラミックス（バルク，薄膜，ナノコンポジット，ナノ粒子等も含む）は，金属材料のように切断，研磨，圧延，切削等の塑性加工が困難であるため，一度，根源的な構成単位である結晶粒子の出発物質である粉体を調製し，これらをバルクや薄膜に成形し，最終的に使用される電子・光学部品，触媒や，電子デバイス等に対応した形状を付与してから，熱処理して緻密体や薄膜を作製するか，または，粉体のまま使用する。それ故，最初の出発原料である粉体が最終的な特性を左右するので，粉体合成は先進社会を支える基盤技術といっても過言ではない。

　粉体合成法には，良く知られているように，バルクの天然素材（鉱物等）を break down して微細化して粉体を調製するか，逆に微小な物質から人工的に build up することによって，微粒子を合成する2通りがあり[1〜3]，その際，途中のプロセスを，固相，液相，気相のどの相を経由するかによって，粉体の諸特性（純度，粒子径，形状，形態，粒径分布），コスト，量産性，エネルギー消費量等が決まる。量産性とコストの面から言えば，固相法が最も優れているが，製造される粉体は概して粒子径が大きく，純度が低いという欠点がある。一方，気相法では，原子，分子，イオンを凝集・再構築させて粉体を合成するので，高純度で超微粒子という利点があるが，量産性は低く，高コストとなる。その点，液相を経由する粉体合成法は，気相法に対して高濃度の原子，分子，イオン等の集団から分散性が高い状態を保ったまま固体の粒子を調製するので，粒子径も小さく粒度分布もシャープで量産性は高く，比較的コストも低くなり，今後高機能素材用の出発原料を開発して行く上で有利と考えられる。

1.2　液相法による粉体合成の分類

　図1に液相法の分類・特徴を示す。液相法には，①高温の融液から調製するものと，②低温または室温の溶液から調製する2種類がある。①は主として金属系の粉体合成に利用され，②はさ

---

*　Ken Hirota　同志社大学　工学部　機能分子工学科　教授

第2章　液相法による微粒子合成

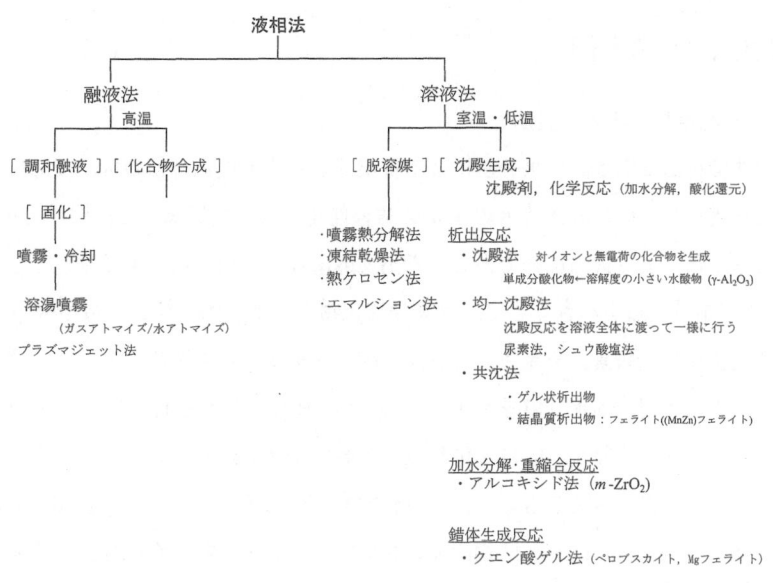

```
                            液相法
                   ┌─────────┴─────────┐
                  融液法               溶液法
                   高温                室温・低温
            ┌──────┴──────┐      ┌──────┴──────┐
         ［調和融液］ ［化合物合成］ ［脱溶媒］  ［沈殿生成］
            ［固化］                        沈殿剤，化学反応（加水分解，酸化還元）
           噴霧・冷却          ・噴霧熱分解法   析出反応
                              ・凍結乾燥法   ・沈殿法　対イオンと無電荷の化合物を生成
           溶湯噴霧            ・熱ケロセン法       単成分酸化物－溶解度の小さい水酸物（γ-$Al_2O_3$）
         （ガスアトマイズ/水アトマイズ）・エマルション法 ・均一沈殿法
          プラズマジェット法                     沈殿反応を溶液全体に渡って一様に行う
                                              尿素法，シュウ酸塩法
                                          ・共沈法
                                              ・ゲル状析出物
                                              ・結晶質析出物：フェライト（(MnZn)フェライト）

                                          加水分解・重縮合反応
                                          ・アルコキシド法（$m$-$ZrO_2$）

                                          錯体生成反応
                                          ・クエン酸ゲル法（ペロブスカイト，Mgフェライト）
```

図1　液相法の分類

らに，溶液中の溶媒を除去して粉体を残す［脱溶媒］法と，溶質を沈殿として分離する［沈殿生成］法に分類され，セラミックス系の粉体調製に用いられている。この分類法も便宜的なものであり，多様な要求特性に応じた微粒子の調製法が日々開発されており，これらの範疇に属さないものも多くある。ここでは，溶液法における粉体調製について，著者の研究や最近のトピックスも含めて紹介したい。

1.3　溶液法について[4]

　溶質と溶媒からなる溶液には，大まかに水溶液と非水溶液があり，前者は無機塩の水溶液を使用するため，後述する金属アルコキシド等に比べて無機塩自体が一般に安価であり，かつ，製造プロセスでは，有機溶媒，有害ガス等を使用する非水溶液系で必要な防爆仕様の装置を採用しなくてもよく，ハンドリングも比較的容易である。それ故，液相法の中では比較的製造コストが低く，生産性がよい。その中で［脱溶媒］法（物理的粉体調製法）では，従来の噴霧乾燥法，凍結乾燥法[5]，熱ケロセン法，エマルション法等に加えて，最近では，エマルション燃焼法による複合酸化物粉体の合成[6,7]，マイクロエマルションを用いた酸化物超微粒子の合成[8]等が報告されている。

　次に［溶液法］の中の代表的な粉体合成法である［沈殿生成］法（化学的粉体調製法）として，共沈法[9]，アルコキシド法（ゾルゲル法）[10～12]，錯体重合法[13～15]について簡単に述べる。詳しくは成書[16,17]や各方法について記載した論文等を参照されたい。

2 各溶液法の特徴と例

2.1 析出反応を利用した粉体調製法

　溶液からの沈殿析出反応は，加水分解による析出反応と難溶性化合物の析出反応に大別できるが，工業的に利用されているのは後者のイオン結合性化合物（無機塩）の溶液中での，pHや液温を変化させることによる析出反応である。析出反応には，①無機塩を出発物質とし酸に溶解し，pHの制御により溶解度積を小さくして，単成分酸化物や水酸化物を沈殿生成させる単純沈殿析出法や，②沈殿生成剤（尿素，チオ尿素，シュウ酸ジメチル等）を溶液に添加し，溶液を加熱することにより沈殿生成剤の加水分解を利用して溶液のpHを変化させ析出反応を溶液全体にわたって一様に行わせる均一沈殿法，③は2種類以上の金属イオンが共存する溶液から，金属イオンを同時析出（共沈殿反応）させるもので，分析化学や，金属イオンを含んだ産業廃液からの重金属イオンの分離[9]，軟磁性酸化物のMnZnスピネルフェライトの微粒子の調製等に利用されている共沈法[18]がある。図2に共沈法で調製したMnZnフェライト粒子の透過電子顕微鏡写真を示す。粒子径のそろった立方晶の微粒子が観察される。

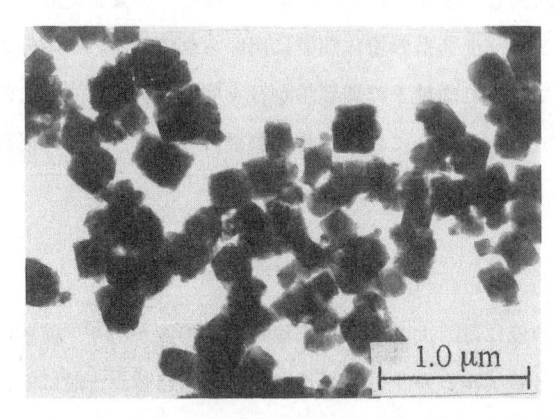

図2　共沈法で調製したMnZnフェライトの透過電子顕微鏡写真

2.2 加水分解・重縮合反応

　この方法は，原料化合物（一般に金属アルコキシド，$M(OR)_n$：Mは金属元素，Rはアルキル基）のカチオンの周りの化学結合を逐次的に加水分解させるとともに，別の加水分解化学種，または原料化合物分子と縮合させ酸素架橋により2量体を生成（単位過程）し，この単位過程を繰り返すことにより，オリゴマーを経て3次元的に重合した水酸化物や酸化物固体を合成する方法であり，W. Stöber *et al.*[10]がテトラアルキルシリケートから非晶質シリカ粒子を合成したのが有名である。このプロセスの途中，物質はゾル状態からゲルに変化するので，ゾル・ゲル（法）

第2章　液相法による微粒子合成

プロセス，また出発原料として金属アルコキシドを使用するので，アルコキシド法と呼ばれる場合がある[19]。高温の熱処理を必要とする固相反応では調製できない準安定相の粒子や，固溶体粒子および超微粒子もこの方法により調製できる。著者等[20,21]は以前，ZrO_2-Al_2O_3系にこのプロセスを適用して準安定相（正方晶ジルコニア固溶体）の微粒子を調製し，さらに熱間等方圧プレス（HIP）により低温で高密度に焼結し，破壊靱性値がIF法で評価して$20\ MPa\cdot m^{1/2}$を超えるセラミックスが得られたと報告している。一般に金属アルコキシドが高価であり，有機溶媒系を使用しなければならないので，量産性はあまり高くなく，コスト高になる。金属アルコキシドの一部をアセチルアセトネート[22~24]や，無機塩[25,26]に切り替える試み，さらに無機塩を用い完全な水溶液系で微粒子粉体を調製し，これを緻密化することにより機械的特性や電気的特性が著しく向上すること[27~35]等も報告している。

2.3　錯体形成反応（錯体重合反応）

　金属キレート錯体，特に金属のクエン酸錯体をエチレングリコール中で重合エステル化させ，ポリエステル樹脂に変更し，ポリマーの高温熱分解により組成が均質な微粒子を調製するクエン酸重合法[36]が最近注目を集めている。この方法では，共沈法の欠点である溶液の沈殿生成pHが異なる金属イオンを複数含む複合酸化物粉体の合成が可能となる。出発原料として硝酸塩を用いた場合，硝酸塩に含まれるニトロ基とポリマーが加熱重合時に一部「自己燃焼合成」を誘起され，その際発生する生成熱により，粉体の粒子形状・サイズ・形態の制御が難しいという問題や，調製した粒子に含まれるポリマーを酸化性雰囲気下（一般には，大気中）で高温熱分解させる時の

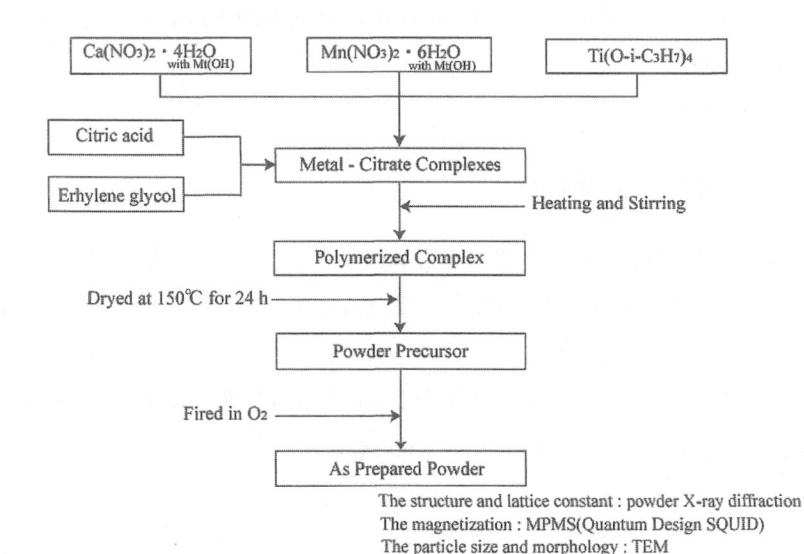

図3　錯体重合法による$Ca_2(Mn_{1-x}Ti_x)O_4$粉体合成のフローチャート

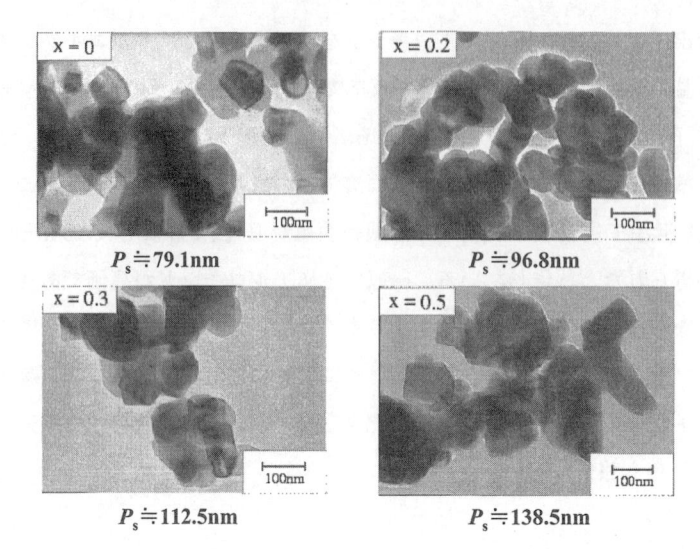

図4 酸素中 900℃-5 h 熱処理後の $Ca_2(Mn_{1-x}Ti_x)O_4$ (x=0, 0.2, 0.3, 0.5) 粉体の透過電子顕微鏡写真

金属イオンの酸化還元問題が残されており，価数が変化しやすい金属を含む複合酸化物粉体，例えば，スピネル単一相からなる MnZn フェライト粒子等，の調製は困難となる。しかし，固相法や，共沈法，ゾル・ゲル法では調製が困難な複合酸化物微粒子を，出発原料の仕込み組成通りに調製できる魅力は大きい。最近では，多様な機能が期待されるペロブスカイト系の複合酸化物微粒子がこの方法で調製され，その各種特性が評価されている[37~42]。図4に Ruddlesden-Popper 型のペロブスカイト系酸化物である $CaO-nCa(Mn_{1-x}Ti_x)O_3$，$n=1$，$x=0.0, 0.2, 0.3, 0.5$ 組成の粉体の調製プロセスを，図4には得られた粉体の透過電子顕微鏡写真を示す。結晶粒子径 P_s が〜100 nm の箔片状粒子が観察される。

3 液相法（溶液法）の問題点

ここで，液相法，特に溶液法による微粒子粉体調製について，その問題点を挙げ，今後の開発方向を探ってみたい。多成分系酸化物粉体（複合酸化物粉体）を大量生産するには，溶液法の中でも共沈法は経済的に最も有利である。そこでこの共沈法を中心に取り上げ，残された課題を検討する。課題は大きく3つ有り，その1つは均質な溶液調製の問題，2つ目は粉体自身の問題，3つ目は溶媒からの分離，すなわち乾燥の問題と思われる。

第2章　液相法による微粒子合成

3.1　均質な溶液の調製
3.1.1　水溶液系の共沈法
① 例えば，共沈法では同一水溶性塩に限定されることである。硝酸塩系の出発原料を用いると得られる粉体は一度大気中で熱処理することで，残留アニオンは殆ど無くなるが，工業的に有用な金属の硝酸塩が製造されにくかったり，不安定であったりすること（$Pb(NO_3)_2$, $TiO(NO_3)_2$ は不安定）。硫酸塩系や塩酸塩系では，残留アニオンがあると粉体の焼結性が低下し，また，脱アニオン処理時に環境汚染を引き起こす場合が有る。

② 沈澱生成時の組成ずれ：溶液から沈澱を生成させる時，各金属の沈殿生成 pH の差は ≤3 と言われている。正滴定法（アルカリ水溶液の金属塩混合溶液への滴下）では溶液は酸性から中性へと変化し，順次沈澱が生成するため沈澱物は混合粉体となり，仕込み組成が維持されにくい。一方，逆滴定法（金属塩混合溶液を濃アンモニア水に滴下）では，強制撹拌下溶液の pH の変動は殆どなく，比較的均質な組成分布をもつ錯体ゲル状沈澱が得られる。この沈澱物はろ過性が低く，洗浄が困難であり，残留不純物や，凝集した粒子が乾燥後や仮焼後に固い二次粒子を形成し，ひいては粉体特性や焼結性の低下を招く。この問題を解決するため，多段湿式法[43]，粉末分散型多段湿式法[43]，クペロン法[44]等が提案されているが，複雑なプロセスとなっている。また，新しい共沈法[45]の提案もなされている。

3.1.2　非水溶液系のゾル・ゲル法や錯体重合法
　上記法では溶液調製に関して，高価格原料の使用，合成プロセスにおける不要な加水分解防止，有機溶媒を使用する際のハンドリングの煩わしさ，防曝装置使用によるコスト高を如何に低減するか，生産性を如何に向上させるかが残された課題と思われる。

3.2　粉体そのものの課題
① 組成について：今までは個々の粒子それぞれの組成の均質化を図ってきたが，今後は粒子内部の均質化や，粒子の中心部から外部に向けて組成の傾斜化，粒子表面の他成分酸化物による修飾やハイブリッド化が必要と思われる。

② 形態および形状について：従来セラミックス粉体としては球状粒子が望まれてきたが，ナノサイズの針状粒子であるカーボンナノチューブ（CNT）[46]やカーボンファイバー（CNF）[47]とのハイブリッド化を検討する上で，針状や柱状の粉体も検討課題になる。

③ 粒子径：break down の固相法では数 μm サイズの粉体粒子の製造が限界であったが，溶液法では粒子径分布がシャープなサブミクロンから数 nm の粒子を，安定に低コストで供給できる製造法の確立がさらに求められる。

④ 粒子の結晶化学・結晶構造的な制御：粒子表面や内部の性状（組織，組成等）は言うに及

ばず，表面吸着ガス（種類，量），残存する格子歪や格子欠陥（酸化／還元処理による酸素欠損や金属イオン欠損量）まで，今まで確実な情報として把握していなかった特性についても精密に制御することが求められる。

3.3 溶液からの粉体の分離・乾燥

せっかく精緻に制御して調製した微粒子粉体も，溶液やスラリーから分離して取り出すプロセスである乾燥工程で，一次微粒子が凝集・固結してハンドリングが困難な二次粒子にしてしまう場合が多い。水溶液系では水分を一旦低沸点のアルコールに置換する試みや，低温減圧乾燥，凝集防止剤の投与等が行われているが，理想的には乾燥分離工程なしで，最終的な使用状況まで微粒子粉体をスラリーのままで持っていくプロセス（粉体の移送）の開発が今後もっと検討されるべきと思われる。

4 まとめ

無機塩は一般に価格が安く，原料供給も安定している。また，粉体合成法の中でも液相法（溶液法）は比較的製造コストが低く抑えられ，生産性もよい。これらの理由から無機塩溶液を使用した粉体合成法はセラミックス粉体の製造に広く採用されている。しかし，粉体に対するさらなる多様な特性に応じて，粉体調製法が提案され，それぞれの特徴を生かした粉体を供給するに至っている。例えば，無機塩溶液からの粉体調製法として，コロイド熟成法[48]，酵素を利用した沈澱法（biomineralization）[49]や新しい共沈法[45]があり，種々の形態・サイズ，組成を持つ微粒子が調製されている。今後，様々な分野でこれらの粉体調製法がスクリーニングされ，有効な調製法がそれぞれの分野で住み分け，生き残っていくと思われる。

文　　献

1) 水谷惟介ほか，セラミックプロセシング，技報堂出版 p. 23（1985）
2) 尾崎義治，セラミックス，16，570，675（1981）
3) 水谷惟介，セラミックス，16，774（1981）
4) 永長久彦，溶液を反応場とする無機合成，培風館（2000）
5) 三原敏弘，セラミックス，16，848（1981）
6) 鷹取一雅，セラミックス，34，89（1999）

7) T. Tani et al., *Ceram. Trans.*, 112, 23 (2000)
8) 増井敏行ほか，セラミックス, 34, 93 (1999)
9) R. Valenzuela, Magnetic Ceramics, p. 38, Cambridge University Press (1994)
10) W. Stober et al., *J. Colloid Interface Sci.*, 26, 62 (1968)
11) E. Matijevic, Ultrastructure Processing of Ceramics, Glasses, and Composites, p.334, John Wiley & Sons (1984)
12) C. A. Barringer et al., *J. Am. Ceram. Soc.*, 65, C 199 (1982)
13) M. P. Pechini, U. S. Patent No. 3 330 697 (July 1967)
14) M. Kakihana, *J. Sol-Gel Sci. Technol.*, 55, 7 (1996)
15) V. Petrykin et al., *Studies of High Temperature Superconductors*, vol. 37, p. 145, Nova Science Publishers, New York (2001)
16) J. D. Wright et al., "Sol-Gel Materials", Gordon and Breach Science Publisher, Australia (2002)
17) "Ceramic Processing Science VI", *Ceramic Transaction*, vol. 112, ed. S. Hirano, G. L. Messing, N. Claussen, The American Ceramic Society, Ohio (2001)
18) H. Robbins, FERRITES, *Proc. Int'l Conf. Ferrites*, p. 7, Japan (1980)
19) 作花済夫，ゾル-ゲル法の科学，アグネ承風社 (1988)
20) S. Inamura et al., *J. Mater. Sci.*, 29, 4913 (1994)
21) 山口修ほか，粉体および粉末冶金, 43, 899 (1996)
22) M. Shimazaki et al., *Mat. Res. Bull.*, 28, 877 (1993)
23) M. Shimazaki et al., *Mat. Res. Bull.*, 29, 277 (1994)
24) H. Watanabe et al., *J. Mater. Sci.*, 29, 3719 (1994)
25) Y. Matsumoto et al., *J. Am. Ceram. Soc.*, 76, 2677 (1993)
26) S. Kikkawa et al., *Solid State Ionics*, 151, 359 (2002)
27) K. Ishida et al., *J. Am. Ceram. Soc.*, 77, 1391 (1994)
28) K. Yamakata et al., *J. Am. Ceram. Soc.*, 77, 2207 (1994)
29) J. Yasuhara et al., *J. Mater. Synth. & Proc.*, 3, 143 (1995)
30) S. Hirano et al., *J. Am. Ceram. Soc.*, 78, 1414 (1995)
31) S. Hirano et al., *J. Am. Ceram. Soc.*, 79, 171 (1996)
32) Y. Matsumura et al., *Solid State Commun.*, 104, 341 (1997)
33) K. Azegami et al., *Mat. Res. Bull.*, 33, 341 (1998)
34) N. Yoshida et al., *J. Am. Ceram. Soc.*, 81, 2213-15 (1998)
35) K. Azegami et al., *J. Electrochem. Soc.*, 147 2830 (2000)
36) M. Kakihana et al., *J. Am. Ceram. Soc.*, 79, 1673 (1996)
37) S. Kikkawa et al., *Ceram. Trans.*, 112, 77 (2000)
38) K. Hirota et al., *Mater. Res. Bull.*, 37, 2335 (2002)
39) K. Hirota et al., *J. Mater. Sci.*, 38, 3431 (2003)
40) H. Taguchi et al., *Solid State Ionics*, 172, 611 (2004)
41) H. Taguchi et al., *PHYSICA B*, 367, 188 (2005)
42) K. Hirota et al., *J. Mater. Sci. Lett.*, 40, 801 (2005)

43) 無機材研研究報告書，第 49 号，"オプトエレクトロニクス焼結材料に関する研究"（1986）
44) K. Kakegawa *et al.*, *J. Am. Ceram. Soc.*, **67**, C 2（1984）
45) 松田伸一，セラミックス，**34**, 84（1999）
46) S. Iijima, *Nature.* **354**, 56（1991）
47) M. Endo *et al.*, *Carbon.* **39**, 1287（2001）
48) 鈴木久男，セラミックス，**34**, 76（1999）
49) 鵜沼英郎，セラミックス，**34**, 80（1999）

第3章　微粒子の形態制御法

白川善幸*

　粒子の形態は，粒子径分布，粒子形状[1]，表面ならびに粒子内構造などで定量的に表せる。粉体工学では粒子形態と粒子形状は同義語として扱うので[2]本章では形状制御を主に話を進めるが，形状を変化させる過程で粒子径，粒子のミクロな構造も影響を受けるので，関係のあるところで少し触れることにする。

　粒子の重要な特性である粒子形状は，粉体プロセスにおける流動性，固-液分離における沈降速度，溶媒への溶解度，粒子表面の反応率，触媒効果など様々な現象に影響を与える因子である。この粒子形状を制御する方法として，粒子合成と同じく build up 法と break down 法がある。同じというよりも，形状は粒子を造る過程で調整されることが多い。Break down 法としてよく用いられるのは，粉砕プロセスである。大きな粒子を対象とすることが多く，生成した粒子の形状や大きさが不均一になる欠点があるが，大量の粉体を扱う場合において威力を発揮することは粒子生成における粉砕の利点と同じである。これに対して build up 法は，粒子の大きさとともに形状を精緻に制御できる可能性をもつ方法であり，特にサブミクロン以下の粒子形状制御で多用されている。ここではじめに build up による形状変化について述べる。

　結晶の成長過程においてその形の成り立ちを理解することは，形状制御する上で重要なことであり，これまで極めて多くの研究がなされている[3~6]。結晶が成長しているときは原子，分子，イオンなどの結晶の成長単位が結晶面に移動し付着する過程であるので，熱力学的に非平衡状態である。したがって，成長の途中で結晶表面をミクロに見ると，その形状は時々刻々変化しているはずである。これがいずれ平衡状態に達して結晶の成長が終わると結晶の形状も変化しなくなる。そこで，成長段階の結晶形状を成長形，平衡状態に達し形が変化しなくなったときの形状を平衡形と呼ぶ。

　成長過程で結晶が形成されていくとき，成長速度が遅い面の表面に現れる。溶液からの成長の場合，成長速度を決定付ける因子として過飽和度 S がある[7]。

$$S = \frac{C - C_s}{C_s} \tag{1}$$

＊　Yoshiyuki Shirakawa　同志社大学　工学部　物質化学工学科　助教授

新機能微粒子材料の開発とプロセス技術

ここで C は溶液の濃度，C_S は飽和溶解度である。この過飽和度が結晶表面に成長単位が移動する駆動力となる。したがって，過飽和度が大きければ成長速度も速くなる。過飽和度は結晶形成に大きく影響を与えるため形状と密接な関係がある。例えばヨウ化カリウムの場合[8]，過飽和度が0.10以下では（100）面に囲まれた立方晶になり，0.10から0.14ぐらいまでは（100）と（111）面の双方が表面に現れる多面体に，さらに0.14を越えると（111）面だけからなる正八面体になる。このように過飽和度によって各面の成長速度が変わるのは，各面が作る表面の電荷密度の違いによる溶媒分子の吸着，それにともなう結晶表面における溶媒分子の構造化による影響である[9〜11]。他にも面の成長速度を変える原因の一つに結晶表面への不純物の付着が上げられる。この性質を積極的に用い，結晶成長過程で不純物（媒晶剤）を添加し，結晶の形状を変化させる方法がある。これについては本編第5章6で具体例を紹介する。

　分子量が大きな物質の場合，成長速度が速いと非晶質（アモルファス）化し易い。粒子の構造が非晶質である場合，等方的に成長すると考えられるため粒子は球状になる。図1(a)と(b)はゾル–ゲル法の一つであるStöber法[12]によって作製したSiO$_2$粒子のSEM写真とX線回折実験の結果である。両図よりSiO$_2$粒子が球状で非晶質であることが分かる。この方法は，アルコール溶媒中で金属アルコキシドを加水分解させ，単分散微粒子を作製する方法としてよく用いられる。SiO$_2$微粒子を作製するには，オルトケイ酸テトラエチル（TEOS）を用い，加水分解によってSi(OH)$_4$ができ，これが脱水縮合してSi-Oのネットワークを形成するときに非晶質化すると考えられる。

　他にも熱力学パラメターを変化させた反応場での合成による形状制御法もある。超臨界水熱合成法によってベーマイトを作製すると，臨界点近傍で化学平衡が大きく変化するため，溶存化学種の分布も大きく変わり，条件によってひし形状，六角板状，剣状，ひだのついたフットボール状と変化させることができる[13]。同様に超音波を照射することで局所的に温度や圧力を変えて行

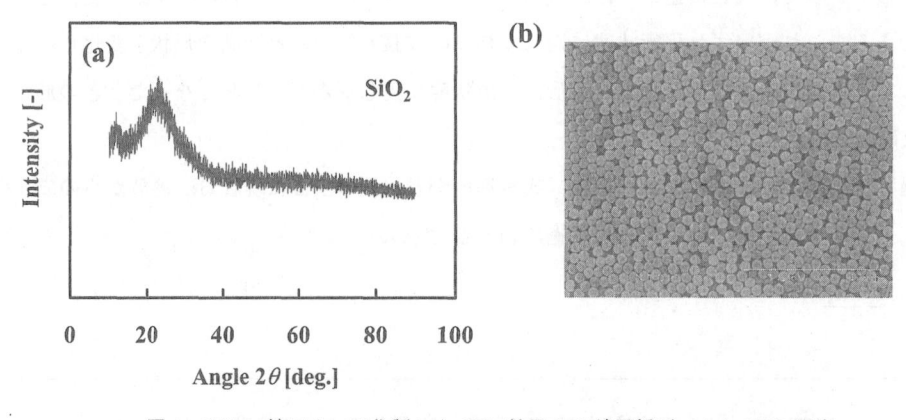

図1　Stöber法によって作製したSiO$_2$粒子のX線回折データとSEM写真

第3章　微粒子の形態制御法

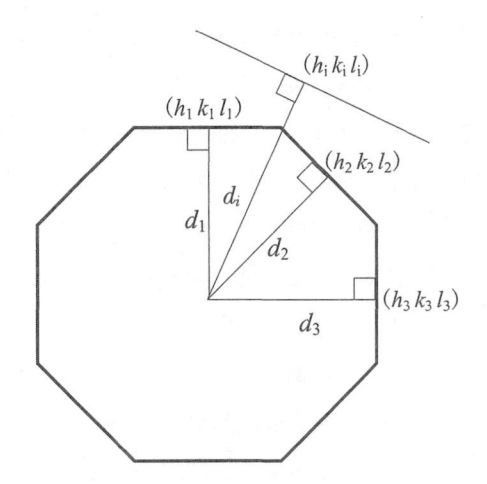

図2　ウルフの定理を用いた平衡形の算出法

うソノケミカル反応も形状制御法として興味深い[14]。

　平衡状態における結晶形状は"結晶の体積を一定にしたままで，結晶の全表面エネルギーを最小にする形"がとられる。よく知られているように形状を自由に変えることができる液体の場合，この法則にしたがって球状になる。結晶のように異方性を持つ場合，平衡形はウルフの定理によって決定される[3,4]。結晶内部の一点から方位iの結晶表面への垂線の距離をd_iとすると

$$\frac{\sigma_1}{d_1} = \frac{\sigma_2}{d_2} = \frac{\sigma_3}{d_3} = \cdots = \frac{\sigma_i}{d_i} = 一定 \tag{2}$$

ここでσ_iは方位iの結晶面の表面エネルギー密度である。各面のエネルギー密度が分かれば，この定理にしたがって図2のようにd_iを決め，一番内側の閉じた多面体がその結晶の平衡形になる。これは，気相成長で定義されているが，液相成長の場合は表面エネルギーを溶媒との界面エネルギーで置き換えればよい。したがって，不純物の添加や溶媒変更によって表面エネルギーならびに界面エネルギーを変えることができれば，平衡形でも形状を変化させることができる。以上は核成長から表面が支配的であるサイズにおいて有効で，主に単結晶粒子の形状制御に適応される。

　一般的に粒子径が大きい場合は，その構造は単結晶であるよりも単結晶の集合体である多結晶が多いだろう。この多結晶粒子は一次粒子の凝集過程によって形状が決定する。水酸化カルシウムスラリーに炭酸ガスを導入し，炭酸カルシウムを析出させる炭酸ガス化合法において，反応条件を変化させることで様々な凝集体が得られる。この方法を用いると，塩化カルシウムと炭酸ナトリウムを混合させる液-液反応よりもさらに高純度で粒子径の揃ったナノサイズの多様な形状の粒子を生成することができる[15]。例えば，コロイド状（粒子径0.04-0.08μm），紡錘状（長径1-3μm，短径0.2-1μm），柱状（長径1-5μm，短径0.05-0.2μm），その他多種多様な形態や粒子

新機能微粒子材料の開発とプロセス技術

径の炭酸カルシウムを得るための反応条件が明らかにされている[16]。しかしながら，反応過程が固体水酸化カルシウムの溶出，炭酸ガスの吸収反応，核生成，結晶成長という反応経路をたどるため炭酸カルシウムの析出粒子生成メカニズムは極めて複雑であり，目的に応じた凝集粒子を得る方法は経験的知見に依存し，形態形成機構にもとづく制御法は十分に確立されていない。そこで近年，工業的に広く用いられる紡錘状炭酸カルシウムを対象として，その形態形成を支配する主要な因子と形態形成機構を解明するために，粒子生成過程における1次粒子の分散と凝集が形態形成に与える影響についてコンピュータシミュレーションを用いた検討がなされている[17]。

次に粒子の凝集をバッファーによって制御し，形状を変える例を示す。杉本らは球状マグネタイトの生成でこの方法を用いている[18]。硫酸第一鉄溶液に水酸化ナトリウム溶液を添加して水酸化第一鉄を調整し，硝酸カリウムを加え加熱すると球状のマグネタイトが得られるが，硝酸カリウムを添加したとき水酸化第一鉄ゲル中に微細なマグネタイト粒子が生成し，それが凝集する。このときゲルの網によって凝集が制御され，単分散化するというプロセスである。このようにバッファーとして他の物質を混入させ凝集や成長を制御する方法は，このままでは複雑な形状制御は望めないが，鋳型に近い働きをする点で興味深い。他にもマイクロエマルション，逆ミセルなどを利用する方法[19]も型を利用する点で形状制御法として発展が望まれる。以上は build up 法による形状制御法を示したが，成長形での形状制御は作製条件によって様々な因子が組み合わさるのでケーススタディーの域を脱しない。したがって，紹介した内容は極々一部であることをご理解いただきたい。

最後に粉砕による形状変化について触れておく。特に最近は医薬品の多くが水に対して難溶解性で，これを改善するために粉砕プロセスによる微粒化が盛んに行われており，その際の粒子形状変化が注目されている[20]。一般に粉砕では粒子形状が不規則になり，粒子径分布も広くなる。しかし，へき開するような物質では破砕されやすい結晶面があるため，その形状はある程度保たれる。例えば Bi_2Te_3 は，図3に示すように Bi と Te が層状構造になっており，また，c 軸に沿

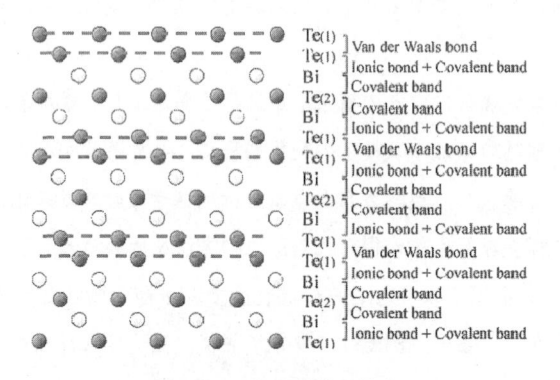

図3　Bi_2Te_3 の構造と結合

第 3 章　微粒子の形態制御法

粉砕前　　　　　粉砕後

図 4　Bi_2Te_3 の SEM 写真

った Te–Te の層間はファンデルワールス力で他の結合に比べて弱いため，そこでへき開が起こる。図 4 は粉砕前後の Bi_2Te_3 の SEM 写真である。平板構造が保たれている様子が分かる。工業的には多くの場合，ボールミルなどの粉砕装置を用いるが，長時間のミリングやミルの回転数など粉砕条件によっては角が取れていく。したがって，粉砕プロセスでの形状制御はミリング条件に大きく依存する。

文　献

1) 三輪茂男，粉体工学通論，日刊工業新聞社（1996）
2) 粉体工学用語辞典，粉体工学会編，日刊工業新聞社（2000）
3) 後藤芳彦，結晶成長，内田老鶴圃（2003）
4) 齋藤幸夫，結晶成長，裳華房（2005）
5) 黒田登志雄，結晶は生きている，サイエンス社（1994）
6) 日本結晶学会編，結晶成長ハンドブック，共立出版（1995）
7) 中井　資，晶析工学，培風館（1986）
8) M. Bienfait et al., *Bull. Soc. Franc. Miner. Crist.*, **87**, 604（1964）
9) P. Hartman, *Crystal Growth* ed. P. Hartman, North Holland, Amsterdam（1973）
10) Shinto et al., *J. Phys. Chem. B*, **102**, 1974（1998）
11) K. Kadota et al., *J. Nanoparticle Research*（2006）in press
12) 作花済夫，ゾル-ゲル法の科学，アグネ承風社（1996）
13) 阿尻雅文，粉体工学会誌，**40**, 876（2003）
14) 榎本尚也ほか，化学工業，**56**, 112（2005）
15) 荒川正文，粉体工学会誌，**41**, 25（2004）
16) 例えば田辺克幸ほか，資源と素材，**118**, 346（2002）
17) 山本武伸ほか，粉体工学会秋期研究発表会講演論文集，5（2005）
18) 杉本忠夫，粉体工学会誌，**29**, 912（1992）

19) 例えば　森　康維,化学工学論文集, 27, 736 (2001)
20) 福中唯史ほか,薬学雑誌, 125, 951 (2005)

第4章　複合微粒子の調製法

横山豊和*

1　はじめに

　新しい機能性材料が次々と開発されているが，これらは通常様々な素材が組み合わされてできており，それぞれの物質の特長を生かしながら欠点をカバーし，さらに今までに得られなかった様々な機能を発現している．複合材料の考え方は古くからみられるが，微粒子工学や粉体技術の進歩に伴い複合化も微細化が進み，近年ナノオーダの極超微粒子レベルでの複合粒子の作製も行われるようになり種々の形で実用化されている．
　微粒子を作製する方法が，ブレイクダウン法とビルドアップ法に大別されるように，微粒子の複合化技術も超微粒子を合成する過程で複合化する場合と，既に固体微粒子となっているものを組み合わせて複合化する場合があるが，ここでは固体粒子の複合化手法を対象粒子の大きさの順に整理して，それぞれの領域で代表的ないくつかの手法について述べる．

2　固体微粒子の複合化法

　固体粒子の複合化の考え方[1]についてはかなり以前より議論されていたが，80年代に入って粒子設計の観点より流動層造粒装置を使ったコーティングやカプセル化などが活発に研究開発されるようになり，そして80年代後半には乾式粒子複合化法[2,3]が開発されてその幅が広げられた．その後，超微粒子への関心が高まる中，その複合化の研究が進められ，特に2000年頃よりナノテクノロジーという言葉が頻繁に使われるようになってから複合ナノ粒子が注目されるようになってきた．
　図1に固体粒子の複合化法を，厳密な定義によるものではないが，対象粒子の一般的な大きさを想定してその順に並べたものを示す．最も微細な複合化としてオングストローム前後の領域で，分子構造や結晶構造内での包含がインターカレーションやインクルージョンのような形で，分子やイオンレベルで行われる．もう少し大きなnmの領域では，CVDやPDV，プラズマやレーザを使ったり，アブレーションや蒸発法などによる気相法，ならびにゾルゲルや共沈法，重合やア

---

*　Toyokazu Yokoyama　㈱ホソカワ粉体技術研究所　管理本部　知財・学術情報部　取締役

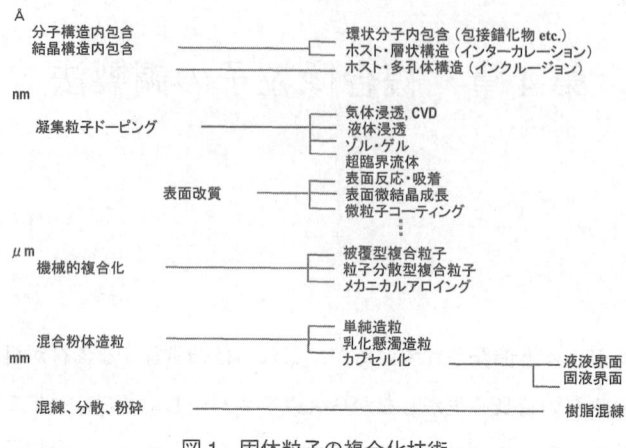

新機能微粒子材料の開発とプロセス技術

図1　固体粒子の複合化技術

ルコキシド法，あるいは噴霧熱分解や晶析法などの手法を使った液相法などによりナノ粒子を作製する時点で多成分の元素を組み合わせて複合化の可能性がある。また，超臨界流体を用いた粒子の作製，複合化[4]も近年活発な研究開発が行われている。これらの粒子複合化において，粒子表面に異種成分を吸着・反応させたり，コーティングしたり，あるいは粒子の表面の組成を変化させて表面改質を行う操作も一種の固体粒子の複合化と考えられる。

さらに大きなμm領域で有用な方法として機械的粒子複合化法がある。この方法は，ホスト粒子とゲスト粒子の混合物に機械的なエネルギーを加えて異種粒子を直接結合させるものである。この場合，複合化させるゲスト粒子はナノ粒子であることが多いが，核となるホスト粒子の大きさは通常1μmから数100μm程度までの粒子が適当である。

さらに大きな領域での複合化手法として，微粒子の造粒やカプセル化による複合化があり，その製品粒子の大きさは一般に数10μmから数mmの範囲となる。また，樹脂へのフィラーの混練分散の場合のフィラーのサイズはnmからμmまで様々であるが，樹脂と混練する場合にはマスターバッチを数mm程度のペレットにして処理する場合が多い。

3　複合ナノ粒子の調製法

3.1　気相法による複合ナノ粒子の作製

気相法により複合化を行う研究は多く見られるがここではCVDを用いて複合ナノ粒子を量産レベルで製造している例について述べる。この方法は瞬間気相反応法（FCM）と呼ばれ，図2に示すように金属化合物の液体原料を混合・噴霧してプラズマで気化・反応させた後，瞬間冷却により，粒成長や凝集が起こらないようにしてナノ粒子を回収するシステムである。この方法に

第4章　複合微粒子の調製法

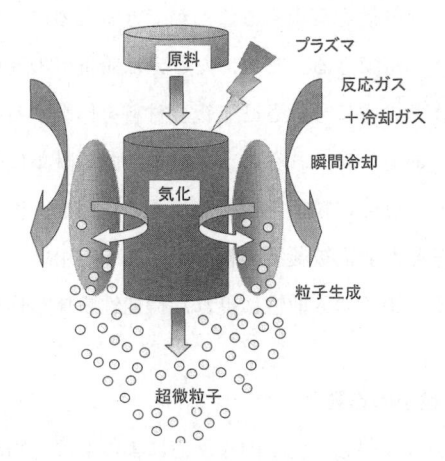

図2　FCMによる複合ナノ粒子の作製原理図

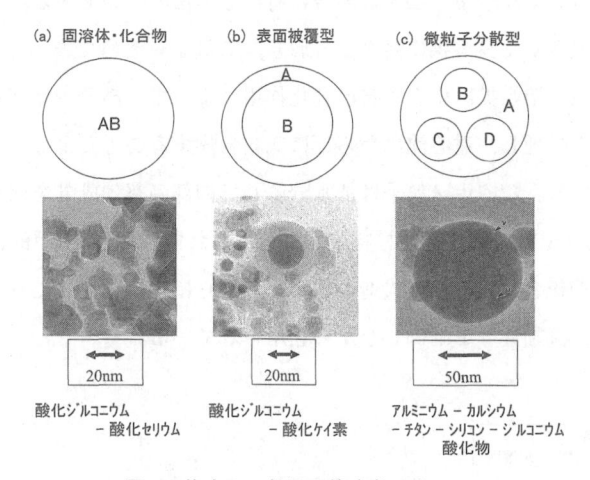

図3　複合ナノ粒子の複合化パターン

よって作製した複合粒子は図3に示すようにいくつかのパターンに分けられる。一つは各成分が相互に溶解し，固溶体や化合物を形成する場合である。2つ目は核粒子の周りが別の元素の化合物で覆われた表面被覆型の複合粒子である。もう一つは，マトリックス材料の中に他成分の粒子が微細に分散した構造の粒子である。これらの粒子構造は材料の種類と組合せによって決まってくるが，原料の混合比を変えることによって複合粒子の組成比をかなり大きく変化させることができる。

この方法で作製された粒子の大きさは通常10～100nm程度で，製造条件によってある程度制御が可能である。これらの異なる粒子構造を持った複合ナノ粒子はそれぞれの用途に応じて機能性材料として利用されている。一般にこのようにナノ粒子のレベルで多成分の素材を複合化して

おくことにより，極めて均一な分散を実現することができるために，ナノ粒子本来の特性を発揮させて高機能な材料の創製が期待できる。また，たとえば誘電率の高い酸化物や記録媒体材料となる化合物等のナノ粒子を樹脂の中に分散させて複合材料を作製する際に，これらを直接接触させると樹脂を劣化させたり，あるいはこれらのナノ粒子の強い凝集により分散自体が困難な場合がある。このような場合に，これらの粒子を核としてその表面を，樹脂安定性に優れ，樹脂との親和性の良い化合物でカバーした表面被覆型の複合ナノ粒子を用いることにより，マトリックスとなる樹脂材料に優しく，その中での分散性に優れた機能性粉体を作製することができる。

3.2 液相法による複合ナノ粒子の作製

液相法による複合ナノ粒子の作製も，化学的な反応によるもの，物理的な方法によるものなど様々な手法が応用されている。図4に示す球形晶析法[5]は生体適合性の高分子であるPLGAに薬効成分を封入した複合ナノ粒子を作製する場合に有用な方法の一つである。これらの原料をアセトンとアルコールを混合した良溶媒に溶かしておき，これを貧溶媒であるPVA水溶液に滴下することによって，急激な溶媒拡散による自己乳化作用によって，高分子ナノ粒子の懸濁液が生成され，これを溶媒留去処理し，遠心沈降ならびに凍結乾燥することによって，薬物を封入したナノ粒子粉体が作製される。このナノ粒子は加水分解して内部の薬効成分を徐々に放出する徐放効果があり，DDS用基材や機能性化粧品材料として活用されている[6]。実用的にはこれらのナノ粒子を後述の機械的粒子複合化法や，湿式造粒法によりさらに複合化させたり，表面改質によって粒子付着力や分散性，流動性等を制御しながら利用されている。

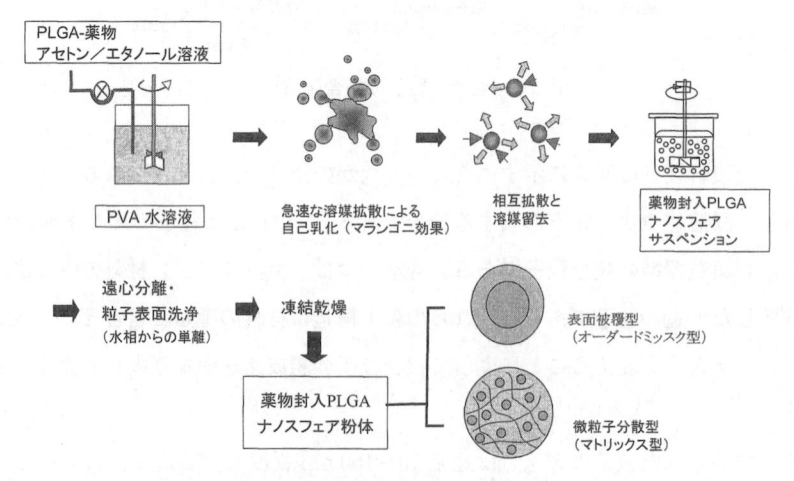

図4 球形晶析法による薬物封入PLGAナノスフェアの作製プロセス

第4章　複合微粒子の調製法

4　乾式機械的粒子複合化法による複合粒子の作製

　乾式機械的粒子複合化法は粉体に機械的な力を加えることによって，異種粒子を混合し分散しながら粒子間の結合を図り複合粒子を作製する方法である．粉体の混合，分散，粒子複合化を行う装置には，図5のようにいくつかの形式に分類され，容器が回転あるいは振動してエネルギーを伝達するものと，固定容器の中でブレード付のロータ等が回転したり，あるいは高圧気流によって力が加えられるものなどに大別される．また，これらを複合した形式の装置も出てきている．これらの装置においては，粒子に加えられる力の大きさと方向ならびに速度とこれらの組合せと共に，処理材料の特性によって異なる効果が得られる．

　たとえば図6に示すメカノフュージョンシステムでは，原料粉体が回転容器の内壁に遠心力で固定され，これと曲率半径の異なる静止したプレスヘッドとの間で強力な圧縮剪断力を受けなが

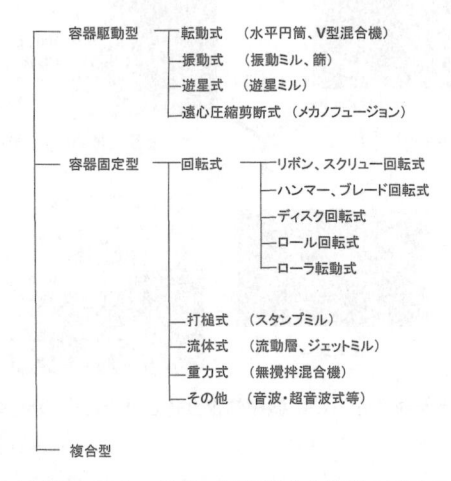

図5　主な粉体の混合，分散，粒子複合化装置の形式による分類

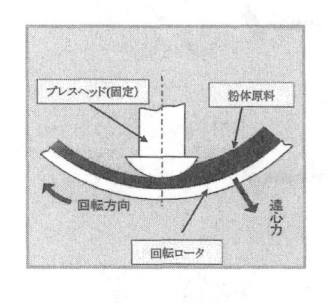

(a) 基本原理

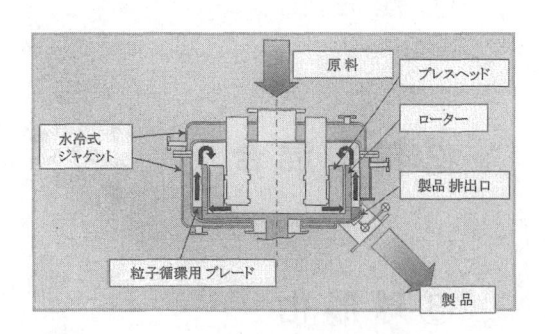

(b) 循環型メカノフュージョンの構造

図6　乾式機械的粒子複合化装置メカノフュージョンの基本原理と構造（AMS-Lab 型）

ら粒子複合化が図られる。このような原理においては核粒子が相対的に摩擦を起こすような状態になるために，粒子が圧縮破壊されること無く，粒子表面に集中した力が作用すると考えられ，その結果核粒子表面に微細粒子があるとメカノケミカルボンディングにより表面被覆型の複合粒子ができる。図7は平均径が12μmの樹脂粒子の周りに1次粒子径30 nmの酸化物ナノ粒子を複合化した例を示す。また最近，粒子表面の清浄化と固体間のボンディングを促進することを狙って機械的粒子複合化装置にプラズマ照射機構を備えた装置も出ており，これを用いて機械的複合化により触媒機能が高まるような現象も確認されている[7]。

　これらの装置を用いると，図8のように粒子の複合化以外に，双方の粒子が超微細で大きさに差が無い場合は粒子の複合化には達しないまでも微細なレベルでの精密混合が行われる。あるい

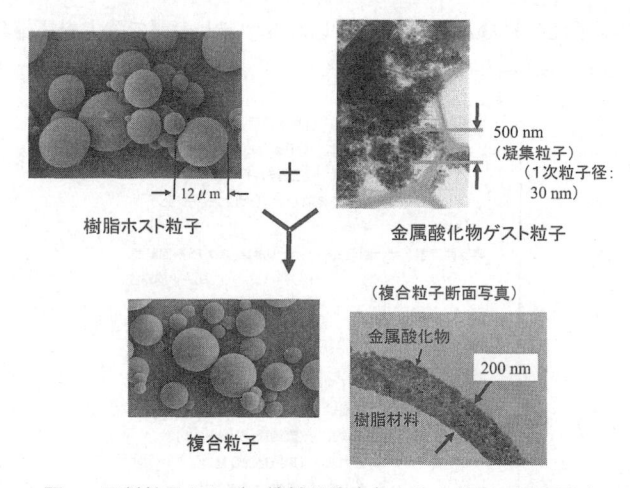

図7　原料粒子ならびに機械的複合化された粒子の電顕写真

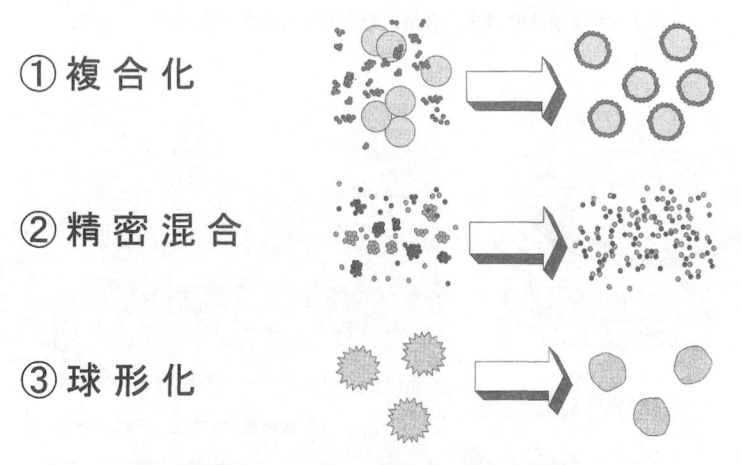

図8　機械的粒子複合化装置による粒子加工機能

第4章 複合微粒子の調製法

は核粒子が不定形でかつ十分大きい場合には球形化の作用も期待できる。また，核となる樹脂粒子の周りに酸化物ナノ粒子を複合化した後に，熱処理によって内部の樹脂を気化させることによって中空のバルーン粒子を作製することもできる。

　粒子複合化の程度は処理装置や条件によって異なる。粒子の複合化度を評価する方法として，電子顕微鏡観察や粒度分布の測定，分光分析法や篩分法など種々の方法があるが，比較的傾向をつかみやすい定量的な一つの方法として比表面積の変化による評価方法がある[8]。たとえば，珪砂（平均径28μm）と酸化チタン（平均径15nm）の混合物を複合化処理すると，複合粒子表面の酸化チタン層の緻密化が起こり，比表面積が次第に低下してくる。これを単位重量当たりの投入エネルギーに対してプロットすると，各種処理装置での複合化の速度と到達度が評価できる。図9は高速剪断型粉体混合機サイクロミックス，粒子複合化装置メカノフュージョンならびに高速型複合化装置ノビルタを使って比較実験を行った結果[9]を示している。これによるとそれぞれの装置で複合化の速度も到達度も異なっており，この三者では，ノビルタで最も強力な複合化処理が行われていることが分かる。これらの装置は，この評価方法以外に力の作用の仕方の差異による処理効果の違い等を考慮して，それぞれの目的に応じて使い分けられている。

　このような機械的粒子複合化処理によって得られた複合粒子は原料と比べて，異なった粉体特性を示すと共に，これらを使った各種製品の強度的，電磁気的，光学的性能等にも大きな影響を及ぼす。図10はトナー粒子にシリカのナノ粒子を複合化した場合の粒子写真と安息角の変化を示したものであるが，数10秒のオーダで安息角が50度以上から30度以下に急激に減少し，その流動性が格段に向上している。しかしながら処理時間が長すぎると外添されたシリカがトナー表面に埋め込まれてしまい，安息角が逆に増大している。同様の傾向は粒子の帯電性についても

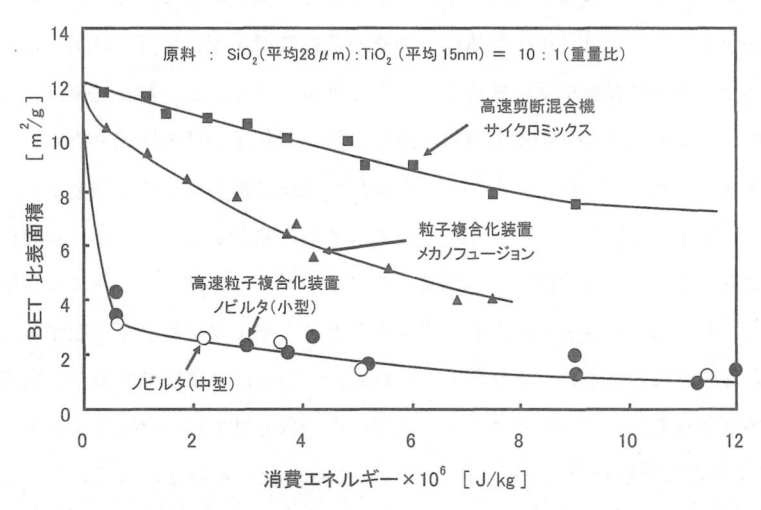

図9 各種粉体処理装置による混合粉体の比表面積の投入エネルギーによる変化

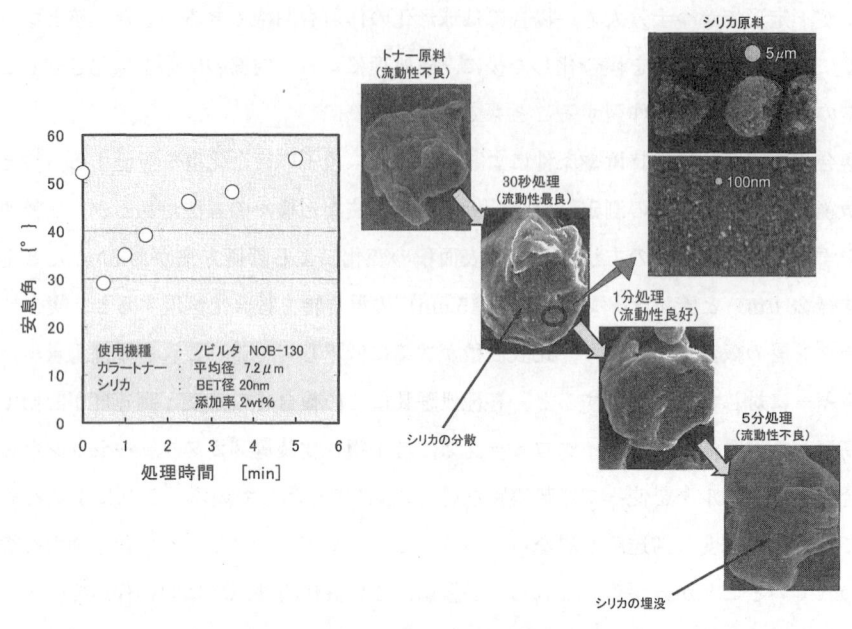

図10 トナーのシリカ添加における処理時間と安息角の関係

確認されている[10]。このように複合化処理には最適な処理時間や処理条件が存在することが多いので注意が必要である。

5 流動層乾燥造粒法による湿式粒子複合化法

さらに大きな複合粒子の領域をカバーする手法として，湿式法による顆粒化やコーティングを利用した方法がある。これは各種の粉体混合装置や造粒装置を用いて行われているもので，医薬品や食品，セラミックス材料や金属材料などで広く利用されている。特に医薬品の分野では，製剤の粒子設計・加工の観点より様々な機能を持った複合微粒子の研究開発が行われている。図11に粉体層に液体を噴霧して顆粒化するタイプの流動層造粒装置の構造の一例を示す。この噴霧液体に微粒子を分散または溶解させておくことによって複合粒子ができる。また本装置には，懸濁液や溶液の噴霧乾燥により固体微粒子を作製するタイプもあり，噴霧する液体に複数種類の微粒子を懸濁させたり，あるいは混合溶液を噴霧することによって複合粒子を作製することができる。これらの場合作製される粒子の大きさは通常 100μm から数 mm 程度であるが，同図のように流動層にパルスジェットを与えることによって微粒子を分散させて混合精度を高めることができ[11]，図12に示すような微細な粒子のコーティングによる複合化が可能となっている。また，容器内に撹拌機構を備えたり，容器を回転させながら遠心力下で造粒させることなど，より細かい顆粒

第4章　複合微粒子の調製法

　　　　　パルスジェット
撹拌羽根
流動化空気　　転動板

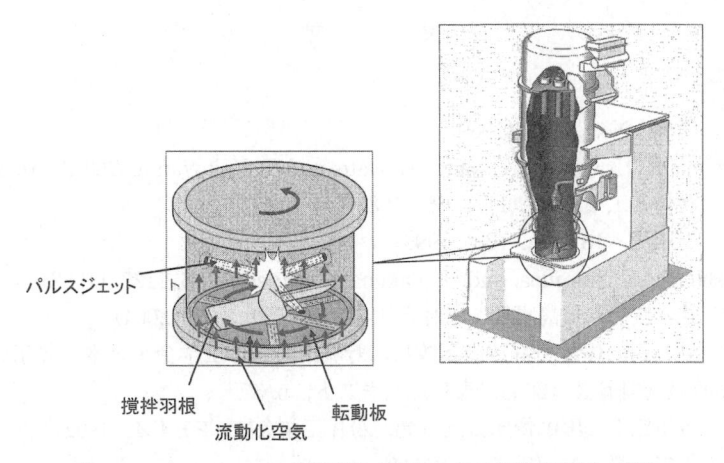

図11　パルスジェット分散機構を備えた流動層造粒装置の構造

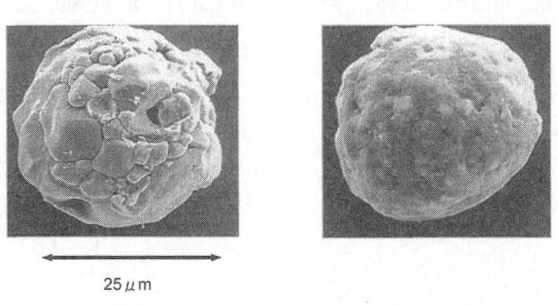

　　　　25μm

a) フェライト粒子(核粒子)　　b) ナノカーボン粒子コーティング処理品

図12　パルスジェット分散機構を備えた流動層造粒装置を用いた
　　　ミクロン粒子へのナノ粒子コーティングによる複合化

体を得る様々な工夫がなされている。

6　おわりに

　このようにして複合微粒子の作製方法には様々な手法があり，材料の種類や用途に合わせて選択することが必要であり，さらに最適な処理条件を設定することが重要である。近年複合化も微細化の傾向があるが，いくつかの複合化手法を組み合わせて，ナノ粒子のレベルで有効成分を封入し複合化した複合ナノ粒子を，さらに別の手法で複合化し取り扱いの面で高機能化するというように一つの目的のために必要な複数の機能を持つ粒子を設計，加工するために多段で複合化することもしばしば行われている。このようにして複合化のプロセスは，高度化するニーズに対応していくためにサイズの面でも機能の面でもより多様化し，高精度化していくものと考えられる。

45

文　献

1) 荒川正文，粉砕，No. 33, 60（1989）
2) T. Yokoyama, K. Urayama, M. Naito, M. Kato, and T. Yokoyama, *KONA*, No. 5, 59（1987）
3) 小野憲次，粉体と工業，19（11），44（1987）
4) 阿尻雅文，混相流，13（2），138（1999）
5) Y. Kawashima, M. Okumura, and H. Takenaka, *Science*, 216, 1127（1982）
6) 横山豊和，辻本広行，川島嘉明：粉体と工業，36（10），63（2004）
7) 阿部浩也，君谷司，佐藤和好，内藤牧男，野城清，粉体工学会・日本粉体工業技術協会共催　第40回技術討論会（2005，東京）テキスト，p. 57
8) 内藤牧男，吉川雅浩，田中俊成，近藤光，粉体工学会誌，29, 434（1992）
9) 猪木雅裕，機能材料，24（7），77（2004）
10) 手嶋孝，黒木亜由美，板倉隆行，寺下敬次郎，宮南啓，粉体工学会誌，37, 483（1994）
11) 辻本広行，横山豊和，関口勲，粉体工学会誌，36（10），18（1999）

第5章　機能性微粒子調製技術

1 高電気抵抗磁性粒子

廣田　健*

1.1 磁性材料の電気抵抗（電気伝導）について

分類

磁性体材料には金属系と非金属系（実用的には酸化物系）の二種類があり，磁性金属であるFe, Co, Niを含む前者の金属系磁性材料では主として電子による良好な伝導性を示し，後者の酸化物系磁性材料の場合，Fe_3O_4のような若干の例外もあるが概して高抵抗を示す。

1.1.1 金属系磁性材料の電気抵抗率 ρ

しかしながら表1[1~5]に示すように金属系においても，一元素系金属の ρ（$6\sim10\times10^{-8}\Omega\cdot m$）より多元系の合金になると ρ は一桁高くなる。その理由はs, p, d軌道からなる伝導帯に多数の電子を保有する金属の電気抵抗は，室温においては伝導電子と格子フォノンとの衝突に支配されるので，その電気抵抗 $\rho(T)$ は α を定数として，$\rho(T) = \alpha T + \rho_m(T)$ によって与えられる[6]。ここで αT は格子散乱による項であり，$\rho_m(T)$ は伝導電子が磁気スピンとの相互作用により生

表1　金属系磁性材料の電気抵抗率 ρ（$\Omega\cdot m$）

ⅰ）1元素[1]				
	Fe	9.71×10^{-8}		
	Co	6.24×10^{-8}		
	Ni	6.84×10^{-8}		
ⅱ）2元素[2]				
	Fe-4Si	5.5×10^{-7}	Ni-4Co	1.0×10^{-7}
	Fe-16Al	9.0×10^{-7}		
	Fe-50Ni	4.0×10^{-7}	Fe-45Ni	4.5×10^{-7}
ⅲ）多元素[3,4]				
	Fe-9.6Si-5.4Al	8.1×10^{-7}		
	パーマロイ	$3.0\sim7.2\times10^{-7}$		
ⅳ）非晶質[5]				
	Fe-B-Si系	1.37×10^{-6}		
	Fe-B-C系（8B6C）	1.30×10^{-6}		
	Co-Fe-Ni-B-Si系	1.42×10^{-6}		

---

*　Ken Hirota　同志社大学　工学部　機能分子工学科　教授

じる磁気散乱項である。合金になって異種の金属元素が増えるに従い，さらに非晶質になって結晶性の対称性が低下すると，格子フォノンとの衝突が増え，ρが一桁ずつ大きくなることがわかる。

1.1.2 酸化物系磁性材料の電気抵抗率

一方，3d遷移金属系酸化物では，基本格子に酸素と最低1個の金属元素が含まれ，酸素のs，p軌道からなる結合軌道がエネルギー的に低く安定化し，金属側のs電子は結合軌道側に移って電子が酸素側に偏った状態になる。伝導帯を形成する反結合状態は主として金属原子の3d軌道からなるので，酸素側と金属側の電子はそれぞれのイオンに局在するようになり，さらに，結晶内では配位子である酸素イオンの影響を受け，金属イオンの3d軌道は分裂して方向性が著しくなる。よって，電子が局在化しやすく，バンドギャップが広いこと（帯伝導するキャリアの濃度が低いこと），また，価電子帯や伝導帯の幅が狭く帯伝導するキャリアの移動度が低いため，化学量論的酸化物は絶縁体になることが多い。実用的な酸化物系磁性材料には，立方晶系のスピネル型フェライト AB_2O_4 とガーネット型フェライト $R_3Fe_5O_{12}$（または $3R_2O_3 \cdot 5Fe_2O_3$）および，六方晶系のマグネトプラムバイト型フェライト $MO \cdot 6Fe_2O_3$ がある。結晶構造の対称性を反映し前者の立方晶系フェライトでは結晶磁気異方性が小さいので軟磁性を，後者の六方晶系フェライトは結晶磁気異方性がc-軸方向に誘導されるので硬磁性を示す傾向が高い。表2[3,7,8]に各種フェラ

表2 酸化物系磁性材料の電気抵抗率 ρ（$\Omega \cdot m$）

ⅰ) 二元系スピネルフェライト[1]		(MFe_2O_4)	
M =	Zn	1	
	Mn	10^2	
	Fe	4×10^{-5}	
	Co	10^5	
	Ni	$10^1 \sim 10^2$	
	Cu	10^3	
	Mg	10^5	
	Li	1	
ⅱ) 多元系スピネルフェライト[3]			
・Ni-Zn フェライト			$10^3 \sim 10^8$
(19NiO・13.5ZnO・67.5Fe_2O_3mass%)			10^5
(11NiO・22ZnO・67Fe_2O_3mass%)			10^5
(13.9NiO・13.6ZnO・67.5Fe_2O_3mass%)			$>10^4$
・Mn-Zn フェライト			$0.2 \sim 10$
(18MnO・14ZnO・68Fe_2O_3mass%)		単結晶	$>10^{-3}$
(15MnO・15ZnO・70Fe_2O_3mass%)		ホットプレス	>1
・Cu-Zn フェライト			$10^3 \sim 10^4$
・Cu-Zn-Mg フェライト			5×10^2
ⅲ) その他の酸化物系磁性材料[7,8]			
$BaFe_{12}O_{19}$		$BaO \cdot 6Fe_2O_3$	$\sim 10^6$
YIG($Y_3Fe_5O_{12}$)		$3Y_2O_3 \cdot 5Fe_2O_3$	$10^8 \sim 10^{10}$

第5章　機能性微粒子調製技術

イトの代表的な ρ を示す。フェライト系酸化物の伝導機構は基本的には，Fe^{2+} と Fe^{3+} イオン間の電子のホッピング伝導（Verwey 機構）[9]か，若干価数の変化しやすい金属イオン M（例えば Ni^{2+}）を含む結晶では，結晶構造内の同一サイトでの，$Ni^{2+}+Fe^{3+} \rightleftarrows Ni^{3+}+Fe^{2+}$ 間の正孔（hole）のホッピング伝導と報告されている[10]。例えば，一般に高電気抵抗と言われる Ni-Zn フェライトについて NiO/ZnO 比を変化させた非化学量論的化合物では，金属イオンの配置は，$(Zn_x^{2+}Fe_{1-x}^{3+})[Ni_{1-x}^{2+}Fe_{1+x}^{3+}]O_4^{2-}$ ｛ここで（ ）はスピネル構造における4面体サイトを［ ］は6面体サイトを示す｝で表されるとする。Ni イオンが多い組成では，伝導機構は主として上記の正孔（hole）のホッピング伝導であり，逆に Zn イオンが多い組成や Zn フェライトでは，焼結時の Zn イオンの蒸発によって形成された格子欠陥から派生する Fe^{2+} と Fe^{3+} イオン間の電子のホッピング伝導[9]と思われる。電子機器の磁性材料として実用に供されている軟磁性の多元系フェライトでは，透磁率や飽和磁束密度等の磁気特性と，使用される周波数帯によって要求される電気抵抗特性に応じて，Mn-Zn フェライトや Ni-Zn フェライトが選択される。尚，表2のii）では，ブリッジマン法で作製した単結晶の Mn-Zn フェライトやホットプレス法で焼結したフェライトの ρ を参考に示した。単結晶には結晶粒界がないので，多結晶体（セラミックス）に比べて ρ は低くなり，また，ホットプレスフェライトも多結晶体ではあるが緻密で低気孔率であるため，一般に常圧焼結したフェライトよりも電気抵抗率は低くなる。

1.1.3　その他の磁性材料の電気抵抗率

酸化物以外の磁性材料の ρ については一部報告例（$CdCr_2Se_4$(1% In)：$10^2 \Omega \cdot m$，$HgCr_2Se_4$(1% In)：$10^4 \Omega \cdot m$）[3]があるが，電子機器等に実用に供されているものはない。

次の項では，これら磁性材料の微粒子粉体の調製法を簡単に紹介し，さらに現在著者等が取り組んでいる Ni-Zn フェライトと同等以上に高電気抵抗を示す Mg フェライトについて述べる。

1.2　磁性材料の微粒子粉体調製法

第2章で微粒子粉体調製法，特に液相法に述べたので，ここでは磁性材料に特有な微粒子粉体調製法について記す。具体的にはスピネル型フェライトに関する微粒子粉体の調製を紹介する。

(1) 固相法：通常のセラミックスを作製する方法で出発原料（$\alpha\text{-}Fe_2O_3$，$MnCO_3$ や Mn_2O_3，NiO，ZnO 等）を混合し仮焼さらには粉砕して，多くの場合は単一相のスピネル相の微粒子粉体を調製する。この粉砕プロセスでは，従来の金属製のボールミルから，粉砕時に粉砕媒体からの汚染を極力防止しかつ微粒子を得るため，サブミクロンの微粒子を短時間で作製できるジルコニア製の媒体撹拌ミルの導入[11]や仮焼条件の最適化（温度，時間，酸素分圧等の雰囲気等）が検討されている[7]。

(2) 液相法による磁性材料の微粒子調製法として，第2章で述べた①脱溶媒法と②沈殿析出

法があり，①については熱風乾燥法，凍結乾燥法やプラズマスプレー法によって調製された特色のある粉体が報告[7]されている。②については，従来から Mn-Zn フェライト[12]や Ni-Zn フェライト[13]の共沈法による調製が報告されているが，無機塩の混合水溶液に添加するアルカリ溶液中に含まれるアニオンが，最終的に得られた粉体に残留することや，金属イオンによって沈澱生成する pH が異なることによる混合物の生成等が残された課題である。ここではクエン酸を用いた錯体重合法による高電気抵抗の $MgFe_2O_4$ および Fe のサイトを Mn で置換した $Mg(Fe_{1-x}Mn_x)_2O_4$ 粉体の調製について紹介する[14]。図1はその合成フローチャートであり，図2は得られた粉体の透過電子顕微鏡写真である。微粒子の箔片はX線

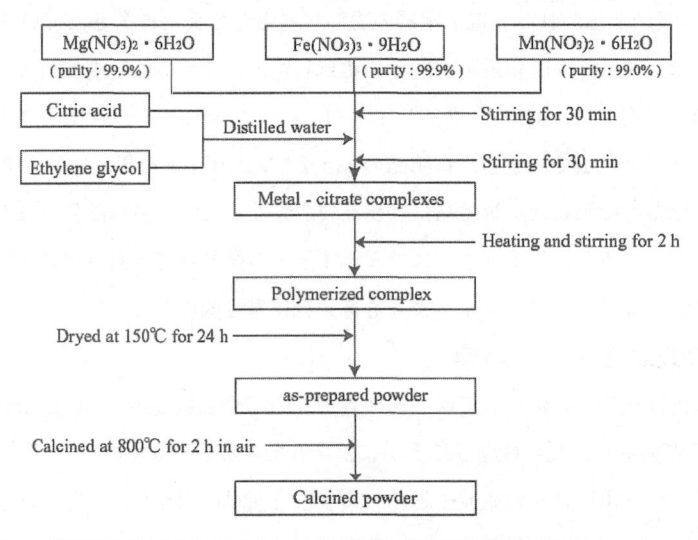

図1 錯体重合法による $Mg_2(Fe_{1-x}Mn_x)_2O_4$ 微粒子粉体の調整フローチャート

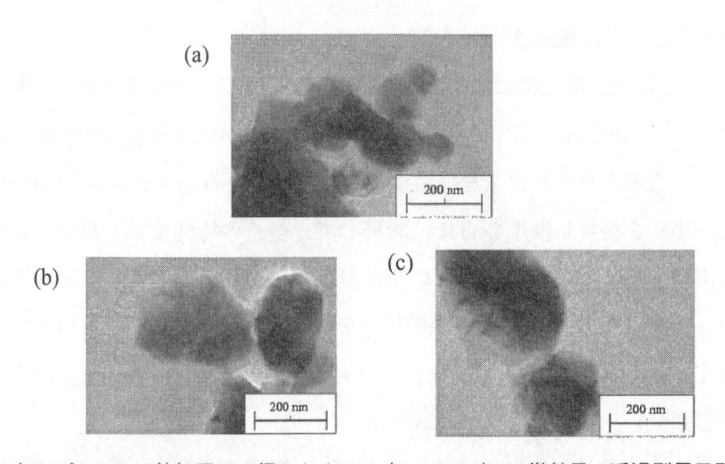

図2 大気中 800℃-2 h で熱処理して得られた $Mg_2(Fe_{1-x}Mn_x)_2O_4$ 微粒子の透過型電子顕微鏡写真

第 5 章　機能性微粒子調製技術

回折からスピネル単一相（固溶体）であることが確認された。

文　　献

1) 長倉三郎ほか，岩波理化学事典　第 5 版，Fe：p.892，Ni：p.998，Co：p.485，岩波書店，東京（2000）
2) 太田恵造，磁気工学の基礎，共立全書 I，p.184（フェライト）；II，p.398（磁性材料）(S 48)
3) 近角聡信ほか，磁性体ハンドブック，朝倉書店，p.565-567（電気的性質），p.612（酸化物の磁性），p.1089（金属高透磁率材料），p.1098-1102（ソフトフェライト），(1975)
4) 電気学会編，磁気工学の基礎と応用，p.81，コロナ社，東京，(2002)
5) 近角聡信，強磁性体の物理（下），裳華房，p.372（S 60）
6) T, Kasuya, *Progr. Theoret. Phys.*, **16**, 58（1956）
7) A. Goldman, Modern Ferrite Technology, p.37-38 (Resistivity), p.151-216 (Ferrite Processing), Springer (2006)
8) R. Valenzuela, Magnetic Ceramics, p.46-57 (powder preparation), p.179-182 (electric property), Cambridge University Press (1994)
9) E. J. Verwey *et al.*, *Physica*, **8**, 979（1941），*J. Chem. Phys.*, **15**, 174, 181（1947）
10) R. Satyanarayana *et al.*, *J. Less-Common Met.*, **90**, 243（1983）
11) 釘宮公一，科学と工業，**76**, 2（2002）
12) H. Robbins, Proc. Int'l Conf. on Ferrites 3, p.7, (1980)
13) T. Takada, Ferrites, Proc. Int'l Conf. on Ferrites 3, p.3, (1980)
14) K. Hirota *et al.*, Proc. of ISFM 2005, Kuala Lumpur, Malaysia, Dec. F 2-5, conf. 70 a 74（2005）

2　先端炭素材料へのナノ SiC 被覆とその応用

森貞好昭*

2.1　はじめに

　カーボン原子間の化学結合には sp, sp^2, そして sp^3 の 3 種の混成軌道が存在し，これが他に類を見ないカーボン材料の多種多様性を創出している。しかも，それぞれのカーボン材料が先端技術の発展に欠くことのできない重要な役割を果たしてきた[1]。特にダイヤモンドは重要な工業材料であり，先端技術における研磨・切削技術の重要性からその価値は再評価されている。近年ではフラーレン，カーボンナノチューブといったニューカーボン材料が発見され[2,3]，カーボン材料は材料研究における世界的ブームの中心に位置しているといっても過言ではない。

　しかしながら，全てのカーボン材料は酸化反応という極めて本質的な問題点を共有している。板状の C/C 複合材料やカーボンファイバーのように比較的単純な形状を有する場合には CVD 法等を用いて SiC 等の耐酸化被覆を施すことが可能であるが，切削・研磨用の微細なダイヤモンド粒子やカーボンナノチューブに均一な被覆を施すことは極めて困難である。これら微細カーボン材料への SiC 被覆が可能になれば，その効果は耐酸化特性の改善に留まらない。人工ダイヤモンドは鉄，コバルト，ニッケル等の遷移金属と容易に反応することからその使用が限定される[4]。また，カーボンナノチューブは極めて高い強度を有することから各種マトリックスの強化材として期待されているが，その滑らかな表面形状からマトリックスとの密着性に乏しく，思うような成果が得られていない[5]。SiC 被膜は溶融金属からカーボン材料を保護し，表面形状を変化させることも可能であり，このような問題点を克服する可能性を秘めている。本稿では SiO ガスを用いて微細カーボン材料を蒸焼きにする簡便な SiC 被覆技術と，SiC 被覆ダイヤモンド粒子を超硬合金中に分散させた新規な複合材料の実用例について紹介したい。

2.2　ナノ SiC 被覆法

　本法は転換法（化学反応により，カーボン材料を表面から SiC に転換する手法）と CVD 法の特徴を取入れた簡便な新規 SiC 被覆手法である。図 1 に示すように，アルミナ坩堝の下部に SiO 顆粒を配置し，その上にカーボンフェルトを介してカーボン材料を挿入する。これを目的の被覆温度で熱処理するだけで SiC 被覆が達成される。坩堝上部はカーボンフェルト，カーボンシートで密閉され，SiO ガスを初めとする各種生成ガスを一定時間坩堝内に滞留させる設計になっている。我々は本法を用い，サブマイクロからミリメートルオーダーのダイヤモンド粒子への SiC 被覆に成功している。同様に，カーボンナノチューブにも SiC 被覆を施すことが可能である。

＊　Yoshiaki Morisada　大阪市立工業研究所　加工技術課　軽金属材料研究室　研究員

第 5 章　機能性微粒子調整技術

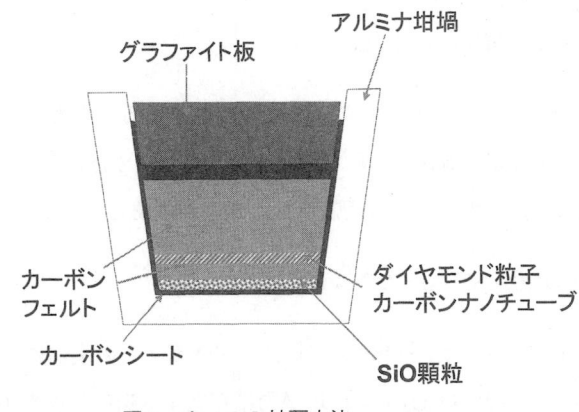

図 1　ナノ SiC 被覆方法

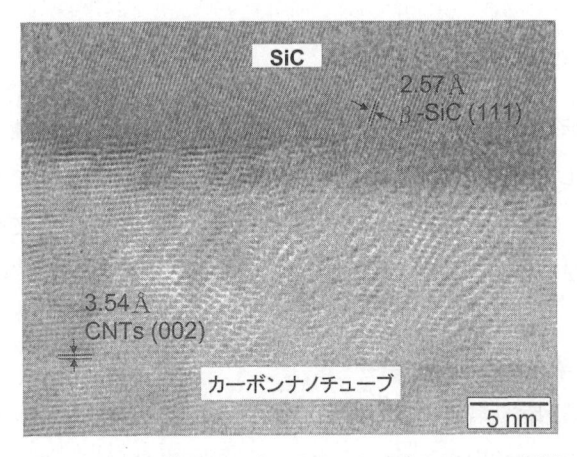

図 2　ナノ SiC 被覆カーボンナノチューブの HR-TEM 写真

図 2 の HR-TEM 写真に示すように，カーボンナノチューブの(002)面と β-SiC の(111)面が明瞭に観察され，SiC 被覆が達成されていることが確認できる。

2.3　ナノ SiC 被膜生成機構

炉内温度が 1150℃ 以上になると SiO 顆粒が気化し，カーボン材料は SiO ガスで蒸焼きにされることになる。ダイヤモンド粒子表面における SiC 被膜の生成速度から SiC 生成の見かけの活性化エネルギーは 100 kJ/mol と見積もられた[6]。これは SiC が主に気相/気相反応で生成していることを示唆している。転換法などのように固相/気相反応で SiC が生成する場合には，活性化エネルギーは約 500 kJ/mol 程度になる[7]。以上の結果から，以下のような SiC 被膜生成機構が考えられる。まず，SiC 被膜生成の初期において，SiO ガスとカーボンナノチューブの表面が反応することで薄い SiC 層が形成される。

$$SiO(g) + CNTs = SiC(s) + CO(g) \tag{1}$$

これは一般的な転換法によるSiC生成と同様の反応である。坩堝内にカーボンフェルト，カーボンシート等の十分な炭素源が存在しない場合，この反応が継続的に進行することになる。これに対し，本被覆法においては以下の反応で主にSiCが生成しているものと思われる。

$$SiO(g) + 3CO(g) = SiC(s) + 2CO_2(g) \tag{2}$$

COガスは反応(1)に加え，カーボンシート等とSiOガスとの反応によっても生成される。また，反応(2)によって生成されるCO_2ガスは坩堝内に存在する過剰の炭素源と反応することで，更にCOガスを供給すると共に反応(2)の進行を促進する（反応(3)）。

$$CO_2(g) + C(s) = 2CO(g) \tag{3}$$

このように，本法は転換法とCVD法が融合した被覆手法であり，非常に簡便な上，極めて微細なカーボン材料に対して効果的な被覆法である。初期の反応で形成される薄いSiC被膜も重要な役割を有しており，SiC粒子が析出する良好な下地となるのみでなく，SiCとカーボン材料の組成的な差異を傾斜組織によって緩和することでSiC被膜の密着性を向上させる。

2.4 ナノSiC被覆炭素材料の耐酸化特性

ナノSiC被覆による耐酸化特性向上の例として，ナノSiC被覆カーボンナノチューブの酸化耐久性を示す。空気中，650℃においてカーボンナノチューブが約5分間で完全に酸化されるの

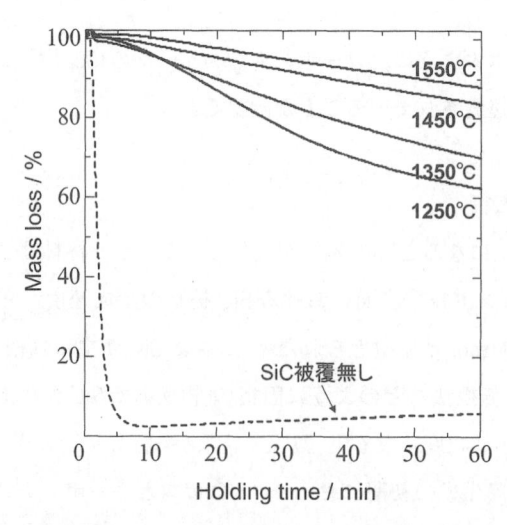

図3 各温度でSiC被覆を施したカーボンナノチューブの酸化耐久性（空気中，650℃）

第 5 章　機能性微粒子調整技術

に対し，1550℃で被覆処理をしたカーボンナノチューブは60分保持後も約90%の質量が残存している（図3）。より高い温度での被覆処理がより大きな酸化耐久性の向上を示しているが，これは被膜の緻密化によるものであると考えられる。

2.5　ナノ SiC 被覆ダイヤモンド分散超硬合金

放電プラズマ焼結装置を用いて作製したナノ SiC 被覆ダイヤモンド分散超硬合金の組織を図4に示す。ダイヤモンド粒子は均一に分散し，相対密度は99.5%である（ダイヤモンド粒子表面は黒鉛化していない）。ちなみに SiC 被覆をしていないダイヤモンド粒子を分散して焼結した場合は相対密度が93%以上に上がらず，溶融コバルトとの反応によるダイヤモンド粒子表面の黒鉛化が観察された。ナノ SiC 被覆ダイヤモンド粒子分散超硬合金は同じ結合相量の超硬合金マトリックスよりも亀裂進展長さが短く，50%以上も破壊靱性に優れている。この優れた破壊靱

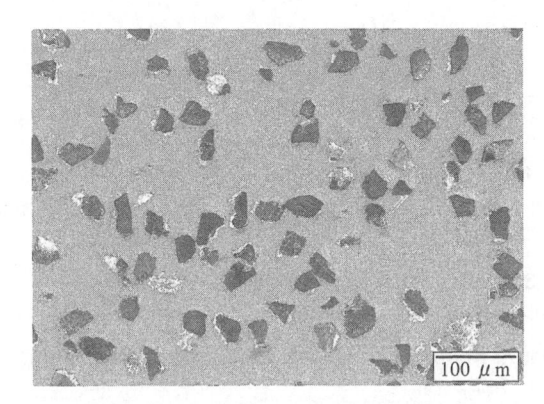

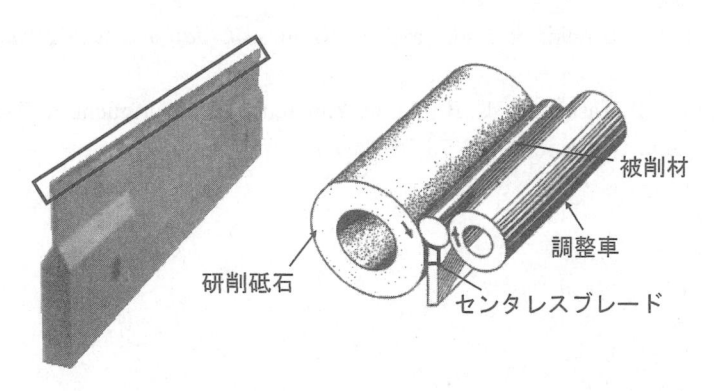

図4　ナノ SiC 被覆ダイヤモンド分散超硬合金

図5　センタレスブレード

性は，ダイヤモンド粒子の添加による亀裂の偏向作用によって亀裂の進展エネルギーが消費された結果として得られたものと考えられる[8]。ナノSiC被覆ダイヤモンド粒子分散超硬合金は住友電気工業㈱により商品化され，従来超硬比約10倍の耐磨耗性（相手材：超微粒超硬合金）を有するセンタレスブレード等として利用されている（図5）。

2.6 おわりに

非常に簡便な手法を用いてカーボンナノチューブに代表される微細なカーボン材料に均一なSiC被覆を施すことが可能であることを示した。SiC被覆は各種マトリックスの強化材としてのダイヤモンド粒子やカーボンナノチューブの有効性のみならず，それら単体での利用分野も拡大し得る。

文　　献

1) 稲垣道夫，菱山幸宥，ニューカーボン材料（1994）
2) H. W. Kroto, J. R. Heath, S. C. O'Brien, R. F. Curl and R. E. Smalley, *Nature*, 318, 162 (1985)
3) S. Iijima, *Nature*, 352, 56 (1991)
4) 日経技術図書，ダイヤモンドツール（1987）
5) E. T. Thostensona, Z. Renb, T. W. Choua, *Composites Science and Technology*, 61, 1899-1912 (2001)
6) Y. Morisada, H. Moriguchi, K. Tsuduki, A. Ikegaya, and Y. Miyamoto, *J. Am. Ceram.*, 87, 809-813 (2004)
7) T. Shimoo, F. Mizutaki, S. Ando, and H. Kimura, *J. Japan Inst. Metals*, 52, 279-287 (1988)
8) Y. Miyamoto, T. Kashiwagi, K. Hirota, O. Yamaguchi, H. Moriguchi, K. Tsuduki, and A. Ikegaya, *J. Am. Ceram. Soc.*, 86, 73-76 (2003)

3 高熱伝導基板材料 AlN の燃焼合成

桜井利隆*

3.1 はじめに

窒化アルミニウム（AlN）は金属並みの高熱伝導性（理論値≒320 W/mK）と，アルミナ並みの機械的強度，電気絶縁性，およびシリコンに近い線膨張係数を有するセラミックス材料であり，近年 IC の高密度化が進む中で，セラミック基板／パッケージ材料あるいは半導体製造装置のセラミック部材（静電チャック等）に使用されるようになりその需要が急速に拡大している。しかしながら AlN セラミックスはその製造コスト，特に原料粉末が従来使われてきたアルミナに比べて高価なため市場の拡大が妨げられている。現在商業的に確立された AlN 粉末の製法は以下の2法である。

還元窒化法：N_2 中，1700℃ 以上で，Al_2O_3 を C で還元し，同時に窒化する。優れた特性の粉末がえられるが反応に要するエネルギー消費が多く，また長時間を要するため高価格である。

直接窒化法：金属 Al と N_2 を(1)に示す反応式に基づいて高温で反応させ，得られた生成物（塊状）を機械粉砕する。この製法は工程が単純で，エネルギー消費も少ないため低コストで粉末が生産できる。しかしながら粉砕に伴う特性劣化が生じるため高品質な粉末は得にくい。

$$Al + \frac{1}{2} N_2 \rightarrow AlN$$
$$\Delta H = -318 \text{ kJ/mol} \tag{1}$$

すなわち AlN 粉末の製法の問題点は，還元窒化法では高価格（アルミナの 10～20 倍），直接窒化法では粉砕に伴う特性劣化（不純物等）である。今回取り上げた燃焼合成法は，直接窒化法の一形態であり，発熱反応の反応熱を駆動力とする，省エネルギー・低コスト粉末合成法である[1]。AlN の燃焼合成反応のイメージを図1に示す。

Al 粉に稀釈剤（後述）として AlN 粉末を混合したものを原料とし，これを加圧窒素雰囲気（1.0 MPa 程度）中に置き，その一端を短時間加熱することにより反応（窒化燃焼）を開始させる。その後は反応(1)による発熱を駆動力としてさらに反応面が前進し，生成物（AlN）が残る。しかしながら，燃焼合成法では反応の過程で生成物が 3000℃ 近い高温に晒されるため生成物粒子が粗大化し微細な粉末が要求される焼結材料としては適さない。本節ではこのような燃焼合成法の欠点を除去するために，添加物による AlN の燃焼反応の制御を行って反応（燃焼）温度を下げ，微細な AlN 粉末を得る方法を紹介する。

---

* Toshitaka Sakurai ㈱イスマン ジェイ　取締役

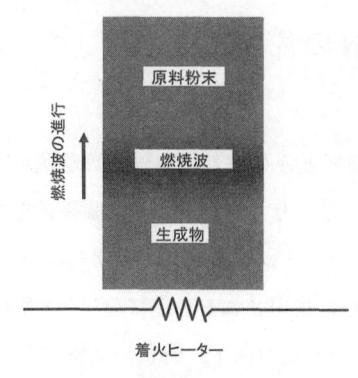

図1 燃焼合成イメージ図

3.2 AlN の燃焼合成における反応制御と生成粉の特性

　燃焼合成反応の制御法として一般的に反応生成物の一部を原料に戻し（稀釈），発熱を抑えることが行われる。しかしながらこの方法のみで焼結用に適した微細な AlN 粉末を工業的に得ることは困難であり，更なる反応制御が必要となる。今回反応制御法として，①反応ガス中への水素ガス添加，②原料粉末中へのフッ化アンモニウム添加，を行った。以下にその方法を示す。また図2にその工程の流れを示す。

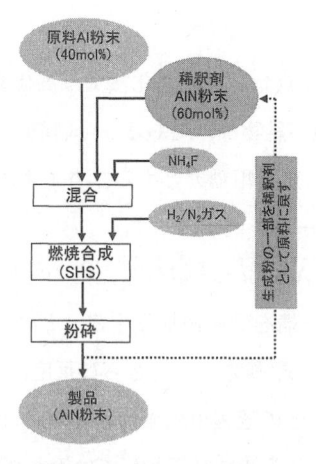

図2 粉末作成工程の流れ図

3.2.1 反応ガス中への水素ガス添加による反応制御

　反応ガス中に，反応に関与しないガス（以下制御ガス）を添加して反応温度を下げることができる[2]。今回は制御ガスとして水素を用いた。
　図3に，反応ガス（N_2）中に H_2 を添加して燃焼合成を行った時の生成物の比表面積と未反応

第 5 章　機能性微粒子調整技術

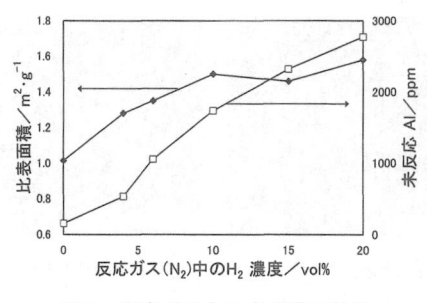

図3　反応ガス中の水素量の効果

Al 量の変化を示す。

　図から H$_2$ 添加によって生成粉の比表面積が増大，すなわち一次粒子径が減少していることがわかる。これは H$_2$ 添加によって Al の窒化反応が抑制され，その結果燃焼温度が低下したことによるものである。一方，H$_2$ 添加によって未反応 Al が増加することもわかる。これは燃焼波先端部で H$_2$ によって N との結合を妨げられた Al 原子が金属アルミニウムとして残留したためと考えられる。未反応 Al は焼結体特性に悪影響をもたらすため極力除かなければならない。

3.2.2　水素，フッ化アンモニウム同時添加による反応制御

　ある種のフッ化物，塩化物を反応原料に数％混合することによって生成物が柔らかくなり粉砕による微細化が容易になることが以前に報告されている[3]。また AlN の燃焼合成においてフッ化アンモニウム（NH$_4$F）添加が未反応物の減少をもたらすことが報告されている[4]。今回は反応ガス中への水素添加と同時に，原料粉末中への NH$_4$F 添加を行い，生成粉の微細化と同時に未反応アルミの低減をはかった。

　図 4 に H$_2$，NH$_4$F 同時添加で合成したときの NH$_4$F 添加量と生成粉の特性の関係を示す。

　図より水素の存在下で NH$_4$F を添加して燃焼合成することにより，生成粉の微細化とともに未反応 Al の低減が可能であることがわかる。これは NH$_4$F の分解により生じた HF ガスが Al 蒸気と化合して AlF$_3$ ガスを生成し，余剰の Al 蒸気を燃焼フロント部から排除すると同時に，AlF$_3$

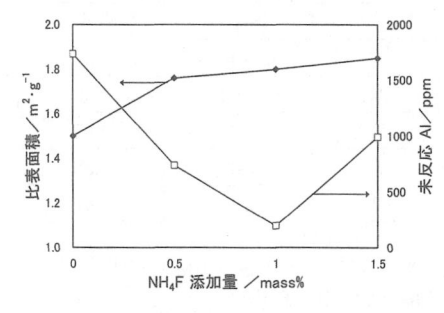

図4　10％水素添加合成における NH$_4$F 添加の効果

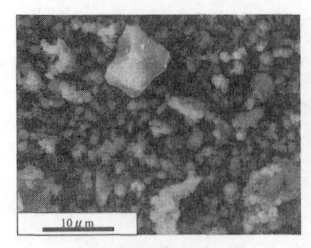

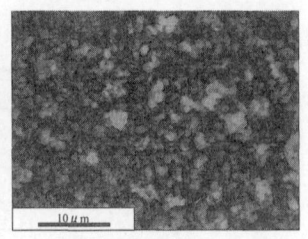

a) 通常（無添加）SHS　　　　b) 反応制御SHS
比表面積：1.5m²·g⁻¹　　　　　比表面積：2.8m²·g⁻¹

図5　添加剤の有無による生成粉末の性状のちがい

ガスが窒化反応を阻害して燃焼温度を下げたためと考えられる[5]。

図5に生成粉のSEM像を示す。NH_4F，H_2同時添加（写真b）によって生成物の一次粒子径が微細化されていると同時に粗大粒子が減少している様子がわかる。このような粉体特性は焼結用として好ましいものである。

3.3　焼結体の特性

上記のようにして作製した粉末に，焼結助剤として5wt%のY_2O_3を添加して常圧焼結を行い，焼結性，焼結特性の評価をおこなった。結果を，実験に供した粉末特性とともに表1に示す。

添加物による反応制御を行なわなかった粉末（A）に比べて反応制御を行った粉末（B，C，D）では優れた焼結性を示した。ただ，粉末特性としては最も優れた特性を示したNH_4F，H_2同時添加合成したもの（D）よりも，H_2のみ添加で合成した粉末（C）の方が高い焼結体密度を示しているが，これは（C）粉末で酸素量が多かったためである[6]。H_2添加合成した粉末を用いた焼結体で高い熱伝導率が得られ，特にH_2，NH_4F添加合成した粉末（D）が最も高い熱伝導率を示した。今後，

表1　焼結用粉末および焼結体の特性

合成時の添加物		ボールミル粉砕後の特性			1810℃ 焼結体特性（Y_2O_3:5 mass%）	
		D_{50}(*1)	SSA(*2)	酸素量(*3)	密度	熱伝導率(*4)
		μm	m²·g⁻¹	mass%	g·cm⁻³	W·m⁻¹·K⁻¹
A	無添加	2.04	2.92	1.30	3.30	138
B	NH_4F:1 mass%	1.71	3.21	1.37	3.29	136
C	H_2:10 Vol%	1.43	3.89	1.58	3.34	156
D	NH_4F(1%)/H_2(10%)	1.31	4.21	1.41	3.31	160

*1：レーザー回析法　SALD-7000（SHIMADZU）
*2：BET 3点法　ASAP-2010（MICROMERITICS/SHIMADZU）
*3：不活性ガス中熱分解法　EMGA 620（HORIBA）
*4：レーザーフラッシュ法　TC-7000（ULVAC）

第 5 章　機能性微粒子調整技術

焼結体の適切な熱処理により，熱伝導率はさらに改善されることが期待される。

3.4　まとめ

AlN の燃焼合成において，反応ガス（N_2）に少量の H_2 ガスを添加することにより，燃焼温度が低下し，その結果生成 AlN 粉が微細化した。H_2 の添加により未反応 Al 量が増加したが，H_2 と同時に NH_4F を少量添加することによって未反応 Al 量が低下し，微細で未反応 Al の少ない AlN が得られた。

　NH_4F を 1.0 mass%添加し，10% H_2/90% N_2 ガス中で燃焼合成した AlN 粉末は微細で，良好な焼結性を有し，この粉末を用いた焼結体で 160 W/mK の熱伝導率が得られた。

　これらの結果から，燃焼合成法で作製した低コストの AlN 粉末が電子部品に応用される可能性が拓けた。

文　　　献

1) 小泉光恵，燃焼合成研究会（編），燃焼合成の化学，㈱ティー．アイ．シー（1992）
2) K. Tanihata, Y. Miyamoto, *International Journal of Self-Propagating High-Temperature Synthesis*, 7(2), 206-217（1998）
3) I. G. Cano, S. P. Baelo, M. A. Rodriguez, S. de Aza, *J. Eur. Ceram. Soc.*, 21, 291-295(2001)
4) 桜井，宮本，山田，材料，別冊，54, 574-579（2005）
5) T. Sakurai, Y. Miyamoto, *Material Science and Engineering A*, 416, 40-44（2006）
6) 桜井，宮本，粉体及び粉末冶金，52, 757-762（2005）

4 燃料電池用触媒白金微粒子

稲葉 稔*

4.1 固体高分子形燃料電池とその構成

燃料電池（Fuel Cell）は，地球規模でのエネルギー，環境問題を解決可能なキーテクノロジーとして期待されており，世界中で実用化に向け活発に研究開発が行われている。燃料電池は作動温度および用いる電解質により数種類に大別されている。100℃以下の低温で作動する固体高分子形燃料電池（Polymer Electrolyte Fuel Cell：PEFC），180℃付近で作動するりん酸形燃料電池（Phosphoric Acid Fuel Cell：PAFC），650℃付近で作動する溶融炭酸塩形燃料電池（Molten Carbonate Fuel Cell：MCFC），800～1000℃の高温で作動する固体酸化物形燃料電池（Solid Oxide Fuel Cell：SOFC）である。

これらのうち PEFC は 1960 年代に米国で宇宙開発用に開発され，実用化された最初の燃料電池である。アポロ計画の途中からアルカリ形燃料電池にその座を奪われたが，1980 年代後半にカナダの Ballard 社が PEFC の高出力化に成功し，自動車駆動源としての可能性が示唆された。これが自動車メーカーの注意を引き，今日の PEFC 開発熱のきっかけとなった。現在では PEFC は自動車用だけでなく，1 kW 程度の超小型の PEFC システムを各家庭に配置して，発電だけでなく排出される熱も同時に利用するコジェネレーションシステムとしても注目を集めている。

燃料電池は燃料である水素と酸化剤の酸素（空気）を導入して，水素の燃焼反応をアノード（燃料極）およびカソード（空気極）で別々に進行させ，反応に伴う Gibbs 自由エネルギー変化（ΔG）を直接電気エネルギーに変換する装置である。燃料電池は内燃機関や熱機関などの熱サイクルに比べて理論エネルギー変換効率が高く，排出物が水のみであり，可動部分がなくて静かである，という長所を持つ。PEFC に用いる電解質はポリマーでできたイオン交換膜であり，一種の水溶液ゲル電解質であるため，作動温度は水溶液と同様にほぼ 0～100℃ の範囲に限られる。PEFC は単セルでは 0.7 V 程度の起電力であるので，それを直列に結合した燃料電池スタックとして利用される。燃料電池システムはスタックだけでなく，水素供給システム，ガス加湿装置，空気清浄機，排熱回収システムなどで構成される。

PEFC セルの電極構造を図1に示す。電解質にはスルホン酸基を固定した高分子からなるカチオン交換膜が用いられる。電極としては，燃料極，空気極共に反応物質が気体であるので，白金などの触媒を担持したカーボンを用いる多孔性電極が用いられる。このガス拡散電極をカーボンペーパーなどの拡散層とともに電解質膜に直接接合して膜－電極接合体（MEA）が作られる。この MEA にガス流路と集電体としての機能を有するセパレータで挟み込み，単セルが作られる。

---

* Minoru Inaba 同志社大学 工学部 機能分子工学科 教授

第 5 章　機能性微粒子調製技術

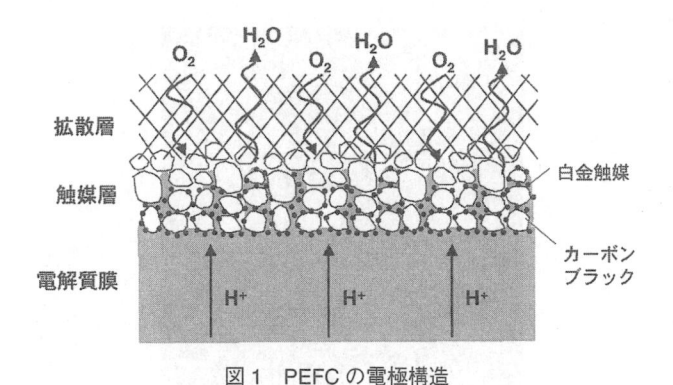

図1　PEFCの電極構造

家庭用コジェネレーションでは単セルを数十セル，自動車用では約400セルを直列に積み上げてセルスタックが構成される。

4.2　白金担持カーボン触媒

PEFCでは燃料極で水素が電気化学的に酸化され，空気極で酸素が還元される。これらの反応を高速で進行させるためには電極触媒が不可欠である。電解質膜が強酸性であるので化学的安定性の観点から使用できる電極触媒材料が限られ，空気極，燃料極ともに白金系触媒が用いられる。宇宙用途として開発されていた当時は，粒径が10 nm程度の白金ブラックを数 mg cm^{-2} 程度の担持密度で用いていた。しかし，Ptは希少金属であり，世界全体の推定埋蔵量は約8万t程度と少なく，また価格も現在3000円/gと高価な貴金属である。したがって，自動車用や家庭用コジェネレーションのような民生利用としては白金の使用量はできるだけ低く抑えることが必要である。そのため，カーボンブラックのような比表面積の大きい炭素粉末を担体として，これに20～60 wt%程度のナノメーターサイズの白金微粒子を分散させた「白金担持カーボン触媒（Pt/C触媒）」が用いられるようになり，最近では0.1～0.5 mg cm^{-2} 程度まで白金の担持量を減少させることが可能になっている。市販Pt/C触媒のTEM写真を図2に示す。

白金触媒をカーボン担体の上に高分散担持させる方法としては，コロイド法がもっとも良く用いられる。白金源として塩化白金酸（H_2PtCl_6）を用い，これに亜硫酸水素ナトリウム（NaHSO$_3$）などの還元剤で還元した後，過酸化水素を加えて白金酸化物コロイド溶液を作り，これにカーボンを入れて撹拌することによりカーボン表面に白金酸化物コロイドを吸着させ，最後に水素還元によって白金微粒子を得る[1]。

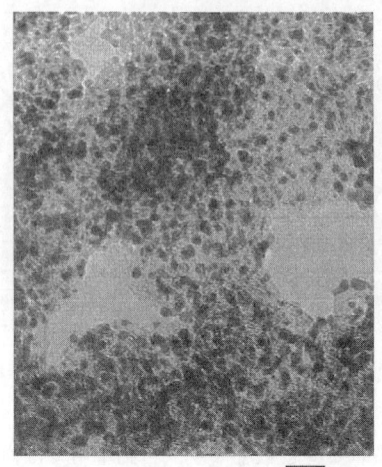

図2　白金担時カーボン触媒の電子顕微鏡写真
（白金担時量 50 wt%　田中貴金属工業㈱より提供）

$$H_2PtCl_6 + 3NaHSO_3 + 2H_2O \rightarrow H_2Pt(SO_3)_2OH + Na_2SO_4 + NaCl + 5HCl$$

$$H_2Pt(SO_3)_2OH + 3H_2O_2 \rightarrow PtO_2 + 3H_2O + 2H_2SO_4$$

$$PtO_2 + 2H_2 \rightarrow Pt + 2H_2O$$

　この方法により，1.5～5 nm 程度の粒径を持つ白金触媒をカーボン担体上に高分散担持させることが可能である。

　白金を担持するカーボン材料は Vulcan XC-72（粒径 30 nm，比表面積 254 $m^2\ g^{-1}$）に代表されるカーボンブラックが用いられてきたが，最近は白金微粒子の分散性を向上させるために，ケッチェンブラックに代表される数百から 1000 $m^2\ g^{-1}$ の高比表面積のカーボンが用いられるようになってきた。カーボンナノチューブ，カーボンナノホーン，カーボンナノファイバーなどの材料も担体として注目されている。

　家庭用コジェネレーションでは，CH_4 を主成分とする天然ガスを水蒸気改質等の方法で改質した水素を用いているが，改質ガス中に微量ではあるが一酸化炭素（CO）を含む。100℃ 以下の低温では CO は白金触媒表面に強く吸着して燃料極の水素酸化触媒能を著しく阻害する。これを避けるために，改質器で CO 選択酸化触媒を用いて CO 濃度を ppm オーダーにする工夫がなされているが，改質ガス中から CO を完全に除去することは難しく，Pt 単独を触媒とした場合には活性が低下する。そこで触媒自身の耐 CO 被毒性を上げる工夫がなされ，燃料極触媒には白金にルテニウム（Ru）を添加した Pt-Ru 合金電極触媒が用いられている。

4.3 白金触媒の高活性化

　白金は水素の酸化に対してはきわめて高い活性を示し，純水素を供給すれば燃料極の電圧ロス（過電圧）は数十 mV 以下である。一方，酸素還元反応は遅い反応であり，空気極では電極触媒に白金を用いても過電圧は 300 mV 以上に達する。この空気極の大きな過電圧が電力への変換効率向上への妨げとなっており，より活性の高い酸素還元触媒の開発が待たれている。また，白金の資源的な問題やコスト問題からも活性を向上させることにより白金使用量の低減が望まれている。

　白金触媒の活性は触媒の比表面積に比例して向上することが期待される。従って，カーボン担体上に担持することで，ナノサイズの白金粒子を高分散させた触媒が用いられている。しかし，白金触媒の粒径が 3 nm 以下になると逆に質量活性が低下することが知られており，「粒子サイズ効果」と呼ばれている。Kinoshita は cubo-octahedral の粒子を仮定し，粒径の低下とともに Pt(111) 面と (100) 面の面積比およびエッジとコーナーにある粒子の割合が変化し，これにより粒子サイズ効果が現れると説明した[2]。白金単結晶を用いた Markovic らの研究では，酸素還元反応に対する触媒活性は Pt(111)＜Pt(100)＜Pt(110) の順で高くなることが報告されている[3]。一方，Watanabe らは比表面積の大きなカーボン担体に Pt を担持すると，Pt 粒子間距離が大きくなり，3 nm 以下の粒径になっても質量活性の低下が見られないことを報告した[4]。すなわち，Pt 粒子には 10 nm 程度の「縄張り」があり，粒子間距離が大きい場合には活性が低下しないと考えられている。白金に粒子サイズ効果が本当に存在するか否かは白金触媒のさらなる高活性化にとって重要な問題であり，現在でも議論が続けられている。Kinoshita の解釈でも明らかなように，粒子サイズ効果を考える上で，表面に現れる面方位の影響と真の電子的な粒子サイズ効果とを区別して考える必要がある。そこで，表面の面方位を制御した単結晶白金ナノ粒子を用いた研究が始められている[5]。

　合金化による酸素還元活性の向上も研究が進められている。Pt-Co, Pt-Ni, Pt-Fe などの合金触媒が純粋な白金触媒よりも高い酸素還元活性を有することが報告され，注目されている。酸性条件下ではこれらの卑金属元素は溶出するが，表面に 1-2 nm の白金層が形成され，内部の合金層の影響により酸素還元活性が向上すると考えられている[6]。

　図1に示した MEA の触媒層中，電子は担体カーボン，プロトンは電解質ポリマー，反応ガスは触媒層中の細孔を通って運ばれ，「三相界面」と呼ばれるこれら3つの相が出会った部分で反応が進行する。従って，これらのいずれかのネットワークが形成されていない部分では反応が進行せず，白金触媒の利用率が低下する。触媒層の微細構造を制御し，良好なネットワーク形成と三相界面を増大させることによって，白金利用率の向上による触媒量の低減も重要な課題となっている。

4.4 白金触媒の劣化現象

　燃料電池の運転中に空気極白金触媒の活性表面積が徐々に低下して，電極触媒の劣化が起こることが知られている。これは白金粒子の粒子径の成長と溶解が原因と見られており，粒成長のメカニズムとして Ostwald 成長と白金粒子の溶解・再析出機構が考えられている。一定運転では1000時間程度で白金触媒の表面積が初期の50%程度に減少し，その後2万時間程度まではほぼ一定に落ち着くことが知られているが，その後の変化に関しては実証例がない。また，1V付近の高電位にさらされると白金の溶解速度が加速されることが知られており，たとえば開回路で燃料電池セルを放置すると，空気極で溶解した白金が電解質内部に析出する現象が知られている。白金の粒成長・溶出機構の早急な解明と，耐久性の高い白金触媒の開発が求められている。前述のPt-Coなどの合金触媒は純粋な白金触媒に対して粒成長が抑制されることが報告され，耐久性の観点からも期待されている[7]。

　また，運転条件によっては触媒担体の炭素の酸化腐食も進行する。カーボンの酸化反応は熱力学的には

$$C + H_2O \rightleftarrows CO(g) + 2H^+ + 2e^- \qquad E^0 = 0.52\ V$$

$$C + 2H_2O \rightleftarrows CO_2(g) + 4H^+ + 4e^- \qquad E^0 = 0.21\ V$$

という低い電位で進行するが，PEFC の作動温度である100℃以下では反応速度が遅く，通常の運転条件ではあまり問題にはならないと考えられてきた。しかし，ゆっくりしたカーボンの表面酸化や表面官能基の増加によってカーボン表面の撥水性の低下が進行し，触媒層の「濡れ」が進んで酸素の拡散性が低下する可能性が示唆されている。また，起動停止時には1.2V以上の高電位にさらされることがあり，このような高電位下では炭素の酸化が急激に進行することが知られている[8]。カーボンが腐食すると白金粒子が脱落し，白金利用率の低下により触媒特性が劣化するため，担体の耐久性の向上も必要である。カーボンの腐食を抑制するために，高温で処理し，黒鉛化の進んだカーボン担体を用いることが有効であることが知られているが，黒鉛化の進行とともに比表面積が減少し，白金微粒子の高分散担持が難しいなどのトレードオフもある。酸化に対して安定な TiO_2 や SnO_2 などの酸化物担体を用いる研究も進められている。

　また，改質ガスで作動する場合，一万時間程度運転すると燃料極のPt/Ru合金触媒の耐CO被毒性が低下する現象があることがわかってきた。運転中にRuが燃料極触媒から溶出し，Ru比率が低下することがその一因と考えられている[9]。Pt-Ru触媒の安定性については未知な部分が多く，基礎的な解明が必要である。

　低加湿条件での運転や開回路状態では電解質膜の劣化が起こり，この現象は白金触媒上での過酸化水素生成がその原因であることが明らかになってきた[10]。PEFCでは非常に薄いポリマー電

第 5 章　機能性微粒子調製技術

解質を用いるため，クロスリークと呼ばれる膜を介したガスの相互拡散が起こる。特に，酸素のクロスリークにより，燃料極あるいは膜内に析出した白金微粒子上で水素と反応すると多量の過酸化水素が生成することが知られている[11]。過酸化水素生成を抑制するために触媒および MEA 微細構造の設計，および白金触媒の溶解を最小限に抑えることが，電解質膜の耐久性の向上のために必要である。

文　献

1) M. Watanabe, M. Uchida, and S. Motoo, *J. Electroanal. Chem.* 229, 395 (1987)
2) K. Kinoshita, *J. Electrochem. Soc.*, 137, 845 (1990)
3) N. M. Markovic, H. A. Gasteiger, and P. N. Ross, *J. Phys. Chem.* 99, 3411 (1995)
4) M. Watanabe, H. Sei, and P. Stonehart, *J. Electroanal. Chem.*, 261, 375 (1989)
5) M. Inaba, M. Ando, A. Hatanaka, A. Nomoto, K. Matsuzawa, A. Tasaka, T. Kinumoto, Y. Iriyama, and Z. Ogumi, Electrochim. Acta, in press.
6) T. Toda, H. Igarashi, H. Uchida, and M. Watanabe, *J. Electrochem. Soc.*, 146, 3750 (1999)
7) P. Yu, M. Pemberton, P. Plasse, *J. Power Sources*, 144, 11 (2005)
8) C. A. Reiser, L. Bregoli, T. W. Patterson, J. S. Yi, J. D. Yang, M. L. Perry, and T. D. Jarvi, *Electrochem. Solid-State Lett.*, 8, A 273 (2005)
9) ㈶大阪科学技術センター，「固体高分子形燃料電池システム技術開発　固体高分子形燃料電池要素技術開発　固体高分子形燃料電池の劣化要因に関する研究」，平成 16 年度 NEDO 成果報告書 (2005)
10) 稲葉　稔，NEDO シンポジウム「固体高分子形燃料電池の高耐久化への展望」講演要旨集, pp. 25-26 (2005)
11) M. Inaba, H. Yamada, J.Tokunaga, and A. Tasaka, *Electrochem. Solid-State Lett.*, 7, A 474 (2004)

5 高機能触媒複合粒子

高津淑人*

5.1 はじめに

様々な化学反応プロセスに用いられる工業触媒は、化学種の異なる粒子を複合化したものが多い。これは、粒子複合化によって触媒活性や選択性の向上、あるいは反応場での劣化防止といった効果が得られるためである。例えば、代表的な化学反応プロセスであるアンモニア合成は、主要触媒成分の酸化鉄に少量のアルミナと酸化カリウムを添加することで活性を大幅に向上できることが見出され、実用化に至った。また、ガソリンの精製では要求されるオクタン価を達成するため、脱水素性能の優れた白金と異性化性能の優れた強酸性固体を複合化した触媒を用いている。最近では、温室効果ガスの削減や有害物のゼロエミッションといった環境分野の産業に関心が集まり、これまでにない新しい触媒の研究開発が求められている。

我々は、環境問題の解決に貢献すべく、微粒子生成技術を駆使した高機能触媒複合粒子の研究開発に取り組んでいる。その成果の一端をここで紹介する。

5.2 バイオディーゼル生産用の酸化カルシウム触媒

「バイオディーゼル」とは、植物油を構成するトリアシルグリセリド(脂肪酸のグリセリンエステル)とメタノールのエステル交換反応によって得られる脂肪酸メチルエステルを指し、温室効果ガスを低減するカーボンニュートラルな燃料油である。近年では、原油価格の高騰によって軽油代替の安価な燃料油として大いに注目されている。しかしながら、実用化に向けて解決すべき課題が多く、国内では未だ生産・販売網を整備できていない。

解決すべき最大の課題は、新しい生産方式を開発してバイオディーゼルに価格競争力を与えることである。現在の生産方式は、苛性アルカリを用いる均一触媒法が主流である。この方式によれば反応条件の穏和化をもたらすが、生成油洗浄排水や副生グリセリンが強アルカリ性となるため、それらの処理に多大なコストを要する。その結果、バイオディーゼルは市販軽油に対する価格競争力を失い、生産・販売活動は優遇税制等の経済政策に頼りきっているのが現状である。

我々は、固体触媒を利用した新しい生産方式の研究開発を進め、粒子表面の塩基性を厳密に制御・管理した酸化カルシウムが触媒材料として有望であることを見出した[1]。酸化カルシウムが塩基性固体であることは周知の事実であるが、図1で示すように市販生石灰を模した酸化カルシウムは、バイオディーゼルの生成反応に対する触媒活性が極めて低い。これは、大気に含まれる微量の炭酸ガスによって酸化カルシウム粒子表面の塩基点が中和され、活性中心の多くが消失す

---

* Masato Kouzu 同志社大学 先端科学技術センター 特別研究員

第 5 章　機能性微粒子調整技術

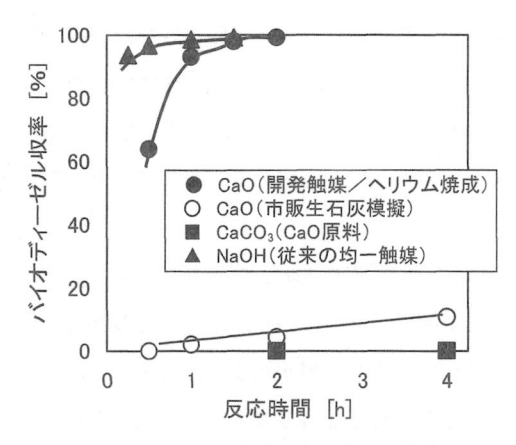

図1　バイオディーゼル生成反応に対する酸化カルシウムの触媒活性（メタノール還流温度，常圧）

凡例：
- ● CaO（開発触媒／ヘリウム焼成）
- ○ CaO（市販生石灰模擬）
- ■ $CaCO_3$（CaO原料）
- ▲ NaOH（従来の均一触媒）

図2　バイオディーゼル生産用の触媒複合粒子試作品（$CaCO_3$被覆 SiO_2）

るためである。そこで，不活性ガス気流中の焼成によって酸化カルシウムを調製すると，塩基点の中和を防止し，触媒活性を大幅に向上することができた。この触媒活性は均一触媒として用いられる苛性ソーダに匹敵するものであり，酸化カルシウム固体触媒法によって技術的な問題が解消されることを示した。

引き続いて，上述の高活性な酸化カルシウムをベースに，実用触媒の研究開発に取り組んだ。実用化に向けての課題は，反応場における酸化カルシウムの流失・減量を防止することである。バイオディーゼル生成反応に対する酸化カルシウムの触媒作用は，表面塩基点が反応開始剤であるメトキシアニオンの生成を促進することに起因するが，その一方で酸化カルシウムはメトキシアニオンの一部と反応してカルシウムメトキシドとなる[2]。このカルシウムメトキシドはメタノールに不溶であるが，極微量がゾル化すると報告されている[3]。事実，我々の実験でもグリセリンを除去しただけの粗生成物（バイオディーゼルと残存メタノールの混合物）に約 400 ppm のカルシウムメトキシドが分散する結果を得ている。想定する実生産では，固体触媒充填容器を用いた流通反応方式を採るため，ゾル化による流失・減量は触媒の交換サイクルを早めてしまうので，操作コストの悪化を招く。このような問題を解決するためには，酸化カルシウムを適切な担体へ固定化することが必要である。

酸化カルシウムはできるだけ微細化し，担体の細孔構造や表面化学性状を活用して強固に固定化するのが望ましい。そこで，非晶質シリカ粒子に酸化カルシウムを固定化した実用触媒の試作に取り組んだ。担体に用いるシリカ粒子の微細な細孔構造は，固定化した酸化カルシウムの物理的なアンカーとして作用すると考えられる。また，シリカ表面のシラノール基はブレンステッド酸として機能するため，酸化カルシウムとの化学的な相互作用も期待される。さらに，担体共存下で固定化粒子を析出させれば，不均一核発生現象を利用して固定化粒子の微細化が可能となる。

炭酸ガス化合法によって触媒前駆体である炭酸カルシウムを担体シリカ上で析出させた結果，図2で示すように粒子径1μm以下の微細な炭酸カルシウムでシリカ粒子を均一に被覆できたことがわかる[4]。ECSAにより表面を被覆する炭酸カルシウムを分析したところ，カルシウムの結合エネルギーが単体で存在する場合と比べて高エネルギー側へシフトしており，担体シリカとの化学的相互作用が示唆された。

得られた炭酸カルシウム-シリカ複合粒子は，ヘリウム雰囲気下700℃で焼成し，直ちにバイオディーゼル反応試験へ用いた。しかし，期待に反して触媒活性は思いがけず低いものとなった。その原因として，担体シリカと炭酸カルシウム粒子の化学的相互作用が焼成段階において双方の焼結・固溶化を促進し，複合粒子表面の塩基性が低下したためと推察される。現在は，担体シリカの表面改質，あるいは炭酸カルシウムの粒子特性制御による焼結・固溶化の抑制を検討している。

5.3 排水浄化用の銀ナノ粒子固定化酸化チタン光触媒

光触媒活性が報告される半導体金属化合物のうち，酸化チタンは，①強い酸化力，②高い光安定性，③優れた安全性，および④入手が容易といった長所があり，実用的な光触媒として我々の日常生活に浸透しつつある。主な用途としては，建材，内装品，空気清浄機等があり，いずれの製品も大気に拡散した微量の有害物質を極めて省エネルギー的に除去できることを共通の特徴としている。酸化チタンの光触媒活性を増強できれば，高濃度有機物の完全な分解や難反応性有害物質（農薬，環境ホルモン）の無害化を発生源毎で達成できるため，汚染排水の浄化に極めて有効な手段が得られることとなる。

酸化チタンの光触媒活性を増強するアプローチの一つとして，貴金属微粒子による酸化チタン表面の修飾がある。これは，本多-藤嶋効果の発見をもたらした白金／酸化チタン光電極に端を発したものである。白金は酸化チタンの光触媒活性を増強する目的で多くの研究に用いられているが，環境浄化用の実用触媒には安価な貴金属を用いるのが望ましい。また，貴金属微粒子を固定化するために研究室レベルでは強力な紫外光による光析出法を一般的に用いているが，実用触媒の調製には工業的にコンベンショナルな操作が好ましい。

我々は，貴金属修飾により光触媒活性を増強する実用的な方法として，エタノール還元析出法によって銀ナノ粒子を固定化することを考案し，その実証を試みた。銀は貴金属の中で最も安価であり，光触媒活性の源となる電子励起状態は銀ナノ粒子によって保護されることが実験的に示されている[5]。しかし，銀ナノ粒子の固定化は難しく，光析出法以外の手段は報告されていない。エタノール還元析出法は光析出法と同様に，不均一核発生現象の利用による固定化粒子の微細化を特徴としている。若干の加熱操作を要するが，光析出法よりも還元の進行が緩やかなので急激

第 5 章　機能性微粒子調整技術

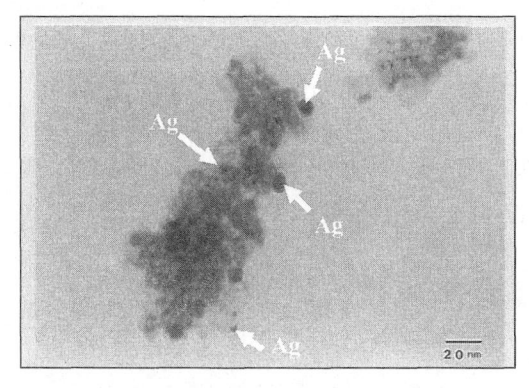

図3　エタノール還元析出法により銀修飾された酸化チタン光触媒

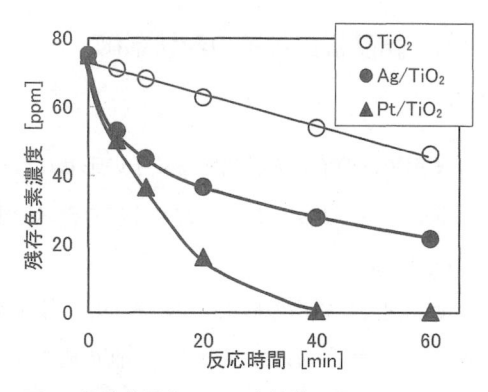

図4　銀修飾酸化チタン光触媒を用いたエオシン色素の分解反応（常温常圧，紫外光照射）

な核発生が起こりにくく，固定化粒子の凝結防止に有利である。また，エタノール還元析出法では，沸点程度に加熱するだけでよく，装置・操作コストの面で光析出法よりも優位と考えられる。

　図3で示すように，エタノール還元析出法を用いて酸化チタンの表面に粒子サイズが2～10 nmの銀を固定化できたことがわかる。光析出法の場合は銀の粒子サイズが1～10 nmであったと報告されており[6]，エタノール還元析出法は光析出法に匹敵する優れた固定化操作だといえる。エタノール還元析出法からの銀修飾酸化チタンを用い，紫外光照射下でエオシン色素を分解した結果，修飾していない酸化チタンと比べてエオシン色素の濃度が著しく低下した（図4）[7]。暗反応によって光触媒検体へのエオシン色素吸着量を調べると，いずれ検体を用いても僅かであったことから，酸化チタンの表面を銀ナノ粒子で修飾することにより光触媒活性を大幅に増強できたといえる。しかし，白金修飾による活性増強効果には及ばなかった。現在は銀修飾による活性増強効果を高めるため，固定化粒子の微細化と有効固定化量の増加について検討を進めている。

　　　　　　　　　　　　　文　　　献

1) 高津淑人ほか，日本エネルギー学会誌，85, No. 2, 135（2006）
2) T. Iizuka et al., J. Catal., 22, 130 （1971）
3) S. Gryglewicz, *Bioresource Technology*, 70, 249（1999）
4) 山中真也ほか，化学工学会第71年会講演要旨集，Q 209（2006）
5) H. Chun et al., Appl. Catal. A : Gen., 253, 389（2003）
6) 加藤真示ほか，材料，52, No. 6, 560（2003）
7) 高津淑人ほか，日本化学会第86春季年会，2D4-05（2006）

6 結晶析出粒子の形状制御

白川善幸*

本節では溶液から析出する粒子の形状について，特に添加剤による変化について述べる。この方法は，他の方法に比べて大きくプロセスを変更する必要が無く，添加剤を加えるだけで済む利点がある。

析出過程で結晶の形状を決めるのは，本編第3章で述べたように成長速度の遅い面である。媒晶剤（不純物）が添加されると各面の成長速度に変化が生じ，表面に出る面が変わり形状は変化すると考えられている。単純な結晶構造を持つ NaCl について例示しよう。図1は，流動槽型晶析装置で過飽和 NaCl 溶液に媒晶剤として $CuSO_4$ を添加し析出させた NaCl 粒子の SEM 写真である。通常，NaCl 結晶は（100）面からなる立方体であるが，角が取れて（111）面が現れ多面体形状になっている。この多面体の（111）面は，晶析時間や媒晶剤の濃度によってさらに成長し，最終的には八面体粒子になる（図2）。他の媒晶剤として硝酸銅，塩化銅，硝酸マンガン，塩化マンガン，硫酸マンガンなどでも実験を行ったところ同様な効果があり，媒晶剤の違いは成長速度の違いとして現れ，その成長速度について陽イオンならびに陰イオンの違いを比較，検討した結果，イオン半径のサイズによる効果が含まれるのではないかと結論付けられた。上記以外の媒晶剤についての効果を表1に示した[1]。媒晶剤の役割はミクロなレベルで完全に解明されて

図1　NaCl 溶液に $CuSO_4$ を添加したときの析出粒子

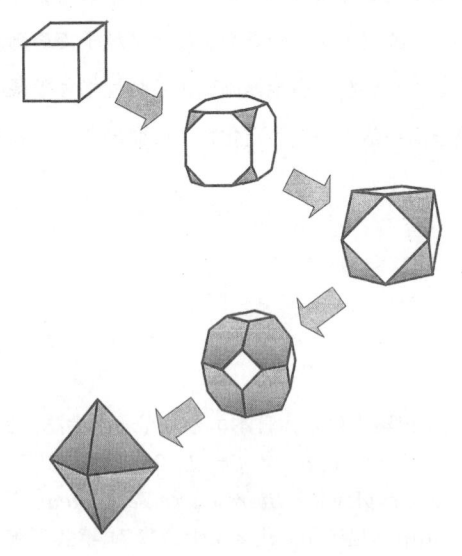

図2　NaCl 粒子の媒晶剤による形状変化

* Yoshiyuki Shirakawa　同志社大学　工学部　物質化学工学科　助教授

第 5 章　機能性微粒子調整技術

表 1　媒晶剤による NaCl の形状変化

媒　晶　剤	結　晶　形
塩化カドミウム	八面体
塩化亜鉛	八面体
塩化水銀	斜方十二面体
塩化ビスマス	ピラミッド，星状
フェロシアン化ソーダ	樹枝状，八面体など
尿素	八面体
グリシン	斜方十二面体
システイン	八面体
グルタミン酸ナトリウム	八面体

いるとはいえないが，結果として結晶面の成長速度を変えることは間違いないだろう。しかし，不純物添加によって溶液構造も変化することは推察に難くなく，特に上述のように不純物が電解質の場合，溶液構造に大きな影響を与えて表面形状に変化をもたらすこともありうるだろう[2]。もう一つ添加剤の例としてヘマタイト粒子について紹介しておく[3]。塩化第二鉄の 2 M 溶液に同体積の 5.4 N の NaOH 溶液を添加して 100℃ で 1 週間あまり加熱し続けると，ほぼ 100% の収率で 1.5～2.0 μm の単分散擬似立方体ヘマタイト粒子が得られる。このプロセスで NaOH 添加後直ちに Na_2SO_4 溶液を添加し，同様に加熱すると 8 日後にはピーナツ型の形状を持ったヘマタイト粒子が得られる。この反応には $Fe(OH)_3$ の無定形ゲルや β-FeOOH の繊維状粒子の生成などがあり，上記のような結晶面の成長抑制などの簡単な理由では片付かない現象であるが，効果の組み合わせによって面白い形もできる好例であると思う。

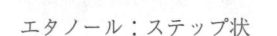

エタノール：立方体　　エタノール：柱状

エタノール：ステップ状　　プロパノール：樹枝状

図 3　貧溶媒としてアルコールを添加したときに析出した NaCl 粒子

第3章でも述べたように過飽和度の違いによっても結晶形状は影響を受ける。ある溶液に対して，その溶液に溶けている溶質があまり溶けない溶媒を添加剤として混合すると，混合溶液の溶解度が減少するため結晶が析出する。このとき加えた溶媒を貧溶媒といい，加えた溶媒の量によって過飽和度が変えられることになる。図3はNaCl溶液中にアルコールを貧溶媒として加えたときに析出した結晶のSEM写真である。ステップ状，柱状，樹枝状など様々な形状が見られる。過飽和度が大きいと結晶面に付着する成長単位がイオンからクラスターになることが指摘されており[4]，鋭利な結晶部は過飽和度が大きい（ベルグ効果）ことも加わって樹枝状のような複雑な形状が現れると思われる。

　以上のような他の物質を添加することで形状変化できることは，工業的にも汎用性が高く，詳細なメカニズム解明により粒子形状設計できることが望まれている。

文　　献

1) E. G. Cooke, 2nd Symposium on salt, the Northern Ohio Geological Society (1966)
2) 門田和紀, 粉体工学会誌, **41**, 679 (2004)
3) 杉本忠夫, 粉体工学会誌, **29**, 912 (1992)
4) K. Kadota *et al*., *J. Nanoparticl Research*, (2006) in press

第Ⅱ編　微粒子計測技術

第II部 認知と行動の文脈

第1章 粒子径分布

森　康維[*1], 丸山　充[*2]

1 粒子の大きさ

　一般に微粒子材料では多くの個体の集合体として取り扱う。このため微粒子の大きさを考える場合，次の3種類の大きさの定義（代表粒子径，平均粒子径，粒子径分布）について考える必要がある。

　完全な球形あるいは立方体など特殊な場合を除いて，1個の粒子の大きさ（particle size）を記述するには複数個の大きさ（長さ）で表現しなければならない。これを1個の代表値で表現する場合，その大きさのことを代表粒子径（particle diameter）と呼ぶ。主なものを表1に示す。代表粒子径は単に粒子径あるいは粒径とも呼ばれるが，定義によってその値は異なる。また粒子径の測定方法によって代表粒子径の定義が決まることが多い。

　微粒子の集合体が全て同じ大きさでない場合，つまり個々の粒子の代表粒子径に分布がある場合，粒子群の平均の大きさを1つの代表値で表現した値を平均粒子径と呼び，粒子群の大きさの分布を粒子径分布または粒度分布と呼ぶ。一般に粒子径分布を平均粒子径と分布の広がりを表す値の2変数で数式近似することが多く，代表的な粒子径分布式に対数正規分布（log-normal distribution）やロジン・ラムラー分布（Rosin-Rammler distribution，ワイブル分布とも呼ばれる）がある。

2 平均粒子径と粒子径分布

　粒子群の粒子の大きさが全く等しい場合（現実にはほとんどない）や非常に揃っている場合を単分散という。これに対して，粒子群の個々の粒子の大きさが不揃いであるとき，この状態を多分散という。多分散の粒子群を表現する方法が粒子径分布（粒度分布）であり，密度分布（頻度分布）と積算分布がある。積算分布には，小さい粒子から数えて全体のどれだけに相当するかを示す積算通過分率あるいは積算ふるい下分布（cumulative undersize distribution）と，大きい

[*1] Yasushige Mori　同志社大学　工学部　物質化学工学科　教授
[*2] Mitsuru Maruyama　㈱島津製作所　分析計測事業部　応用技術部　主任

新機能微粒子材料の開発とプロセス技術

表1　主な代表粒子径と対応する粒子径測定法

	代表粒子径	粒子径測定法	表現式
	三軸径	顕微鏡・画像解析法	l：長軸径, b：短軸径, t：厚さ
幾何学的平均径	二軸平均径	顕微鏡・画像解析法	$(l+b)/2$
	三軸平均径		$(l+b+t)/3$
	二軸幾何平均径		$\sqrt{lb}$
	三軸幾何平均径		$\sqrt[3]{lbt}$
	二軸調和平均径		$2/(l^{-1}+b^{-1})$
	三軸調和平均径		$3/(l^{-1}+b^{-1}+t^{-1})$
統計的径	定方向接線径（Feret径）	顕微鏡・画像解析法	—
	定方向面積等分径（Martin径）		—
	ふるい径	ふるい分け法	$(a_1+a_2)/2$ または $\sqrt{a_1 a_2}$
相当径	投影面積円相当径（Heywood径）	顕微鏡・画像解析法	$\sqrt{(4S_p)/\pi}$
	比表面積相当径	比表面積測定法	$6V/S$
	体積相当径	電気的検知帯法	$\sqrt[3]{(6V)/\pi}$
	Stokes径（等沈降速度球相当径）	沈降法, 慣性法	$\sqrt{(18\mu\nu_t)/\{(\rho_p-\rho_f)gC_m\}}$
	空気力学的径	慣性法（気相中）	$\sqrt{(18\mu\nu_t)/(1000\,g)}$
	流体抵抗力相当径	拡散法, 静電法, 光子相関法	$R_f/(3\pi\mu u_r)$
	光散乱相当径	光散乱法	—

S_p：投影面積, S：粒子表面積, V：粒子体積, μ：流体の粘性係数, ρ_p：粒子密度
ρ_f：流体の密度, ν_t：粒子の沈降速度, u_r：粒子と流体との相対速度, g：重力加速度
C_m：カニンガムのスリップ補正係数, R_f：ストークスの流体抵抗力

粒子から数えて全体のどれだけに相当するかを示す積算残留分率あるいは積算ふるい上分布（cumulative oversize distribution）がある。ある大きさの粒子がどれだけ存在するかを調べる基準には，個数で調べる個数基準や，重さあるいは体積で調べる体積基準などがある。したがって同じ微粒子の集合体でも，個々の粒子の大きさを表現する代表粒子径と粒子量の定義（個数，長さ，面積，体積基準）によって，粒子径分布は著しく異なる。JIS Z 8819-1 に表示の仕方が規定されている。

ある代表粒子径を用いて，個数基準で測定された粒子径分布が与えられたとき，ある粒子径区分（$d_i \pm \Delta d_i/2$）内にある粒子群の個数，長さ，表面積，質量（体積）をそれぞれ n, l, s, m とし，それぞれの全量を $N=\sum n$, $L=\sum l$, $S=\sum s$, $M=\sum m$ とすると，表2に示すような種々の平均粒子径が定義できる。

粒子径分布を数式で表現した代表例が対数正規分布（log-normal distribution）であり，粒子径 d における密度（頻度）は，

第1章 粒子径分布

表2 代表的な各種平均粒子径とその定義式

名　称	表　示	定　義　式 一　般	対数正規分布
個数平均径	d_1	$\sum_i (n_i d_i) / N$	$\ln d_1 = A + 0.5\,C$ $= B - 2.5\,C$
面積平均径, 体面積平均径 (Sauter 径)	$d_3,$ d_{SV}	$\sum_i (s_i d_i) / S = \sum_i (n_i d_i{}^3) / \sum_i (n_i d_i{}^2)$	$\ln d_3 = A + 2.5\,C$ $= B - 0.5\,C$
体積平均径	d_4	$\sum_i (m_i d_i) / M = \sum_i (n_i d_i{}^4) / \sum_i (n_i d_i{}^3)$	$\ln d_3 = A + 3.5\,C$ $= B + 0.5\,C$
調和平均径	d_h	$N / \left(\sum_i \dfrac{n_i}{d_i} \right)$	$\ln d_h = A - 0.5\,C$ $= B - 2.5\,C$
平均面積径	d_S	$\sqrt{\sum_i (n_i d_i{}^2) / N}$	$\ln d_S = A + 1.0\,C$ $= B - 2.0\,C$
平均体積径	d_V	$\sqrt[3]{\sum_i (n_i d_i{}^3) / N}$	$\ln d_V = A + 1.5\,C$ $= B - 1.5\,C$
幾何平均径, 個数中位径	$d_g,$ d_{N50} NMD	$\prod_i d_i{}^{n_i/N} = \exp\left\{ \sum_i (n_i \ln d_i) / N \right\}$	$\ln d_{N50} = B - 3.0\,C$
質量中位径 体積中位径	d_{M50} MMD	$\exp\left\{ \dfrac{\sum_i (n_i d_i{}^3 \ln d_i)}{\sum_i (n_i d_i{}^3)} \right\} = \exp\left\{ \dfrac{\sum_i (m_i \ln d_i)}{M} \right\}$	$\ln d_{M50} = A + 3.0\,C$

$A = \ln \text{NMD},\ \ B = \ln \text{MMD},\ \ C = (\ln \sigma_g)^2$

$$q_r{}^*(\ln d) = \frac{dQ_r{}^*(\ln d)}{d(\ln d)} = \frac{1}{\sqrt{2\pi} \ln \sigma_g} \exp\left\{ -\frac{(\ln d - \ln d_{50})^2}{2(\ln \sigma_g)^2} \right\} \tag{1}$$

となる。したがって積算ふるい下分布は次式で表現できる。

$$Q_r(d) = Q_r{}^*(\ln d) = \frac{1}{\sqrt{2\pi} \ln \sigma_g} \int_{-\infty}^{\ln d} \exp\left\{ -(\ln x - \ln d_{50})^2 / [2(\ln \sigma_g)^2] \right\} d(\ln x) \tag{2}$$

ここで d_{50} は $Q_r = 0.5$ となる粒子径で，中位径または幾何平均径と呼ばれる。σ_g は幾何標準偏差で，$\sigma_g = (Q_r = 0.8413\,の粒子径)/(Q_r = 0.5\,の粒子径)$ で求めることができる。σ_g は分布の広がりを示す尺度であり，単分散なら $\sigma_g = 1$ となる。対数正規分布は対数正規確率紙上で直線となる。粒子径分布が対数正規分布で表現できると，同じ粒子群を他に基準（例えば体積基準（mass basis））で測定しても，その粒子径分布は対数正規分布に従う。個数基準での中位径 d_{N50} を NMD（Number Median Diameter），体積（質量）基準での中位径 d_{M50} を MMD（Mass Median Diameter）といい，これらの間には次の Hatch の式が成立する。

$$\ln(\text{MMD}) = \ln(\text{NMD}) + 3(\ln \sigma_g)^2 \tag{3}$$

この関係式を更に拡張すると，粒子径分布が対数正規分布に従うなら，各種平均粒子径と中位径

の関係が表2に示すように簡単に求まる。

3 粒子径分布測定法

近年ナノテクノロジーという言葉を良く聞くようになってきた。ナノとは10億分の1を表す単位で，長さの単位では物質を構成する分子や原子が数個から数十個集合した大きさにほぼ相当する。ナノテクノロジーとはこのような極めて小さな分子や原子の集団を自由に操って加工する技術のことを言い，直径数nmの粒子の特性を把握する機会が増えてきた。このため，従来の粒子径測定では測定対象の中心がミクロンサイズであったが，サブミクロンからナノメーターオーダーの粒子径の測定が重要となってきた。新しく市販される装置もサブミクロン領域が測定可能であることを謳うようになってきている。表3にサブミクロン領域の粒子径測定手法を一覧にした。本稿では，これらの測定原理の内，代表的な測定方法を解説する。

4 レーザ回折・散乱法

レーザ回折・散乱法を用いた装置は，「測定時間が短い（数〜数10秒）」，「測定範囲が広い（数100 nm〜数mm）」，「再現性が良い」「操作が簡単」等の優れた特長を持っており，1990年代を通じて，粒子径分布測定装置の主流となってきた。当初は，液中の粒子を測定する湿式測定が中心であったが，気中の粒子を測定する乾式測定も可能となった。粒子にレーザ光を照射すると，粒子から散乱光が発せられる。この空間的な散乱光強度分布パターン（散乱角度に依存した

表3 サブミクロン領域の粒子径測定手法

測定方法	測定範囲 nm　　μm	分布基準	代表径	媒体
電子顕微鏡	▬▬▬	個数	定方向径	気
動的光散乱法	▬▬▬	個数	拡散係数相当径	液
レーザ回折・散乱法	▬▬▬	体積	光散乱相当径，球相当径	気，液
小角X線散乱法（SAXS）	▬▬	個数	拡散係数相当径	液
流動分画法（FFF）	▬▬▬	検出器に依存	Stokes径，拡散係数相当径	液
モビリティアナライザ	▬▬▬	検出器に依存	電気移動度相当径	気
拡散バッテリ	▬▬▬	個数	拡散係数相当径	気
TOF（Time Of Flight）	▬▬▬	個数	Stokes径	気
カスケードインパクタ	▬▬	質量	Stokes径	気

第1章　粒子径分布

散乱光強度の変化）は，図1に示すように粒子径に依存して変化する。例えば5μmの粒子からの散乱光は，前方方向に集中している。粒子径が小さくなるにつれて散乱光角度が広がり，粒子径が0.3μm以下になると，側方や後方の散乱光も強くなる。さらに0.1μmになると後方と前方の散乱光強度がほとんど変わらなくなる。このように散乱光の光強度分布パターンは粒子径に依存して変化するので，光強度分布パターンから粒子径を特定できる。

図2に装置の構成例を示す。基本的には，光学系（散乱光検出部），分散槽，演算処理から構成されている。レーザ光源から発せられたレーザビームをコリメータレンズを用いて少し幅広いビームに変換し，光路長が数mmのセル中の粒子群に照射する。分散槽に満たされた懸濁液は，循環ポンプにより循環する。このうち前方散乱光は，レンズによって集光され，焦点距離の位置にある検出面に，リング状の回折・散乱像を結ぶ。これを同心円状に配置した検出素子（前方散

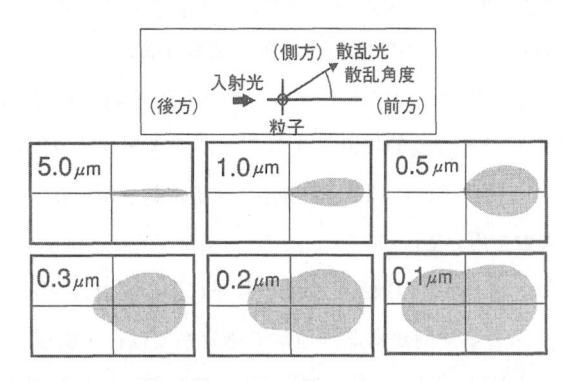

図1　粒子径と散乱光の光強度分布パターンの関係

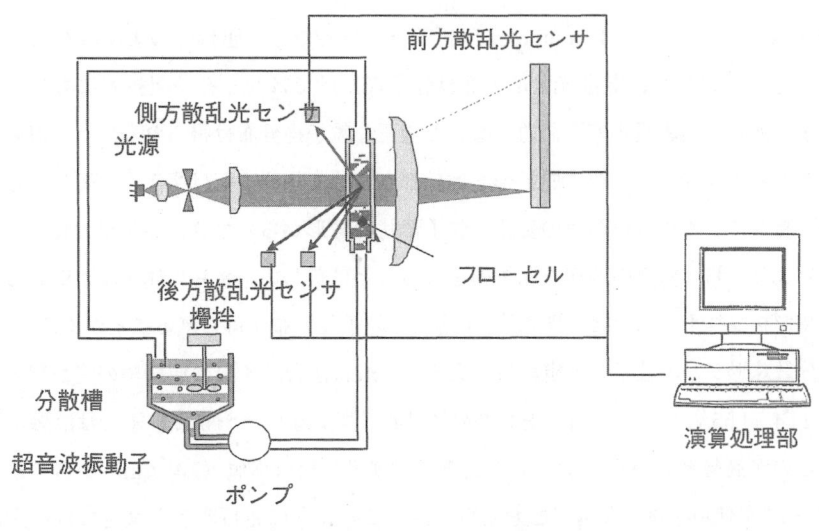

図2　レーザ回折・散乱法装置構成例

乱センサ）で検出する。また，側方および後方散乱光は，側方散乱光センサおよび後方散乱光センサでそれぞれ検出し，光強度分布データを得る。

レーザ光波長 λ の光が粒子によって角度 θ 方向に散乱された光強度 $I(\theta)$ は，個々の粒子の散乱光強度の重ね合わせで表現できる。

$$I(\theta) = \int_0^\infty i(\alpha, m, \theta) N f(d) \, \mathrm{d}d \tag{4}$$

$i(\alpha, m, \theta)$ は屈折率 m，粒子径 d の粒子による散乱角度 θ での散乱光強度で，$\alpha(=\pi d/\lambda)$ は粒子径パラメータ，N は測定部における全粒子個数，$f(d)$ は個数基準の粒子径分布である。(4)式を検出器の数に合わせて離散化し，ベクトル表記すると次式となる。

$$\mathbf{I} = \mathbf{A}\mathbf{f} \tag{5}$$

ここで，$\mathbf{I}$ は散乱光光強度分布データであり，前方，側方および後方散乱光センサによって検出される光強度（入射光量）である。$\mathbf{f}$ は粒子径分布（頻度分布）である。$\mathbf{A}$ は，粒子径分布 $\mathbf{f}$ を，光強度分布 $\mathbf{I}$ に，変換する係数行列（マトリクス）である。$\mathbf{A}$ の数値は，Fraunhofer 回折理論あるいは Mie 散乱理論から予め理論的に計算することができる。粒子径がレーザ光の波長に比べて充分に大きい場合（10倍以上）には Fraunhofer 回折理論を用いる。しかし，それより小さい領域では，Mie 散乱理論を用いる。

粒子濃度が高くなると，粒子からの散乱光が別の粒子に照射され，さらに散乱する多重散乱が起こり，粒子径が小さく求まる傾向がある。通常の測定系では粒子濃度は 100 ppm 程度とされているが，光路長を出来るだけ短縮し，数～20 vol% の高濃度試料でも測定できる装置も開発されている。

粒子径が数 μm 以上では，Fraunhofer 回折領域となるため，屈折率の影響は少ないが，それ以下の Mie 散乱領域では，散乱光強度分布は粒子径だけではなく粒子屈折率にも依存する。そのため粒子の適正な複素屈折率を入力しないと適正な粒子径分布は得られない。一般の粉体では単一成分である方が珍しく，複素屈折率を虚数部も含めて知ることは事実上不可能に近い。また粒子表面の粗さによる虚数部の値の変化，粒子形状の球形からのずれ，屈折率の粒子の結晶軸依存性などにより，粉体試料の適切な屈折率を得ることは難しい。さらに屈折率が既知の粒子でも装置構成や解析ソフトウェアとの関係で，不適切な粒子径分布が得られることがある。図3は 1.45 μm の単分散球形シリカ粒子の測定結果である。一般に溶融ケイ酸の屈折率の実数部の値は 1.46，石英では 1.54～1.55 とされている。虚数部の値は判っていない。シリカ粒子では溶融ケイ酸の値を使用するのが適当と思われるが，電子顕微鏡で測定した公称値（1.45 μm）から大きくずれており，1.50-0i を使用するのが適当と考えられる。このように屈折率値の選定には注意が必要で，むしろ装置定数の一つと割り切った考え方をする方法も公表されている。このため，市販装置の

第1章　粒子径分布

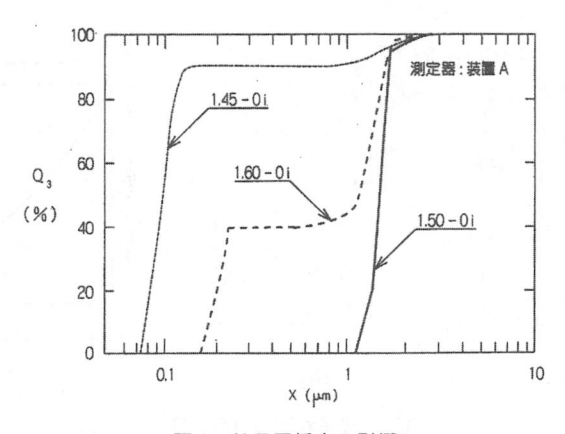

図3　粒子屈折率の影響
JIS R 1629（1997）から引用

中には粒子の屈折率の入力方法が簡略化され，虚数部の値をまったく入力できない装置や，粒子を幾つかの種類（例えば，透明，着色，金属粒子など）に分類することで，予め決めてある代表的な値を使用する装置もある。

　粒子径がさらに小さくなり 0.1 μm 以下になると，散乱角度の小さい前方散乱光パターンは，粒子径依存性が乏しくなるため，側方あるいは後方散乱強度を測定し，より広い散乱角度での散乱パターンから粒子径を求める必要がある。しかしながら，どれだけ理想的な光学系を用いても，測定可能な粒子径下限は $\alpha=1$ 程度である。$\alpha<1$ は Rayleigh 散乱領域であり，散乱強度の値そのものは粒子径に対して急激に減少するが，そのパターンは相似である。このため短波長のレーザの使用や，散乱光の偏光成分の利用などによって測定下限を低くすることが試みられている。なお非球形粒子の散乱パターンや多重散乱の研究は進められているが，粒子径分布測定装置への応用はこれからである。

5　動的光散乱法

　動的光散乱法は，高分子や超微粒子など大きさが数 nm から 1 μm 程度の物質の拡散係数を測定する方法であり，ストークス・アインシュタイン式を用いて拡散係数を粒子径に換算することができる。光の散乱強度の揺らぎを利用するため，準弾性光散乱法とも呼ばれている。比較的短時間で測定できるため，液体中の超微粒子の粒子径測定としてきわめて有望である。ISO 13321 あるいは JIS Z 8826 には光子相関法に基づく粒子径測定法が制定されている。632.8 nm 波長のヘリウム・ネオンレーザを使用し，散乱角度 90 度で測定することを基本としている。粒子径を求める解析法にはキュムラント法が採用され，散乱光強度調和平均径と，粒子径分布の広がりの

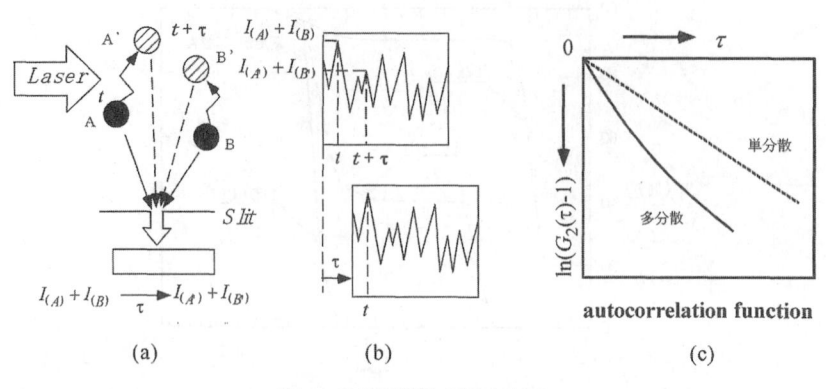

図4 光子相関法の測定原理

指標となる多分散性指数(Polydispersity Index, PI)を計算する方法が定められている。30 nm径以下のサンプル粒子を測定する場合,アルゴンレーザなどの強力なレーザ,あるいは高感度検出器が必要となる。

　光子相関法の測定原理を図4に示す。図4(a)に示すように,ブラウン運動している媒体中に分散した粒子群にレーザ光を照射すると,ある角度(通常は90度)に散乱する光量は刻々と変化する。結果として観測域内の粒子からの散乱光量の総和は,図4(b)に示すように刻々と変化する。これを散乱光強度 $I(t)$ のゆらぎといい,この値を数μs から数ms の非常に短い時間間隔 τ で測定する。散乱光強度の時間間隔 τ における自己相関 $G_2(\tau) = \langle I(t) \cdot I(t+\tau) \rangle$ を計算すると,図4(c)が求まる。粒子が単一の大きさである場合は,この図で直線関係が得られ,傾きから粒子の拡散係数 D が求まる。粒子が球形で,粒子間に相互作用がないと仮定すると,粒子の拡散係数と粒子径 d は次のストークス・アインシュタイン式で関係付けられる。

$$D = \frac{kT}{3\pi\eta d} \tag{6}$$

ここで k はボルツマン定数, T は絶対温度, η は溶媒の粘性係数である。

　粒子径分布が存在すると,時間自己相関関数は曲線となる。この曲線から粒子径分布を求めるには種々の数学的手法がある。最も良く用いられ,また簡単な方法にキュムラント法がある。これは時間自己相関関数を τ の2次式で近似し,平均減衰係数とその2次モーメントを求め,散乱光強度調和平均粒子径 d_{DLS} と粒子径分布の幅に対応した多分散指数PIを求める方法である。この方法では単峰性の粒子径分布しか得られない。多峰性の粒子径分布あるいは幅広い粒子径分布を求めるには,粒子径の最小と最大の区間を等間隔(ヒストグラム法),あるいは指数関数的(指数サンプリング法)に分割し,逆ラプラス変換で粒子径分布を推定する多くの手法が提案されている。区分の値が非負にならない拘束条件を付加した最小二乗法(例えばNNLS法)など

第1章 粒子径分布

がある。ノイズを含むデータの最小二乗法処理で有名な CONTIN 法は，多くの市販メーカーが粒子径分布算出法として採用している。しかしながら，1つの観測データから分布関数を求めるには本質的に無理があり，精度や再現性の向上を目指して，散乱角度を変えて測定したデータを同時に満足するように粒子径分布を決める試みなど，多くの方法が検討されているのが現状である。

一方，図 4(b) の散乱強度の時間変動データから，周波数解析を行い，粒子径を求める周波数解析法による測定装置も市販されている。周波数解析法には受光強度の変動を明確にする目的で，散乱光のみの変動から計算するホモダイン法と，入射光と散乱光の差成分から計算するヘテロダイン法がある。粒子径分布を求める数学的手法は光子相関法と本質的に同様である。

粒子径が小さくなると，個々の散乱強度が低下することもあって，比較的高粒子濃度の試料を測定する必要がある。しかし粒子濃度が濃くなると，多重散乱と粒子間相互作用の影響が問題となる。多重散乱に関しては，測定する体積（散乱体積）を小さくすることや，散乱角度を 180 度近くにするなどの方法で，対応できるようになってきた。しかし粒子間相互作用は本質的な現象で避けて通れない。粒子間相互作用の影響を低減する方法に，数 mM の無機塩を添加する方法がある。図 5 には粒子間相互作用の測定粒子径への影響を示す。種々の大きさのポリスチレンラテックス粒子を用いて，純水あるいは塩化ナトリウム水溶液中に分散させ，種々の粒子濃度の試料を光子相関法で測定した結果である。いずれの試料でも公称径（厳密な手順で TEM を用いて測定した値）より大きな測定結果が得られた。そこで試料条件に基づく van der Waals 引力と静電反発力のポテンシャル和を横軸にして測定粒子径との関係を調べると，データはばらついているものの，相互作用が強くなると，粒子径が大きく測定されることが判かった。すなわち光子相関法では粒子径が大きく見積もられる傾向にあることに注意すべきである。

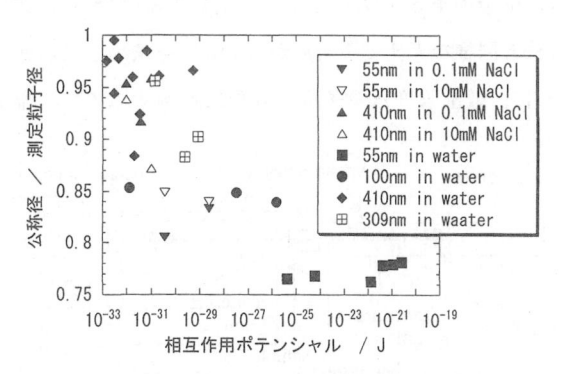

図 5　測定粒子径への粒子間相互作用の影響

6 小角X線散乱法

　この方法は光の代わりにX線を用いたレーザ回折法と考えればよい。レーザ回折・散乱法では500 nm前後の波長のレーザを用いるのに対して，小角X線散乱法では約0.15 nmの波長のX線を用いる。光とX線とでは物質透過に関する性質が異なるため単純には比較できないが，使用する波長が約3000分の1になるので，1 nmの大きさの粒子径測定が原理的には可能となる。装置構成を図6に示すが，本質的にはレーザ回折・散乱法装置と同じである。X線源にはCuKα線（波長λ＝0.154 nm），スリット光学部にはクラツキUスリットを用いる。散乱角度0.02～8.0°の範囲で測定する。

　半径aの球形粒子で個数基準粒子径分布が$f(a)$である場合，小角X線散乱光強度$I(q)$は次式となる。

$$I(q) = N(\rho - \rho_0)^2 \int_0^\infty \left(\frac{4}{3}\pi a^3\right)^2 f(a) P(q,a) S(q,a) \mathrm{d}a \tag{7}$$

ここで，Nは測定部における全粒子個数，ρおよびρ_0は粒子および溶媒の電子密度，qは散乱ベクトルの大きさ，$P(q,a)$は形状因子，$S(q,a)$は構造因子である。qは，散乱角度θ，X線の波長λ，媒体の屈折率nで表現される。

$$q = \frac{4\pi n}{\lambda} \sin\left(\frac{\theta}{2}\right) \tag{8}$$

粒子が球形と仮定すると，形状因子$P(q,a)$は次式で計算できる。

$$P(q,a) = \left[3 \frac{\sin(qa) - qa\cos(qa)}{(qa)^3}\right]^2 \tag{9}$$

粒子濃度が薄い場合は，構造因子$S(q,a)$を1と仮定できるので，(7)式に線形近似を適用すれば，レーザ回折・散乱法と同様な考えで$I(q)$から$f(a)$を求めることができる。しかしながら(7)式から明らかなように，散乱強度は粒子径の6乗に比例するので，幅広い粒子径分布を持つ

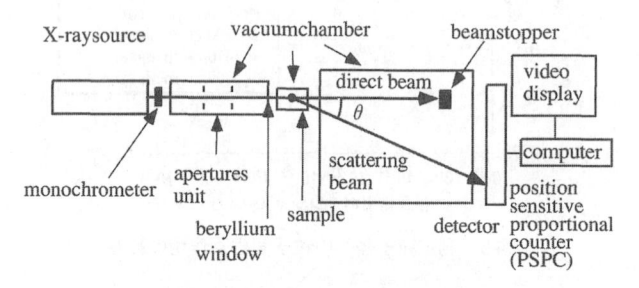

図6　小角X線散乱法の装置構成

第 1 章 粒子径分布

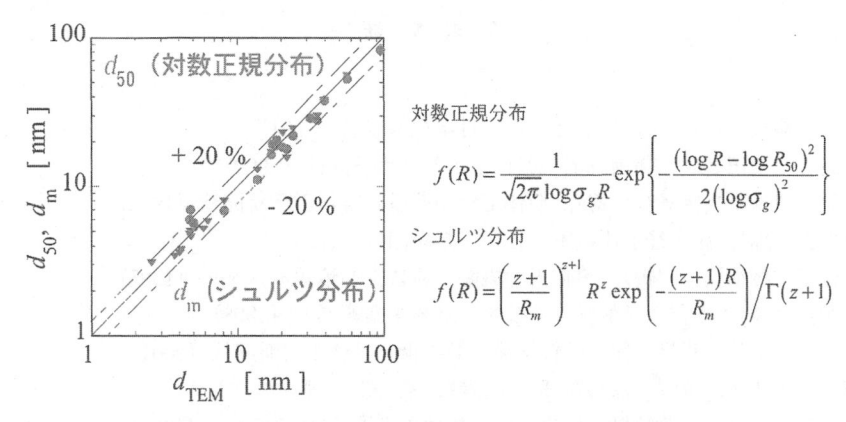

図 7 小角 X 散乱法から求めた粒子径と TEM の測定結果との比較

対数正規分布
$$f(R) = \frac{1}{\sqrt{2\pi}\log\sigma_g R}\exp\left\{-\frac{(\log R - \log R_{50})^2}{2(\log\sigma_g)^2}\right\}$$

シュルツ分布
$$f(R) = \left(\frac{z+1}{R_m}\right)^{z+1} R^z \exp\left(-\frac{(z+1)R}{R_m}\right)\bigg/\Gamma(z+1)$$

試料では，大粒子からの散乱強度が相対的に強くなるため，また X 線源がレーザ光に比較して弱く，点線源とみなすことができない等の制約のため，粒子径分布解析方法の確立が遅れている。

平均的な大きさを求める簡単な方法に Guinier 解析法があり，市販の小角 X 線散乱装置には付属している。しかし粒子径分布を持つ試料に適用すると，大粒子からの散乱強度が相対的に強くなるため，平均粒子径は大きく見積もられる。自作のアルゴリズムを用いて，多分散の金コロイドの粒子径分布を対数正規分布あるいはシュルツ分布と仮定して求めた結果を TEM 測定結果と合せて図 7 に示す。この様に粒子径分布を仮定すると平均粒子径（中位径）が誤差±20% 以内で一致しており，ナノ粒子の粒子径分布が求めることができる。しかしながら，現状ではその適用は限られている。なお市販装置には Guinier 解析法を応用した粒子径分布解析法が搭載されている場合があり，現状ではこの手法で粒子径分布を得るのが現実的である。

（規格）

レーザ回折・散乱法

ISO 13320-1　　Particle size analysis–Laser diffraction methods–Part 1 : General principles

JIS Z 8825-1　　粒子径解析–レーザ回折法–第 1 部：測定原理

JIS R 1629　　ファインセラミックス原料のレーザ回折・散乱法による粒子径分布測定法

光子相関法

ISO 13321　　Particle size analysis–Photon correlation spectroscopy

JIS Z 8826　　粒子径解析–光子相関法

小角 X 線散乱法

ISO/TS 13762　　Particle size analysis–Small angle X-ray scattering method

参 考 文 献

- 神保元二（編），粉体　その機能と応用，日本規格協会（1991）
- 奥山喜久夫，増田弘昭，諸岡成治，微粒子工学，オーム社（1992）
- 粉体工学の基礎編集委員会（編），粉体工学の基礎，日刊工業新聞社（1992）
- 粉体工学会（編），粒子径計測技術，日刊工業新聞社（1994）
- 日本粉体工業技術協会（編），粉体工学概論，粉体工学情報センター（1995）
- 粉体工学会（編），粉体工学便覧　第2版，日刊工業新聞社（1998）
- 椿淳一郎，早川修，現場で役立つ粒子径計測技術，日刊工業新聞社（2001）
- 早川修，中平兼司，椿淳一郎，粉体工学会誌，30, 653-659（1993）
- 早川修，安田佳弘，内藤牧男，椿淳一郎，粉体工学誌，32, 796-803（1995）
- 木下健，粉体工学会誌，37, 354-361（2000）
- K. Nakamura, T. Kawabata, Y. Mori, *Powder Technology*, 131, 120-128（2003）

第2章　比表面積，細孔分布

鷲尾一裕*

1　はじめに

　固体材料の微細な構造を評価する尺度のひとつに細孔分布がある。顕微鏡などでみる直接的な情報と異なり，試料全体の平均的な情報を効率よく得ることができる。細孔分布を求める代表的な手法が，ガス吸着法と水銀圧入法である。これらは細孔の開孔部の大きさにより使い分けられる。また，ガス吸着法は比表面積の代表的な測定手法としても重要である。
　以下に，ガス吸着法と水銀圧入法について測定原理，解析手法などを説明する。

2　ガス吸着法

2.1　吸脱着等温線

　吸着とは，ガス分子が気相から固体表面に取り去られる現象であり，その原因から，物理吸着と化学吸着に分類できる。物理吸着は低温での分子間力による吸着で，化学吸着は高温での化学的作用に基づく吸着である。比表面積や細孔分布測定法として利用されるのは前者であり，金属触媒の金属分散度などの測定には後者が利用される。なお，吸着温度が一定であれば，吸着するガス分子の数は，圧力に依存し単調性を有する（図1）。
　圧力を変化させ，そのときの吸着量を測定し，横軸に相対圧（＝吸着平衡状態の圧力と飽和蒸気圧の比），縦軸に吸着量をとってプロットしたものを等温線といい，特に圧力増加の方を吸着

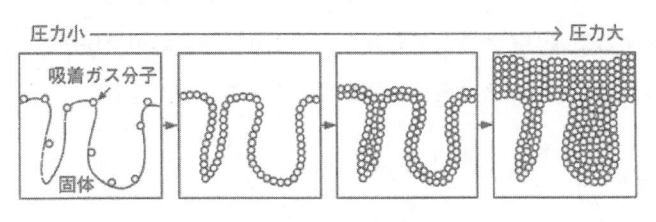

図1　物理吸着プロセス

＊　Kazuhiro Washio　㈱島津製作所　分析計測事業部　応用技術部　試験計測グループ　主任技師

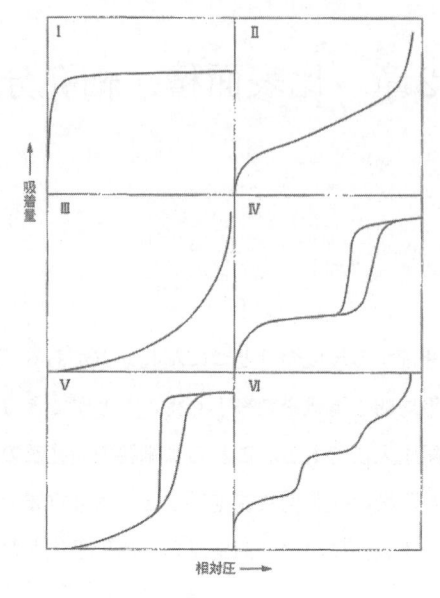

図2 吸脱着等温線の IUPAC 分類

（側），圧力減少の方を脱着（側）と区別する。

等温線は，細孔の有無やその大きさ，吸着エネルギーの大小などによりその形が変わる。図2にIUPACの等温線分類[1]を示す。I型はマイクロポア（開口部の大きさが2nm以下の細孔），Ⅳ型とⅤ型はメソポア（同2〜50nmの細孔）の存在の可能性を示し，Ⅱ型とⅢ型は細孔が存在しないかまたはマクロポア（同50nm以上）の存在の可能性を示す。Ⅵ型は細孔の無い平滑表面への段階的な多分子層吸着を示す。比表面積や細孔分布の測定を行う際に最もよく使用されるのが，液体窒素温度における窒素ガスの吸着であり，その場合はI型，Ⅱ型，Ⅳ型のいずれかになることが多い。

ガス吸着法で試料のキャラクタライズを行う場合は，等温線を測定することが基本となる。比較的高圧領域の挙動からメソポアやマクロポアの情報が，低圧領域の挙動からマイクロポアもしくは比表面積に関する情報がそれぞれ得られる。つまり，等温線の全域あるいは目的に応じた部分を測定すれば後は数値解析により各種物性を導き出すことができる。

2.2 ヒステリシス

吸着等温線と脱着等温線の履歴をヒステリシスという。Ⅳ型，Ⅴ型で顕著なヒステリシスは，メソポア領域での毛管凝縮と関連付けられることが多い。細孔の形状を仮定し，そのモデルにおける凝縮と蒸発の不可逆なプロセスを説明する試み[2]がなされている。したがって，ヒステリシスの形状から細孔の形状や構造を類推する手掛かりを得ることができる。但し，ヒステリシスの

第2章　比表面積，細孔分布

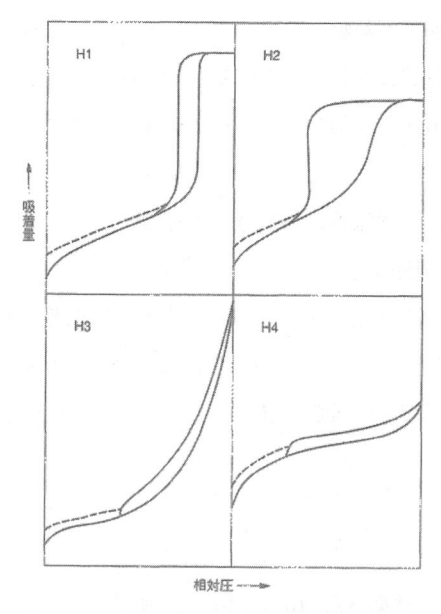

図3　ヒステリシスの分類

パターンも色々あり，ヒステリシスループの閉じる点の有無（＝低圧部ヒステリシスの有無），この閉じる点の相対圧が吸着温度と吸着ガスの組み合わせによって決まるという考え方（tensile strength effect）[2]など注目すべき点が多い。ヒステリシスの分類としてIUPACの分類[1]を図3に示す。H1型は，大きさの揃った球形粒子の凝集体（あるいは塊）の場合に見られる。H2型はある種のシリカゲルなどで見られるものであるが，細孔径や形状を特定するのが難しい。H3型あるいはH4型はスリット型細孔の存在を示し，またH3型は平板状粒子の凝集体などに見られることがある。H4型は等温線のI型同様マイクロポアが存在する場合に見られる。

2.3　測定手法と前処理

吸着等温線の検出手法は大別すると，以下の3つに分類できる。

(1) 容量法：吸着前後のガスの状態変化から吸着量を求める方式。ガスの状態方程式を活用する。一定容積内の圧力変化に着目する方法が特に定容法と呼ばれ，現在市販されている自動化された装置の大半がこの方式である。

(2) 重量法：吸着による試料の重量変化を直接測定する手法。

(3) 流動法：吸着ガスとキャリアガスの混合ガスを試料に流通させながら，吸着前後の濃度変化を検出する方式。比表面積の簡便法として広く利用されている。測定時間が短いのが特長。吸着等温線全域の測定には不向きである。

いずれの場合も，試料表面の不純物を除去することが不可欠である。表面の不純物を取り除く前処理を脱ガス処理と呼び，特に水分を除去することが重要になる。脱ガス処理は，加熱しながら不活性ガスをパージする方法と，加熱しながら真空排気する方式のいずれかを使用する。

2.4 吸着等温線の解析方法―比表面積，細孔分布の計算
2.4.1 BET法―代表的な比表面積計算法

比表面積 S〔m²/g〕は，単分子層を形成するのに充分な吸着量＝単分子層吸着量 Vm〔cm³/g at STP〕と，吸着したガス分子が固体上で占める面積＝分子占有断面積〔nm²〕が判れば計算できる。窒素ガスの液体窒素温度での吸着の場合，分子占有断面積は 0.162 nm² であるから次式で算出できる。

$$S = 4.35\, Vm \tag{1}$$

ここで〔cm³/g at STP〕は，標準状態（0℃，1 atm）換算の単位重量あたりの吸着量を意味する。

等温線データから Vm を計算する手法として BET 法がよく用いられる。

Brunauer[3]らは，Langmuir[4]の単分子層吸着理論を多分子層吸着に拡張するため，次の3つの仮定を設け，BET式(2)(3)を導いた。

① 吸着第1層を除き他の層で吸着熱と凝縮熱は等しい。
② 吸着第1層を除き他の層で蒸発，凝縮定数比は等しい。
③ $P/P_0=1$ の時，吸着層の数は無限大になる。

$$\frac{x}{Va(1-x)} = \frac{1}{VmC} + \frac{(C-1)x}{VmC} \tag{2}$$

但し，$C \propto \exp\left(\dfrac{Q1-QL}{RT}\right) \tag{3}$

　　　x：相対圧，Va：相対圧 x のときの吸着量
　　　C：吸着パラメータ
　　　$Q1$：吸着第1層の吸着熱，QL：吸着ガスの凝縮熱＝第2層〜の吸着熱

実際の吸着等温線から x と Va を得て，横軸に x，縦軸に $x/Va(1-x)$ としてプロットすれば，勾配が $(C-1)/VmC$，切片が $1/VmC$ の直線を得ることができ，ここから Vm と C を決定できる。このグラフの事を BET プロットと呼ぶ。Vm を(1)式に代入すれば比表面積を求めることができる。事実，多くの等温線で相対圧が 0.05〜0.30 の範囲で良好な直線関係が得られる。これが BET 法もしくは BET 多点法と呼ばれる比表面積決定方法である。

ここで(3)式で示す C は，吸着第1層と第2層以降の吸着熱の差を示すパラメータである。窒素ガス吸着では，C は50〜300程度の値を取ることが多く，BETプロットにおける切片 $1/VmC$ は0に近い値をとることになる。測定をより簡便にするために，この切片を0に近似する方法がある。切片が0であるため，一組の（相対圧 x，吸着量 Va）データのみで原点を通る直線を決定できる。これがBET1点法と呼ばれる方法である。つまり，(2)式において，$C \gg 1$ ゆえに，$1/VmC \fallingdotseq 0$，$C-1 \fallingdotseq C$ とすると，

$$\frac{x}{Va(1-x)} = \frac{x}{Vm} \Rightarrow Vm = Va(1-x) \tag{4}$$

となる。ここで求められる Vm は，多点法で得られるものよりも原理上小さめの値になる。

比表面積が 500 m²/g 以上，C が300以上もしくは負の値をとる時は，マイクロポアの存在が考えられる。このような場合，BET法による比表面積は真値を示しているとは言いがたい。というのは，マイクロポアでの吸着現象と，BET法の多層吸着理論の仮定とは矛盾する点が多いからである。とはいえ，ガス吸着法によりマイクロポアの比表面積を正確に計算する手法は今のところ無いため，BET法もしくはLangmuir法による比表面積値が一般的には使用されている。

2.4.2　tプロットとMP法—実験式に基づくマイクロポア評価法

tプロット法[5]は，吸着層の厚み t に着目した方法である。吸着層の厚みと相対圧との関係はいくつかの実験式が提案されているのでそれを使用する。実際の等温線において，相対圧を吸着層厚みに変換し，吸着等温線を書き直したものが t プロットである。その形は以下の3種類に分類できる（図4）。

① 原点を通る直線：ノンポーラス
② 原点を通る直線から上へずれるもの：メソポーラス
③ 原点を通る直線から下へずれるもの：マイクロポーラス

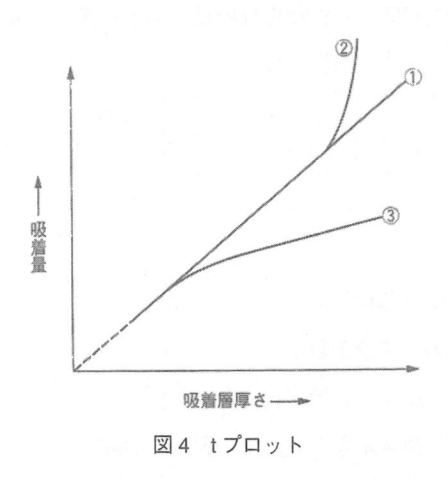

図4　tプロット

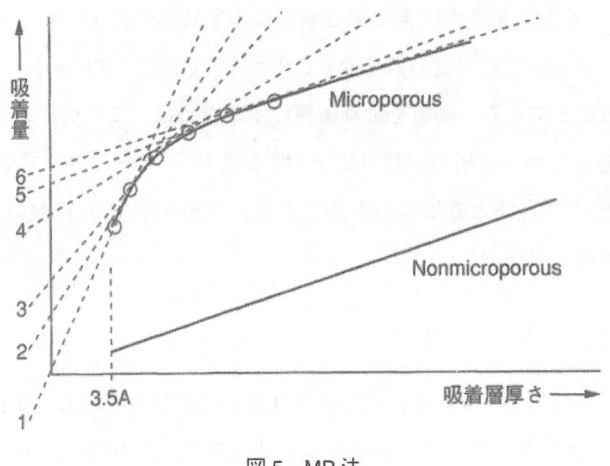

図5 MP法

特に③の場合，原点を通る直線から下へずれたところで直線を引き外挿して求めた切片がマイクロポアの容積に相当する。

tプロットの考え方によれば，縦軸が容積で横軸が厚みであるからその勾配は面積を示すことになる。図5に示すように，マイクロポアが存在する場合のtプロットにおいて，各点の勾配の変化を求めていけば，それがすなわち表面積の変化とみなすことができる。細孔形状を円筒やスリットと仮定すれば，表面積の変化から体積変化を計算でき細孔分布を得ることができる。これがMP法[6]である。

2.4.3 Horvath-Kawazoe法（HK法）他—マイクロポア分布解析法

Horvathと川添[7]は，モレキュラーシーブカーボンのスリット状マイクロポアの細孔分布を求める方法を提案した（以下HK法と略す）。彼らは，EverettとPowlによる，グラファイト2層間にガス分子が1個入った時のポテンシャル関数のモデル[8]を拡張し，グラファイト層間もしくはスリット状細孔にガス分子が満たされた場合の自由エネルギーの変化を求め，相対圧とグラファイト層間距離の関係を以下の式で表現した。

$$RT \ln\left(\frac{P}{P_0}\right) = K \frac{N_a A_a + N_A A_A}{\sigma^4(l-d)} \left[\frac{\sigma^4}{3(l-d/2)^3} - \frac{\sigma^{10}}{9(l-d/2)^9} - \frac{\sigma^4}{3(d/2)^3} + \frac{\sigma^{10}}{9(d/2)^9} \right]$$

(5)

但し，K：アボガドロ数
　　　N_a：単位面積あたりの固体原子数
　　　N_A：単位面積あたりのガス分子数
　　　A_a, A_A：Kirkwood-Mullerの定数（J/molecule）
　　　σ：ガス原子と相互作用エネルギーが零の面との距離

第2章　比表面積，細孔分布

　　　l：グラファイトの層間距離（スリット細孔の幅）
　　　d：固体原子の直径＋吸着ガス分子の直径

また，$N_a A_a + N_A A_A$ を特に相互作用パラメータ（the interaction parameter）と呼ぶ。

　有効細孔径は，グラファイト層間距離（l）—カーボン原子の直径とみなせる。吸着等温線上で，ある相対圧において(5)式により導かれる有効細孔径よりも小さい細孔には吸着ガスが満たされていると仮定すれば，吸着等温線を細孔分布に書き換えることが可能になる。これがHK法である。

　SaitoとFoley[9]は，円筒細孔を有するゼオライトにもHK法を適応できる方法を提案した（SF法）。同じ相対圧に相当する円筒形細孔の大きさは，スリット状細孔のそれより大きな値を与える。各種ゼオライト（Y型他）のアルゴン吸着等温線からSF法で得られる細孔径は，（HK法で得られる細孔径に比べ）X線回折による細孔径などと良い相関関係がある。

　ChengとYang[10]は，フォージャサイト型ゼオライトなどの球形の空隙を評価するためHK法を拡張したモデルを構築した（CY法）。同時にHK法，SF法の補正項を提案している。これは，ガス分子が吸着した状態を二次元的な理想気体とみなしている点を補正したものである。この補正はスリット状，円筒形，球形全ての理論式に適用可能である。

2.4.4　マイクロポア分布解析法の使い分けと制約

　MP法は，窒素吸着等温線を測定できる多くの装置で使用できる簡便な方法である。しかし，窒素分子の単分子吸着層（0.354 nm）の2倍が適用下限になるため，細孔直径約0.7 nmが下限となる。

　HK法・SF法・CY法では，主に窒素，アルゴン，炭酸ガスの吸着に使用できる。現在細孔直径0.4 nm程度までの測定が可能である。但し，2 nm以上の細孔には適用すべきでない。また相対圧が10^{-6}〜10^{-7}の極低圧域での測定が必要であるため，高真空ポンプや高分解能圧力測定が不可欠であり，測定時間も長い。各種パラメータの中には，ガスや固体の分子サイズ，磁化率などのパラメータも必要になる。しかしながら，現時点では，極低圧領域を正確に測定するためのハードウェアとソフトウェアが準備できるのであれば，HK法・SF法・CY法が最も情報量の多い結果を得ることができる。

2.4.5　毛管凝縮現象を利用する方法—メソポア，マクロポアの解析方法

　II型，IV型等温線では，圧力増加に伴い，単分子層吸着から多分子層吸着と進行し，さらに高圧域においては吸着量の急激な増加がみられる。この急激な増加は吸着ガスが細孔中に毛管凝縮していることに起因する。また，凝縮が起こっていない，より大きな径をもつ細孔には，多分子層吸着が継続して起こっていると考えられる。この毛管凝縮と多分子層吸着を組み合わせて細孔分布を求めることができる（Wheelerの考え方[11]）。つまり，ある相対圧において，半径r_pより

大きい口径をもつ円筒形の細孔は，厚さtの多分子層吸着が起こっており，r_pより小さい口径の細孔では毛管凝縮が起こっていると考える。毛管凝縮が起こっている細孔のメニスカスの半径r_kは，細孔の半径から多分子層吸着の厚みを差し引いた値となる。ケルビンの毛管凝縮理論を適用すると，r_kは(6)式のように表現することができる。

$$r_k = r_p - t = \frac{-2\sigma V \cos\theta}{RT \ln(P/P_o)} \tag{6}$$

但し，σ：表面張力，θ：接触角

ここで，半径rと$r+dr$の間にある細孔の円筒長さを$L(r)dr$とすると，ある相対圧における物質収支は，次のようになる。

$$V - V_x = \int_{r_p}^{\infty} \pi (r-t)^2 L(r) dr \tag{7}$$

但し，V：全細孔容積

　　　V_x：ある相対圧での吸着量（液体換算値）

つまり，全細孔容積とある相対圧における吸着量の差は，その相対圧において毛管凝縮していない細孔（半径r_pより大）の空の部分の総和である。VとV_xは測定値であるから，相対圧とtの関係を示す実験式を用いれば，$L(r)$，つまり細孔分布を求めることができる。(7)式がWheelerの基本式であり，この積分を解く方法として，CI法[12]，DH法[13]，BJH法[14]などがある。これら3つの計算法は，採用しているtの式の違いによる影響が大きい。tの式さえ統一すればこれら3つの方法は殆ど同じ結果を与える。

2.4.6　DFT法（Density Functional Theory）[15]

いままで述べてきた古典的手法や現象学的な手法と異なり，近年注目されているのがDFT法である。これは分子動力学シミュレーション法とも呼ばれる方法のひとつで，吸着現象を分子レベルの統計的・熱力学的理論から解析するものである。

たとえば，固体の細孔が全て均一な幅を持っていると仮定する。吸着ガス分子はランダムに細孔内に入り込むものの，表面付近では分散力もしくは分子間力が強く働きその影響を受ける。その結果，平均的には表面に一番近いところで長い時間存在することになる。また表面から離れればその影響が弱まる。このことから吸着ガス分子の存在している密度に分布（密度関数）が生じる。

吸着ガス，固体表面の物質，温度，細孔形状を決定すれば，複数の細孔サイズに対してそれぞれ密度関数から求まる等温線モデルが計算可能である。実際の等温線は，この等温線モデルの重ね合わせであるから，実際の等温線を解析すれば細孔分布を求めることができる。

DFT法は，マイクロポアやメソポア・マクロポアの区別無く適用できる唯一の方法といわれ，

第2章 比表面積，細孔分布

最近最も研究されている方法であろう。但し，基本の等温線モデルが確立していない未知なる固体材料についての適用には注意が必要である。

3 水銀圧入法

液体が固体を濡らすということは，液体の固体に対する接触角が90°より小さいということであり，90°以上の接触角では，固体が液体をはじくことになる。水銀の場合，表面張力が大きくほとんどの固体に対して90°以上の接触角を示す。このため，固体表面に毛細管があり，そこに一般の液体が接触すれば，その液体は毛細管内部に侵入するが，水銀の場合は逆に毛細管は水銀を押し出そうとする。水銀圧入法はこの現象を利用している。

細孔内に水銀が侵入し得る条件は，圧力P，細孔直径D，水銀の接触角と表面張力をそれぞれθとσとすると，力の釣り合いから次式で表せる（Washburn式）。

$$PD = -4\sigma\cos\theta \tag{8}$$

すなわち圧力Pとそのとき水銀が侵入し得る細孔直径Dは反比例する。実際の測定においては，圧力Pとそのときに侵入する液量V（圧力Pで侵入しうる細孔径よりも大きい口径を有す

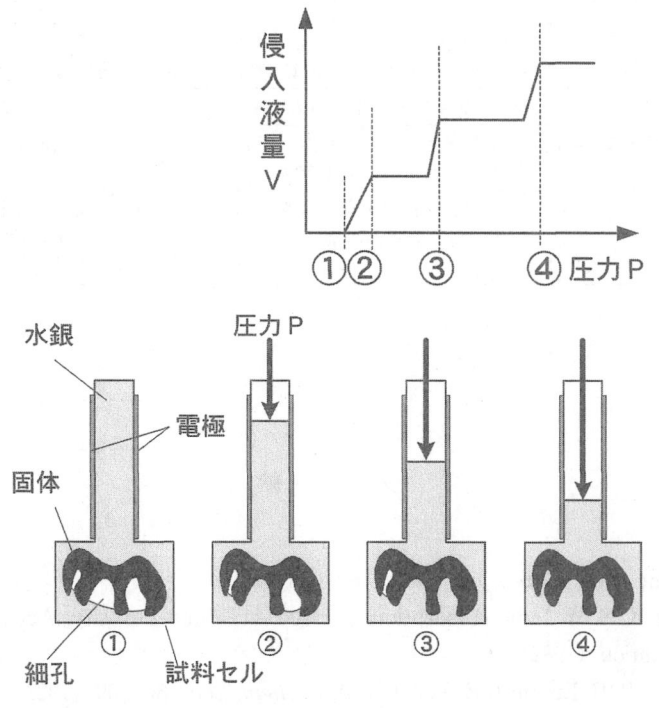

図6 P-V曲線

る細孔体積の総和）を，圧力を変えて測定することにより，P-V 曲線（図6）を求める。P-V 曲線の横軸は，そのまま(8)式から細孔直径に置き換えることができる。通常水銀の接触角は 130～140°，表面張力は 480～490 mN/m 前後の値が用いられることが多い。例えば大気圧であれば，約 10 数 μm 以上の細孔に水銀が侵入しえることになる。

4 ガス吸着法と水銀圧入法の比較

ガス吸着法と水銀圧入法の比較を表1に示す。どちらも古典的な手法でありながら現在でも幅広い分野で利用され，かつその応用研究も盛んである。ガス吸着法では，DFT 法などへの発展の他に，プローブとしていろいろなガスや蒸気が提案されている。また，水銀圧入法においては，浸透率や細孔屈曲度，フラクタル次元解析などへの応用も可能である。その場合は，直接法や他の手法と組み合わせて検証していくことがより必要になっていくと考えられる。

表1 水銀圧入法とガス吸着法の比較

比較項目	水銀圧入法	ガス吸着法
細孔測定範囲	メソポア～マクロポア	マイクロポア～メソポア
測定時間	短い	長い
測定済試料の再利用	不可	可能
測定・計算方法	仮定・パラメータが少ない PV カーブからの計算が簡単	仮定・パラメータが多い 等温線からの計算が複雑
試料の制約	アマルガムを作るもの不可	特に無し
細孔分布以外に得られる物性	かさ密度，見かけ密度，気孔率，細孔表面積（円筒モデル）他	比表面積，吸着特性
注意点	空隙と細孔の区別，特殊な雰囲気，安全性，細孔形状他	前処理条件，吸脱着の区別，各種パラメータの設定，マイクロポア解析法の選定他

文　献

1) K. S. W. Sing *et al.*, *Pure Appl. Chem.*, **57**, 603（1985）
2) S. J. Gregg, K. S. W. Sing, Adsorption, Surface Area and Porosity, Academic Press, London, 2 nd edition（1982）
3) S. Brunauer, P. H. Emmett, E. Teller, *J. Am. Chem. Soc.*, **60**, 309（1938）

第2章 比表面積，細孔分布

4) I. Langmuir, *J. Am. Chem. Soc.*, **40**, 1361 (1918)
5) J. H. deBoer, B. G. Linsen, Th vander Plas, G. J. Zondervan, *J. Catalysis*, **4**, 649 (1965)
6) R. Sh. Mikhail, S. Brunauer, E. E. Bodor, *J. Colloid Interface Sci.*, **26**, 45 (1968)
7) G. Horvath, K. Kawazoe, *J. Chem. Eng. Japan*, **16**, 470 (1983)
8) D. H. Everett, J. C. Paul, *J. Chem. Soc. : Faraday Trans. 1*, **72**, 619 (1976)
9) A. Saito, H. C. Forey, *AIChE Journal*, **37**, 429, (1991)
10) L. S. Cheng, R. T. Young, *Chemical Engineering Science*, **49**, 2559 (1994)
11) A. Wheeler, Catalysis Vol II, Reinhold, NewYork (1955)
12) R. W. Cranston, F. A. Inkley, *Adv. in Catalysis*, **9**, 143 (1957)
13) D. Dollimore, G. R. Heal, *J. Appl. Chem.*, **14**, 109 (1964)
14) E. P. Barrett, L. G. Joyner, P. P. Halenda, *J. Am. Chem. Soc.*, **73**, 373 (1951)
15) P. A. Webb, C. Orr, Analytical Methods in Fine Particle Technology, Micromeritics, USA (1997)

第3章 粒子表面特性

東谷　公*

1 はじめに

粒子表面特性は非常に多岐にわたる。大きく分類すると
① 物理的表面特性
② 物理化学的表面特性
③ 化学的表面特性

に分類される。物理的表面特性としては，粒子表面形状，比表面積，サイズ，表面凹凸，表面変形等が考えられ，物理化学的表面特性としては，表面エネルギー，吸着特性，ぬれ，浸漬熱，表面荷電，表面関力等，化学的表面特性としては，表面の反応性，表面組成等が考えられる。物理的表面特性のうちの粒子表面形状，比表面積，サイズの測定技術については他の章で詳しく述べられているので，ここでは省略する。また，表面の基礎的特性である表面エネルギー，吸着特性，浸漬熱，反応性，表面組成は，種々の微粒子プロセスでは，微粒子の表面バルク特性としての「ぬれ，表面荷電，表面微細構造，表面関力」に包含された形で現れるので，ここでは，ぬれ，表面荷電，表面微細構造，表面関力の測定技術を中心に説明し，表面エネルギー他の基礎的特性の測定技術については成書を参考にされたい[1]。

2 表面のぬれ（親・疎水性）の測定法

真空中で物質1を引き裂くと，引き離されて2個になった物質1のそれぞれに新しい「表面」が創出される。表面エネルギー W_{11} は，このように新しい表面を創出し，さらに両者を無限遠点まで引き離すために必要な仕事と定義される。また，表面張力 γ_1 は，物質1の単位面積を増加させるためのエネルギーと定義されているので，$\gamma_1 = W_{11}/2$ となる。同様に，物質1，2が引き離される場合の仕事は W_{12} で表され，W_{12} の値が大きいほど，両者を引き離すエネルギーが大きいことを意味し，両者の親和性が良いことを示す。物質2が液体の場合は，その液体の物質1に対する「ぬれ」性を表す。

---

*　Ko Higashitani　京都大学　大学院工学研究科　化学工学専攻　教授

第3章　粒子表面特性

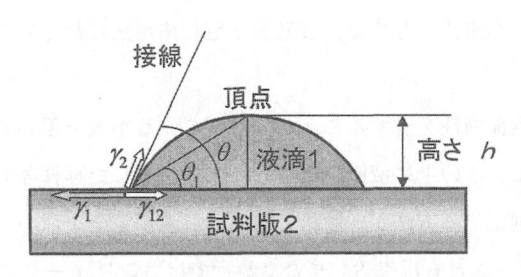

図1　液滴法

上記の物質1の引き離しを媒体2中で行った場合，物質1・媒体2間に新しい「界面」が創出されるが，この場合に消費されるエネルギーは W_{121} と表される。また，界面張力 γ_{12} は，媒体2中で物質1との界面を単位面積だけ拡張するための仕事と定義され，式(1)で与えられる。

$$\gamma_{12} = (1/2)W_{121} = (1/2)W_{11} + (1/2)W_{22} - W_{12} \tag{1}$$

いま，空気中で水平な固体表面に液滴を静かに落とし，図1のように平衡状態に達したとすると，固体平面1，液滴2と気相との三相接点に働く表面張力の釣り合いから，式(2)のYoungの式，さらには式(3)のYoung-Dupréの式が導出される。

$$\gamma_{12} + \gamma_2 \cos\theta = \gamma_1 \tag{2}$$

$$W_{12} = \gamma_2(1 + \cos\theta) \tag{3}$$

ここで，θ は図1で定義される接触角である。式(3)から分かるように，$\theta=0$ のとき $W_{12}=2\gamma_2=W_{22}$ となり，固相1から液相2を引き離す仕事は，液相2同士を引き離す仕事と同じであることを意味しており，固液の親和性が極めて高いことを示す。一方，$\theta=180°$ のときは，$W_{12}=0$ となり，固液を引き離すためのエネルギーは0，すなわち両者の親和性は低く，固体表面は疎液性であることが分かる。

通常，表面はミクロスケールでは均質ではない。表面の凹凸や物性には，局所的バラツキが在る。接触角はこれらのバラツキを包含したマクロな平均値であることに注意が必要である。また，図1の液滴に注射針を挿入し，液体を注入したり，引き抜いたりすると，界面が表面上を前進，または後退することになるが，この前進接触角と後退接触角が異なることが多い。接触角は熱力学量であるので，系が特定されれば決った値となるはずであるが，両接触角とも長時間安定に存在することが出来，どちらが真の平衡値であるかの結論はでていない。しかし，いずれにしろ接触角は，表面の疎・親水性を表すマクロな尺度として広く用いられている。例えば，SiO_2 表面をプラズマ法などで十分処理すると，$\theta<5°$ となり，ほぼ完全な親水性表面であると推定できる[2]。一方，疎水化剤を用いて表面を十分疎水化し，$\theta>115°$ となると，十分に疎水化された表面であると推定できる[3]。極端な場合，フラクタル状凹凸を持つ表面の場合には，$\theta\sim170°$ となり，完璧な疎水化表面と判断される[4]。

粒子に対する接触角の測定法としては，液滴法と毛管法が知られている[5]。

(a) 液滴法

これは，粒子と同じ表面物性を有することが分かっている平板を用いるか，粒子を平板状に圧縮成形したものを用いる。この上に液滴を垂らし，水平に写した写真等で，図1のように水平との接線から接触角 θ を測定する方法が一般的である。液滴が完全な球の一部とみなせる場合は，図に示す $\theta = 2\theta_1$ を用いることも出来る。また，最近ではコンピュータによるカーブフィテングにより θ を決めることも行われる。

(b) 毛管法

図2のように，微粒子を筒内に充填した充填層の下面を液体に浸し，充填層内の液体の自重と界面張力とが釣合って平衡に達した高さから求める手法，並びに毛管力により上昇する面の上昇速度から求める方法が知られている。

充填層内の詳細を知ることは難しいので，見かけ半径 R の毛細管に対する毛管上昇モデルを用いて推算されている。密度 ρ，表面張力 γ_2 の液の上昇高さを h とすると，液自重と表面張力のバランスから次式が成立する。

$$\cos\theta = Rh\rho g / 2\gamma_2 \qquad (4)$$

ここで g は重力加速度である。この式から θ を算出するためには，R を推算する必要がある。次の2方法が考えられる。

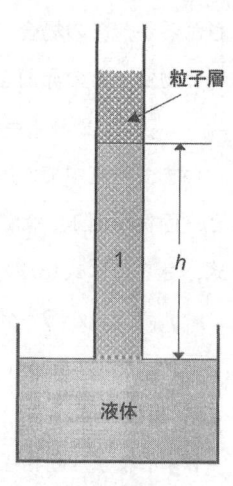

図2 毛管法

① θ の値の分かっている同じ粒度分布の充填層を用いて R を算出する。例えば，粒子を前処理で，完全に親水性（$\theta = 0°$）にしておき，h を測定すると，R が算出できる。

② R が充填層の空隙率 ε_v，粒子の比表面積 S_v と $R = 2\varepsilon_v / (1-\varepsilon_v)S_v$ の関係にあることを用いる。

粉体の充填層内の気液界面の上昇速度から θ の値を推算する方法もある。この気液界面の上昇高さ h と経過時間 t の関係は次式で与えられることが知られている。

$$h^2 = (R\gamma_2 \cos\theta / 2\mu)t \qquad (5)$$

この場合も R の推算が必要ではあるが，h^2 の時間変化を求めると，その傾きから，θ の値が求まる。

3 粒子のゼータ電位の測定法と表面荷電の推定

液中の微粒子は，その表面の解離基や吸着イオン他の要因により多かれ少なかれ帯電する。こ

第3章 粒子表面特性

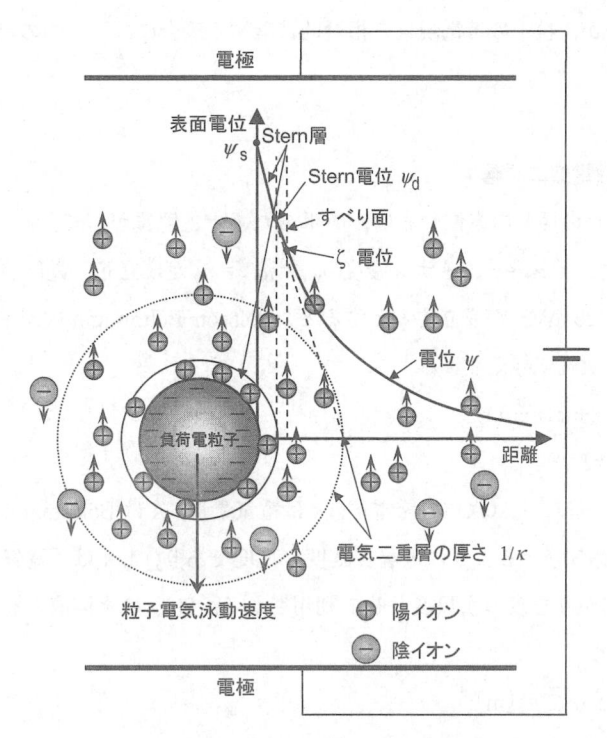

図3 荷電粒子の電位分布と泳動

の微粒子の帯電は液中の微粒子分散系の安定性に大きく影響を及ぼすが，ゼータ（ζ）電位は，以下に述べるように，比較的簡単に測定できる表面電位の尺度であるため，広く利用されている[6,7]。

　液中の帯電した粒子の表面の近傍では電気的中性の原理が成立し，表面電荷と当量で反対符号の電荷が粒子表面の周りにイオンの形で集まる。このイオンの内，一部は粒子表面に吸着し，残りは静電引力と熱運動による拡散力とのバランスにより，ある平衡分布を取り，図3のように粒子の周りに雲状に存在する。前者をStern層，後者を拡散電気二重層と呼んでいる。Stern層中ではイオンは固定されているので，内部の電位は，表面電位ψ_sからStern層の外側のStern電位ψ_dまで距離と共に直線的に低下する。Stern層の内部構造は十分には理解されておらず，工学的にはψ_dをψ_sと見なしている場合が多い。このような帯電粒子分散系に外部電場を印可すると，粒子と拡散電気二重層はそれぞれ反対符号の電極に電気的に引っ張られ，粒子表面と媒体との間に相対運動が生じる。この場合，粒子表面から数分子層内の液体分子は，粒子と共に運動するため，その外側の「すべり面」を境に相対速度が生じる。このすべり面での電位がζ電位である。すべり面はStern面のすぐ外側にあると考えられており，ζ電位の絶対値は，Stern電位の絶対値と同程度か少し小さいと想像されている。このような定義から，ζ電位の物理的意味は完

全には明瞭ではないが，粒子の帯電現象を相対的に論ずる場合には，一つの尺度として有用である。

3.1 球形粒子の拡散電気二重層

球形粒子（半径 a）の周りの電位分布は，簡単のため，電解質が NaCl などのように z-z 型の対称型電解質で価数 $z_+ = z_- = z$，イオン濃度 $n_{0+} = n_{0-} = n_0$ が成立し，電位が低く $ze\psi < kT$（常温で $z=1$ の時，$\psi < 25$ mV）が成立するとすると，Poisson-Boltzmann 式から，粒子中心からの距離 r での電位 ψ は次式で与えられる。

$$\psi = (a\psi_d/r)\exp(-\kappa(r-a)) \tag{6}$$

$$\kappa = (2n_0 z^2 e^2/\varepsilon kT)^{0.5} \tag{7}$$

ここで，ψ_d は Stern 電位，ε は媒体の誘電率，e は電気素量，k は Boltzmann 定数，T は温度を表す。κ は式(7)から分かるように電解質濃度の尺度であり，$1/\kappa$ は「電気二重層の厚さ」と呼ばれ，拡散層の広がりを表わす尺度として利用される。25℃の水溶液の場合，二重層の厚さは次式で与えられる。

$$1/\kappa = 3 \times 10^{-10}/z\sqrt{C} \quad [\text{m}] \tag{8}$$

これから分かるように，電解質濃度 C（モル濃度）またはイオン価数 z を増すと，$1/\kappa$ は小さくなり電気二重層は圧縮される。$z=1$，$C=10^{-3}$ mol/dm^3 のとき，$1/\kappa \sim 10^{-8}$ m（$=100$ Å）である。

1粒子の持つ全電荷 Q および表面電荷密度 σ は，周りのイオンの持つ電荷との釣合から次式で与えられる。

$$Q = 4\pi a^2 \sigma = 4\pi\varepsilon a(1+\kappa a)\psi_d \tag{9}$$

上記のように，溶液中の粒子の電気的特性は ψ_d と κ で決まることが分かる。κ の値は式(7)で計算されるが，ψ_d の値を求めることは難しい。そこで，ζ 電位が ψ_d の近似値として用いられている。従って，ζ 電位の測定から粒子の表面電荷の推定が可能である。

3.2 球形粒子の電気泳動と ζ 電位

Henry は，電場強度 E 中にある球形粒子の泳動速度 u_E を次のように導出し，泳動速度の測定から ζ 電位が導出できることを示した。

$$u_E = u_\infty/E = (2\varepsilon\zeta/3\mu)\mathrm{f}(\kappa a) \tag{10}$$

ここで，u_∞ は粒子の移動速度，μ は流体粘度，$\mathrm{f}(\kappa a)$ は図4に実線で示す Henry 関数で，近似的には $\kappa a > 1$ の場合，次式で与えられる。

$$\mathrm{f}(\kappa a) = 3/2 - 9/(2\kappa a) + 75/(2\kappa^2 a^2) - 330/(\kappa a)^3 \tag{11}$$

第3章 粒子表面特性

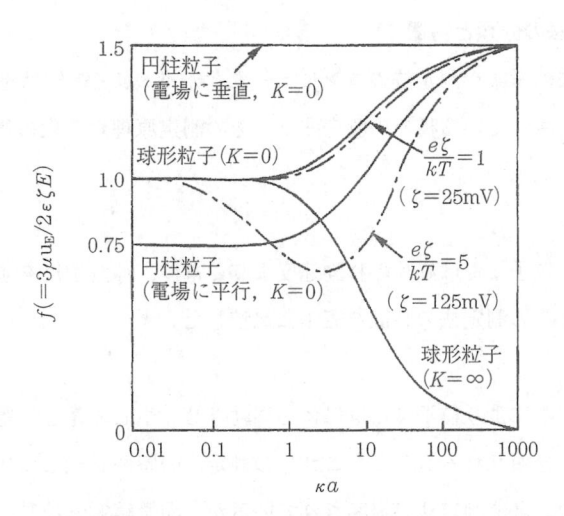

図4 Henry 関数（K は粒子の媒体に対する電導率の比を表す。$K=0$ は絶縁体，$K=\infty$ は導電体）

$\kappa a \ll 1$ の場合は，$f(\kappa a) = 1$ となり，$u_E = 2\varepsilon\zeta/3\mu$ となる。この式は，電荷 Q が電場 E 中で受ける力 QE が粒子の流体抵抗 $6\pi\mu a u_\infty$ に等しいと置き，式（9）を用いることにより得られる Hückel 理論の式と等しくなる。

また，$\kappa a \gg 1$ の場合は，$f(\kappa a) = 3/2$ となり，Smoluchowski の式 $u_E = \varepsilon\zeta/\mu$ となる。Smoluchowski 理論は，拡散電気二重層が外部電極により粒子とは反対方向に引っ張られ粒子の泳動速度を低下させる「遅延効果」が考慮されている理論である。

3.3 緩和効果

拡散電気二重層がある程度厚く，すなわち $0.1 < \kappa a < 100$ の領域において，粒子の表面電位が高いと，粒子の泳動速度が速く，厚い拡散層はそれに追随出来なくなり，二重層は変形し非対称になる。従って粒子の泳動速度は式（10）で推定される速度より小さくなる。これを「緩和効果」と呼んでいる。Overbeek によると[8]，緩和効果を考慮した泳動速度は次式で与えられる。

$$u_E = (2\varepsilon\zeta/3\mu)f(\kappa a, \zeta) \tag{12}$$

ただし，$f(\kappa a, \zeta)$ は Overbeek により与えられる関数である。Wiersema らは緩和効果を考慮した泳動速度を数値計算により求め，数表化している[9]。Wiersema らの結果から得られた f の値を Henry 関数とともに図4に鎖線で示している。また，球形粒子の泳動速度に対し，広範囲な実験条件に適用可能で正確な計算機プログラムが，O'Brien と White により開発されている[10]。

このほかの非球形粒子の泳動速度，柔らかい粒子の泳動速度については他を参照されたい[11]。

3.4 ゼータ電位測定法の分類と特徴

最近，新しい測定法の考案や測定法のコンピュータ化が進み，ζ電位は迅速，簡単に測定できるようになった。使用されている種々の測定法は，その測定原理から次の様に大別するのが適当と思われる。

(1) 電気泳動法

系に電場を印可し，粒子または媒体の移動速度よりζ電位，泳動速度を求める測定法として分類されるもので，これらの測定法の特徴を表1に比較した。

(2) 外力電位法

系に外力を加えることにより粒子または媒体を移動させ，生じる電位，電流からζ電位，泳動速度を求める測定法に分類されるもので，これらの測定法の特徴を表2に比較した。

このように，種々のζ電位測定法が提案されているが，顕微鏡電気泳動法，光散乱電気泳動法が次の理由により広く用いられている。(ⅰ)粉体層を形成する必要がなく，少量の試料で凝集の影響のない希薄な状態での測定が可能である。(ⅱ)感度が高く，コンピュータ化が進み，測定時間が短く，拡散係数などの情報も同時に得られる。(ⅲ)多分散系でもζ電位分布の測定が可能で，着目粒子のζ電位の測定も可能である。一方，最近，濃厚系の懸濁液を希釈することなくζ電位を測定したいとの要求があり，超音波法等が注目されている。実際の測定法に関しては，多岐にわたるので，成書を参考にされたい[11]。

表1 電気泳動法に属する測定法の特徴

測定法	印加される場	測定するもの	粒子濃度	特徴
(a) 顕微鏡電気泳動法	電場	移動速度	希薄	簡便，労力大
(ⅰ) 回転プリズム法	電場	プリズム回転速度	希薄	泳動速度分布
(ⅱ) 回転回折格子法	電場	周波数	希薄	コンピュータ化，泳動速度分布，拡散係数
(b) 光散乱法	電場	散乱強度スペクトル	希薄	コンピュータ化，泳動速度分布，拡散係数
(c) 移動境界法	電場	界面移動速度	濃厚	労力大，使われない
(d) 電気泳動輸送法	電場	重量変化	濃厚	濃厚系で直接測定可能
(e) 電気浸透法	電場	媒体移動量	粉体層	大きい粒子に適用

表2 外力電位法に属する測定法の特徴

測定法	印加される場	測定するもの	粒子濃度	特徴
(a) 超音波電位法	超音波	分極電位	広範囲	濃厚系で直接測定可，コンピュータ化
(b) 沈降電位法	重力，遠心力	沈降電位	高濃度	沈降性大の粒子に適用
(c) 流動電位法	圧力	流動電位	粉体層	大きい粒子に適用

第3章 粒子表面特性

4 表面微細構造の直接観察法，表面間力の測定法
—原子間力顕微鏡による方法—

　実プロセス中での微粒子挙動を理解する場合，微粒子や壁面の表面微細構造が溶媒中で実際にどの様に存在し，どの様に相互作用するかを知ることが出来る「その場（in-situ）情報」は必要不可欠である。例えば，水溶液中で水分子が荷電表面へ2～3層吸着した吸着層や，界面活性剤が島状に立って吸着した吸着層は，その構造が微粒子の凝集・分散及び粒子の壁面への付着・脱着に大きく影響することが知られている。

　固液界面構造の in-situ 観察は，光学顕微鏡を用いて行うことができるが，その解像度は光の波長のサブミクロンオーダである。より微細な観察には，透過型および走査型電子顕微鏡（TEM，SEM）が用いられるが，この場合は試料を高真空下に置くため，基本的には in-situ 観察は出来ない。

　1982年に，トンネル電流を利用したトンネル顕微鏡（Scanning Tunneling Microscope：STM）が発明され，その解像度の高さで注目された。その後，装置の構成はSTMと似ているが，探針先端・試料表面間に働く相互作用力を利用し，試料表面が電導性である必要のない原子間力顕微鏡（Atomic Force Microscope：AFM）が開発された[12]。AFMは，真空中は勿論，媒体中でもÅオーダの表面の吸着分子や凹凸等を in-situ 観察できる装置であるのみならず，媒体中で表面間力も測定できる装置であり，特に工学分野で極めて重要な界面特性測定装置である。その特徴は下記の通りである。

① Åオーダの表面の凹凸や界面吸着層など，表面微細構造の in-situ 観察が出来る
② 表面間力の in-situ 測定が可能で，表面微細構造と関係付けられる
③ 表面を選ばない
④ 表面の局所的な情報が得られる
⑤ 装置，測定手法ともに簡便である

4.1 AFMの概要

　図5にAFMの測定・制御ユニットの装置構成を示す。これにデータ処理のための計算機ユニットが付随している。AFMは，表面の凹凸を原子オーダの精度で測定可能な「粗度計」である。測定用セルは，媒体の出入口とカンチレバー取付金具の装備したガラス製平板，Oリング，試料平板よりなっている。Oリングはガラス板および試料平板により挟み込まれ，媒体は，ガラス板，Oリング，資料平板により作られる空間に満たされる。片持板バネであるカンチレバーは，その一端がセル面に対して一定の角度で固定されている。レバーの材質はSi単結晶やSi_2N_4他で，

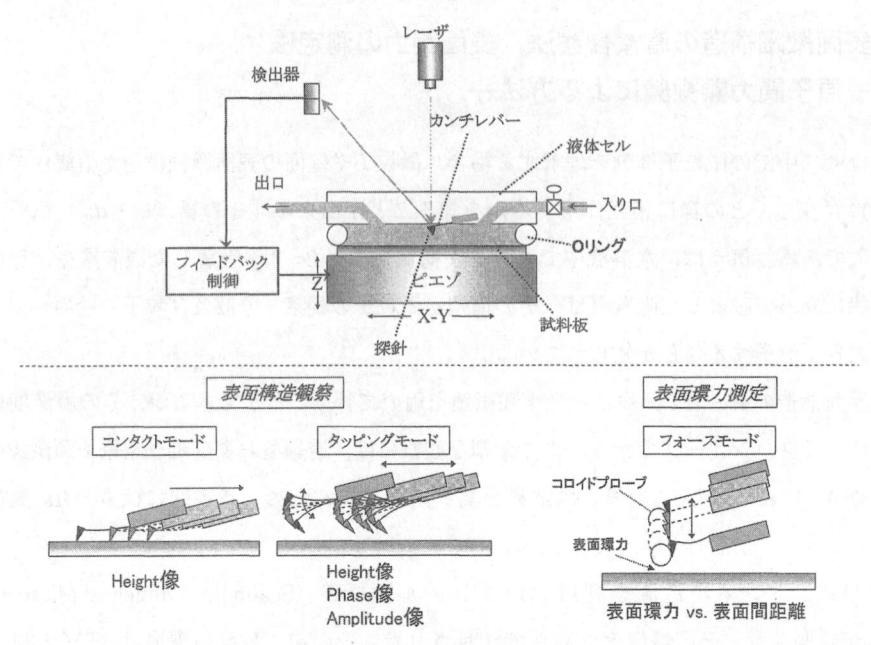

図5 AFMの測定部と操作法

長さは100～500 μm, 公称バネ定数は 10^{-2}～10^2 N/m である。このバネ定数の公称値は通常≦±10%程度の誤差を持つので，使う前に個々に検定する必要がある。カンチレバーの自由端には四角錐状の探針がついている。探針の先端は，曲率半径10～60 nm 程度の半球状である。最近では極めてシャープな探針やカーボンナノチューブ探針も開発されている。カンチレバーのたわみは，レバーの先端の上面にレーザー光を当て，その反射光の変位を光検出器で検出し，これを探針の変位に換算する。このカンチレバーのたわみがわかれば，探針・試料表面間の相互作用力も算出される。

試料板は，金属板状面に接着し，その金属板面が磁力により下のピエゾ圧電素子に密着するようになっている。電圧により伸縮するピエゾ圧電素子の特性を利用して，試料板の位置を，制御ユニットからの印加電圧により垂直方向（Z方向）水平方向（XY方向）にÅオーダで変位させる。

最近では，ピエゾが上面に装着され，下面からセル内を顕微鏡で覗ける様になったAFMや[13]，AFMの最大の弱点である表面間距離の絶対値が求まらない問題に対しても新しい試みがなされ，AFMの進歩は著しい[14]。

4.2 AFM 像の操作モードと測定例

AFM像は，試料表面をZ方向に押し上げて探針先端を接触させた後，試料をXY方向に走査し，表面の凹凸に対応したカンチレバーまたは試料板のZ方向変位から得られる像である。走

第3章　粒子表面特性

査法には，deflection 法と height 法とがあるが，一般に広く用いられる height 法では，カンチレバーのたわみ，すなわち探針に働く接触圧（表面間力）が一定になるように試料板をZ方向に変位させながら走査し，その時のピエゾ素子電圧変化から直接Z方向高さを算出する。操作法は大きく分けて次の2手法がある。

① コンタクトモード：これは，探針を表面に押し付けたまま XY 方向へ連続的に走査する手法である。このモードでは柔らかい突起物を操作中に掻き取る可能性があり，接触圧によっては AFM 像も変わり得る。一般に接触圧の大きい方が解像度が良いが，突起物掻き取りの可能性も高くなるので，目的に応じて接触圧と解像度の良いバランスを探す必要がある。

② タッピングモード：別のピエゾ素子によりカンチレバーを共振周波数近傍で加振する。探針先端が試料と接触すると振幅が減衰するので，振幅が一定となるように，試料板をZ方向に変位させながら XY 方向に走査すると，コンタクトモードと同様にZ方向高さを算出することができる。この方式で得られた height 像は，探針が試料に点接触する方式であるため，突起物を掻き取る可能性が少なく，柔らかい物質の形状も知ることができる。また，タッピングモードでは，試料表面の物性が局所的に変わると，その部位で，入力側とカンチレバーの振動に位相のズレが生じる。この位相ズレを像にしたのが phase 像で，表面の粘弾性の指標となる。

図6は，水中のカチオン性高分子（分子量約 10^7 g/mol）が雲母表面に転写されたものを，ス

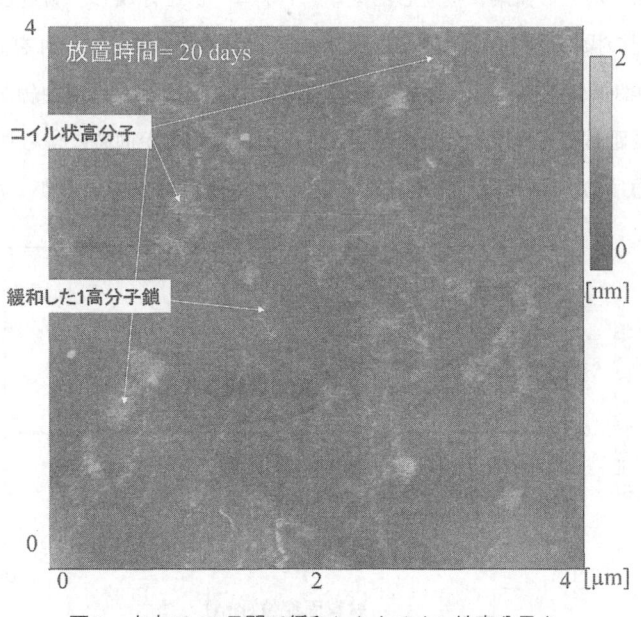

図6　水中で 20 日間で緩和したカチオン性高分子を
雲母表面に転写した in-situ タッピング像

ーパーシャープ探針を用いたタッピングモードで，水中でその場観察したものである。緩和した1分子鎖やコイル状になった高分子テールの見られることが分かる[15]。

4.3 表面間力の操作モードと測定例

フォースモードを用いると，探針先端表面と試料表面間に働く分子オーダの表面間力の表面間距離依存性を知ることが可能である。この場合は，ピエゾ圧電素子を一定速度でZ方向に伸縮させ，試料の表面間距離を変化させる。表面間力が働くとカンチレバーが曲り，それを光検出器で検知する。図7は，水溶液中の探針と雲母表面に対する測定例である。最初，試料面を上方へ探針表面に近づけ，十分に接触させた後，試料面を下方に引き戻し，最終的に探針から引き離したもので，典型的な探針変位（縦軸）とピエゾ圧電素子変位（横軸）との関係である。点線は探針がジャンプしたことを示している。AFMでは，図の左上のような直線部が現れると，ピエゾと探針が同速度で移動することから，両面は接触しているとみなされ，その接線が表面間距離0を表す。一方，表面間力は，直線部から得られる探針の実変位とそのバネ定数から算出されるので，図7のデータは相互作用曲線に変換される。しかし，この手法には重大な弱点がある。表面に探針が入り込めない強い吸着層が在っても同様に直線部が現れるため，表面間距離の絶対値が求められないことである。現在，これを克服しようとする研究も行われている[14]。

任意の系で表面間力を測定したい場合には，図5に示したように，測定したい表面物性を持つ球形粒子をカンチレバーの先端に接着したコロイドプローブを作成し，測定したい物性の平板と媒体を用いて上記の操作をすると，図7と同様のデータが得られる。これを表面間相互作用力 vs. 表面間距離の関係に変換すると図8に模式的に示すような相互作用曲線が得られる。1サイクルの実験で，長距離相互作用力，短距離相互作用力，付着力が同時に得られることが分かる。長距離相互作用力はDLVO理論と良く一致することは良く知られているが，表面間距離が数 nm

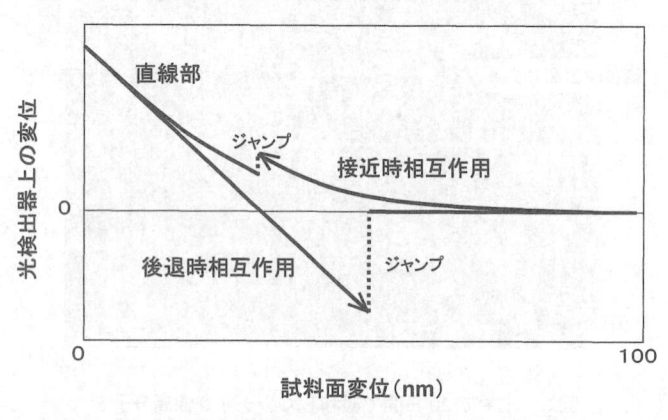

図7　典型的な AFM 相互作用曲線の素データ

第3章　粒子表面特性

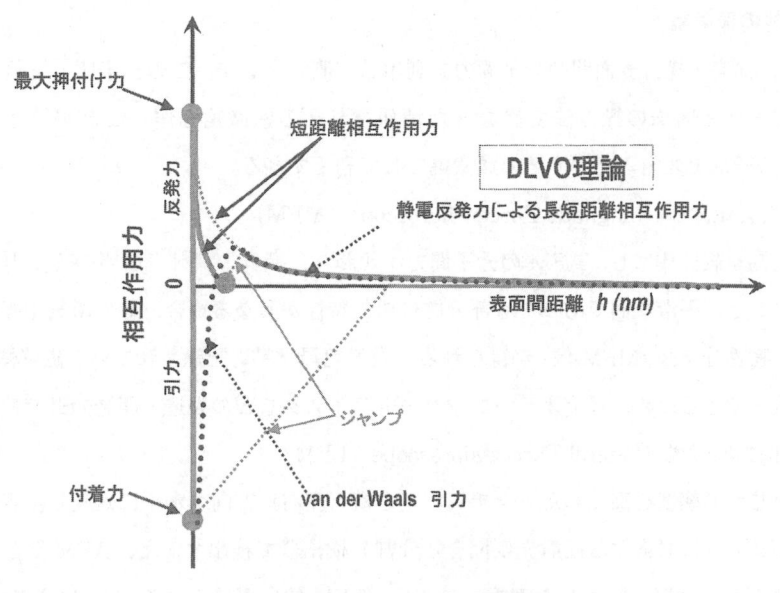

図8　フォースカーブの概略図

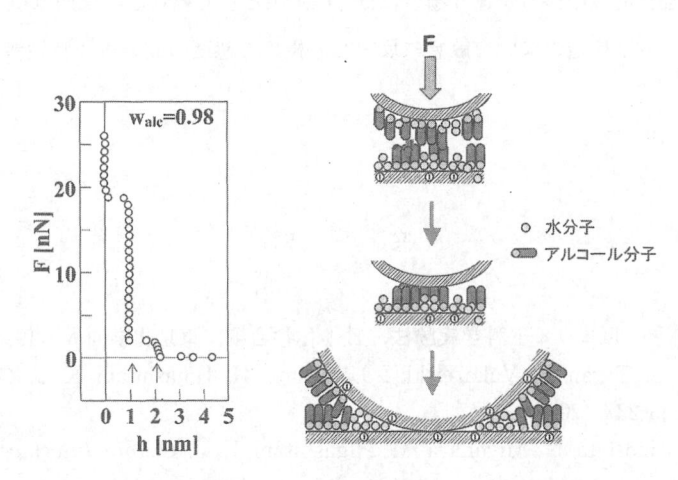

図9　98％アルコール溶液中のステップ状短距離相互作用と推定されるメカニズム

の短距離相互作用力は，界面に吸着した分子に大きく依存する[16]。これは逆に，短距離相互作用力から表面の微細構造の解析が可能であることを示している。図9は98％アルコール溶液での短距離相互作用力で，ステップ状のフォースカーブになっていることが分かる。このデータより，アルコール分子は立って吸着し，図中に示されるメカニズムが起こっていることが推定される[17]。この現象は分子動力学シミュレーションによる計算結果とも良好に一致することが証明されている[18]。

4.4 その他の顕微鏡

AFM は，試料・探針表面間の分子間力を利用して測定するが，この分子間力を他の表面間力にすると AFM と同様の操作法で異なった情報を与える顕微鏡を作ることができる。通常は AFM 装置の一部を変えるだけでその顕微鏡として利用できる。

(a) 磁気力顕微鏡（Magnetic Force Microscope：MFM）

探針の先端を磁性体にし，AFM の分子間力の代わりに探針・試料表面間の磁気力を検出しながら走査すると，平滑な面であっても部分的に磁気特性が異なる場合，その磁気相互作用力に対応した磁気物性分布図（MFM 像）が得られる。磁気記録材料に記録されている磁気情報を MFM 像として観察できるため，ビデオテープやハードディスクなどの製造・開発分野で使用される。

(b) 摩擦力顕微鏡（Lateral Force Microscope：LFM）

左右のねじれの感度を高くしたカンチレバーを横（左右）方向へ水平に走査し，表面摩擦によるレバーのねじれに対応する反射光変位を 4 分割光検出器で検出すると，AFM 像とともに，探針・試料表面間の摩擦に対応した摩擦力分布図（LFM 像）が得られる。AFM 像では同じに見える場合でも，部分的に摩擦力が違う場合には LFM 像として現れる。表面摩擦は表面の物理化学特性や吸着層の内部構造の違いを敏感に反映し，極めて感度の高い表面特性測定法である[19, 20]。

文　献

1) コロイド科学　Ⅳコロイド科学実験法，日本化学会編，東京化学同人（1996）
2) Donose, B. C., Taran, E., Vakarelski, I. U., Shinto, H., Higashitani, K., *J. Colloid Interface Sci.*, 299, 233-237（2006）
3) Ishida, N., Kinoshita, N., Miyahara, M., Higashitani, K., *J. Colloid Interface Sci.*, 216, 387-393（1999）
4) Shibuichi, S., Onda, T., Satoh, N., Tsujii, K., J. Phys. *Chem.*, 100, 19512-19517（1996）
5) 近沢正敏，武井　孝，微粒子工学体系，第 1 巻基本技術，柳田博明監修，フィジテクノシステム，461-463（2001）
6) Hunter, R. J., Zeta Potential in Colloid Science, Academic Press（1981）
7) 東谷　公，粉体分析講座，粉体工学会編，アイ・ティー・アイ，108-117（1999）
8) Overbeek, J. Th. G., Colloid Science, Elsevier（1952）
9) Wiersema, P. H., Loeb, A. L., Overbeek, J. Th.G., *J. Colloid Interface Sci.*, 22, 78（1966）
10) O'Brien, R. W., White, L. R., *J. Chem. Soc. Faraday Trans. 2*, 74, 1607（1978）
11) 北原文雄，古澤邦夫，尾崎正孝，大島広行，ゼータ電位，サイエンティスト（1995）
12) Sarid, S., Scanning Force Microscopy, Oxford University Press, New York（1991）

第 3 章　粒子表面特性

13) McNamee, C. E., Pyo, N., Tanaka, S., Vakarelski, I. U., Kanda, Y., Higashitani, K., *Colloids Surfaces B*, 48, 176-182 (2006)
14) McKee C. T., Mosse, W. K. J., Ducker, W. A., *Review of Scientific Instruments*, 77, Art. No. 053706, (2006)
15) Arita, T., Kanda, Y., Higashitani. K., *J. Colloid Interface Sci.*, 273, 102-105 (2004)
16) Vakarelski, I. U., Ishimura, K., Higashitani, K., *J. Colloid Interface Sci.*, 227, 111-118 (2000)
17) Kanda, Y., Iwasaki, S., Higashitani, K., *J. Colloid Interface Sci.*, 216, 394-400 (1999)
18) Shinto, H., Miyahara, M., Higashitani, K., *Langmuir*, 16, 3361-3371 (2000)
19) Donose, B. C., Vakarelski, I. U., Higashitani, K., *Langmuir*, 21, 1834-1839 (2005)
20) Taran, E., Donose, B. C., Vakarelski, I. U., Higashitani, K., *J. Colloid Interface Sci.*, 297, 199-203 (2006)

第4章　精密状態分析

枦尾達紀[*1], 庄司　孝[*2], 福島　整[*3], 伊藤嘉昭[*4]

　固体物性を研究する上で最も重要な問題は，その固体を構成する原子のまわりの空間的な配位状態を決定することである。固体の構造解析には結晶構造解析やX線小角散乱の手法が用いられる。結晶のようにその原子配列において長距離秩序性をもつ物質の場合，構造的情報は，結晶構造解析を用いて得られる。しかしながら，その配列が短距離秩序しか持たない物質，例えば，ガラスのような非晶質なものに対しては，X線小角散乱を用いて特定原子のまわりの配位状態に関する情報を得ることができる。これらの方法は，一定エネルギーのX線と物質との散乱現象に基づいている。

　次に，固体における構成原子の各々の原子軌道はお互いに影響を受け合い，そのため内殻軌道のエネルギーレベルがシフトするとともに，結合に直接寄与する価電子帯軌道は幅広いバンドを示したり，またはいくつもに細分された分子軌道を構成している。化学結合による内殻軌道レベルのエネルギーシフトは結合状態を反映したものなので，このエネルギー値を精確に知ることにより化学結合状態を推測することができる。従って，化学状態分析には，内殻準位のX線吸収スペクトルの観測及びその準位間の電子遷移によるX線発光スペクトルの観測に基づいて化学結合状態を研究する方法と，化学結合に直接寄与している価電子帯軌道から内殻への電子遷移によって生じる価電子帯発光スペクトルの解析から電子状態を研究する方法とがある。

　これらに対して，固体に一定エネルギーのX線を入射し，X線吸収により生じた光電子の運動エネルギーを測定することにより，結合エネルギーの値を解析するX線光電子分光法（XPS）がある。この方法では，結合エネルギーを精確に求めることができ，エネルギー値のシフト量より原子の結合状態を研究することができる。また，放射光（SR）を用いてX線吸収端近くの吸収スペクトルの微細構造を観測する方法とがある。目的元素の吸収端から数十eVの領域を

[*1] Tatsunori Tochio　㈱けいはんな　京都府地域結集型共同研究事業　コア研究室　博士研究員
[*2] Takashi Shoji　理学電機工業㈱　研究部　課長
[*3] Sei Fukushima　㈲物質・材料研究機構　分析支援ステーション　主席研究員
[*4] Yoshiaki Ito　京都大学　化学研究所　助教授

第 4 章　精密状態分析

XANES（X-ray Absorption Near Edge Structure）といい，その領域の吸収スペクトルの解析により吸収元素の電子状態を研究することができる。一方，吸収端から約 1000 eV の広範囲の吸収スペクトルを解析することにより，目的元素の局所的な配位状態が解析できる。この吸収スペクトルの振動領域を特に，EXAFS（Extended X-ray Absorption Fine Structure）という。EXAFSを用いた構造化学の研究は，真空技術の進歩と SR やラボラトリー用 X 線源（回転型対陰極による X 線源）の有益な利用とによりかなりの発展を見た。

ここでは，精密状態分析として X 線状態分析法，すなわち，蛍光 X 線分析と X 線光電子分光について述べる。

1　蛍光 X 線分析法

固体の物性を本質的に左右するものは，その固体を構成する元素以外の極微量元素の存在である。物質中の微量元素の化学状態に関する知見を得ることは，固体物性を研究する上で重要な意味を持っている。一般に，試料を分析する場合，湿式法と乾式法とがある。前者は試料の化学分析値における標準的な正確度を与えてくれるが，破壊的な分析なので，最近では乾式法の非破壊分析である蛍光 X 線分析法がよく利用されている。また，X 線スペクトル測定は高真空でなくても良く，He 置換すれば大気圧下で測定が可能である。さらに試料は固体や液体でも良い。この方法は前述の X 線励起による内殻軌道レベル間の電子遷移により生じる発光スペクトルを観測することにより元素の定性・定量分析を行うものであるが，この非破壊的な微量分析の測定手段としての蛍光 X 線分析法はすべての元素に対して高感度の計測は不可能である。主な理由としては，軽元素（B，C，N，そして O など）における蛍光収率が極めて悪いことと，共存元素との相互作用がいまだ明確になっていないということである。SPring-8（Super Photon Ring 8 GeV）のような高輝度かつ可変単色エネルギー X 線を利用した蛍光 X 線分析法を用いれば，微量の軽元素であっても，物質中に含まれる特定元素を選択的に励起し，その元素の蛍光 X 線を高感度で測定することが可能である。従って，従来の蛍光 X 線法による分析の正確度を超える可能性がある。また，共存元素との相互作用もこのような X 線源を利用することにより明らかになるであろう。高エネルギー物理学実験所・放射光実験施設の SR（Synchrotron Orbital Radiation）を利用した実験でこの手法により ppm までの微量元素の化学状態分析が可能であることが示された。SPring-8 のような高輝度光源を用いたこのような発光分析では，超微量元素の分析ができ，また試料を非可逆過程における物理的（低温・高温・高圧）・化学的な条件下において時間に対するその化学結合状態の変化を解析することも可能になるであろう。

蛍光 X 線分析における 1 結晶法と 2 結晶法について述べる。

新機能微粒子材料の開発とプロセス技術

1.1　1結晶分光器

　内殻軌道レベル間の電子遷移によって生じるX線輻射スペクトルは遷移に直接寄与する2準位間の軌道エネルギーに関与するものであり，本来は各軌道エネルギー・レベルが原子特有のものであるためにそれらの差エネルギーによって生じるX線スペクトルは原子固有のエネルギー値を与えるために特性X線，あるいはダイアグラムラインと呼ばれ，これを観測することにより元素の定性，定量分析に応用できる。この分析は，X線分光器を用いて面間隔dの既知の結晶により，ブラッグ角で単一波長の回折線が検出器により測定される（図1）。輻射されたX線スペクトルの単なる同定は，定性分析で，これらのX線スペクトルの積分強度が何らかの標準強度と比較される場合は定量分析となる。

　特性線を励起する手段によって，二つのタイプのX線源がある。先ず，試料がX線源用のターゲットとされる。すなわち，電子衝撃法と同じである。歴史的には，これが初めて行われた方法であり，現在もEPMA（Electron Probe Micro Analyser）として微小分析や軽元素分析に用いられている。問題点としては，電子線を用いるので，X線管は高真空下に置かれていなくてはならない。また，電子衝撃法なので，試料が溶けてなくなる可能性がある。その点，第2のタイプのもの（図1）は，試料はX線管の外に置かれ，1次X線により励起された特性線が結晶により分光され検出器で測定される。前者と違って，この方法は，高真空は必要とせず，低真空下でよく，さらにHeガスなどで置換することで常圧下での測定が可能となるため液体や生態などの分析も可能である。しかしながら，軽元素での蛍光収率が極めて悪いので，軽元素の分析には，前者を用いる場合もある。

　また，1結晶分光器には，平板結晶法と湾曲型集中分光法がある。前者は試料面積が大きい場合，後者は試料面積が小さい場合に用いられる。湾曲型には，ラウエ型（透過）とブラッグ型

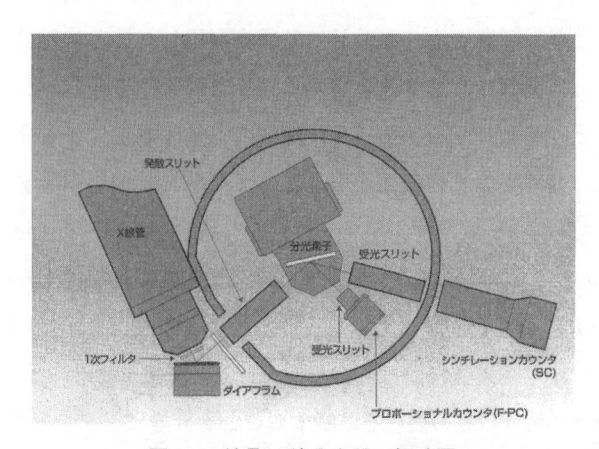

図1　1結晶X線分光器の概略図

第4章 精密状態分析

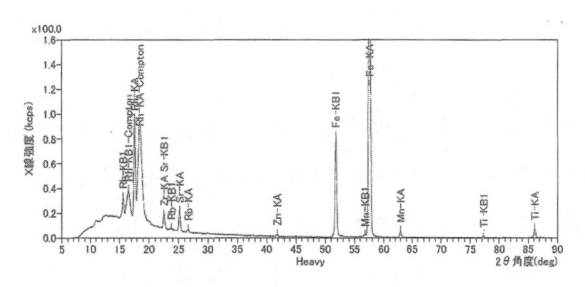

図2 土壌中の構成元素によるX線スペクトル

（反射）とがあり，後者はさらにヨハン型とヨハンソン型とがある。いずれも機械的に工作するので，光学系が集中法であるので，強度は増大するが，分解能の劣化を招き，その補正が非常に難しい。上述のEPMAは，微小サイズの電子線を用いるので，X線源が焦点となる発散系となり，反射型湾曲結晶分光器を用いている。図2には1結晶（平板）X線分光器による土壌のX線スペクトルの測定例を示す。

1.2　2結晶分光器

2結晶分光器の結晶配置には，基本的には（+，-）と（+，+）セッティングの2種類ある。前者は結晶のロッキングカーブの幅のフォトンを取り出すときに，例えば，放射光などのあるエネルギー幅を持つ入射エネルギーを取り出すときに用いられる。後者の場合は，第1結晶がスリットの役割をし，第2結晶がX線スペクトルのプロファイルを分光することになる（図3）。後者の配置で，2つの結晶により2度分光させると自然幅への寄与は，原理的には小さくなる。さらに高次のブラッグ反射を用いることにより結晶によるX線スペクトル幅への寄与が無視できるくらい小さくできる。また，3d遷移金属元素以上のK輻射スペクトルや約5 KeV以上のL輻射スペクトルに対しては，反射率が90%近くあるので2度の分光でも強度が著しく低下することはない。ただしSiなどの軽元素になると反射率の低下と蛍光収率も悪くなるので，分光結

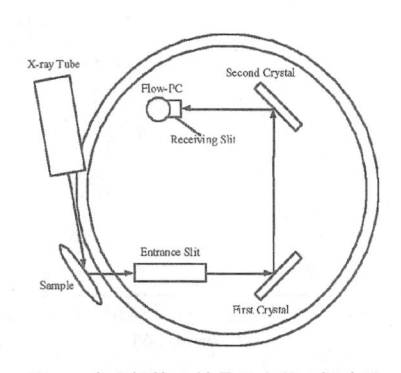

図3　高分解能2結晶分光器の概略図

晶を InSb に代え，また，1次 X 線源（励起光）を RhL 線などを用いて強度の低下を補う必要がある。

　高分解能2結晶蛍光 X 線分光法は，測定は通常の1結晶蛍光 X 線分析法と何ら変わらないが，XPS とほぼ同等の分析を行うことができる。1結晶と同様に超高真空系や高真空系などは不用であり，絶縁体や溶液試料でも容易に非破壊測定を行うことが可能である。ここではまず電子状態の違いによって蛍光 X 線のプロファイルにどのような差が現われるかを，さらに異なる粒子径を持つ TiKα 線を例に紹介する。

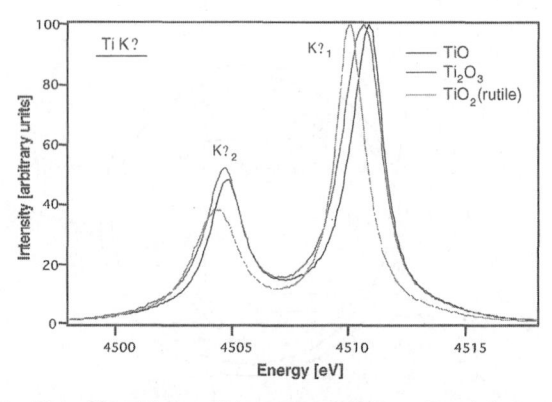

　$K\alpha$，$K\beta$ 線などの特性 X 線のエネルギーが元素固有のものであることはよく知られている。しかし特性 X 線のスペクトルをより詳しく調べると同じ元素であってもその化学結合状態の違いによって僅かながらピークエネルギーに差があることがわかる。これが化学シフトと呼ばれる。その他ピークの幅や非対称性などにも違いが見られるが，どのような違いがどの程度現われるかは元素によって異なる。一つの例として TiO，Ti_2O_3，TiO_2（ルチル）の3試料について測定した TiKα スペクトルを図4に示す。プロファイルの違いはもちろんのこと，ピークの化学シフト（特に $K\alpha_1$）も明かである。蛍光 X 線の化学シフトは一般に原子の価数と関係があり，多くの場合価数の変化に対して単調に変化する。ただし変化の方向については特に決まっていない。TiKα 線の場合はこのように価数が高くなるにしたがって $K\alpha_1$，$K\alpha_2$ ともにピークのエネルギーが低くなる傾向がある。前述したように，ここに示したスペクトルは高分解能蛍光 X 線二結晶分光器で測定したもので，試料からの蛍光 X 線を2度のブラッグ反射によって分光している。このように2度のブラッグ反射を用いることにより分解能が向上し，例えばここであげた Ti の例では（結晶は Si（220）を使用）約 0.05 eV 程度以上のシフトを識別できると考えられ，3価と4価の違い（シフトは約 0.6 eV）よりさらに細かな原子の有効電荷の違いを調べることが可能である。また，既に述べたように化学シフトの程度や方向は元素によって異なり，$SiK\alpha_{1,2}$ の場合はここ

図4　TiO，Ti_2O_3，そして TiO_2 の $TiK\alpha_{1,2}$ スペクトル

第 4 章　精密状態分析

表 1　タイプ A，B，そして C の粒子径と化合物名

試　料	A	B	C
物 質 名	anatase	anatase	rutile
粒 子 径	数 nm（>5 nm）	数百 nm	数百 nm

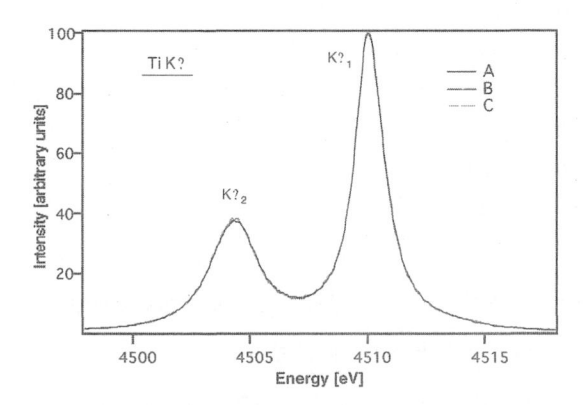

図 5　粒径タイプ A，B，そして C における TiO_2 の $TiK\alpha_{1,2}$ スペクトル

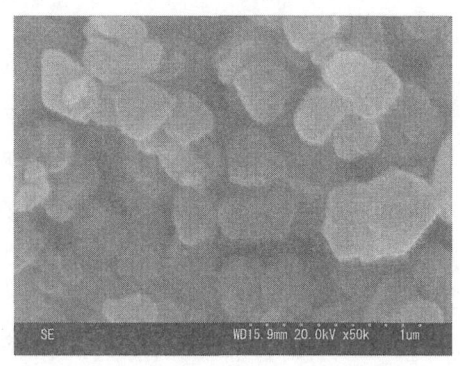

図 6　Type C における走査電子顕微鏡写真

で紹介した $TiK\alpha_{1,2}$ の場合と逆に価数が高い方ほど高エネルギー側にシフトする。

また，表 1 に示すような異なる粒子径を持つ TiO_2 化合物の $TiK\alpha_{1,2}$ のスペクトルを測定した（図 5，表 1）。なお，タイプ C の電子顕微鏡写真も示す（図 6）。この目的は，どの程度粒子サイズになれば，その寄与が X 線スペクトルに現れるかという目的で行ったが，数 nm の粒子サイズまでは，X 線スペクトルに変化が現れない。2 nm 程度になれば，X 線スペクトルのプロファイルにその寄与が現れる可能性がある。

2　X 線光電子分光

X 線光電子分光法（X-ray photoelectron spectroscopy：XPS）は，別名 ESCA (Electron Spectroscopy for Chemical Analysis) と呼ばれるように，表面化学分析の代表的な手段である。先の蛍光 X 線分析法では，特性 X 線を高分解能で測定することによりスペクトルのエネルギー変化を精密にとらえ，化学状態の解析に利用している。これはすなわち，図 7 に示すとおり，原子の内殻の異なる二つの準位について，化学状態の変化に対応する変化の大きさがそれぞれわずかに異なることを利用するものである。したがって，準位自体の変化を直接計測しても状態は解析できる。本方法は，X 線領域の光を利用した光電効果により放出される光電子（X 線光電子）のエネルギーを高分解能で計測することで，内殻準位の化学状態による変化を観測しようとする

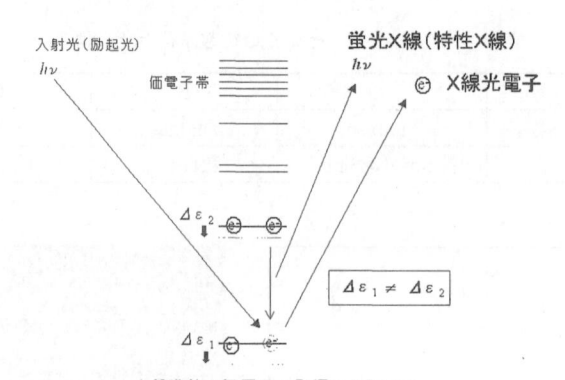

図7 蛍光X線とX線光電子の放出過程

ものである。もちろん，価電子帯を直接励起することにより，化学結合状態の直接解析も可能ではあるが，理論解析との併用無しで効果的な解析を行うことはやや困難である。

スペクトルの変化は，先の高分解能蛍光X線分析法に比べて一般に一桁程度大きい。装置が広く普及していることから，化学状態分析法としては，現在最も代表的な方法となっている。しかし，基本的に表面分析であることから，通常の装置では最表面からほぼ数〜十数 nm 程度の領域しか解析出来ない。この深さは，励起用X線（一般には封入管球によるX線を利用する。利用される特性X線は，MgKα：1253.6 eV，AlKα：1486.5 eV で，現在 AlKα はほとんどが単色化されている。）のエネルギーに比例すると言って良いが，放射光による単色化高エネルギーX線を用いてもせいぜい数十 nm 程度である。したがって，バルクの情報を得ることはほぼ不可能と理解する方が正しく，バルクの平均的な化学情報を得るには，高分解能蛍光X線分光法を用いるべきである。

本方法は，表面より脱出してくる電子を利用するため，試料を超高真空中に導入せねばならない。したがって，蒸気圧の高い物，表面に吸着成分の多い物，水溶液は言うまでもなく含水物や生体試料等は，基本的にそのままの測定が困難もしくは不可能である。また表面が帯電しやすい物質あるいは絶縁体は，表面帯電中和の方法（中和用電子銃，低速イオン，表面コーティング等の利用）と併用しない限り基本的に測定が困難である。さらに，基本的に表面分析であることから，表面汚染の影響を大変受けやすい。表面に吸着している汚染物を取り除くには，溶媒や試薬による洗浄，真空中でのイオンスパッタによるクリーニングが用いられる。前者は，溶媒や試薬の再吸着，および最表面相の溶出に気をつけねばならない。後者は，基本的に還元操作であるため，金属や一部の半導体以外は，表面の化学状態を変えてしまう（還元，もしくは選択スパッタによる組成比の変化）事に十分留意しなければならない。さらに，表面形態（表面の凹凸など）が，スペクトルの質（バックグラウンドの出方）に大きく影響する。バックグラウンドの量が大

第4章　精密状態分析

きいと，感度が落ちるばかりでなく，データの精度も悪くなる。表面吸着の大きい試料であると，超高真空中でのX線照射による脱ガスが生ずる場合がある。これは，正常な測定に大きな障害となるばかりでなく，装置汚染の要因ともなる。したがって，微粉試料であると，試料導入に様々な工夫が必要である場合が多い。

　測定用装置は，通常の表面分析であれば十分な性能を持つ市販機が多く出ており，空間分解能10ミクロン程度の二次元分析の可能な装置も市販されている。また，ほとんどの装置が，スペクトル解析システムとスペクトルデータ集を備えている。したがって，装置の調整と校正を十分にしておく限り，これらのデータ集を利用することでルーチンワーク的な定性分析（元素分析），定量分析及び状態分析は十分実施出来る。なお，さらなる測定原理や測定一般についての詳細は成書に譲る。多くの教科書が執筆・出版されており，利用者の要求の程度に対応した教科書を容易に入手出来る。

　以下，実用的な立場から，状態分析を実施する場合の一般的な注意点をまとめておく。

　まず，試料の履歴（サンプリングされてから測定までにどのような環境を経由してきたか）に注意する。これにより表面にどのような汚染が存在するかを予測することが出来るし，場合によっては分析が出来ないと判断することもあり得る。次に，含まれている元素や状態を知りたい元素を，出来る限り事前に知っておくことが重要である。試料によっては，試料中の他の元素が妨害となり正しい測定が出来ない場合もありうるし，元素分析を行うプロセスだけで試料が変化してしまう場合もあり得るためである。超高真空中でX線を照射することは，試料表面に還元を生じさせようとする事と同等であることを常に念頭に置きながら，分析手順を設計する事が大切である。

　あわせて，状態分析対象の元素がはっきりしたら，出来る限り典型的な単一の化学状態を有するなるべく安定な物質を参照試料として準備する。データ集にすべての状態に対応したスペクトルが載せられていることはまれであり，論文等に載っているスペクトルにも誤ったものが見受けられる場合もある。したがって，出来るだけ参照試料も分析の都度に測定することを推奨する。

　超微粉を試料とする場合，ほとんどの場合，試料導入に対するある程度の工夫が必要である。粒径がサブミクロン以下であるような微粉試料の場合，一般に粉体をそのまま装置に導入する事は困難である。ミクロン以上の粉末で，なおかつ帯電しにくいような試料であれば，金属Al等で作製したボート（皿上の試料容器）に試料を入れ分析面を平らかにして測定することで，実用上ほとんど問題はない。しかし，微粉になればなるほど試料容器に密に入れることが難しくなり，また分析面を平らにすることも難しくなる。充填密度と表面の凹凸の様子は，スペクトルのバックグラウンドの出方を大きく左右するとともに，測定の再現性も悪化させる。

　実用的な対処の方法としては，以下の3点が上げられる。

新機能微粒子材料の開発とプロセス技術

写真1　粉末をペレット片とした例（写真提供：㈱物材機構・太田悟志氏）

写真2　インジウム板に粉末を埋め込んだ例（写真提供：㈱物材機構・太田悟志氏）

写真3　導電性粘着テープで粉末を固定した例（写真提供：㈱物材機構・太田悟志氏）

　一つは，試料をプレスしてペレット（錠剤）状に形成することである。形成器（プレス）としては，赤外分光法（IR）用の錠剤形成器が大きさともに手頃である。プレス器に用いる形成器（ダイス）中に試料を入れ，適切な圧力で加圧しペレットとする。この際の圧力は試料によって大きく異なるため，予備実験が可能であれば行っておくと良い。また，ダイスの材質に注意すべきで，分析対象元素と同じ元素がダイス表面に存在するのであれば，この方法は使えない。例えば，NaClは簡単にペレットとなるが，ペリクレーズ（MgO）はなかなか固まらない。これに対して，CやOの分析をしないのであれば，ワックスやセルロースをバインダーとしてプレスするとうまく錠剤となる。また，微粉であればあるほど，プレス時の体積変化が大きいので注意する。あまり薄いペレットであると，装置への導入時の減圧操作だけで割れてしまう事が多い。写真1は，ペレット形成後にわざと少々力を加え，破片の内の大きい物（割れにくいはずである）をSiウェハに導電性両面テープで固定したものである。

　ペレットにするのが難しい試料の場合，写真2の様にインジウム板を利用する方法がある。インジウムでなくても，鉛などの柔らかい金属であれば利用できるものと思われる。厚さ1mm程度のインジウム版の分析面に相当する部分に，十分に洗浄した＋ドライバーの先端などでくぼみを作り，その後で同様に十分に洗浄した刃物等で分析面をしごき，バリと表面の汚染物質を取り除く。その後で，くぼみに試料を爪楊枝などで詰め，表面をならしておく。写真は測定を終えた試料であるため，インジウム板の表面はすでに酸化されくすんでいる。くぼみの大きさは，装置の分析面積と同じ程度か少し大きめがよい。また，金属板からのピークが分析の妨害にならないようあらかじめ検討しておく必要がある。

　試料によっては帯電が激しく，スパチュラですくってもすぐに飛び散るような物も多い。その場合は，導電性の両面粘着テープを用いる。この導電性両面粘着テープは，カーボンを基本とした幅5mm程度の両面テープで，走査型電子顕微鏡の試料装着などで良く用いられる。粘着面に，

第4章　精密状態分析

粘着剤の成分や剥離紙からの汚染成分などが含まれていることが多いため，事前に粘着面だけのスペクトルを観測しておく必要がある。あるいは，汚染物質の極力少ないメーカーの物を取り寄せておくことは，大変有効である。まず，試料を薬包紙かAl箔等に少量取って広げる。次に，このテープの小片をSiウェハ等に貼ったものを作り，その粘着面をそのまま広げた試料粉末状に押しつける。その後，ブロワー等を用いて粘着面状の付着していない試料を十分に吹き飛ばす。この操作を数回繰り返し，粘着面に密な試料面を作製する（写真3）。なれてくると，粘着剤のスペクトルがほとんど観測されないような試料も作成可能であるが，CとOの分析は，あまり行わない方が無難である。

　現在，XPSの高空間分解能二次元化が進んでおり，微小粉末の分析や，微小領域の状態帯分析を手軽に行える日もそう遠くないものと考えられる。また，今までよりもエネルギーの高いX線を励起源とする装置の開発も進められている（単色化されたTiKα：4508.8 eV, CrKα：5411 eV等の利用）。これにより，光電子の運動エネルギーを数倍大きくすることが出来るため，表面汚染に強い分析を可能にしたり，あるいは従来の光源と組み合わせることで非破壊深さ方向分析へも途を拓くことが出来ると期待出来る。

　なお，本稿の写真はすべて，独立行政法人物質・材料研究機構共用基盤部門分析支援ステーション太田悟志氏提供による

第5章　帯電量分布

松坂修二[*1]，増田弘昭[*2]

1　はじめに

　粒子あるいは粉体を気相で取り扱うと，壁との接触，衝突，摩擦によって粒子は帯電し，静電気力の影響で壁に付着しやすくなる。また，粒子が過剰に帯電すると放電が発生し，火災や粉塵爆発の危険性も加わるので，防災の観点からも注意を要する。一般に，粒子のハンドリングにおける帯電現象は，好ましくないものとして捉えられているが，電荷の移動や静電気力をうまく利用すると，いろいろなところに応用できる。例えば，電子写真，乾式粉体塗装，粒子流量計測，トモグラフィーなど，重要な技術が開発されて実用に供されている。最近では，電子ペーパーや粒子の運動制御，粒子の高精度配列などの先端分野への応用にも注目が集まっている[1]。これらの応用技術をより高い水準に引き上げるには，粒子の帯電量を制御する必要があり，そのためには帯電量を正確に測定する技術を確立していなければならない。従来，粒子の帯電量は平均値で評価されてきたが，帯電量を厳密に制御するには，それだけでは不十分であり，粒子の帯電量分布の測定結果が求められるようになった。
　本章では，粉体および浮遊粒子群の平均帯電量の測定法から帯電量分布の測定法まで，計測技術を中心に解説する。

2　粒子の電荷および帯電量

　電荷には，正電荷（陽電荷）と負電荷（陰電荷）の2種類があり，これらの電気量の代数和は不変である。これを電荷保存則という。物体中の正電荷と負電荷が等しいとき電気的に中性であり，どちらかに偏っている場合を帯電と呼ぶ。この電荷の偏りを電気量で表したものが帯電量である。粒子の電荷は接触帯電でもコロナ荷電でも表面に分布しており，個々の電荷を区別して測定することは難しいので，「粒子の電荷」という場合には，粒子表面の電気量の代数和，すなわち帯電量を指すことが多い。なお，粒子の帯電量は粒子の大きさに依存するため，帯電量と粒子

---

　　*1　Shuji Matsusaka　京都大学　大学院工学研究科　化学工学専攻　助教授
　　*2　Hiroaki Masuda　京都大学　大学院工学研究科　化学工学専攻　教授

第5章　帯電量分布

径の比 q/d，単位面積当たりの帯電量（表面電荷密度）σ，単位質量あたりの帯電量（比電荷）q/m などが評価のために用いられている。

3 平均帯電量の測定

粉体の比電荷は，電気的に絶縁された二重の金属容器から成るファラデーケージ（Faraday cage）を用いて測定する。外側の金属容器は電磁シールドであり，内側の金属容器に試料を入れる（図1）。二つの金属容器の間にはコンデンサーが取り付けてあり，その間の電位差 V を測定することによって，試料の総電荷が求められる。すなわち[2]，

$$Q = CV \tag{1}$$

ここで，C は金属容器間のコンデンサーを含むシステム全体の電気容量である。エレクトロメーターは，コンデンサーと電位計を組み込んだ汎用型の計測装置であり，ファラデーケージに接続すると，試料の総電荷が直ちに得られる。試料粉体は導体でも誘電体でも測定可能であり，材質の影響は受けず，試料が容器の内壁と必ずしも接触している必要はないため，操作は簡単であり信頼性も高い。

浮遊粒子群の電荷の測定には，吸引式ファラデーケージ（図2）が用いられる。内側の金属容器にはフィルターが取り付けてあり，吸引された粒子はフィルターで捕集する。浮遊粒子群の比電荷は，総電荷の測定値を捕集した粒子の質量で割ることによって求められる。

帯電粒子をファラデーケージに入れておき，気流を用いてそれらを吹き飛ばし，その前後の電位の変化から電荷を求める方法もある[3]。これは，ブローオフ法と呼ばれており，主として2成

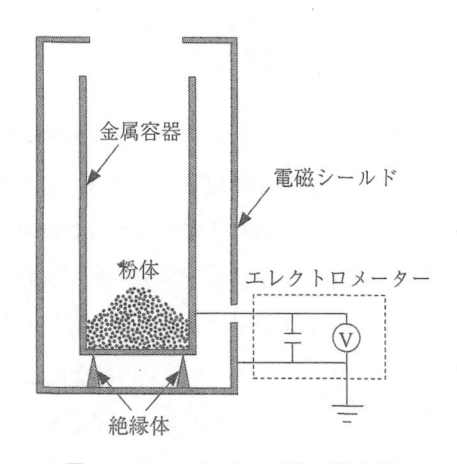

図1　ファラデーケージ法の測定原理

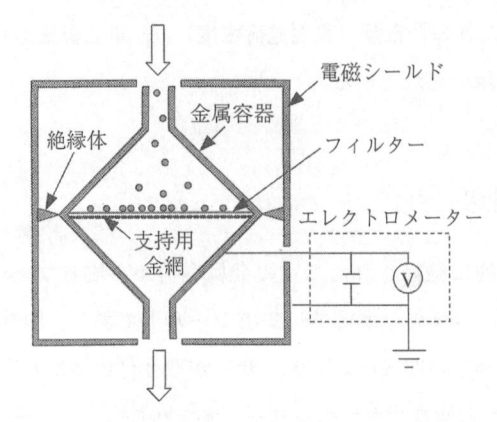

図2 吸引式ファラデーケージ

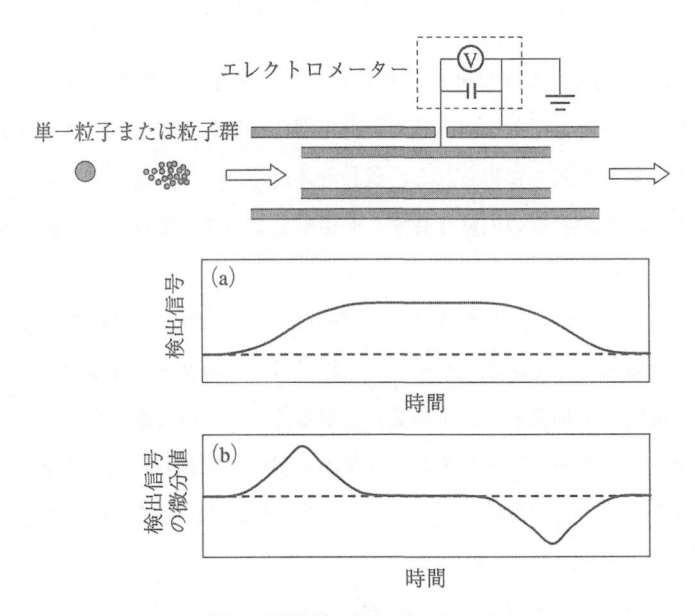

図3 通過型ファラデーケージ

分系電子写真システムのトナーの測定に用いられる。トナー（小粒子）とキャリア（大粒子）を金網でできたケージに入れて両者を十分に接触帯電させたのち，トナーとキャリアの粒子径の違いを利用して，トナーだけを金網の外に吹き飛ばすことによって帯電量が求められる。

　上で述べた二つの方法は，帯電粒子を一時的にファラデーケージ内に保持するが，通過型ファラデーケージを用いると，気流中を移動する粒子の運動を妨げることなく，粒子の帯電量をオンラインで測定できる[4]。図3に，通過型ファラデーケージの概念図と，基本的な検出信号（電荷あるいは電位に対応する電気信号）を示す。帯電した粒子が通過型ファラデーケージに近づくと異符号の電荷が誘導されるが，粒子が系内の十分に深いところに位置する間は，粒子を保持した

第5章 帯電量分布

ことと同じ状態になるので誘導された電荷は一定値を示し，粒子が系から離れていくとき，これらの誘導電荷は大地に戻る（図3(a)）。通過型ファラデーケージは，検出限界より大きな電荷をもつものであれば，単一粒子でも，ひとかたまりの帯電粒子群でも測定できるが，系内に入る粒子と出て行く粒子が同時に混在するような場合には適用できない。

通過型ファラデーケージで得られた電気信号を時間微分すると同図(b)が得られる。電流検出型の計測システムを用いると，微分型の電気信号が測定されるので，電荷は時間積分によって求められる[5]。なお，帯電粒子が測定系の金属壁と衝突して，両者間で電荷の移動が生じるときには，測定値にもその影響が現れる。この現象を利用すると，粒子—壁間の接触に伴う電荷の移動量を定量的に解析できる。

4 帯電量分布の測定

粉体あるいは浮遊粒子群の帯電量分布を得るには，個々の粒子の帯電量を統計処理に必要な数だけ測定しなければならない。一般に，微小な単一粒子の電荷はファラデーケージの検出限界より小さく，直接測定することはできないので，粒子を電界中に入れて，静電気力による粒子の運動軌跡あるいは移動速度から帯電量を推算する[6]。

4.1 層流場を利用する方法

粒子を分散させて層流場に供給し，流れと直交する方向に直流電界をかけて，粒子の軌跡から帯電量を測定する方法を図4に示す。粒子の供給位置の違いによって2通りに大別できる。すなわち，粒子を壁面から供給する場合と中央から供給する場合である。装置の構造が簡単で層流場を乱すことが少ないのは，粒子を壁から供給する方法であるが，正と負の電荷が混在する帯電量

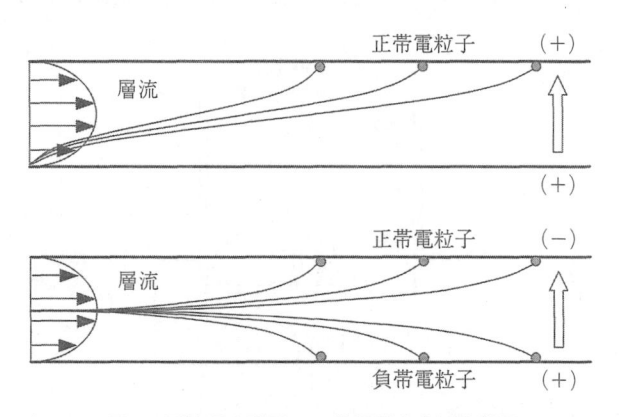

図4 層流場を利用した帯電量分布測定装置

の分布を一度に測定する場合には，粒子を中央から供給するのがよい．

　粒子の慣性が十分に小さいとき，流れ方向の粒子の速度は流体の速度に等しく，流れに直交する粒子の速度は，静電気力と流体抵抗の釣り合いから決まる．ストークスの抵抗法則を用いると，力の釣り合いは次式で表される．

$$qE = \frac{3\pi\mu v_{et} d}{C_c} \tag{2}$$

ここで，q は粒子の電荷，E は電界強度，μ は空気の粘度，v_{et} は粒子の終末速度，d は粒子径，C_c はカニンガムのスリップ補正係数である．式(2)を変形すると，帯電量と粒子径の比 q/d を表す式が得られる．

$$\frac{q}{d} = \frac{3\pi\mu v_{et}}{C_c E} \tag{3}$$

粒子の運動軌跡から求めた沈着位置は q/d に依存するので，粒子の沈着量の分布を測定することによって帯電量分布が求められる．強く帯電した粒子ほど2枚の電極の入口近くに沈着し，非帯電粒子は沈着することなく系外に排出される．これに対して，流路の出口部の断面を覆うようにフィルターをつけると，電界方向の沈着量の分布が得られ，正帯電から負帯電までひとつのフィルター表面で連続して計数できるので，帯電量がゼロあるいは非常に小さい粒子も含めて精度よく測定できる．また，粒子のサンプリング位置を固定して，電界強度を少しずつ変化させながら粒子数を計数していく方法も有効である．

4.2 重力場を利用する方法

　粒子を分散させて静止空間中で重力により沈降させながら水平方向に直流電界をかけて，粒子の帯電量分布を測定する方法を図5に示す[7]．粒子に働く外力と流体抵抗が釣り合うと，粒子は斜め下向きに一定の速度で移動するので，その軌跡から粒子の比電荷が求められる．すなわち，

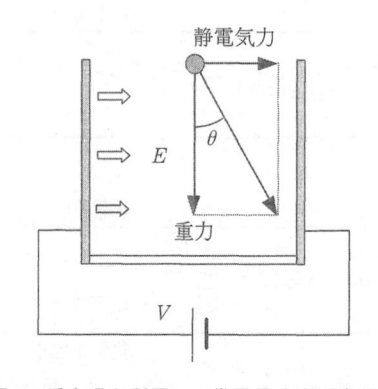

図5　重力場を利用した帯電量分布測定装置

第5章 帯電量分布

$$\frac{q}{m} = \tan\theta \frac{g}{E} \tag{4}$$

ここで，$\tan\theta$ は鉛直方向に対する粒子の移動方向の傾き，g は重力加速度である。この方法では気流を用いないので，測定原理が簡単であり，装置の小型化も容易である。

この他に，重力場と静電場に加えて，水平方向に層流場を作って粒子を移動させると，粒子の運動軌道を二つの方向に分けて解析できるので，q/m だけでなく，粒子径 d の情報も同時に得られるが，操作変数が多いので粒子の運動の安定性を確保するのが難しい。

4.3 音響場を利用する方法

粒子の軌跡あるいは沈着位置を測定しないで，粒子の移動速度をレーザードップラーで直接測定する方法もある[8]。図6に，E-SPART(Electric-Single Particle Aerodynamic Relaxation Time)アナライザーの測定部を示す。測定セルには，水平方向に直流電界が印加されており，空気を振動させるための音源もその中に取り付けられている。帯電粒子は，鉛直下向きに気流とともに移動しており，q/d は粒子の水平方向の移動に対して，式(3)を適用すると求められる。セル内では，空気の振動に応じて粒子も振動するが，慣性の大きな粒子ほど位相のずれが大きくなるので，この違いを検出することによって粒子径 d が求められる。

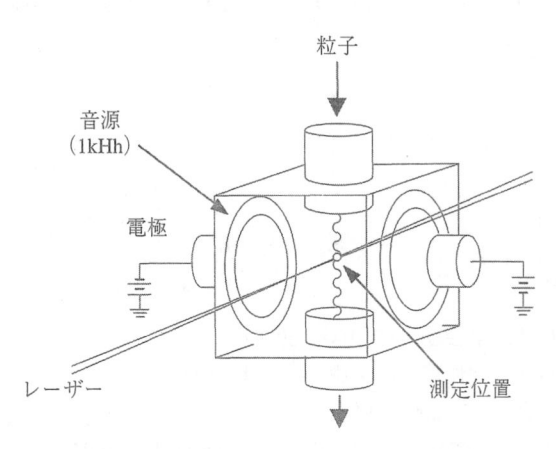

図6 振動場を利用した帯電量分布測定装置

5 粒子のサンプリング

粒子の帯電量分布を測定するために，いろいろな方法が提案されており，汎用性と信頼性を考慮して，測定装置の開発が行われているが，いずれの場合においても，粒子は分散させて測定装

置に導入しなければならず，粒子のサンプリングが非常に重要である。強く帯電した粒子ほど，静電気力の影響を受けやすく，帯電粒子を測定部まで移動させる間に壁に付着してしまい，正確な帯電量分布を得ることができない。壁近傍にシース・エアーを流して粒子の付着を防ぐ工夫がなされているものもあるが，これは粒子の投入位置を壁から遠ざけることによって，壁近傍を低速で移動する粒子の割合を減少させることを目的としており，粒子を壁に近づけないようにしているわけではない。実質的に，粒子を壁に近づけないようにするには，壁に多数の電極を配列し，交流電界を印加して粒子を壁から遠ざける方向に力を生じさせるのが効果的であるが[9]，交流電界の条件は粒子および系全体の状態を考慮して決めなければならない。

6 おわりに

粉体の単位質量当りの帯電量（比電荷）の測定は，操作が簡単で信頼性も高いファラデーケージ法が用いられている。いろいろな改良型ファラデーケージも考案されており，2成分系トナー用に開発されたブローオフ法，浮遊粒子群を対象とした吸引式ファラデーケージ法，粒子の運動を妨げることなくオンライン計測が可能な通過型ファラデーケージ法などが実用に供されている。

帯電量分布の測定では，静電界中での帯電粒子の軌跡から個々の粒子の帯電量を得る方法が主流であり，汎用性と信頼性を向上させるために，層流場，重力場，音響場等を組み合わせた装置の開発が現在も行われている。

文　献

1) 松坂修二ほか，粉体工学会誌，43, 104（2006）
2) 粉体工学会編，粉体工学便覧，第2版，p. 104（1986）
3) 竹内学，静電気学会誌，7, 300（1983）
4) T. Matsuyama et al., J. Phys. D : Appl. Phys., 28, 2418（1995）
5) S. Matsusaka et al., J. Phys. D : Appl. Phys., 33, 2311（2000）
6) L. B. Schein, Electrophotography and Development physics, Springer, Berlin（1988）
7) 増田弘昭ほか，エアロゾル研究，8, 325（1993）
8) M. K. Mazumder et al., IEEE Trans. Indust. Applic., 27, 611（1991）
9) 増田閃一ほか，電気学会論文誌，92-B, 9（1972）

第6章　微粒子観測技術の実際

1　微粒子の粒子径分布計測技術

中山かほる*

1.1　微粒子の計測法　その動向とニーズ
1.1.1　微粒子の開発と動向

21世紀の基幹技術の一つであるナノテクノロジーは，物質をナノサイズに制御することでバルクには見られなかった性能や特性を示す結果が世界中で報告されるまでに進化している。ナノマテリアルの研究は目覚しいが，実際に材料分野で最も主流として扱われる粉体やエマルジョン，スラリーなどの大半は，数十nmから数十μmのレンジにあり，殆どはその凝集状態や分散状態によって一つの粒子として存在する大きさや形状が変化する。

1.1.2　微粒子計測技術の動向

微粒子の発展と同時に，その大きさを正確かつ迅速に測定する計測技術のニーズも高まった。多様化する微粒子の大きさの測定に求められているのは，前処理などの手を加えずに，試料本来の姿における簡単・迅速・正確な方式である。

粒子径計測原理ごとのISOワーキンググループにより，装置構成からその性能，表示方法などの標準化が1980年代から比較的活発に動き始めたが，データ処理・演算手法，サンプルの前処理や分散条件によっては，同じ原理であってもメーカに依って結果が異なる課題は依然として残されている。国際的なバリディティの取れた標準粒子開発のニーズもあるものの，計測機側の課題であるユニバーサルな基準が存在しないことや，安定した分散状態を保持する困難などの理由から実現に至っていない。しかしながら，今や機能性を左右する粒子径評価が，物性やプロセス管理には欠かせない項目の一つとなっている。

1.2　微粒子の大きさと分布を測る[1]
1.2.1　粒子径計測機の選択

粒子径分布測定法は，その特長に応じて最適な計測機器を選定することが重要である。測定原理に依って同じ試料を測定した場合でも結果が異なってしまうことは周知されているが，繰り返

---

*　Kahoru Nakayama　㈱堀場製作所　科学事業企画プロジェクト　企画チーム　マネジャー

し再現性精度の高い測定ができるデバイスを用いて，その測定対象の機能性差が粒子径分布の結果に認識される計測技術が相応しい。大きさも形状も異なる膨大な粒子集合体の絶対量を捕らえることに執着するよりもむしろ，有意差が認識できるモニターとしての役割を重視されることをお勧めする。

1.2.2 粒子径計測原理とその特長

数 nm～数ミクロン程度の微粒子計測技術を測定雰囲気で分類すると，気相もしくは液相中における測定がある。

(1) 光散乱現象を利用したカウンター方法（気相中）

エアロゾルで代表的な光散乱現象を利用した計測は，1個の粒子から散乱光の強さをフォトダイオードなどの検出器でパルス電圧に変換して検出し，それを粒子径に変換する方式である。通称パーティクル（粒子）カウンターと呼ばれ，クリーンルームなどの空気清浄度を監視する目的で広く用いられている。その特長と長所は，粒子の大きさと個数濃度が連続的に計測できることである。測定可能粒子径範囲は，約 100 nm 以上，10 μm 以下，濃度は 10^6 個/L 程度以下である。短所は，高濃度試料測定には向かないことおよび狭い測定レンジである。

(2) 粒子の慣性力を利用した方法（インパクター方式）（気相中）

流体の流れ方向を急変させて，気相中の粒子を流体から分離させる方法である。荷電された粒子が衝突板に衝突する際の捕集効率を理論的に導いている。衝突板を複数段階用意し，その多段分離から粒子径を求めるのが，カスケード・インパクターと呼ばれる装置である。長所は，各段に電流計を接続し，粒子濃度を測定することも可能であること，また，分級された試料を化学分析に流用できることである。測定可能な粒子径範囲は約数 10 nm～10 μm 程度である。短所は，粒子の確実な保持が難しいことや，測定分解能は捕集段数で制限されていることである。

(3) 電気移動度を利用した方法（気相中）

静電粒径測定器と呼ばれ，電気移動度は粒子径が小さいほど増大することを利用した数 nm～1 μm の粒子径測定範囲を持つ。主流は微分型モビリティアナライザ（Differential Mobility Analyzer：DMA）というタイプで，粒子への荷電部，分級器本体，粒子の検出部から構成されている。長所は，ある特定の微粒子を取り出すことができること，高い分解能，短所は数十 nm 以下の粒子になると荷電効率が落ちてしまうため，サンプルの損失が大きくなってしまうことである。この方式も，比較的希薄系の試料に適している。

また，特に 100 nm 以下の粒子の"個数濃度"測定には，測定対象粒子を成長させて個数を計測する。CNC（Condensation nucleus counter）を DMA の検出器として組み合わせる場合が多い。蒸気で過飽和雰囲気を与え，微小粒子に凝縮させるため，サンプリング管内への沈着が障害とはなるが，微粒子個数を確実に計測できる有効な手段である。

第 6 章　微粒子観測技術の実際

(4)　重力および遠心沈降速度を利用した方法（気相中）

重力沈降速度：粒子が一定距離を沈降する時間を観測する方式。光源にはレーザを用い，検出には顕微鏡対物レンズとテレビカメラをもちいて，簡単なデバイスで個数基準の粒子径分布測定が出来るメリットがある。500 nm 以下の粒子になると，粒子の 1 秒間当たりの変位と沈降速度が同程度になるため，精度が低い。

遠心沈降速度法：高速で回転する環状ロータ内の流路内側にエアロゾルを定常的に流し，その流路入口から出口側へ向かって，粗大粒子から大きさ順に流路の外周壁へ沈降する現象を利用している。沈降終了後は回収された試料を化学分析し，粒子径とその分布を計算する。測定対象は，約 50 nm～2 μm 程度である。

(5)　電気的検知法（パーティクルカウンター）（液相中）

電気伝導性溶液に懸濁させた粒子の体積と個数を測定する方式で，コールターカウンター[注1]法という名称でも多く知られている。細孔管で仕切られた電解質溶液の各々の相に電極を設置し，定電圧もしくは定電流を印加する。細孔部分を粒子が通過した際に生じる電気抵抗変動を検出する。長所は，短時間で個数分布が求められること。約 0.2～1600 μm が市販装置の測定範囲であるが，1 種類の細孔管で測定できる粒子径範囲は狭いので，測定範囲をまたがる試料を測定するには，複数の細孔管を用いる。分布幅の広い試料には不向きであり，電解質溶液の調整，試料濃度，脱泡前処理などが測定精度へ影響する（図1）。

(6)　レーザ回折/散乱法（液相中・気相中）

粒子に光を照射した際に生じる光の吸収・透過・反射・回折あるいは散乱現象を利用した計測方式。散乱パターンは粒子の体積に依存し，その強度と角度を複数素子検出器で捕らえ，数十 nm から数 mm のワイドレンジ領域をフラウンフォーファ回折理論やミー散乱理論を用いて粒子径分布を演算する。

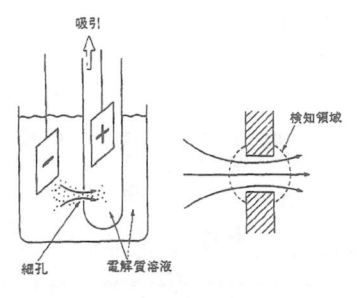

図 1　電気的検知法の原理[2]

注1)　コールターカウンター（COULTER COUNTER）は，米国 BECKMAN COULTER 社の登録商標である。

粒子が光源波長に比べて充分に大きい領域（数μm以上）では，フラウンフォーファ回折理論が成立し，光源に対し0°の位置，すなわち前方散乱光が相対的に強くなる。粒子径パラメータα（$=\pi D_p/\lambda$　D_p：粒子径，λ：光源波長）が30以上においてこの回折近似が成立する。

光源波長と粒子径が同程度になると，360°方向に広がる弱い散乱パターンが特長である。また散乱パターンは，粒子や分散媒の屈折率に依存するため，ミー散乱理論による解析が必要となる。光を吸収する粒子を扱う場合には，屈折率の虚数項を含む複素数を用いる。レイリー散乱領域（約100 nm以下）では，粒子径パラメータ$\alpha=1$程度で，赤色光レーザを使うだけでは測定下限が0.1〜0.5μm程度となる。短波長の光源を併用することで，数十nmの微少領域へ測定感度が工夫された装置が近年主流となってきた。

数分間以内で幅広い分布をもつ試料から単分散試料まで，高い分解能・再現性精度で測定できることが本計測技術の最大の長所ではあるが，屈折率など演算パラメータの扱いや，分散技術，サンプリング，計測器メーカによる光学系デザインや演算処理などによるデータの装置間バラつきが課題となっている。また，空気中に粉体を分散させて測定を行なう乾式法も可能である（図2）。

(7)　光子相関法・動的光散乱法（液相中・気相中）

光子相関法は光散乱現象を利用し，粒子の拡散係数を検出する手法である。微粒子にレーザ光を照射し，散乱光の干渉からブラウン運動の速度，すなわち拡散係数を求めている。複数の粒子位置の相関係数を光子（フォトン）から検出する方式は希薄系試料に適し，粒子群の散乱光強度の時間ゆらぎを検出する周波数解析法は，高濃度試料に有利な方法である。約1 nm〜数μmのワイドレンジ測定が長所の一つでもあり，周波数解析法を用いれば，重量濃度で数％程度の高濃度試料にも対応できる。短所は，ブラウン運動を支配する溶媒の温度や粘度値，さらには散乱現象を利用するので，粒子や溶媒の屈折率情報も必要となり，また演算・解析手法も複数あるので，測定条件選択が難しい点である（図3）。

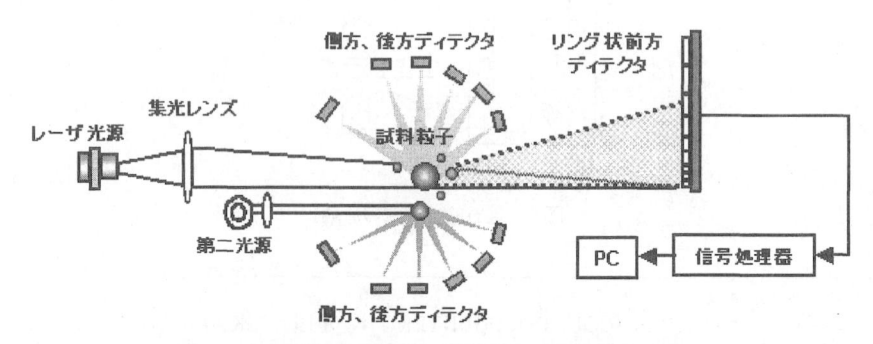

図2　レーザ回折/散乱法による粒子径計測装置基本構成

第6章　微粒子観測技術の実際

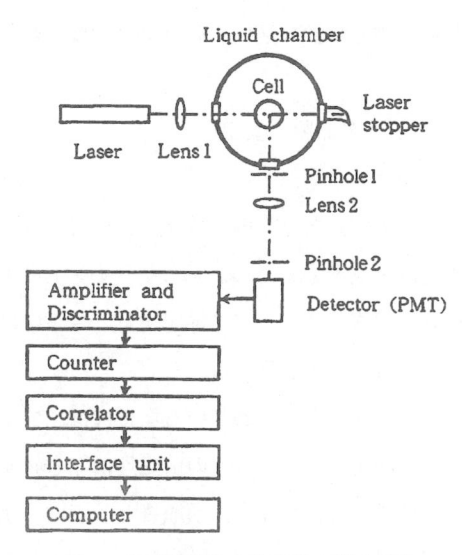

図3　光子相関法の装置基本構成例[3]

(8)　画像解析法（液相中・気相中）

　粒子の画像を撮影し大きさや形状を解析する方法は，最も基本的な情報として古くから活用されている。粒子を目で確認できる確実さや，形状，凝集状態などの情報が得られる最大限のメリットがあるが，測定できる検体数の限界，平面的な視野からの解析に偏る点などは注意が必要である。

(9)　遮光法（液相中）

　粒子によって遮られた光量を検出して粒子径を測定する手法である。単に幾何学的な大きさをもって評価するのみなので，試料自体の物性値（例えば屈折率や密度など）は必要としない。光の直進性を利用しているので，せいぜい $0.5\,\mu m$ 程度が測定下限である。粒子個々を観察できる方式としては有効であるが，試料は希薄系に限定される。

1.3　微粒子の計測技術の注意すべき点

　ここに紹介した以外にもいくつか粒子径計測技術がある。同じ試料を測定しているにもかかわらずそれらの結果に差異が生じてしまう原因には，次の要因が挙げられる。

① 　測定原理，測定機メーカや型式
② 　測定可能な粒子径範囲
③ 　粒子径基準（体積・面積・長さ・個数など），表記方法，代表径（メジアン径，平均径，モード径など）
④ 　試料前処理や分散媒・分散剤の選択

⑤ 演算ファクターや物性値，測定条件の違い（屈折率，粘度係数，測定温度，測定回数，演算式など）
⑥ 粒子の形状や光学特性（色），分布幅，安定性
⑦ サンプリングによるバラつき
⑧ 測定機の再現性精度，メンテナンス（光軸調整・校正），設置環境など

これらの要因による誤解や混乱を改善するために大切なポイントは下記の通りである。

① 測定原理や測定機メーカ・型式名をデータに併記する。さらには，粒子径基準や代表粒子径，測定手順，測定者名なども併せて記載する。
② 測定可能な範囲外の大きさの粒子が含まれている場合には，フィルターやふるいなどで取り除き測定を行なう。また，測定データにはその前処理情報も必ず明記しておく。
③ 測定手順や条件，演算条件などは標準化し，手順書として画一化させる。画像による粒子径測定結果との相関が必要な場合は，面積基準や個数基準による演算条件を用いると，相関性の高い結果が得られる。

測定者の違いによるばらつきを抑えるために，サンプリング方法から試料の濃度調整に用いた器具などは図入りで詳しく記載しておくとよい。また，水処理方法も試料によっては分散状態に影響を与えることがある。

④ 分散が不充分な状態を再現させるのは困難であるため，凝集粒子の分散は，出来る限り最も安定する条件を検討し，標準化する。界面活性剤を分散剤として用いる場合は，気泡の混入に配慮する。
⑤ 測定粒子や溶媒などの物性値は，化学便覧や物性表，文献などから検索する。特に屈折率のように後に再演算可能なパラメータに関しては，絶対値にこだわる必要は低いが，不適切な値を引用すると，不測の演算結果を導く場合があるので注意が必要である。値の選択に迷いが生じた場合には，他の粒子径分析結果（例えば顕微鏡写真や，ふるいで検証等）を参照

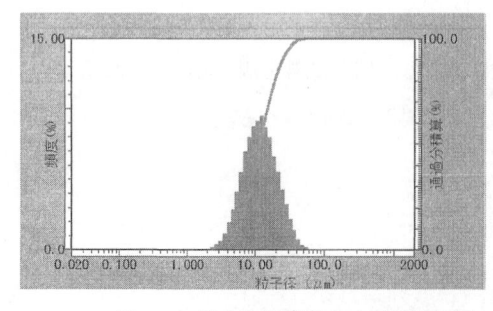

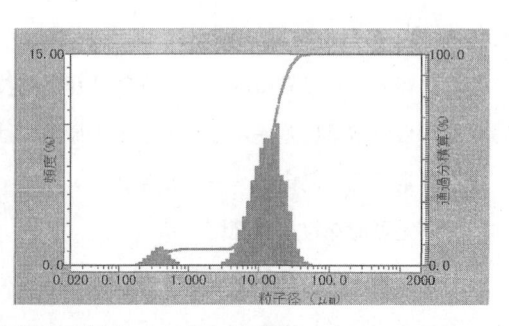

例：レーザ回折/散乱法による測定結果：屈折率の変更により分布幅が異なるケース
（粒子屈折率＝1.54–0.00iの場合（左グラフ），1.44–0.00iの場合（右グラフ））

第6章　微粒子観測技術の実際

　して検討することをお勧めする。また，レーザ回折／散乱法による屈折率推定法を述べた文献なども参考にできる。

⑥　粒子の形状も，予め顕微鏡写真で把握しておくとよい。例えば，針状粒子のアスペクト比によって，その短径と長径が顕著に粒子径分布に反映される場合がある。また光を用いた測定原理の場合，その光学特性として蛍光を発する試料が測定精度に影響を与える場合もある。

⑦　粒子径規格を決める際には，分散が安定した条件において，サンプリングを変えて最低5回から10回の繰り返し測定を行ない，サンプリングによるバラつき範囲を把握することが不可欠である。縮分作業は，市販のデバイスを用いるなど極力ばらつきを抑える。

⑧　測定機供給メーカの推奨に基づいた装置メンテナンス，バリデーションが装置の性能を維持する為には重要である。国家基準に基づいたトレーサブルな標準粒子を用いた校正や，稼動性能確認を定期的に行なう必要がある。日常的に測定する試料と同等の粒子径と分布幅を持ち，且つ経時変化が少ない試料を準備し，測定手順と規格を設けた定期的な社内管理を行なう方法も有効である。

文　　　献

1)　粉体工学便覧，第2版　第一章　粒子基礎物性とその測定法（1998）
2)　粉体工学会，粒子径計測技術，初版，200（1994）
3)　山口哲司，阿妻靖史，奥山喜久夫，粉体工学会誌，42, No. 1, 11（2005）

2 低コヒーレンス動的光散乱法による濃厚媒質の粒質計測

岩井俊昭*

2.1 はじめに

　動的光散乱法（DLS法）は，レーザー光源の優れた特性であるコヒーレンス性，単色性，高指向性，高収束性，高輝度，偏光特性を利用することにより，主に化学，食品，医用，ならびに環境に関連する物質を非接触・非破壊で粒質計測する技術として確立されている。これまでに開発されたDLS法は，光が物質に入射して反射または透過するまでに粒子によってただ1回だけ散乱されること，すなわち単散乱現象を前提としている[1]。したがって，エマルジョン原液を十分に希釈したり，散乱体積を限定する光学系を構築するなど，多重散乱成分を抑制し単散乱成分のみを計測するために多大な工夫と努力が傾注されてきた。しかしながら，希釈のような試料の状態を変えることなく原液のままで粒質計測を行いたいという根強いニーズがある。このような濃厚な散乱媒質では，入射した光は出射までに多数回にわたり散乱されるため，多重散乱が支配的になる。このような多重散乱現象については，散乱光が電磁波として伝搬するのではなく，エネルギーの伝搬（または流れ）であるという概念の基で光子輸送理論を用いて，散乱光の強度または振幅の時間相関関数やパワースペクトルが理論的に導出された[2]。この光子輸送理論を用いて導出された時間相関関数を利用して濃厚媒質の粒質計測を行なう手法が拡散波分光（Diffusing wave spectroscopy, DWS）である[3]。しかしながら，拡散波分光法を用いてさえ濃厚媒質の粒径分布計測は困難であり，粒径分布を含めた粒質を計測するための新しい手法が望まれていた。

　我々は，眼科医療の分野で注目されている低コヒーレンス干渉法[4]と動的光散乱法を融合させた新しいDLS法として「低コヒーレンス動的光散乱法（Low-coherence dynamic light scattering, Low-coherence DLS）」を提案し[5]，濃厚媒質の粒径分布計測に世界で初めて成功した[6]。さらに，粒子運動の独立性が成り立たない粒子間相互作用下でのブラウン粒子の粒質計測[7]や，固液境界の近傍における微粒子の動態計測[8]などに新しい知見を得た。ここでは，我々の濃厚媒質の新しい粒径計測への挑戦を概説する。

2.2 コヒーレンス動的光散乱法

　位相変調型光ファイバーマイケルソン干渉計を用いた低コヒーレンス干渉計を，図1に示す。中心波長 $\lambda=850$ nm，コヒーレンス長 $\ell_c=15\,\mu m$ のスーパールミネッセントダイオードを低コヒーレンス光源として用いる。光源からの光は，ファイバーカプラーによって2分割され，一方はピエゾ素子に密着された平面鏡に，他方は媒質にコリメート入射される。ピエゾ素子に周波数

＊　Toshiaki Iwai　東京農工大学　大学院生物システム応用科学府　教授

第6章 微粒子観測技術の実際

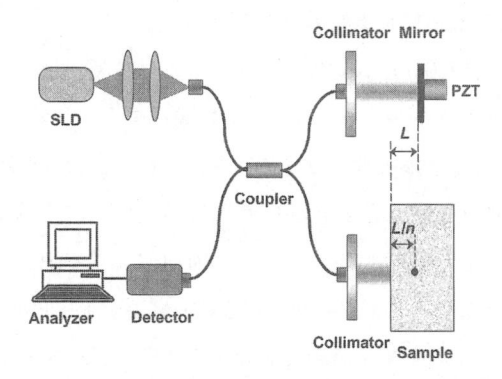

図1 光ファイバー・マイケルソン干渉計を用いた低コヒーレンス動的光散乱法の実験系

$f_m = 2$ kHz の交流電圧を印加し，平面鏡を光軸方向に最大振幅 $a_{max} = 0.18\,\mu$m で正弦振動させることで参照光を位相変調する。ガラスセルと懸濁液との固液境界面を基準として，参照平面鏡を L だけ前方に移動させることで検出深度を設定することができる。光路長 $2l_1$ だけ伝搬して位相変調された参照光と光路長 $2l_2+s$ だけ伝搬した散乱光との時間平均された干渉強度変動の時間相関関数をフーリエ変換すると，そのパワースペクトルは次式で与えられる[5]。

$$P(f) = (I_i + I_s)^2 \delta(f) + (\langle I_s^2 \rangle - I_s^2) P_{I_s}(f)$$

$$+ 2 I_i \sum_{n=-\infty}^{\infty} J_n^2(\bar{k}a_{max}) \int_0^{\infty} I_s(s) P_{E_{s0}}(f + nf_m, s) \left| \gamma\left[\frac{2\Delta\ell + s}{c}\right] \right|^2 ds \quad (1)$$

ここで，I_i は入射光強度，I_s は散乱光強度，c は真空中の光速度，$\bar{k}$ は真空中における平均波数，および $\Delta\ell = l_2 - l_1$ を表わす。さらに，$J_n(x)$ は第1種ベッセル関数である。式(1)において，第1項目は直流成分であり，第2項目は散乱光の強度パワースペクトルであり，第3項目が散乱光のヘテロダイン振幅パワースペクトルである。散乱光の振幅パワースペクトルは，光路長 s だけ伝搬した散乱光の振幅パワースペクトル $P_{E_{s0}}$ の積分で与えられ，光源のコヒーレンス関数 $\gamma(\Delta\ell, s)$ に依存する。コヒーレンス長 l_c が短い低コヒーレンス光源を用いると，$2\Delta\ell + s < l_c$ を満足する光路長 s だけ伝搬した散乱光に対してのみ $\gamma(\Delta\ell, s)$ は値をもち干渉強度変動を発生させる。$2\Delta\ell + s > l_c$ を満足する長い光路長を伝搬した散乱光に関しては $\gamma(\Delta\ell, s) \approx 0$ となり干渉強度を発生しないため，多重散乱光の影響は大幅に低減されることになる。さらに，式(1)は，位相変調によってヘテロダイン振幅パワースペクトルが振動周波数の整数倍の位置に発生することを示している。振動周波数が強度パワースペクトルの帯域より高いときには，振幅パワースペクトルの第1高調波成分は強度パワースペクトルおよび直流成分とは完全に分離されることになり，高 S/N 比測定を実現できる。

2.3 コヒーレンス動的光散乱法による粒質計測

　図2は，濃度10%の半径235 nmポリスチレンラテックス懸濁液の深度$L=25\mu m$における散乱光の干渉強度パワースペクトル，ヘテロダイン振幅パワースペクトル，および振幅時間相関関数を示す。なお，図2(a)の干渉強度パワースペクトルには，参照平面鏡をガラスセルよりも手前の位置に合わせ，参照光と散乱光を干渉させずに測定したホモダインパワースペクトルも示されている。図より，散乱光の干渉強度パワースペクトルには，2 kHzに第1高調波成分，4 kHzに第2高調波成分が発生していることが判別できる。いま，干渉強度パワースペクトルからホモダインスペクトルを減算したのち第1高調波成分を切り出すと，ヘテロダイン振幅パワースペクトルのみを計測できる。図2(b)において，実線はローレンツ関数へのフィッティング結果を示す。図2(c)は，(b)のヘテロダイン振幅パワースペクトルをフーリエ変換して得られた振幅時間相関関数である。単散乱光の振幅時間相関関数は負指数関数になることが知られているので，図2(c)より，対数表示の振幅相関関数は直線的に減少しており，単散乱光の振幅時間相関関数が計測できていると判断できる。

　それでは，本手法を用いて，どの程度の深さと濃度まで単散乱光の時間相関関数を測定できるのであろうか。図3は，検出深度Lの変化に対する振幅時間相関関数の緩和時間の変化を示す[6]。緩和時間は，単散乱光の緩和時間τ_0で規格化されており，図において垂直軸の1.0の実線は単散乱光の緩和時間を表している。図より，$20\mu m<L<40\mu m$の範囲では，単散乱光の振幅時間相関関数が計測されていることがわかる。$L>40\mu m$では，緩和時間は単散乱光の緩和時間より

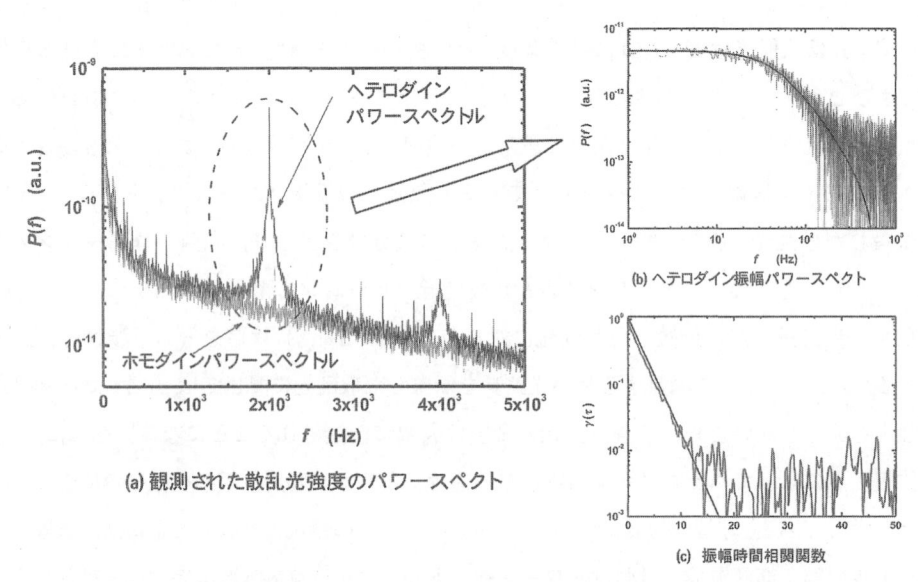

図2　観測された散乱光のヘテロダインパワースペクトルとホモダインパワースペクトル，ヘテロダイン振幅パワースペクトル，および振幅時間相関関数

第6章 微粒子観測技術の実際

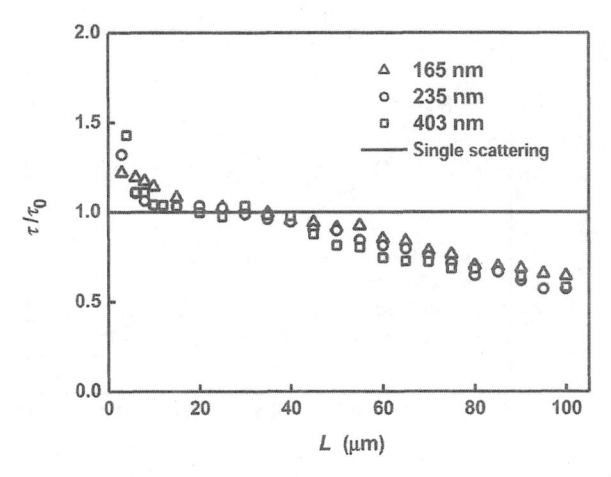

図3 検出深度 L に対する振幅時間相関関数の緩和時間の変化[6]

短いので，多重散乱光の影響で散乱光の位相相関が低下していることを示す．逆に，$0\,\mu m < L < 20\,\mu m$ の領域では，散乱光の緩和時間が単散乱光のそれよりも増加している．これは，固液境界近傍におけるブラウン粒子とガラスセルの壁面との相互作用により，拡散係数が実効的に低下していることを示す．

次に，単散乱現象を対象とした通常の動的光散乱法で行われている粒径分布計測が，本手法を用いて濃厚媒質に対して可能かどうかを示す．図4は，体積濃度10%の半径165 nmと403 nmポリスチレン懸濁液を体積比1:4で混合した試料において深度 $L=25\,\mu m$ からの散乱光の振幅時間相関関数を求め，CONTIN法を適用して推定された粒径分布である[6]．測定結果は，面積比

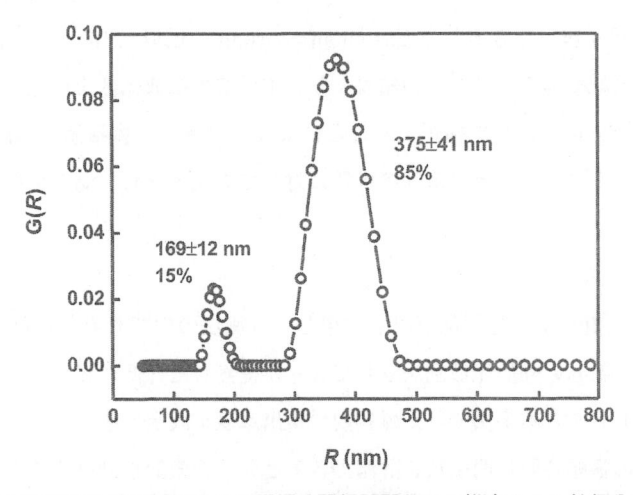

図4 CONTIN法で観測された振幅時間相関関数から推定された粒径分布[6]

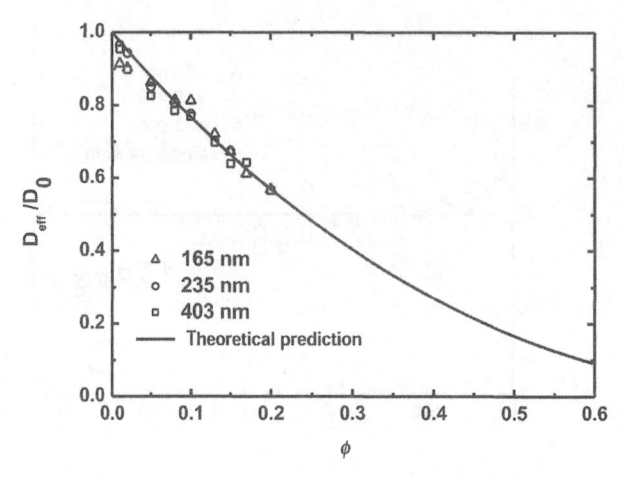

図5 拡散係数の散乱媒質の体積濃度依存性[7]

は，1:5.7であり，粒径に関しては169 nmと375 nmと推定され，それぞれ設定値に対して2.4%と6.9%の誤差であった。

最後に，体積濃度10%を超えてどの程度の濃度まで測定が可能かを示す。図5は，半径165 nm，235 nm，および403 nmのポリスチレン懸濁液の体積濃度を1%から20%まで増加させたときに，深度$L = 25\,\mu m$からの散乱光に対する拡散係数の変化を表す[7]。測定された拡散係数は単散乱に対する拡散係数で規格化されているため，その粒子径依存性は見られない。さらに，実験で測定された拡散係数は，濃度の増加とともに単調に減少し，拡散運動が低下することを示唆している。1%から20%まで溶液濃度が増加すると平均自由行程距離が$16\,\mu m \sim 3\,\mu m$程度になり，粒子間相互作用が顕著になることからこのような拡散係数の減少が発生する。事実，図中の実線は，粒子間相互作用を考慮したCarnahan-Starlingの近似式[9]によって計算された実効的な拡散係数の理論曲線である。これらの結果より，本手法で拡散係数を測定し，Carnahan-Starlingの近似式を用いて拡散係数を補正することにより，現時点で体積濃度20%，光源や検出器の条件さえ整えばさらにそれ以上の濃度の媒質に対しても粒径分布計測が可能である。

2.4 おわりに

DLS法による粒質計測は，光散乱現象を利用した計測法の中でも有効な計測応用のひとつである。本報告では，新しい動的光散乱法として我々が提案した「低コヒーレンス動的光散乱法」の最近の成果を紹介した。本手法では，媒質内の検出深度を設定可能であり，その深度近傍から発生する単散乱光の振幅時間相関関数を計測できるという特徴的な計測法である。濃厚媒質の粒質計測のニーズは高い。したがって，本手法の基礎データの蓄積と測定精度と限界の更なる向上

第 6 章　微粒子観測技術の実際

を行い，現在のラボレベルから一般の研究者・技術者に測定法として提供できる日が来ることを期待したい。

文　　　献

1) B. J. Berne and R. Pecora, *Dynamic Light Scattering*, John Wiley & Sons, New York (1976)
2) 岩井俊昭，光学技術ハンドブック，朝倉書店，第 15 章，606 (2002)
3) D. J. Pine, D. A. Weitz, G. Maret, P. E. Wolf, E. Herbolzheimer and P. M. Chaikin, *Scattering and Localization of Classical Waves in Ramdom Media*, P. Sheng (ed.), World Scientific Publishing, 312 (1990)
4) 丹野直弘，光学，**28**，118 (1999)
5) K. Ishii, R. Yoshida and T. Iwai, *Opt. Lett.* **30**, 555 (2005)
6) H. Xia, K. Ishii and T. Iwai, *Jpn. J. Appl. Phys.* **44**, 6261 (2005)
7) H. Xia, K. Ishii and T. Iwai, Proc. of The Sixth Japan-Finland Joint Symposium on Optics in Engineering (OIE'05), 63 (2005)
8) 夏輝，石井勝弘，岩井俊昭，第 62 回応用物理学会学術講演会予稿集，第 3 分冊
9) E. G. Cohen and I. M. de Schepper, *Phys. Rev. Lett.* **75**, 2252 (1995)

3 粉体トナーの帯電量分布測定

多田達也*

3.1 はじめに

電子写真における画像形成は，摩擦帯電により帯電した多数のトナーを現像部の電界による電気的な力で操作し挙動を制御することにより行われる。そのため，トナーの帯電量が適正値からずれた場合にはトナーの挙動の制御ができなくなり，例えば，潜像追従性不良・カブリ（地肌汚れ）・濃度不足・トナー飛散というような問題が発生する。従って，高画質で高安定な電子写真システムを作るためには，製品初期から製品寿命までトナーの帯電量（平均，及び，分布）を如何に適正に制御できるかが非常に重要な条件となっている。

しかしながら，トナー全体の平均帯電量の測定に関しては日本画像学会でブローオフ法のトナー帯電量測定法標準[1]が制定され測定の確からしさが保証されているが，帯電量分布の測定に関しては，市販されている製品[2,3]があるもののいまだ標準化はなされていない。そのため，それらの装置で測定されたトナーの帯電量分布や平均帯電量に対して，分布形状の有意差をどの様に判断するのか，あるいは，標準化されているブローオフ法の値との関係はどの様になっているのかという，測定結果のデータの見方や信頼性の保証に関して，標準となる判断基準が存在していない。

従って，本節では，トナーの帯電量分布測定における測定時および測定データ処理時の留意点に関して，一般的な測定原理を踏まえて説明する。

3.2 トナーの帯電量分布測定の測定原理

トナーの帯電量分布を測定するためには，粉体であるトナー個々の帯電量に依存する物理量を測定する必要がある。測定する物理量とそれに基づき算出される帯電量の測定法として，一般的に多く用いられているのが，電界中でのトナーの速度や位置の変位量を測定し，その時のトナーの運動方程式からトナーの帯電量を算出する方法である。

例えば，トナーを球形粒子と仮定すると，空気等の粘性流体中でのトナー粒子の運動方程式は，

$$m \frac{dv_t}{dt} = -3\pi \eta d_t v_r + F(t) \tag{1}$$

m：トナーの質量
v_t：トナーの速度

---

* Tatsuya Tada　キヤノン㈱　電子写真技術開発センター　電子写真22技術開発室　室長

第6章 微粒子観測技術の実際

η：空気の粘性抵抗

d_t：トナー粒子径

v_r：トナーと流体の相対速度

$F(t)$：外力

で表される。

　この(1)式の外力としては，気流（静止気流，層流，単振動脈流），電界（直流電界，高流電界），重力があり，これらの外力をいくつか組み合わせることにより(1)式から各種外力の連立方程式が得られる。例えば，図1に示すように外力に重力と電界を用いた場合は，

$$m\frac{dv_x}{dt} = -3\pi\eta d_t v_x + qE \tag{2}$$

$$m\frac{dv_y}{dt} = -3\pi\eta d_t v_y + mg \tag{3}$$

となる。

　定常状態のときは，速度が一定なので，

$$\frac{dv_x}{dt} = \frac{dv_y}{dt} = 0$$

この条件と上記の(2)，(3)式，また，定常状態時のある任意時間 t での変位量を x，y とおくと，

$$\frac{q}{d_t} = \frac{3\pi\eta}{E}v_x = \frac{3\pi\eta}{E}\frac{x}{t} \tag{4}$$

$$\frac{q}{m} = \frac{g}{E}\frac{v_x}{v_y} = \frac{g}{E}\frac{x}{y} \tag{5}$$

となることから，速度，あるいは変位量を測定することによりトナー個々の帯電量を測定することができる。

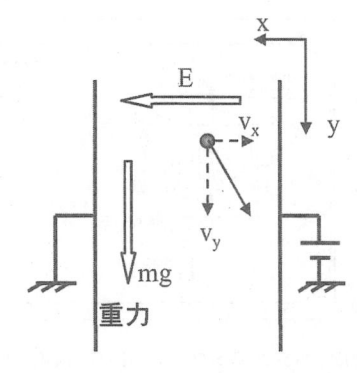

図1　外力に重力と電界を用いた場合

3.3 代表的なトナーの帯電量分布測定装置

代表的なトナーの帯電量分布測定装置は，市販されてはいないが，Xerox社の開発した図2(a)に示すチャージスペクトログラフ[4,5]が，また，市販されているものとしては，図2(b)，(c)に示すホソカワミクロン社製のE-Spart AnalyzerとEPPING PES-Laboratorium社製のq/d-meterが良く知られている。

このうち，チャージスペクトログラフとq/d-meterは，外力として電場と一様空気流を用いトナーの変位量を測定する方式であり，E-Spart Analyzerは，外力として音波により単振動させた一様空気流の中の空気振動場と電場の力を用い，粒子の速度をレーザードップラー法で検知する方式である。一般に外力に重力のみを用いる場合は，空気の自然対流等の影響を受けやすくなるため，代表的な測定装置では一様空気流を用いている構成が多い。

帯電量分布測定の測定手順は，一般的に，①トナーの分離②トナーの拡散③トナーの測定部へ

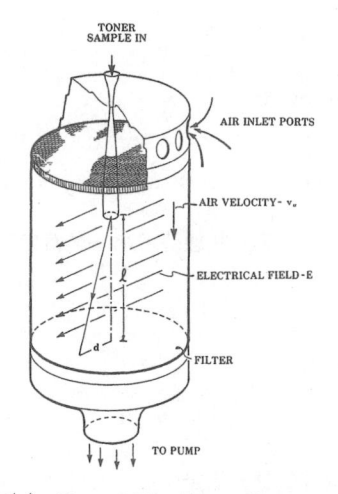

図2(a) Xerox：The Charge Spectrograph

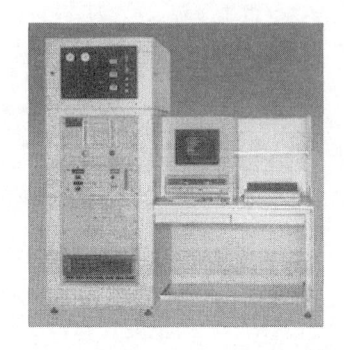

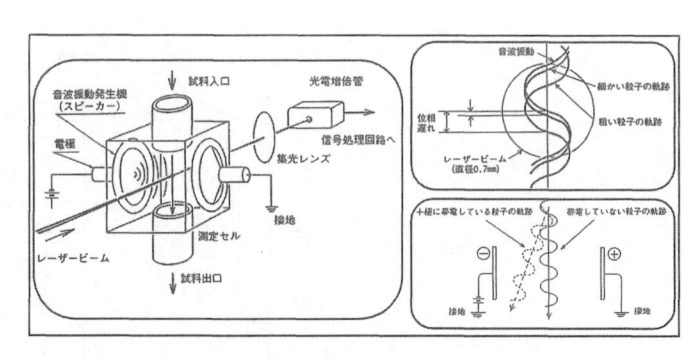

図2(b) ホソカワミクロン：E-Spart Analyzer

第6章　微粒子観測技術の実際

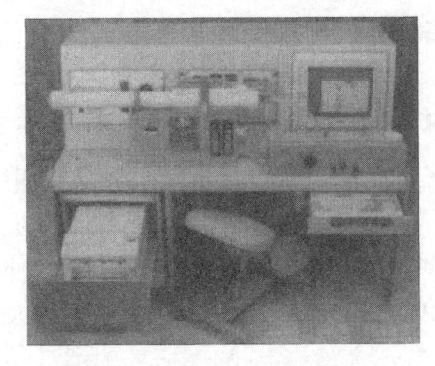

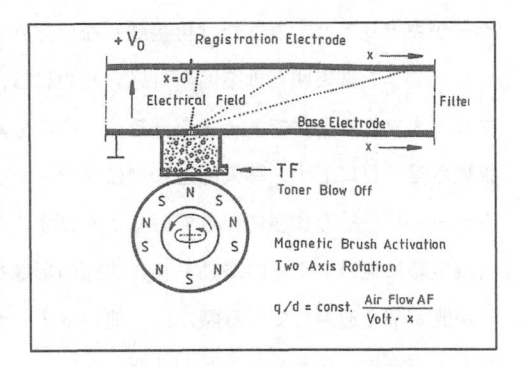

図2(c)　EPPING PES-Laboratorium：The Charge Spectrometer q/d-meter

の導入④帯電量に依存した物理量の測定⑤測定データの処理，という手順で行われる。このうち代表的なトナーの帯電量分布測定装置の間で構成が大きく異なるのは④と⑤の手順のところで，①から③までの手順では共通のところも多い。従って，帯電量分布測定の際に留意しなければいけない事項に関しても共通であるところが多いため，以下にその留意点に関して述べる。

3.4　トナーの帯電量分布測定における留意点

トナーの帯電量を測定する際に最も留意しなければいけない点というのは，ブローオフ法による平均帯電量の測定時においても，また帯電量分布の測定時においても同様で，トナー分離時に，トナーの帯電量を再帯電等で変化させてはいけないということである。

それに加えて，ファラデーケージ内の殆ど全てのトナー（$10^9 \sim 10^{10}$ 個）の帯電量の総和を測定するブローオフに対して，帯電量分布の測定においては，その一部（$\sim 10^3$ 個）のトナーの帯電量しか測定しないため，測定部へ投入されるトナーに偏りがあってはいけないということである。

また，帯電したトナーが近接して測定部に導入された場合には，トナー間に働く静電的な力の影響でトナーの挙動が変化し帯電量の測定に影響を与えるため，トナーは空間的にある濃度以下に保つ必要があるということである。

すなわち，帯電量分布の測定の信頼性を保証するためには，

①　トナー分離時に，トナーへの再帯電や電荷の減衰を生じさせないこと
②　測定したサンプリング集団が，測定前の母集団を代表していること
③　トナー個々の測定の際に，他のトナーの挙動や存在状態の影響（外乱）を受けないこと

という条件を満たすことが必要である。

より具体的に言うと，

①　トナーの再帯電防止のためには，トナーのブローオフ方向は，トナー分離時に分離したト

ナーがキャリアとできるだけ再接触しない方向とすることが必要であり，

② サンプリング集団と母集団の対応のためには，キャリアに担持されている全てのトナーをブローオフする条件でトナーを分離し，その分離したトナーを測定部のトナー導入部方向に拡散させ，更にトナー導入部近傍ではブローオフに用いた気流の影響が出ないような条件でトナーが均一拡散状態になっているようにすることが必要であり，

③ 測定時に他のトナーの挙動や存在状態の影響を受けないようにするためには，個々のトナーが測定部を通過している際には，他のトナーが測定部に導入されてこないような拡散濃度でトナーを均一分散することが必要である，

ということである。

従って，測定時にこれらの条件が満たされていない場合には，測定結果の評価時に，上記変動要因の影響が含まれている可能性を考慮して測定結果を分析する必要がある。

3.5 測定データの評価における留意点

ブローオフ法による平均帯電量測定の場合には，トナーの比電荷 q/m が求められるが，帯電量分布測定の場合には，測定原理の項での(4)式から分かるように q/d_t が算出される場合が多い。従って，評価の共通化のために，q/d_t 分布から q/m 分布への変換が必要になる場合がある。この変換前の q/d_t 分布はトナー粒径が異なっていても分布の測定レンジ幅は同等であるので，測定領域全域において全ての粒径のデータが反映されている。しかしながら，変換後の q/m 分布の場合は，トナー粒径によりデータがプロットされる測定領域幅が異なるので，q/m の値が大きい領域に向かうに連れ，トナー径の小さいものだけの q/m 分布のデータだけになっていく。そのため，q/d_t 分布を q/m 分布に変換して形状の評価をする際には，各 q/m 領域に関連付けられるトナー粒径依存性を考慮する必要がある。

3.6 あとがき

トナーの帯電量分布測定の信頼性を確保するためには，測定したサンプリング集団が母集団を代表しているかということをどの様に確認し保証するかということに尽きると思われる。しかしながら，その確認方法に関しては標準となるものが存在していない。そのため，早期にトナー帯電量分布測定の測定標準が整備されることが必要であると思われる。

第 6 章　微粒子観測技術の実際

文　　献

1) 日本画像学会標準トナー帯電量測定法，日本画像学会誌，37, Suppl., 461 (1998)
2) 横山豊和，粉砕，31, 36 (1987)
3) R. H. Epping, M. Münz and M. Mehlin, 電子写真学会誌，27, No. 4, 528 (1988)
4) R. B. Lewis, E. W. Connors and R. F. Koehler, 電子写真学会誌，22, No. 1, 85 (1983)
5) J. Bares, IEEE, IAS '85, 49 D, 1525 (1985)

4 土粒子や抹茶微粒子の化学組成分析

栃尾達紀[*1], 庄司　孝[*2], 伊藤嘉昭[*3]

蛍光X線分析は非破壊分析であり，EPMAなどに比べるとはるかに速く行える。数ppmの微量元素の存在を決定することも可能である。ここでは，微粒子計測で取組んでいる土壌，抹茶等を例に挙げ計測技術を中心に述べる。

4.1 蛍光X線分析装置を用いた化学組成分析

蛍光X線分析法は，試料にX線を照射することによって各成分原子から放出される原子固有の波長を持つ蛍光X線の波長と強度を測定し，成分原子の種類と濃度を知る方法である。

土壌や茶葉などの試料を化学的前処理なしでそのままの状態で分析できる非破壊分析法であり，数分程度の短時間で測定結果が得られ，また再現性の良い分析方法である。

蛍光X線分析装置には蛍光X線の波長を測定する方法の違いにより，波長分散方式（Wavelength Dispersive X-ray Fluorescence analysis（WD-XRF））とエネルギー分散方式（Energy Dispersive X-ray Fluorescence analysis（ED-XRF））に大別される。前者は蛍光X線を単結晶に入射させ回折現象によって特定の角度に反射したX線を検出器で検出する方法であり，後者はそれ自体が入射X線のエネルギー弁別ができる半導体検出器を用いる方法である。

WD-XRFはED-XRFに比べて硼素（B）などの軽元素から重元素まで分析元素範囲が広く，また微量（ppmオーダ）から主成分まで分析の定量範囲が広く，高精度分析ができる特長がある。以下WD-XRFの使用例について述べる。

4.2 蛍光X線分析装置

WD-XRF装置の主な構成要素は，X線管，試料室，分光器（分光結晶，ソーラースリット，ゴニオメータ），検出器，装置制御・データ処理ソフトである。装置構成概略図は第Ⅱ編第4章の図1参照。

分析対象元素ごとにX線管負荷設定条件や分光器，検出器といった各要素の設定条件は異なるが，最近の市販装置ではユーザーがそれらをいちいち設定する必要は無く，元素を指定すれば

[*1] Tatsunori Tochio　㈱けいはんな　京都府地域結集型共同研究事業　コア研究室　博士研究員

[*2] Takashi Shoji　理学電機工業㈱　研究部　課長

[*3] Yoshiaki Ito　京都大学　化学研究所　助教授

第6章 微粒子観測技術の実際

最適条件が自動的に選択されるようになっている。また測定結果についても後述する「検量線」が事前に格納されていれば測定終了後，自動的に検出元素の同定がなされ各元素の濃度が得られる。

なお最近の装置ではX線管出力の安定度や分光器の機械的再現性など分析精度に関わる装置側の特性が向上していて，分析精度や正確さを左右する要因として試料前処理の比重が大きくなっている。

4.3 試料前処理

蛍光X線分析装置では固体，粉体，液体，どの形態の試料でも測定可能である。土壌や茶葉などもそのままの状態で測定できるが，濃度を正確に分析するためには，適切な前処理を施し測定に供する。

一般的には粒度が細かく，偏析の少ない均一な試料を用意するためと，測定面の凸凹が蛍光X線強度に影響するので試料表面の平坦さにも注意する必要があるので，試料を微粉砕した後ディスク状に加圧成型する方法が採られる。

具体的には，土壌や茶葉などの試料は振動ミルにより500メッシュ程度に粉砕した後，アルミ製リングまたはアルミ製カップを用いて加圧成型する。加圧成型条件は通常15〜20トン/ダイス径程度である。珪砂が主成分である試料など加圧しても固まりにくい試料の場合，ステア燐酸などのバインダーを一定量加えて混合し成型することもある。この場合，定量分析するにはバインダーと試料の混合比を揃える。

茶葉のように炭素や水素など軽元素が主成分の場合，蛍光X線の吸収が小さく成型後の試料の深いところからのX線も測定強度に寄与するので，試料の厚さに留意する必要がある。数ミリ以上の厚さの試料が用意できない場合，分析試料と後述する「標準試料」を秤量し，質量を一定に揃える必要がある。

土粒子中の鉱物の組成分析を正確に行うにはガラスビード法が用いられる。

分析対象元素が異なる種類の鉱物中に存在する場合，その元素から得られるX線強度は濃度が同じでも鉱物の種類ごとに異なる（鉱物効果）。そのため種々の鉱物から成る試料を定量分析しようとすると定量誤差が大きくなる。また検量線を鉱物の種類ごとに用意する必要がある。この煩雑さを除くにはガラスビード法が有効である。ガラスビード法は融剤（ホウ酸ナトリウムなど）と鉱物などの酸化物を一定の比率（たとえば10：1）で混合し，白金製坩堝に入れて1000℃近くの高温でガラス化してディスク状試料とする方法である。ガラス化により鉱物効果が除かれ偏析も無くなるため，後述する検量線が一本で済み正確度の良い分析結果が得られる特長がある。但し融剤で希釈するためX線強度は弱くなる。

4.4 定性・定量分析

最近の蛍光X線分析装置では，分析の結果はピークプローファイルデータ（スペクトルチャート），元素同定結果一覧表，濃度定量結果一覧表として出力される。抹茶の重元素定性分析結果出力例を図1に示す。

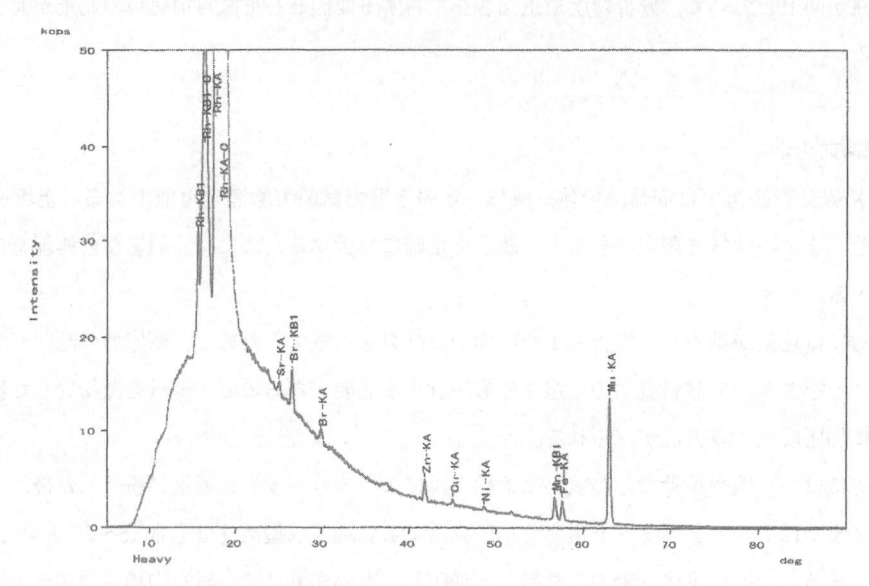

図1　お茶の重元素定性分析スペクトルチャート

スペクトルチャートから蛍光X線の波長を求め，各元素の蛍光X線波長と照合して元素の同定がなされる（定性分析）。最近の装置ではこれらの一連の手順は内蔵のソフトウエアーによってなされるようになっている。

測定したX線強度から濃度を求める定量分析の方法としては，他の機器分析法と同様に，濃度既知の「標準試料」を基に作成した濃度とX線強度の相関関係から求めた「検量線」を使う方法が一般的である。

最近では純物質などを使ってそのX線強度から個々の装置毎に感度係数を求めて置き，その係数と物理パラメータの演算によって標準試料なしで濃度を求めるFP（ファンダメンタルパラメータ）法も用いられるようになってきている。この手法を用いれば非常に簡便に定量値が得られる。ただしその結果にはパラメータの不確実さなどによる誤差が伴っていることを認識し，あくまで概略値として扱うようにしたほうが良い。

5 表面増強ラマン散乱を用いた微粒子表面状態評価

福岡隆夫*

5.1 微粒子プラズモニクス

　金や銀のナノ粒子は，粒子サイズ，形状，粒子周辺の環境に応じて多様な光学応答を示す。この独特の色調は，貴金属粒子に局在する表面プラズモンという一種の光によるもので，そのプラズモンの実体は，照射光の電場によって惹起された金属自由電子の集団振動である（図1）。貴金属の自由電子は可視〜近赤外光の固有な波長で共鳴振動しプラズモンが極大化する。粒子径が波長よりも小さなナノ粒子においては電子の運動が制限されるために，光の局在化や表面近傍での電場の増強などの興味深い現象が現れる[1,2]。

　プラズモンを扱う技術はプラズモニクス[3]と呼ばれ，近年注目を集めている。プラズモニクスでは，プラズモンに関係する理論とナノ構造体の設計，ナノ構造体の具体的な製造と製造に伴う諸問題の解決，ナノ構造体の形態（モルフォロジー）と機能の評価，そしてナノフォトニクス，太陽電池，触媒，センシングへの応用が研究されている（図2）。ナノ粒子の光学特性を利用する領域が微粒子プラズモニクスである。貴金属ナノ粒子は微粒子プラズモニクスにおける重要な原料であり，機能性ナノ構造の合成や表面プラズモンの効率的な利用のために表面状態の理解が求められている。

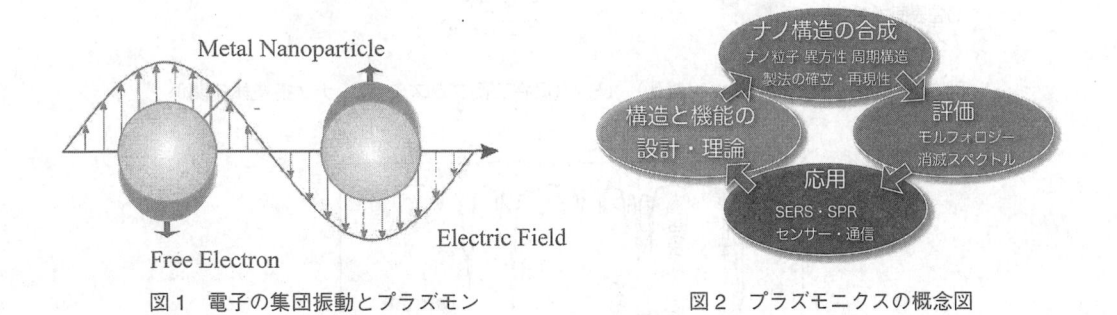

図1　電子の集団振動とプラズモン

図2　プラズモニクスの概念図

5.2 表面増強ラマン散乱（SERS）

　プラズモニクスと関連して，表面状態の化学情報を得る強力な計測法に表面増強ラマン散乱（Surface-enhanced Raman Scattering：SERS）がある[4〜7]。これは，貴金属コロイド凝集体などナノ構造体の局在表面プラズモン（Localized Surface Plasmon：LSP，あるいは局在プラズモン共鳴 Localized Plasmon Resonance：LPR とも呼ばれる）の増強電場によって，ナノ構造体近

---

*　Takao Fukuoka　㈱けいはんな　京都府地域結集型共同研究事業　コア研究室　雇用研究員

傍にあるラマン活性分子からのラマン散乱強度が数万倍から数百万倍に増強される現象である。図3では，ナノ構造体に白色光を照射して観察される散乱光と，そのナノ構造体にラマン活性分子が吸着した後にラマン励起レーザーを照射して生じる SERS とが，ナノ構造体の LSP に深く関連していることを模式的に示した。

同じ振動分光である赤外吸収スペクトル（IR），通常のラマン散乱と，SERS との比較をピリジンをモデル物質にして図4に示す。IR では水分を含む試料は測定が難しく，また通常のラマン散乱では水溶液であっても％レベルの高濃度で用いる必要があるが，SERS では 10^{-3} M レベルの水溶液でも強いスペクトルが得られることがわかる。一方，IR やラマン散乱に現れるピークが SERS では現れず，また 1000〜1010 cm^{-1} と 1035 cm^{-1} のピークの強度比が異なっているが，これは増強電場がナノ構造体表面近傍に局在化されるので，吸着された分子のうち増強に与る位置と配向を有する官能基が限られるためである。

測定法としての SERS の利点には，分子の化学情報が振動スペクトルとして得られること，

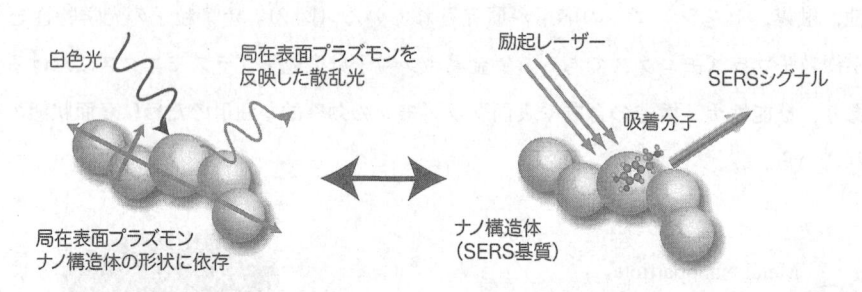

図3 SERS（表面増強ラマン散乱），LSP（局在表面プラズモン），ナノ構造体の関係

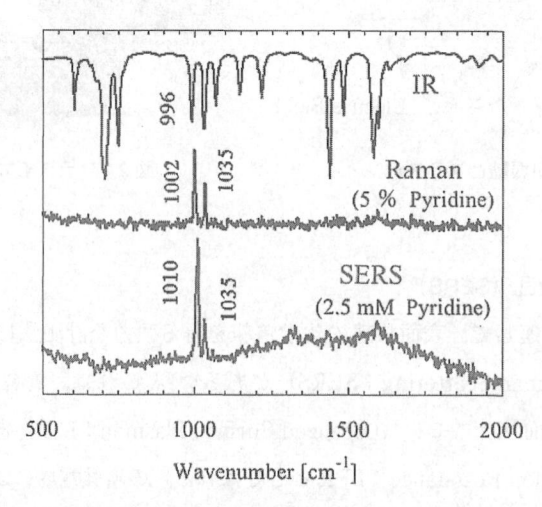

図4 ピリジンの IR（赤外吸収スペクトル），ラマン散乱スペクトル，SERS スペクトルの比較

第 6 章 微粒子観測技術の実際

単分子吸着している分子も検出できるほど高感度であること，干渉の少ない近赤外光が利用できること，検出に色素等を必要とせず標識操作を要しないことがあり，表面分析法のほか，臨床診断，医薬品開発，爆発物探知への応用が期待されている。この利点は，微粒子プラズモニクスにおける貴金属ナノ粒子表面情報の計測に適している。

5.3 SERS に適したナノ構造体

SERS を与える貴金属ナノ構造体を SERS 基質と呼び（図 3），その開発はプラズモニクスにおける重要な研究課題である。適した SERS 基質を得るためには，SERS が LSP の反映であることを踏まえ，ナノ構造体がどのような LSP を示すのかをまず理解する必要がある。

Kerker は，金および銀ナノ粒子の回転楕円体の LSP を，回転楕円体のアスペクト比（短軸に対する長軸の比）をパラメーターとして計算し，回転楕円体に単分子層吸着したピリジンの環振動（1010 cm^{-1}）の SERS の増強度と励起波長の関係を調べた[8]。計算の結果，アスペクト比が大きくなると共鳴波長は長波長にシフトし，また増強度も大きくなるという傾向が得られている。このことを簡潔に示すために，Kerker の計算値から共鳴ピークにおける励起波長と SERS 増強度の関係を抜き出し，図 5 にまとめ直した。

図 5 からは，金は可視領域ではほとんど増強を持たず，長波長になるにしたがって増強度が急激に上昇し，650 nm より長波長の深赤色から近赤外領域にかけてようやく 10^6 倍に達することがわかる。一方，銀は可視領域においても 10^4 倍以上の増強度があり，深赤色領域においても金の増強度に比べ一桁ないしは二桁高い増強度を持つ。このことは，凝集した金コロイドからの SERS 発現には近赤外レーザーでの励起が必要なこと，一方，銀コロイドの凝集では可視レーザ

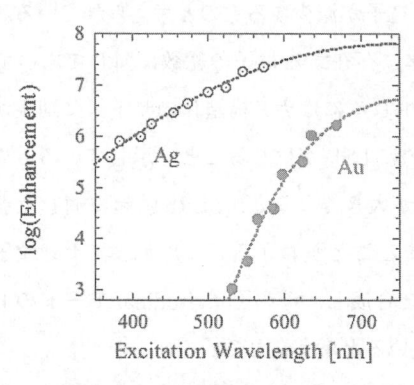

図 5 金および銀回転楕円体が与える 1010 cm^{-1} の SERS ピークにおける増強と励起波長との関係計算値（文献 8）

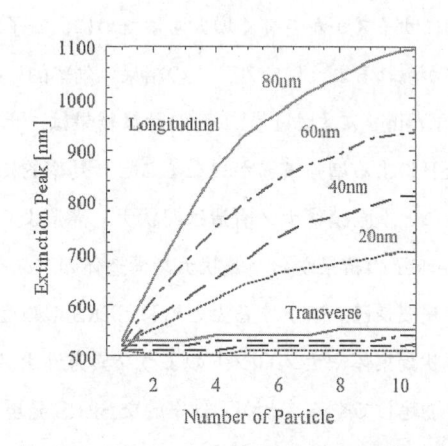

図 6 さまざまな粒子径（20, 40, 60, 80 nm）と連結個数の金ナノ粒子連結球の消滅ピーク計算値（文献 10）

ーでも SERS が発現することとよく一致している。金の色調の由来であるバンド間遷移が可視光領域に存在するため，可視光領域では金の電子は LSP に寄与しない。そのため金ナノ粒子から SERS を発現させるためには，凝集させ深赤領域に LSP を立てることがほぼ必須となる。

貴金属ナノ粒子を材料とするナノ構造体では，粒子径が均一で規格化されたナノ粒子を入手しやすく，球における電磁場理論で LSP を取り扱いやすいので古くから多くの研究事例がある。

Kreibig らは個別ナノ粒子の共鳴条件とナノ粒子間の電磁場相互作用を計算して，さまざまな場合の LSP のナノ構造依存性を表した[9]。図6は，金ナノ粒子が直鎖状に連結したナノ構造体（連結球）において，金ナノ粒子の粒子径および連結球の並び個数（回転楕円体モデルのアスペクト比に相当）に依存して共鳴エネルギーが変化する関係を，エネルギーを消滅スペクトルのピーク波長に換算して描き直したものである[10]。図の Longitudinal は長軸方向の LSP による消滅ピークを，Transverse は短軸方向の LSP による消滅ピークを意味する。粒子径が大きくなるにつれて，また連結球の個数が増すにつれて，Longitudinal モードの消滅ピーク位置が長波長にシフトすることがわかる。この計算結果は，金コロイドの色調が，単分散のときの赤色から凝集が進むにつれて紫色，青色と変化するというよく知られた現象を説明している。一方，Transverse モードのピーク位置はほとんど変わらない。実際の金コロイド凝集の消滅スペクトルにおいても 520 nm 付近のピークが観察される。

また Kreibig の別の計算では，9個の銀ナノ粒子からなる凝集が直鎖状，塊状などさまざまなモルフォロジー（凝集形態）を取る場合のそれぞれについて共鳴エネルギーを算出した[11]。Longitudinal モードの LSP について計算結果を比較すると，鎖状のモルフォロジーでは塊状の場合よりもシャープなピークが長波長に出現することとなった。塊状のモルフォロジーでは相対的にサイズがかさ高く増大するために，電子が感じる照射光の電場に局所的な差が生じる遅延効果が現れるようになり，その結果，効率的に振動する電子が減少するものと考えられている。

Kreibig による上記二例の計算結果は，ナノ構造体に存在する電子の総数は同じであっても LSP による増強電場が異なること，効率的に LSP が生じるにはナノ構造体のサイズに制限があること，直鎖状ナノ構造は塊状ナノ構造よりも効率的に LSP が生じることを示している。また Kerker の結果から，鎖状ナノ構造体のアスペクト比が大きくなると，SERS 励起に適した波長が長波長にシフトするとともに SERS 増強度が増大することがわかる。したがってナノ粒子の鎖状凝集体やナノロッドのような異方性ナノ構造体を合成し，その Longitudinal モードの LSP を励起してやることが，効率的な SERS 発現に適していると考えられる。

このような理論計算はナノ構造体の設計指針として有用であるが，まだ現在もさまざまな仮説のもと研究され続けている。例えば，実際の貴金属ナノ粒子集合構造では，ナノ粒子が凝集していくとやがては目視では色調を捉えられない近赤外領域にまでシフトするが，図6の計算では直

第6章　微粒子観測技術の実際

鎖状連結球の並び個数が増大しても消滅ピークの長波長シフトに上限があり実際と乖離する。図6の計算では粒子間の電磁場相互作用と遅延効果を考慮に入れているが，粒子間距離の効果やナノ粒子間の電子移動が考慮されていないためである。近年では，異方性ナノ構造体を特有の形状因子を有する円柱[12]あるいは回転楕円体[13]で表し，共鳴周波数を形状因子で表す近似計算によって，共鳴ピークの位置について優れた計算結果が得られている。さまざまなアスペクト比の金ナノロッドの形状にどの近似を適用するかで，共鳴ピークの位置が変動するようすも報告されている[14]。

5.4　コロイドの凝集による SERS 基質の特徴と問題点

前項では貴金属ナノ粒子連結球などの異方性ナノ構造が効率的な LSP を生じ，有効な SERS 基質として機能する可能性を示した。貴金属ナノ粒子のコロイドを凝集させた貴金属ナノ粒子凝集体（コロイド基質）は，J. A. Creighton らによって最初に SERS が確認された系であり[6]，当時より鎖状凝集体の電子顕微鏡写真が確認されたびたび議論となっていた[15]。

コロイド凝集は極めて簡単な製造法であり，その利点として，液相中での凝集で合成でき取扱いが簡便，粒子サイズの制御が可能，理論的解析のためにモルフォロジーが可変，容易に試料と混合，消滅スペクトルによる簡便な評価が可能，等の利点が指摘されている[16,17]。

しかし，凝集は主に SERS 測定直前に試料や塩を添加することで行われるがこのことがコロイド SERS 基質の開発を困難にしていたのである。

荷電粒子の分散安定化に関する DLVO 理論によれば，コロイド粒子は電荷反発によるエネルギー障壁の存在によって粒子同士の接近が制限されることで分散を保つ。測定対象物質や塩の添加によって電荷の中和あるいは Debye 長の減少が生じると，電荷相互作用力が減少しエネルギー障壁が低下する。いったんエネルギー障壁が消失すると，粒子どうしが接近することを止めることはもはやできない。このように凝集し始めたコロイドは本質的に不安定であり，SERS 測定中にも刻々と凝集形態は変化するのがコロイド基質の欠点であった。

ゼラチンなどの親水性ポリマーなどを添加して安定化を試みた SERS 基質は諸処に報告されている[18,19]。しかし，親水性ポリマーそのものがラマンシフトを示すバッググラウンドとなる問題があった。また親水性ポリマーがナノ粒子表面を覆うと，表面に接近するラマン活性分子の拡散速度を低下させたり表面吸着部位を減少させるため，SERS の出現までに長時間を要することになった。粒子の表面に安定化剤等を吸着させることは，生成させた凝集を解膠してしまう欠点があった。

これらの問題点を解決できなかったため，鎖状凝集体を積極的に SERS 基質として利用しようという試みはほとんど行われてこなかった。

5.5 自己集合による異方性集合体の合成

この長年の課題に対処するため,筆者は拡散律速凝集の初期過程にある金ナノ粒子凝集に合成粘土の一種であるスメクタイトを添加し,凝集の進行を停止させ,かつ鎖状集合体として安定化させた(図7)。

拡散律速凝集では,粒子の衝突が自由に行われ,いったん衝突すれば相手の粒子と固着すると仮定するのであるが,その過程でまず粒子の凝集体は鎖状に成長することが知られている[20]。しかしさらに凝集が進行すれば,凝集体の成長のみならず凝集体同士の衝突が起こり,フラクタルな凝集体が生成する[21]。金コロイドに塩を添加しての凝集は拡散律速凝集の代表例である。

上述の手法を用いると凝集進行の過程をスナップショットで観察できるので,平均粒子径 40 nm の金コロイドに塩を添加して作成した凝集体のモルフォロジーについて電子顕微鏡画像から解析を行った。各スナップショットにおける凝集体の一部を滴下乾燥したものの透過型電子顕微鏡写真を図8aに示す。図中の番号は凝集の進行順を指定している。Weitz らの方法[21]に従い,おのおのの凝集体に外接する円の直径とその凝集体を構成する金ナノ粒子の員数との関係の Hausdorff 次元を求めた。各スナップショットにおける値の推移を図8bにプロットした。

Hausdorff 次元は凝集開始直後は 1.1〜1.2 であるが,鎖状構造の成長と構造の複雑化とともに 1.4,1.6 と増加し,フラクタル凝集では 1.8 に達した。これはフラクタル凝集について Weitz が算出した値 1.75〜1.78 に良く一致していた[22]。

さらに同じバッチの金ナノ粒子凝集を用いて,その消滅スペクトルと,ピリジンに対する SERS 活性との関係を調べた。SERS の測定は 785 nm のレーザーを備えた顕微ラマン分光器を用い,25 μM となるようにピリジン水溶液を加えた金ナノ粒子凝集を 10 倍対物レンズを通して励起し,10 秒間のラマン散乱強度を記録した。それぞれを図9aおよび図9bに示す。図中の番号は図8と対応している。図9aには励起波長である 785 nm と,ピリジンの 1010 cm^{-1} におけるラマン

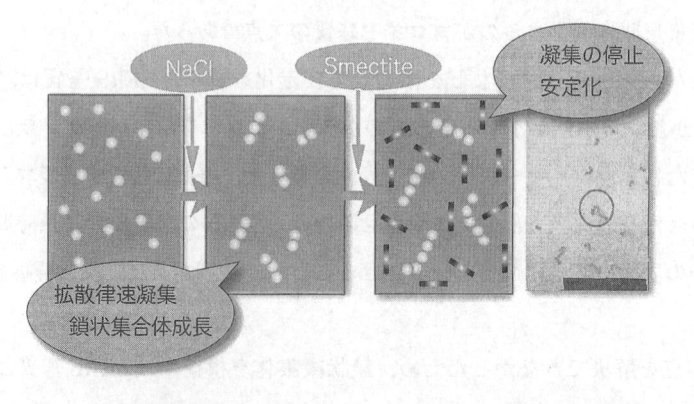

図7 ナノ粒子鎖状集合体の合成とスメクタイト添加による凝集保持

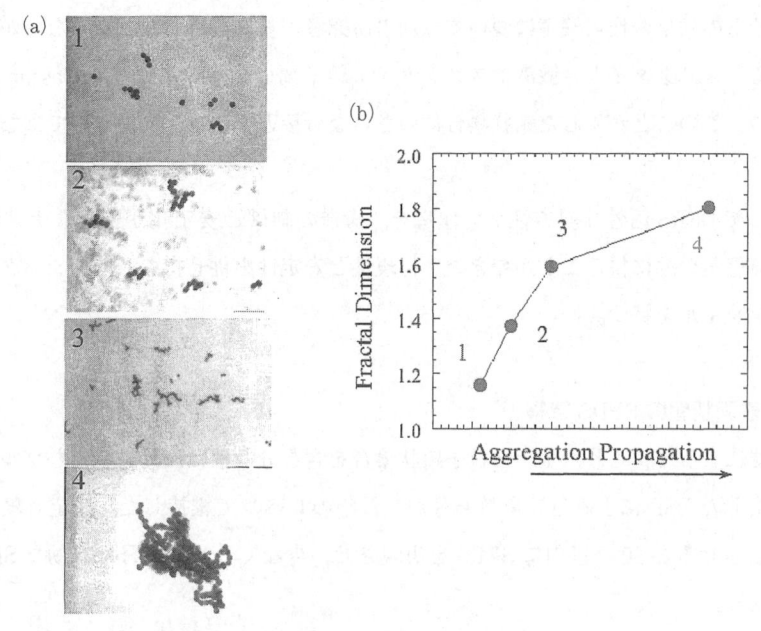

第6章 微粒子観測技術の実際

図8 (a) 金ナノ粒子（40 nm）凝集過程のスナップショット電子顕微鏡写真，
(b) 凝集体のフラクタル次元

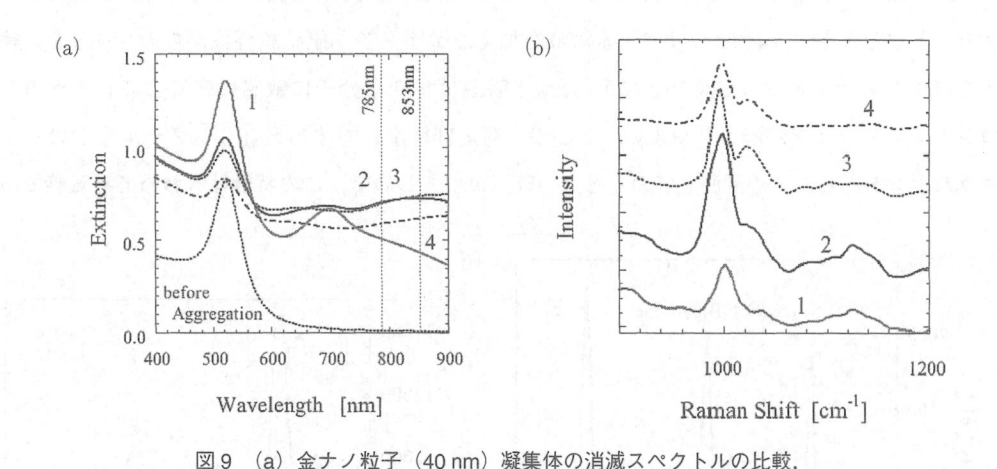

図9 (a) 金ナノ粒子（40 nm）凝集体の消滅スペクトルの比較，
(b) 金ナノ粒子（40 nm）凝集体の SERS 活性の比較

シフトを波長換算した値 853 nm を記した．

その結果，凝集によって鎖状ナノ構造体の Longitudinal モード LSP に対応する 700～850 nm の波長領域での LSP が増加すること，励起波長および SERS の波長における LSP が大であると SERS 強度も大きくなることがわかった．以上の実験から 785 nm 励起による SERS の発現には，拡散律速凝集過程で自己集合的に生成する金コロイドの鎖状ナノ構造が重要な役割を果たしていることを確認した．

スメクタイトの効果の作用機序については別の研究者の参加を待たねばならないが，次のように推定される。スメクタイト分散液はスメクタイト粒子間の相互作用が強くCasson流体として降伏値を持つ。このことが生じた鎖状集合体のさらなる接近を防止しているのではないかと考えている。

本法によってSERS活性な異方性ナノ構造を，構造の制御と安定化が可能なナノ粒子鎖状集合体として自己集合的に得ることができた。再現性と安定性を併せ持ち，センシング素材としての高いポテンシャルを持つ。

5.6 微粒子表面状態のSERS観察

前項の方法によって得られた金ナノ粒子鎖状集合を含む分散液は流動性に富むゾルであり，凝集の進行に応じたLSPによる色調を数ヶ月から数年のレベルで維持した。測定対象物質の溶液と任意に混合させると30秒以内にSERSを出現させ，少なくとも3ヶ月は有効なSERS基質として機能した[23]。

金ナノ粒子鎖状集合体は，従来のように測定対象物質の添加によって凝集させたものではないので，複数の測定を同一のナノ構造を用いて行える利点があり，バックグラウンドが評価できる。$50\mu M$となるように4,4′-ビピリジン水溶液を加えた金ナノ粒子鎖状集合体からのSERSを，純水をバックグランドとして図10aに示した。SERSは多様な分子に敏感に応答してしまうので，コンタミネーションが起こりやすい。そこで，例えば純水に対するSERSシグナルなどのバックグラウンドあらかじめ計測しておくとその確認ができるので，この特徴はきわめて有意義であ

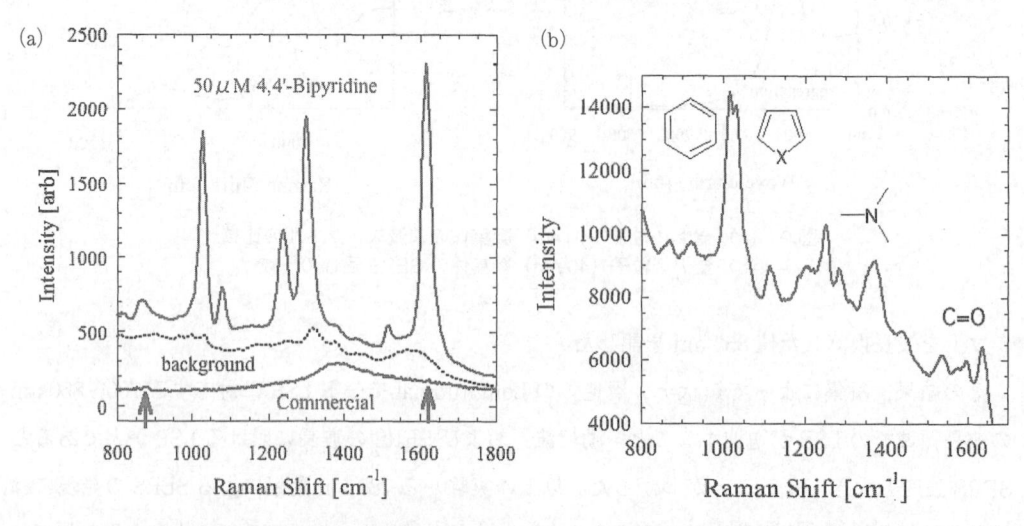

図10 (a) 金ナノ粒子鎖状集合と市販フォトニック結晶とのSERS活性比較，
(b) 金ナノ粒子表面吸着種のSERSスペクトルと帰属

第6章　微粒子観測技術の実際

る。
　また図10aには，参考のため1mMの4,4′-ビピリジン水溶液に浸漬した市販フォトニック結晶からのSERSを付記した。市販SERS基質であるフォトニック結晶基板は，その基板上に試料を滴下後乾燥させたのち，さらに活性部位を探して測定しないとほとんどSERSが出現しないが，金ナノ粒子集合体では水溶液中の吸着平衡下でも強いSERSシグナルが現れており，ナノ粒子集合体の優れた表面活性を実証している。
　上述の特性は微粒子の表面吸着種の評価に適している。実際に貴金属ナノ粒子表面情報の計測に応用した例を示す。
　ある市販金ナノ粒子から金ナノ粒子の鎖状集合を合成し，そのままSERSを測定したところ，図10bのようなシグナルが現れた。主なピークの帰属を試みたところ，含窒素芳香環，ケトンなどピロリドン系の化合物の存在が示唆された。
　粒子径が制御され，粒子径分布も単分散である金コロイドを液相還元によって合成する方法には，シード粒子を用い，二段階の還元反応による方法[24]が知られているが，ポリビニルピロリドンなどの水溶性ポリマーを安定化剤に用いる。よって図10bのSERSスペクトルは，評価対象の市販金ナノ粒子がこの二段階合成によって作られたことを意味している。

5.7　まとめ

　SERSの発見以来さまざまなSERS基質が考案されてきた。異方性の鎖状集合の有効性についてCreightonもSERS研究の当初より指摘していたことを既に述べた[15]。最近でも硫化物イオンで架橋した金ナノ粒子の凝集体に異方性構造をSERSセンシングに用いた例[25]が報告されるなどこの分野の研究は活発である。
　しかしSERSを微粒子プラズモニクスの表面評価技術として利用するにはまだ開発途上にあると言える。そこで，本論のようにSERSを分析法として利用するためのSERS基質には，次の4点を十分考慮する必要があると筆者は考えている。

① Reproducibility
　ある製造法でナノ構造体（SERS基質）を作製すれば，常に同様なSERSシグナルを再現できる製造法が確立されていること。

② Tunability
　さらに測定条件，また測定対象物質に応じ，適した励起レーザー波長やLSPの共鳴条件を選べるよう，ナノ構造を可変できる製造法であること。

③ Long-term Activity
　ナノ構造体のSERS基質としての活性が，商品として流通し現場で利用されるに十分な期間，

安定して維持されること。

④　Ready-to-use

測定対象物質やSERS基質に特別な処理を行うことなく，その場でただちに測定が可能であること。また，測定にあたっては，例えば純水のSERSシグナルなどをバックグラウンドとして容易に計測可能であること。

本稿で述べた金ナノ粒子鎖状集合体は，SERS基質に求められるこれらの要件を満たしている。基板状SERS基質や，測定対象物質で凝集させる従来の方法では，同一のナノ構造体でのバックグラウンド測定は原理的に困難であるが，貴金属ナノ粒子の表面状態計測法である本法はそれを可能にしている。

今後，微粒子プラズモニクスの進展とともに，本評価技術の確立に向けさらなる工夫が求められる。将来は，SERSに応答する化学種の特徴を見極め，LSPの増強電場の範囲内にうまく接近させる手法を考案すれば，本法は貴金属以外の微粒子や平面上の極微量化学種の同定に利用できるだろう。

謝辞

ここに述べた筆者の研究は同志社大学工学部森康維教授と共同で行った。多くの方々のご助力を得たが，SERSの基礎的事項について神戸大学工学部林真至教授から，ナノロッドの共鳴ピーク波長について京都大学大学院工学研究科鈴木基史助教授から，LSPとSERSの関係について産業技術総合研究所健康工学センター伊藤民武研究員から貴重なご教示をいただいたことを特に謝する。

文　献

1) T. Okamoto, "Near-Field Spectra Analysis of Metallic Beads" in "Near-Field Optics and Surface Plasmon Polaritons, Topics in Applied Physics 81", ed. by S. Kawata, p. 97-122, Springer, 2001
2) 福井萬壽雄，大津元一，「光ナノテクノロジーの基礎」，オーム社，2003
3) 山田淳編，「プラズモンナノ材料の設計と応用技術」，シーエムシー出版，2006
4) M. Fleischmann, P. J. Hendra, and A. J. McQuillan, *Chem. Phys. Lett.*, 26, 163-166 (1974)
5) D. L. Jeanmaire, R. P. Van Duyne, *J. Electroanal. Chem.*, 84, 1-20 (1977)
6) J. A. Creighton, C. G. Blatchford, and M. G. Albrecht, *J. Chem. Soc. Faraday Trans.* 2, 75, 790-798 (1979)
7) R. K. Chang and T. E. Furtak Ed. "Surface Enhanced Raman Scattering", Plenum, 1982
8) D. S. Wang and M. Kerker, *Phys. Rev. B*, 24 (4), 1777-1790 (1981)

9) U. Kreibig and M. Vollmer, "Optical Properties of Metal Clusters, Springer Series in Material Science 25", Springer (Berlin), 1995
10) D. Schönauer, M. Quiten and U. Kreibig, *Z. Phys. D-Atoms, Molecules and Clusters*, **12**, 527-532 (1989)
11) U. Kreibig, "Optical Properties of Macroscopic Many-Cluster-Matter" in "The Physics and Chemistry of Finite Systems: From Clusters to Crystals", ed. by P. Jena, S. Khanna, B. Rao, p. 867, Kluwer, Dortrecht, 1992
12) H. Kuwata, H. Tamaru, K. Esumi, and K. Miyano, *Appl. Phys. Lett.*, **83** (22), 4625-4627 (2003)
13) M. Suzuki, W. Maekita, K. Kishimoto, S. Teramura, K. Nakajima, K. Kimura, and Y. Taga, *Jpn. J. Appl. Phys.*, **44** (5), L 193-L 195 (2005)
14) S. W. Prescott and P. Mulvaney, *J. Appl. Phys.*, **99**, 123504 (2006)
15) C. G. Blatchford, J. R. Campbell, and J. A. Creighton, *Surf. Sci.*, **120**, 435-455 (1982)
16) M. Kerker, D. S. Wang, H. Chew. O. Siiman, and L. A. Bumm, "Enhanced Raman Scattering by Molecules Adsorbed at the Surface of Colloidal Paricles" in "Surface Enhanced Raman Scattering", ed. by R. K. Chang and T. E. Furtak, p. 109-128, Plenum, 1982
17) R. G. Freeman, R. M. Bright, M. B. Hommer, and M. J. Natan, *J. Raman Spectrosc.*, **30** (8), 733-738 (1999)
18) P. C. Lee, and D. Meisel, *Chem. Phys. Lett.*, **99**, 262-265 (1985)
19) H. Gliemann, U. Nickel, and S. Schneider, *J. Raman Spectrosc.*, **29** (2), 89-96 (1998)
20) D. N. Sutherland, *Nature*, **226**, 1241-1242 (1970)
21) D. A. Weitz and M. Oliveria, *Phys. Rev. Lett.*, **52**, 1433-1436 (1984)
22) 福岡隆夫, 倉本亮介, 鈴木敦康, 森康維, 第57回コロイドおよび界面化学討論会講演要旨集, 355頁, (2004)
23) 福岡隆夫, 森康維, ケミカルエンジニヤリング, **49** (8), 612-615, 2004
24) K. R. Brown, D. G. Walter, and M. J. Natan, *Chem. Mater.*, **12**, 306-313 (2000)
25) A. M. Schwartzberg, C. D. Grant, A. Wolcott, C. E. Talley, T. R. Huser, R. Bogomolni, and J. Z. Zhang, *J. Phys. Chem. B*, **108**, 19191-19197 (2004)

6 電磁波微粒子材料の電磁気特性
―微粒子配列制御による複合電磁波吸収体―

吉門進三*

6.1 はじめに

金属を裏打ちした単層型電磁波吸収体において，試料の複素比透磁率 μ_r^* および複素比誘電率 ε_r^* の周波数特性は，目的とする周波数領域において良好な吸収特性を示す電磁波吸収体を設計するに当たり重要な要素である[1~6]。この場合，単一組成の材料を用いるよりは磁性体と誘電体の複合体を用いるほうが複素比透磁率 μ_r^* および複素比誘電率 ε_r^* を制御できる範囲が広がると考えられる。2種類以上の材料を混合してどちらの物質も粒子として孤立せず，互いに接触している場合，複合体の平均の複素比透磁率 μ_r^* あるいは複素比誘電率 ε_r^* を与えるものとして Lichtenecker の対数混合則が知られている[4~7]。Lichtenecker の対数混合則を用いることで，複合体の電磁気的特性は，混合する各物質の電磁気的特性と体積混合率のみにより算出することが可能である。しかし，複合磁性材料を構成するフェライト，あるいは SiO_2 がもう片方の物質の中に孤立したモデルで定性的に説明される場合もある。実際に Ni-Zn フェライトが SiO_2 中に孤立する度合を大きくした複合体を作製したところこのモデルから求めた電磁気的特性の値に近づくことが報告されている[6]。

SiO_2 粒子が Ni-Zn フェライト媒質中に孤立したモデルに対して，その複合体の電磁気的特性および電磁波吸収特性を実測およびシミュレーションによる評価結果が報告されている[6]。この複合体を用いた単層型電磁波吸収体では組成を変化させることなく1GHz以下の周波数領域では整合厚は増加するものの，Ni-Zn フェライト単体と同程度の吸収帯域幅が得られると同時に，1GHz以上の周波数帯域においては99%以上の電磁波が吸収されることが分かっている。SiO_2 粒子と Ni-Zn フェライトの超微粒子を用いて焼結体を作製する方法では Ni-Zn フェライト媒質中で SiO_2 粒子は孤立しないことが分かっている。そこで本稿では特にメカニカルミリングを用いて SiO_2 粒子表面に Ni-Zn フェライトの超微粒子を付着させることにより Ni-Zn フェライト媒質中で SiO_2 粒子を孤立させる制御法について述べることにする。またそれらの試料の顕微鏡観察，作製した複合体の複素比透磁率，複素比誘電率，電磁波吸収特性の評価結果についても述べる。

6.2 実験原理

メカニカルミリングとは図1に示すように公転台座（ターンテーブル）とミリングポット（自

---

* Shinzo Yoshikado　同志社大学　工学部　電子工学科　教授

第6章 微粒子観測技術の実際

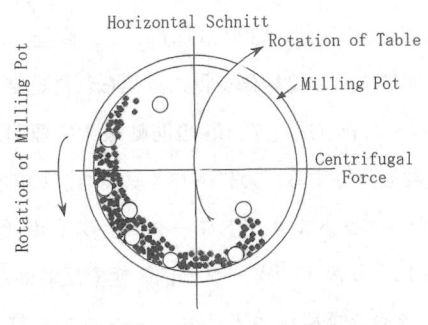

図1 メカニカルミリングの概念図

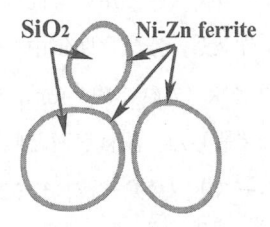

図2 メカニカルミリングを用いてNi-Znフェライト超微粒子をSiO$_2$粒子表面を被覆した試料の概念図

転を行う）が各々逆方向に回転することから公転回転速度の実質2倍という高速回転での試料の混合・粉砕が可能である。本稿では微粒子としてSiO$_2$粒子が用いられているので不純物の混入を防ぐためにメノウ（SiO$_2$）製のミリングポットにミリングボールおよび試料を封入し，高速回転させれば短時間の混合で均質な粒子の混合を行うことができる。また高速回転することからミリングボールとミリングポットの内面および混合物表面に高いせん断的機械的エネルギーが加えられる。一般的にはメカニカルミリングは試料を混合・粉砕する目的に使用される。本研究ではSiO$_2$粒子がNi-Znフェライト媒質中に孤立した試料を作製するために，図2に示すモデルのようにSiO$_2$粒子表面にあらかじめNi-Znフェライトを被覆する手段の1つとしてこのメカニカルミリングを用いた。この場合，混合物の表面に摩擦により発生した静電気によるクーロン力で付着すると考えられる。

6.3 実験方法

Ni-Znフェライト超微粒子-SiO$_2$複合体：平均粒径約10 nmのNi-Znフェライト超微粒子Ni$_{0.351}$Zn$_{0.637}$Fe$_{2.008}$O$_4$（堺化学工業，FNZ-1）と平均粒径約200 μmのSiO$_2$（ケイ砂，ナカライテスク）および焼結補助剤B$_2$O$_3$ 3 mass%を出発原料として用いた。焼結補助剤は焼結性を向上し，焼結時にNi-Znフェライトの粘性を小さくしてNi-Znフェライト同士の連鎖ができるようにするために用いられる。計量した試料をメノウ製ミリングボール（直径10 mm，15 mm）と共にミリングポット（メノウ製45 cc）に入れて，メカニカルミリング（フリッチェ，p-7）を用いて回転速度600 rpm（ターンテーブルはポットと逆向きに回転するので相対回転速度は実質的に1200 rpmとなる）で所定時間の混合を行いNi-Znフェライト超微粒子をSiO$_2$粒子表面に付着させた。

Ni-ZnフェライトとSiO$_2$の複合体は，密度の増加に伴い導電性が増加し，その結果，吸収特性が劣化するが，MnCO$_3$等を少量添加することにより導電性を低減させることが可能である[6]。

本研究では $MnCO_3$ を無添加および添加した焼結体を適宜作製した。

メカニカルミリング法を用いて混合された試料粉末を加圧成形（320 MPa）して，直径 20 mm のペレットを作製し，空気雰囲気中で 1200℃，2 時間焼成し，焼結体を得た。得られた焼結体をトロイダルコア状（外径：約 7 mm，内径：約 3 mm）に加工し，7 mm の同軸線路に隙間ができないように装荷した。試料表面と同軸管壁との接触を良くするためにトロイダルコアの内外側面に導電性ペースト（藤倉化成，D-500）を塗布した。ベクトルネットワークアナライザ（アジレントテクノロジー，8722 ES）を用いて 2 ポート法により S パラメータの内，複素反射係数 S_{11} および複素透過係数 S_{21} を測定し，複素比誘電率，複素比透磁率およびリターンロスを算出した[6,7]。ここでリターンロス R は以下の式で表される。

$$R = 20 \log |\varGamma| \tag{1}$$

ここで $\varGamma$ は試料前面における複素電圧反射係数である。

SiO_2 粒子，混合試料，焼結体表面の観察には全体的に焦点が合った画像が得られる光学顕微鏡（ニコン ECLIPSE ME 600 および All-in-Focus）を用いた。

6.4 実験結果および考察

6.4.1 メカニカルミリングによる SiO_2 粒子の被覆

図 3，図 4 に直径 10 mm，直径 15 mm のミリングボールを用いてミリングポットの回転速度が 500 rpm，600 rpm，700 rpm で 5 分間ミリングした試料とその試料における Ni-Zn フェライトの被覆度および SiO_2 粒子の粒径を観察するためにエタノールを用いて 1 分間の超音波洗浄を施した試料の光学顕微鏡写真を示す。直径 10 mm のボールを用いた場合，500 rpm では SiO_2 粒子が観察されることから SiO_2 粒子表面への Ni-Zn フェライトの被覆が十分に行われないことが分かった。また，どの回転速度においても SiO_2 粒子の粉砕が進んでいることが分かった。直径 15 mm のボールを用いた場合には，500 rpm では SiO_2 粒子が観察されることから SiO_2 粒子表面への Ni-Zn フェライトの被覆が十分に行われないことが分かった。また 600 rpm，700 rpm と回転速度が大きくなるほど SiO_2 粒子の粉砕が進む。従って，以下では SiO_2 粒子表面への Ni-Zn フェライトの被覆が成され，かつ SiO_2 粒子の粉砕を抑制最小限に抑制するために，回転速度を 600 rpm と固定して試料の作製を行った。

直径 10 mm のミリングボールを用いて混合した試料の光学顕微鏡写真を図 5 に示す。混合時間が 1 分間の試料では SiO_2 粒子が観察されることから Ni-Zn フェライトによって十分に被覆が成されず，被覆するためには 2 分以上の混合が必要となることが分かった。また直径 15 mm のミリングボールを用いて混合を行った際には図 6(b) に示すように，1 分間の混合においても Ni-Zn フェライト超微粒子による表面被覆が十分に行われていると考えられる。ただし，メカニカ

第6章　微粒子観測技術の実際

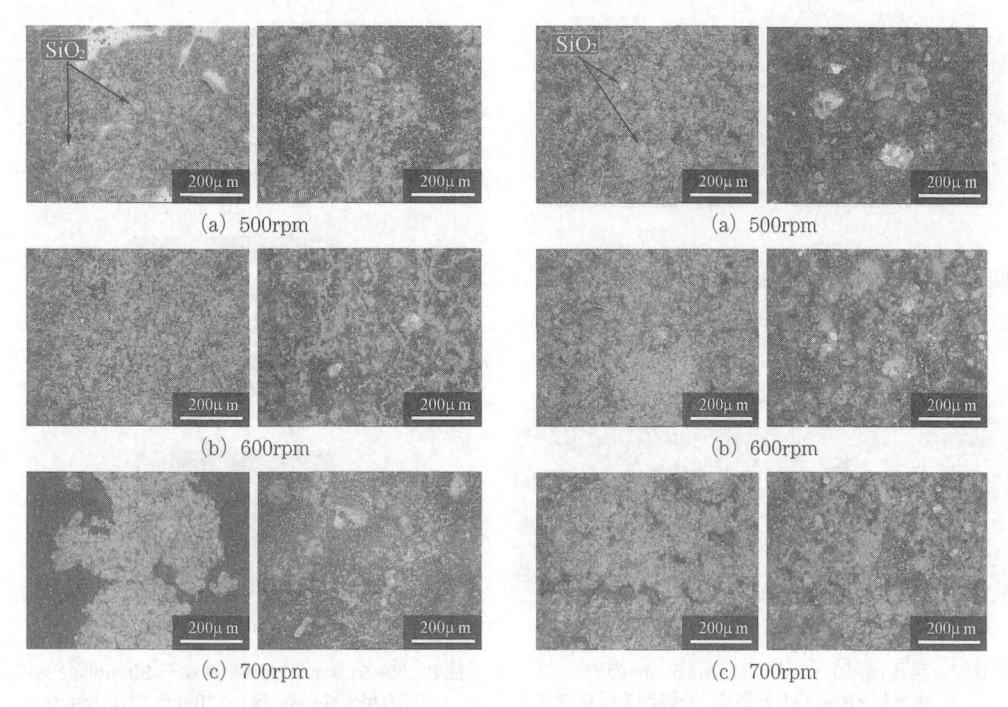

(a) 500rpm

(b) 600rpm

(c) 700rpm

図3　直径10 mmのミリングボールを用いてミリングした試料および1分間の超音波洗浄を施した試料の光学顕微鏡写真

(a) 500rpm

(b) 600rpm

(c) 700rpm

図4　直径15 mmのミリングボールを用いてミリングした試料および1分間の超音波洗浄を施した試料の光学顕微鏡写真

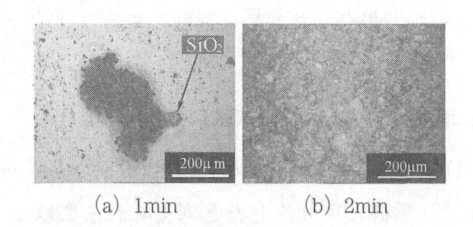

(a) 1min　　(b) 2min

図5　Ni–Znフェライト超微粒子30 mol％とSiO$_2$ 70 mol％を直径10 mmのミリングボールを用いて(a)1分，(b)2分混合した試料の光学顕微鏡写真

ルミリングは試料の粉砕と混合という2つの作用が共存しているから，1分間の短い混合時間であっても観察されるSiO$_2$粒子の粒径は混合前の平均粒径約200 μmの半分程度になるなど，ミリング時間が長くなるほどSiO$_2$粒子の粉砕も進行し，またSiO$_2$粒子の粒径がNi–Znフェライト超微粒子の粒径に近づくために表面被膜能力が著しく低下する。これはSiO$_2$粒子の粉砕により新たにNi–Znフェライト超微粒子に覆われるべき面が露出するためであると考えられる。

図7にNi–Znフェライト超微粒子30 mol％とSiO$_2$ 70 mol％を直径10 mmと15 mmのミリングボールを用いて混合した後，Ni–Znフェライト超微粒子を除去するためにエタノールを加えて長時間超音波洗浄した後のSiO$_2$粒子の光学顕微鏡写真を示す。直径15 mmのミリングボールで

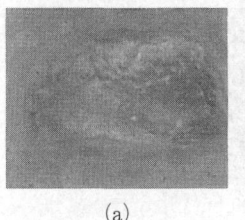

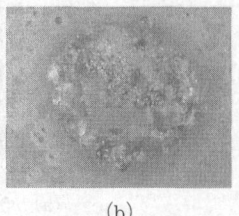

図6 (a) SiO₂粒子と(b) Ni-Znフェライト超微粒子で被覆されたSiO₂粒子の光学顕微鏡写真（ミリングボール：直径15 mm，1分間混合）

図7 直径(a) 10 mmおよび(b) 15 mmのミリングボールを用いて1分混合した試料を超音波洗浄した後のSiO₂粒子の光学顕微鏡写真

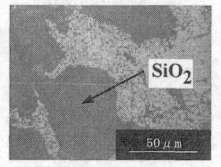

図8 Ni-Znフェライト超微粒子30 mol%とSiO₂ 70 mol%を直径(a) 10 mm，(b) 15 mm，(c) 15 mm（拡大図）のミリングボールを用いて1分間混合し，焼成した試料の光学顕微鏡写真

混合したものは10 mmのボールで混合したものに比較してSiO₂粒子の粉砕が緩やかで粒径が若干大きいことが分かった。

図8にNi-Znフェライト超微粒子30 mol%とSiO₂ 70 mol%混合した複合体に焼結補助剤B_2O_3 3 mass%を添加し，直径10 mmと15 mmのミリングボールを用いて混合した試料で作製した焼結体の光学顕微鏡写真を示す。粉砕により生じたと考えられる微細なSiO₂粒子がNi-Znフェライト媒質中に発生している。混合時間が2分，3分と長くなってもこの10 mmのものよりも15 mmのミリングボールを用いた試料ではSiO₂粒子の全体的な粉砕は緩やかであるが，微細なSiO₂粒子の発生量が多くなり，それらの連鎖ができることが分かる。以上より直径15 mmのミリングボールを用いたメカニカルミリングによって短時間の混合でSiO₂粒子の孤立度が大きくなることが分かった。

6.4.2 メカニカルミリングを用いて作製した複合体の複素比透磁率と複素比誘電率

6.4.1節にてメカニカルミリング法で被覆した試料の複素比透磁率の周波数特性を図9に，複素比誘電率の周波数特性を図10に示す。ミリングボールの直径10 mm，15 mmで混合したものは共に複素比透磁率の実部，虚部とも若干孤立モデルから求めた値に近づいているところもあるが，低周波領域では孤立モデルよりも，ほぼLicheneckerの対数混合則に従っていることが分

第6章　微粒子観測技術の実際

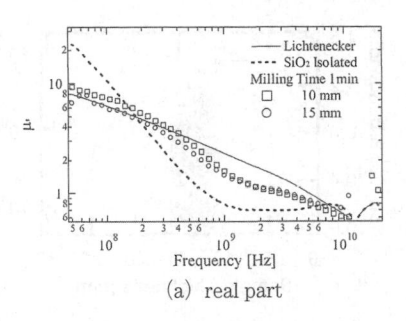

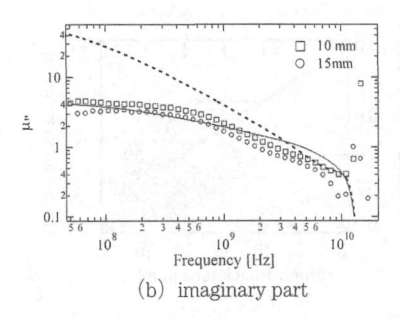

図9　メカニカルミリング法を用いて Ni–Zn フェライトの超微粒子 30 mol%SiO₂ 70 mol% を混合した複合体の複素比透磁率の(a)実部 μ'，(b)虚部 μ''

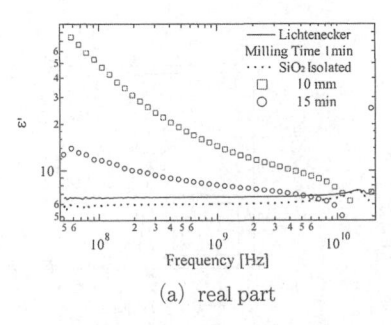

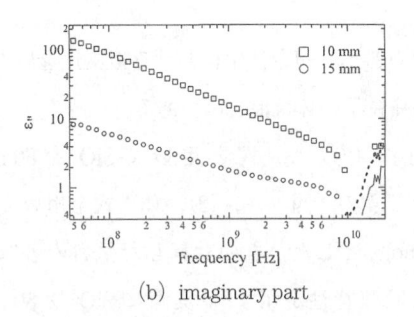

図10　メカニカルミリング法を用いて Ni–Zn フェライトの超微粒子 30 mol% を SiO₂ 70 mol% 混合した複合体の複素比誘電率の(a)実部 ε'，(b)虚部 ε''

かる。これは長範囲に Ni–Zn フェライトが連鎖していないためであると考えられる。複素比誘電率については直径 10 mm のもので混合した方については従来と同様に高い値を示した。これは SiO₂ 粒子の孤立が得られていないことが原因であると考えられる。一方，直径 15 mm のもので混合したものは実部，虚部共に値が大きく低下し，SiO₂ 粒子の孤立がこれに影響したと考えられる。

6.4.3　メカニカルミリングを用いて作製した複合体の電磁波吸収特性

Ni–Zn フェライトは SiO₂ とほとんど固溶体を作らず，焼結体は混合体になることが報告されている[4]。この場合の平均複素比透磁率 μ_r^* は，複素比透磁率 μ_{1r}^* の粒子が複素比透磁率 μ_{2r}^* の媒質中に孤立したモデルを用いて説明され，複合体の μ_r^* は以下のようになる[6]。

$$\mu_r^* = \mu_{2r}^* \left\{ \frac{(1-\delta)^2 + \delta^2(2-\delta) + \dfrac{\mu_{2r}^*}{\mu_{1r}^*}\delta(1-\delta)(2-\delta)}{\delta + \dfrac{\mu_{2r}^*}{\mu_{1r}^*}\delta(1-\delta)} \right\} \quad (2)$$

$$\delta = 1 - \exp\left(\frac{\ln\delta_2}{3}\right) \quad (3)$$

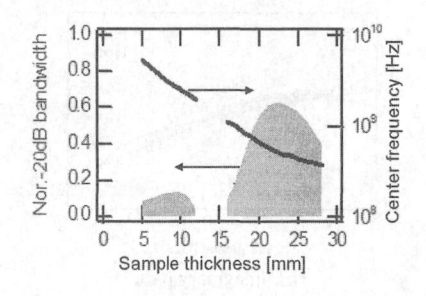

新機能微粒子材料の開発とプロセス技術

図11 SiO₂孤立モデルを用いてSiO₂ 80 mol%の複合体の規格化−20 dB帯域幅と吸収中心周波数のシミュレーション値

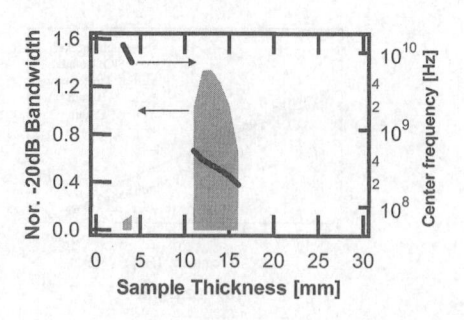

図12 SiO₂孤立モデルを用いてSiO₂が70 mol%の複合体の規格化−20 dB帯域幅と吸収中心周波数のシミュレーション値

ここで$δ_2$は，複合体中における複素比透磁率$μ_{2r}^*$の磁性体粒子の体積混合率である。

図11に(2)，(3)式を用いてSiO₂を80 mol%としたときの，図12に(2)，(3)式を用いてSiO₂を70 mol%としたときの計算した試料の各厚みにおける吸収特性を示す[6]。実際にSiO₂を80 mol%として試料を作製するとNi-Znフェライト粒子によってSiO₂粒子表面の被覆がほとんど形成されない。従って，SiO₂を70 mol%にして試料作製を行った。直径10 mmのミリングボールを用いて作製

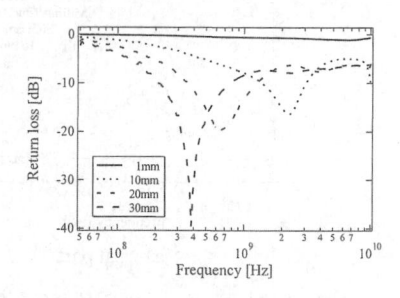

図13 直径15 mmのミリングボールを用いてメカニカルミリング法でNi-Znフェライトの超微粒子30 mol%をSiO₂ 70 mol%にMnCO₃を5 mass%添加し混合した複合体の各試料厚のリターンロスの周波数特性

した複合体のリターンロスは，どの周波数においても−10 dB以下とならなかった。しかし，直径15 mmのボールを用いて作製した試料においては図13に示すように，低周波領域において−20 dB以下（99%以上の電磁波のエネルギーを吸収）となることが分かった。これはSiO₂粒子の孤立が関係していると考えられ，誘電率の値が低下したために吸収特性が改善されていることが分かった。全体として測定結果は定性的にシミュレーションの結果に対応しているものと考えられる。

6.4.4 MnCO₃の添加による複合体の誘電率を改善した試料の電磁気的特性と電磁波吸収特性

MnCO₃の適量添加により誘電率の値を低下させうることが報告されている[5]。図8に示したように，メカニカルミリングによって直径15 mmのミリングボールを用いて混合を行うだけで図14に示すように複素比誘電率の実部，虚部共に低下していることから，報告されているMnCO₃の適量値である15 mass%の3分の1である5 mass%を添加して複合体を作製した[5]。その複素比透磁率は実部，虚部共にMnCO₃を添加していないものとほぼ等しく，複素比誘電率の値は実部，虚部共にその値はさらに低下した。

第6章　微粒子観測技術の実際

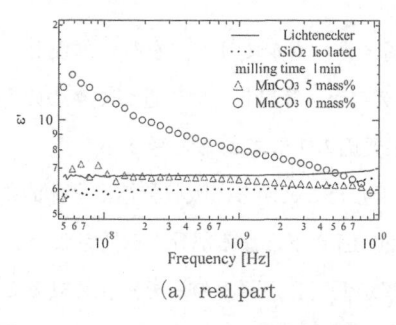

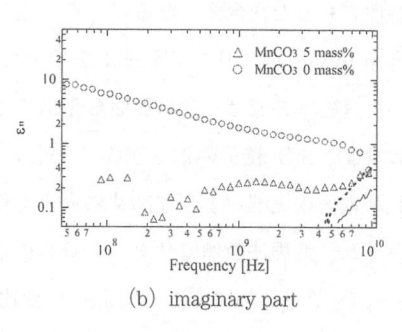

図14　Ni–Zn フェライトの超微粒子 30 mol% と SiO₂ 70 mol% に MnCO₃ を 5 mass% 添加し混合した複合体の複素比誘電率の(a)実部 ε', (b)虚部 ε''

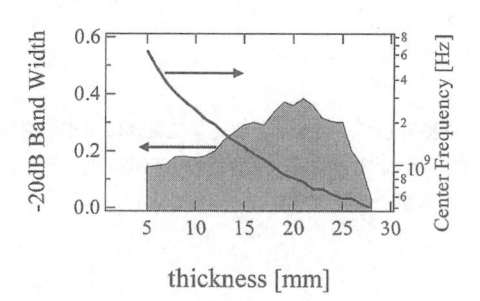

図15　メカニカルミリング法で作製した複合体の各厚みに対する−20 dB 帯域幅と吸収中心周波数

図 15 に MnCO₃ を 5 mass% 添加した複合体の電磁波吸収特性を示す。図 11 に示した吸収特性に近い結果が得られた。複素比誘電率が低下したことで低周波側から高周波側まで広い吸収中心周波数の選択範囲を有することがわかる。従って単一組成でその試料の厚みのみを変化させることによって広範囲の周波数で動作する吸収体の設計が可能であることが分かった。メカニカルミリングによって生じる微小な SiO₂ 粒子の発生によって SiO₂ 粒子の連鎖が生じていることから，SiO₂ 粒子の孤立を得ることで複素比透磁率を孤立モデルより算出した値にさらに近づけることは難しいが，MnCO₃ を適量添加するなどして，さらに複素比誘電率の値を低下させれば，低周波数から高周波側まで良好な吸収特性が得られることが期待される。

6.5　結論

① メカニカルミリングを用いて Ni-Zn フェライトの超微粒子と SiO₂ 粒子を混合することで SiO₂ 粒子に Ni-Zn フェライトが被覆され，配列制御が可能であることが分かった。ただし SiO₂ 粒子の粉砕を抑えるために短時間で行う必要があり，メカニカルミリングを用いて試料の混合を行うだけでは Lichtenecker の対数混合則に従う複合体の電磁気的特性および吸

収特性をもった複合体となる。

② 直径 15 mm のミリングボールを用いて 1 分間メカニカルミリングを行い作製した試料において透磁率の値は一部の周波数帯域で孤立モデルから算出した値に近づくものの完全には一致せず，SiO_2 粒子の孤立が充分でないことが要因の 1 つであると考えられる。しかし複素比誘電率の実部および虚部共に大きく値が低下したことから，吸収特性は全体的に大きく改善され，低周波数側でリターンロスの値が－20 dB 以下となる部分が確認された。

③ $MnCO_3$ 等を添加することにより複素比誘電率が低下し，厚みのみを変化させることによって，低周波側から高周波側まで広い吸収中心周波数を有する吸収体の設計が可能であることが分かった。

謝辞

Ni-Zn フェライトの超微粒子を提供してくださった堺化学工業㈱に深く感謝いたします。本研究の一部は平成 16 および 17 年度文部科学省科学研究補助金（課題番号 16560282），平成 16 年度地域結集型共同研究事業の支援のもと遂行されました。感謝いたします。

文　　　献

1) 内藤喜之, 末武国弘, 藤原英二, 佐藤正明, フェライト吸収壁の電波吸収特性, 信学論, Vol. 52-B, pp. 26-30（1969）
2) 小塚洋司, フェライト電波吸収体, 日本応用磁気学会誌, Vol. 21, pp. 1159-1166（1997）
3) 上野秀典, 近藤隆俊, 吉門進三, 複合電波吸収体材料の開発と評価, 日本応用磁気学会誌, Vol. 22, pp. 881-884（1998）
4) 近藤隆俊, 吉門進三, セラミックス複合体の電磁気的特性について, *J. Ceram. Soc. Japan*, Vol. 109, pp. 326-331（2001）
5) 楠祐樹, 近藤隆俊, 吉門進三, フェライト・SiO_2 複合電磁波吸収体の吸収特性の改善および斜め入射特性の評価, 電学論, Vol. 122-A, pp. 485-492（2002）
6) 楠祐樹, 近藤隆俊, 平木聖大, 高田和志, 吉門進三, フェライト・SiO_2 複合電磁波吸収体の吸収特性の粒径依存性, 電学論, Vol. 123-A, pp. 125-131（2003）
7) K. Lichtenecker and K. Rother, die Herlritung des Logarithmischen Mischungsgesetzes aus Allgemeinen Prinzipien der Stationoen Stroeung, *Phys. Z*, Vol. 32, pp. 255-260（1931）

7　微粒子の流動性

日高重助*

7.1　はじめに

　流体である気体では，気体分子間距離は平均自由行程として知られるように気体分子の大きさの約10倍，液体では構成分子の大きさの1.1倍以上ある。気体や液体の構成粒子である分子間には移動可能な自由空間があり，熱振動しながら互いに自由に位置を入れ替えることができる。

　流れは，構成粒子の位置を互いに入れ替えることができ，変形が自由な物質にみられる特有の運動である。

　ところが，固体は構成粒子である原子や分子間の距離がほとんど構成原子や分子の大きさに等しく，それぞれの構成粒子は互いにその位置が固定され，その位置を中心としてわずかに振動するのみである。そのために流動性も圧縮性も持たず，この二つの性質を持たないことが固体であることの定義でもある。

　図1は，典型的な流体におけるせん断応力とせん断ひずみ速度の関係（流動曲線）である。せん断ひずみ速度がせん断応力に正比例する流体はニュートン流体と呼ばれ，その比例定数が粘性係数である。この粘性係数 η は流体の流れにくさ，その逆数は流れ易さを示し，流動度(fluidity)と呼ばれる。一方，せん断ひずみ速度とせん断応力の比 η_a が一定でない流体は非ニュートン流体と呼ばれ，図2のように作用するせん断応力によりその流れ易さが変わる。図中の曲線 (c)

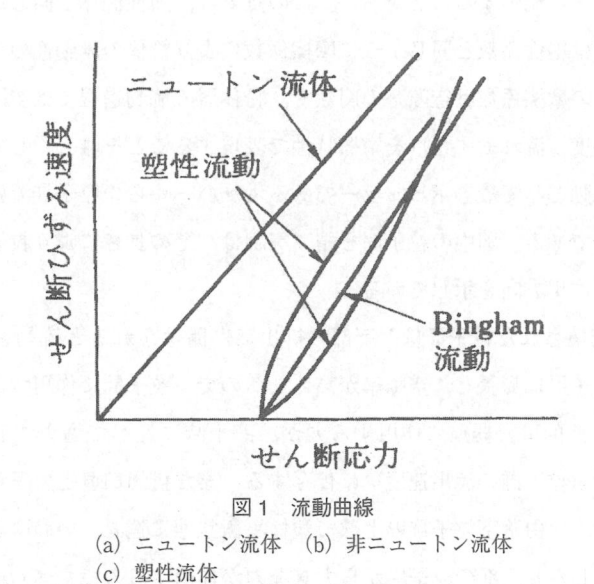

図1　流動曲線
(a) ニュートン流体　(b) 非ニュートン流体
(c) 塑性流体

---

*　Jusuke Hidaka　同志社大学　工学部　物質化学工学科　教授

図2 粘性係数

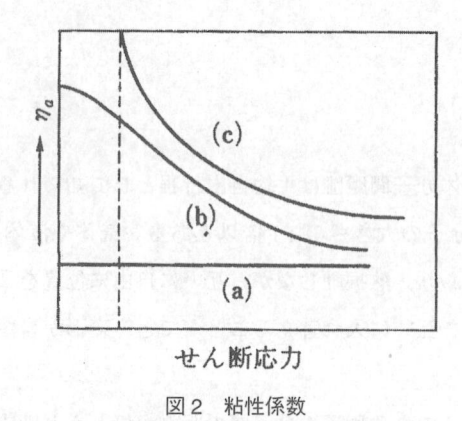

を呈する流体は塑性流体と呼ばれ，作用力が小さくなると流動が停止する。このタイプの流動特性を示し，流動状態ではせん断ひずみ速度とせん断応力が正比例関係にある流体がBingham流体である。

さて，粉体はもともと流動性を持たない固体であるが，小さな固体粒子群の集合体にすると流動性が付与される。すなわち，粒子群に外力が作用すると，その大きさに応じて構成粒子間隔を広げることができ，粒子間に粒子の位置を互いに変えることができるほどの空間が発生して流動する。

粉体流動の特徴は，外力が作用しても粉体層内の応力がある値に達するまでは静止し，応力の限界値を超えるとき急に流動することである。この点では，塑性流体と同じ流動特性を呈する。したがって，簡単には粘性係数と同じように摩擦係数により粉体の流動性の良否を表現することができるが，粉体層の摩擦係数は空隙率の関数で，粉体層の流動過程では空隙率が複雑に変化するので，流動性の程度（流れやすさ）を摩擦特性で表現することを難しくしている。

図3は，粉体の流動として最もポピュラーであるホッパーからの粒子群流動挙動のコンピュータシミュレーションである。図中の粒子間を結ぶ実線は，その長さにより粒子間に働く力の大きさ，その方向は力の作用方向を示している。

はじめ規則的に充填された粒子群は，下部の排出口が開けられると流動を開始する（図3b）。流動にともなって粒子群は膨張し，空隙率が高くなるので，粒子間に作用する力の方向は容器壁の方向に変わり，局部的に容器壁に作用する力が，静止時に比べて増大する（図3b）。この空隙率は排出口の開度（粒子群の流出速度）に依存する。また排出口直上の三角形の部分の粒子群は自由落下するので，自由落下粒子群の上部で塑性平衡状態に達し，いわゆる"すべり線"が形成される（図3c）。しかし上部の粒子層から大きな力が作用するのですべり線上での塑性平衡が破れて粒子群は流動する（図3d）。このとき排出口近傍には粒子群が移動しない領域（デッドゾーン）が形成され，その境界により粒子群の流路が排出口に向かって縮小している。そのため

第6章　微粒子観測技術の実際

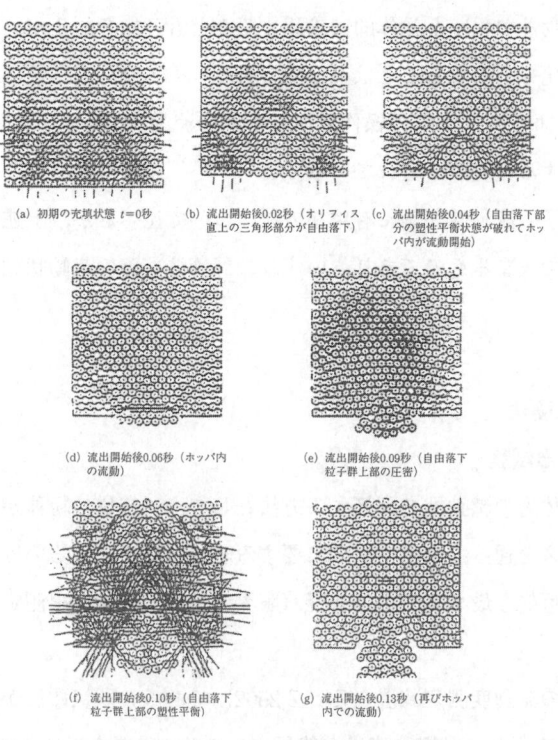

図3　ホッパーからの粒子群流出挙動

表1　流動現象と流動性の評価

種　類	現象または操作	流動性の表現
重　力　流　動	ビン，ホッパからの流出，シュート，砂時計，容器回転型混合機，移動層，充填	流出速度，壁面摩擦角，安息角，流失限界口径
機械的強制流動	粉体攪拌，チェーンコンベヤ，スクリューコンベヤ，テーブルフィーダ，リボンミキサー，ロータリーフィーダ，エクストルーダ	内部摩擦角，壁面摩擦角，攪拌抵抗
振　動　流　動	振動フィーダ，振動コンベヤ，振動ふるい，充填，流出	安息角，流出速度，圧縮度，見掛け密度
圧　縮　流　動	圧縮成形，打錠	圧縮度，壁面摩擦角，内部摩擦角
流　動　化　流　動	流動層，空気コンベヤ，エアースライド，通気振動乾燥，通気攪拌，フラッシング	安息角，u_{mf}，通気抵抗，見掛け粘度

に流動粒子群は，排出口に向かうにしたがって圧密され，均一な流動状態を継続することができずに，また排出口上部で塑性平衡に達し，再び"すべり線"が形成される（図3f）。粒子群は，このすべり線の形成と消滅を繰り返しながら排出されている。

　この簡単な流動現象の例でも，流路の幾何学的形状の変化に起因して流動過程で粒子群の状態が刻々変化している。この変化の様子を予測することができれば，刻々の状態に対応する粉体層

新機能微粒子材料の開発とプロセス技術

の剪断特性から，流動性の程度を総体的に論議することも可能であるが，現在のところ粉体層の流動における状態変化を予測することは不可能である。そこで，流動性の程度を評価する現在の方法は，表1[1])に示すように，実際の操作と同じ形態の流動状態を起こして，その操作の目的に沿って直接的に評価する方法がとられている。

それらの中で微粒子の流動性評価に有用な方法について述べるが，上述の通り，流動性の程度は基本的に摩擦特性で決まるものであり，いずれの評価法もその流動状態における摩擦特性を評価している。

7.2 流動性の評価試験法
7.2.1 容器からの流出試験

重力場における粉体層の流動性を評価する方法として，一定量の粉体が，一定の幾何学的形状の容器からオリフィスを通って流出するのに要する時間の測定，あるいはオリフィス径をしだいに小さくして，流出可能な最小オリフィス径（限界オリフィス径）を測定している。

[流出時間の測定]

図4は，金属粉末の流動度測定装置（JIS Z 2502）である。形状寸法が決められている漏斗に，金属粉末試料を50g入れ，試料の流出が終了するまでの時間をもって流動度としている。

付着性が高い微粉体の場合には，IraniとCallisの方法が知られており，その測定装置を図5に示す。まず上部の漏斗に50〜100g粉体を入れ，下部漏斗に供給することにより試料粉体を分散させて充填構造を一定にしたのち，流出に要する時間を測定する。自然に流出しない粉体の場合は，粒径が100μmのガラスビーズを試料に添加する。自然に流出させるに要するガラス球の最小質量割合で流動度を表現する。

図3のシミュレーション結果に示した通り，ホッパー内の粒子群は，オリフィス直上に形成さ

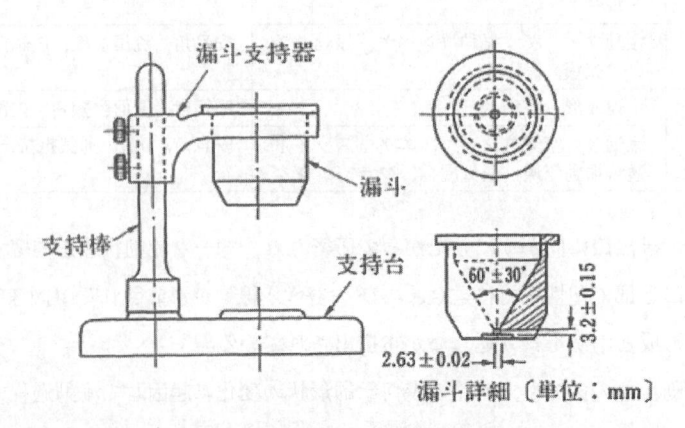

図4　金属粉末の流動性試験装置

第6章　微粒子観測技術の実際

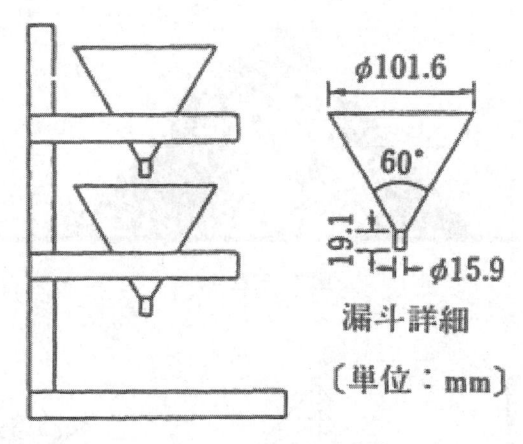

図5　Irani と Callis の方法

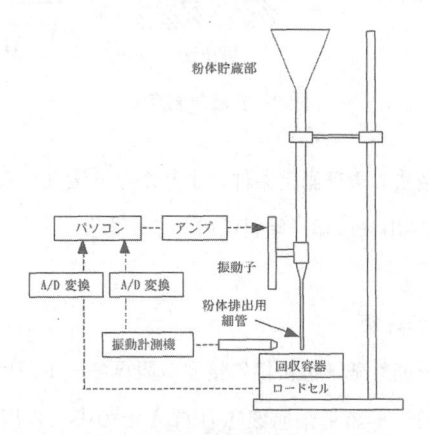

図6　振動流動評価装置（増田，松坂）

れる"すべり線"で囲まれる粒子群が，一定時間間隔で間欠的に自由落下することにより排出されている。このすべり線の形状および時間間隔は，粒子群の摩擦特性により決定されるので，容器からの流出による流動性の評価は，その流動状態における摩擦特性を間接的に評価していることになる。

最近，増田らは微粉体の流動性評価装置として振動細管法（図6）を開発した。細管内を高周波数の振動を与えながら微粉体を流動させ，そのときの流量あるいは流量変動から流動性を評価する。粉体トナーや医薬品粉体の流動性評価に用いられている。

7.2.2　安息角の測定

図7に示すように，堆積した粉体層の自由表面と水平面のなす角を安息角 ϕ_r と呼ぶ。これは重力場で限界応力状態にある粉体層の面が水平面となす角度である。非付着性粉体の場合，この安息角は粉体層の内部摩擦角 ϕ_i に等しく[2]，安息角が小さいほど流動性が高い。

図7 安息角

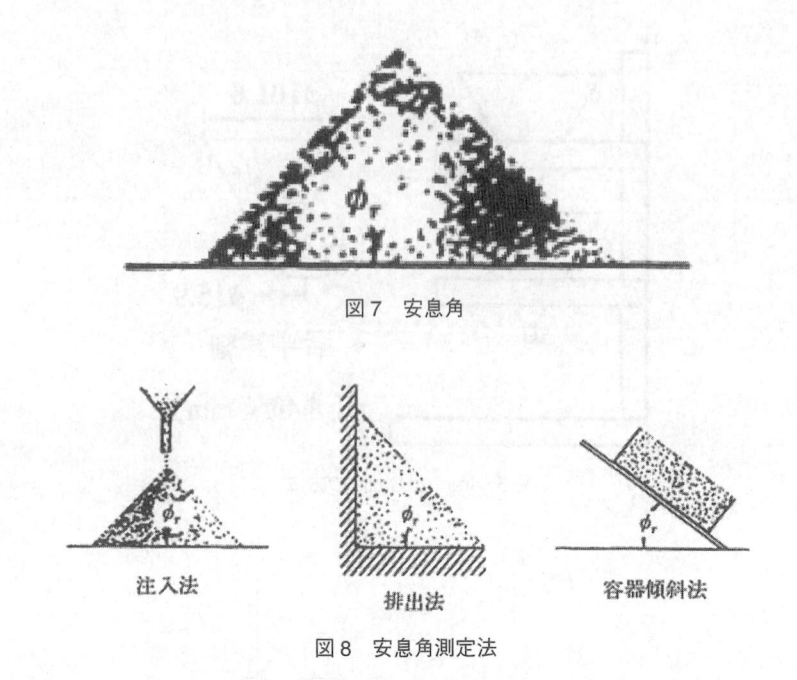

注入法　　　　排出法　　　　容器傾斜法

図8 安息角測定法

安息角の測定値は，その測定法および測定条件によりかなり変化する．測定法は，大別して図8のように (1) 注入法，(2) 排出法，(3) 傾斜法の3つがある．

7.3 剪断特性による流動性の評価

図9のように座標の原点を通り破壊包絡線に接する限界モール円は，単軸圧縮試験における破壊時のモール円を示している．その単軸崩壊応力 F_c とそのモール円が接する破壊包絡線の最大圧密応力 σ_1 は，粉体層の空隙率，換言するとかさ密度 ρ_B に関係する．そこで F_c と ρ_B の比で流動性を表す指標にしている．

$$FL = \frac{F_c}{\rho_B g}$$

この値は，単位面積を有する粉体柱が直立しうる最大の高さを表しており，図10[3)]に示すように

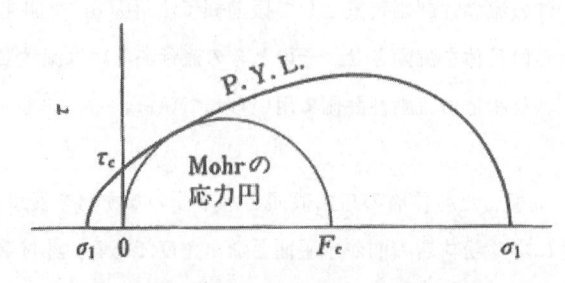

図9 塑性応力 F_c と最大圧密応力 σ_1

第6章　微粒子観測技術の実際

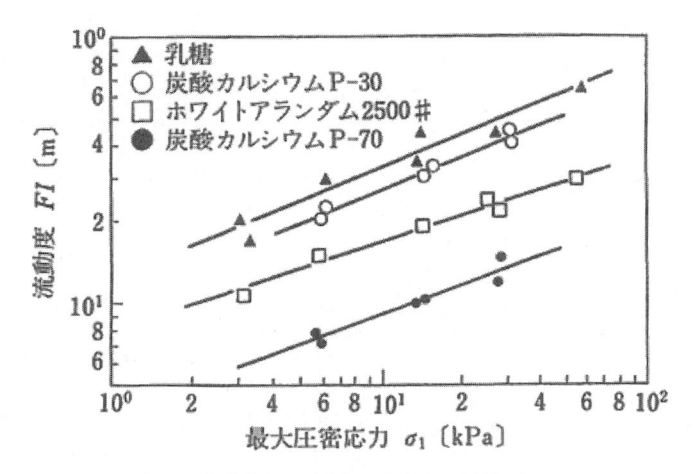

図10　流動度 FI と最大圧密応力の関係（綱川）

流動性の悪い粉体ほど大きな値となる。ここで，g は重力加速度である。また単軸破壊応力と最大圧密応力の比 σ_1/F_c も Flow factor と呼び，流動性の目安として用いられる。

文　　献

1)　粉体工学会編，粉体工学便覧，日刊工業新聞社（1986）
2)　外山茂樹，粉体工学会誌，7，57（1970）
3)　綱川　浩，粉体工学会誌，19，516（1982）

第Ⅲ編　微粒子プロセス技術

第1章 供給，分散，分級技術

松坂修二[*1]，増田弘昭[*2]

粉体の気相分散システムに関係する基本的な操作として，供給，分散，分級を取り上げ，分析・測定を目的とした試験装置から工業プロセスに用いられる大型装置まで機構別に分類して，それらの特徴を解説する。

1 供給

粉体の供給は，プロセスの操作端として重要な役割を担う[1]。特に，製品の品質が，プロセスへの供給負荷と密接に関係する場合，定量性，制御性に対する要求が高くなる。粉体の供給特性は，流動性，凝集性，付着性などの諸特性に依存し，プロセスによっても条件が異なるので，それらの特殊性を考慮して，供給機（フィーダー，feeder）を選定しなければならない。供給機がプロセスに適合しないとき，粉体の定量性，制御性が確保できなくなるだけではなく，ホッパー内の粉体のフローパターンにも影響する。粒子の移動は安定したマスフローが望ましいが，流れに著しい偏りが生じたり，一部の粒子が静止したままのファネルフローになったりするので，貯槽からの排出にも注意を払わなければならない。

表1は，汎用型粉体供給機を形式別に分類して，それらの特徴（流動性，凝集性，特殊な条件

表1 汎用型粉体供給機の分類と特徴

形　式	流動性 高	中	低	各種条件 a	b	c	d	e
ロータリーフィーダー	○	○	×	×	△	×	×	△
スクリューフィーダー	○	○	△	△	△	×	×	△
テーブルフィーダー	△	○	△	△	○	△	×	○
ベルトフィーダー	△	○	○	△	○	○	○	○
振動フィーダー	△	○	○	△	○	×	○	○
ゲート	×	○	△	△	△	×	△	○

a. 凝集性，b. 磨耗性，c. 脆性，d. 低密度，e. 高温

---

*1　Shuji Matsusaka　京都大学　大学院工学研究科　化学工学専攻　助教授
*2　Hiroaki Masuda　京都大学　大学院工学研究科　化学工学専攻　教授

新機能微粒子材料の開発とプロセス技術

表2　粉体供給機の制御性

形　式	静特性	動特性
ロータリーフィーダー	線形	中
スクリューフィーダー	線形	中
テーブルフィーダー	線形	高
ベルトフィーダー	線形	中
振動フィーダー	非線形	高
ゲート	非線形	高

への適用性）をまとめたものである[2]。なお，壁への付着性が非常に強い粉体は，どの形式の供給機を用いたとしても，そのままでは正常に運転することは難しく，壁の表面を処理して付着を防止したり，付着した粉体を強制的に除去したり，それぞれに応じた措置を施す必要がある。また，供給機の制御性を評価するとき，静特性だけでは不十分であり，動特性についても考慮しなければならない（表2）[2]。

1.1　ロータリーフィーダー（rotary feeder）

代表的な回転運動式供給機のひとつとして，ロータリーフィーダーが挙げられる。ホッパーから落下する粉体は，ローターに取り付けられた羽根の間に溜まり，半回転後に主として重力によって払い出される。図1は，ロータリーフィーダーを圧送式空気輸送システムに適用した例であり，ホッパーへの空気の吹き上げを防止するために，空気の逃げ道が設けられている。粉体の供給能力は，ローターの容積と回転速度によって決まるが，回転速度を大きくしすぎると容積効率が低下して，流量の線形性が保てなくなる。ロータリーフィーダーは，流動性の低い粉体や，凝

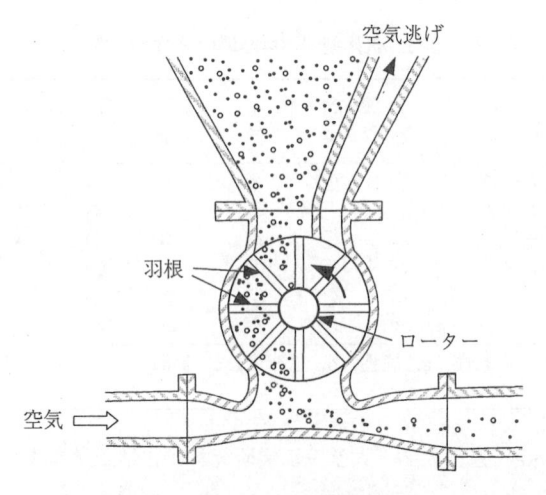

図1　ロータリーフィーダー（圧送式空気輸送システムへの適用例）

第1章　供給，分散，分級技術

集性の強い粉体には不向きであり，ローターの内側に粒子が固着しやすい場合には，エアーノズルや機械式かき取り装置を取り付ける必要がある。

1.2　スクリューフィーダー（screw feeder）

　円形またはU字形の断面をもつトラフの中で螺旋状の羽根を回転させると，粉体は軸方向に輸送される（図2）。ホッパーの下部で受けた粉体を水平に運ぶコンベヤ部では，閉塞しないように羽根のピッチを広げて，粉体の移動空間を大きくするなどの工夫がなされている。また，粉体の性状によっては，一軸スクリューでは安定に供給できないことがあり，多軸スクリューを用いることもある。供給能力は羽根の径と回転速度によって決まる。

1.3　テーブルフィーダー（table feeder）

　円形のテーブルを回転させて，ホッパーの下端とテーブルとの隙間から粉体を引き出す装置がテーブルフィーダーである。粉体の定量安定性を高めるために，整形用スクレーパーを取り付け

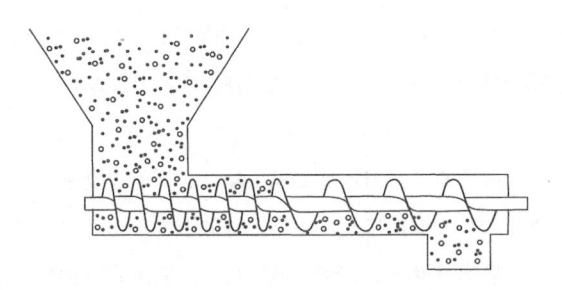

図2　スクリューフィーダー

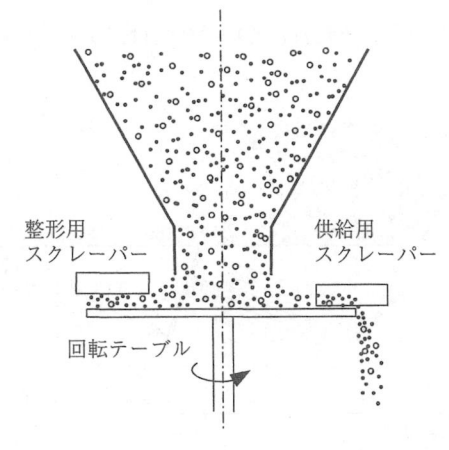

図3　テーブルフィーダー

て粉体層の厚さを一定にしたのち，供給用スクレーパーでかき落とす方法も広く行われている（図3）。供給能力は，粉体層の厚さ，供給用スクレーパーによるかきとり量，テーブルの回転速度によって決まる。供給用スクレーパーの代りに，エジェクターの負圧を利用してテーブル上の粒子を細管から直接吸引すると，管内固気二相流の微量定量供給装置として使える[3]。

1.4 ベルトフィーダー（belt feeder）

回転ローラーを介してベルトを駆動し，ホッパー内の粉体を連続して引き出しながら供給する方法もある。基本的な構造はベルトコンベヤと同じであるが，粉体の輸送を目的としていないので，ベルトの長さは短くてもよい。供給能力は，ゲートの開度，ベルトの幅，ベルトの移動速度によって決まる。ベルトの下側にロードセルを組み込むとベルトスケールになるので，フィードバック制御を行うことも容易である。

1.5 振動フィーダー（vibrating feeder）

トラフを振動させて，ホッパー内の粉体を連続して引き出す装置が振動フィーダーである。振動源には，電磁石や偏心錘が用いられる。図4は，電磁フィーダーの一例であり，トラフを斜め上方に振動させると，粒子は一定方向に微小な跳躍運動を繰り返すので，上向きに傾斜している場合にも適用できる。

また，高周波振動を壁に加えると，壁近傍の粒子はランダム運動を行い，壁に沿って粒子数の疎な微小空間が形成されるので，壁面にかかる応力は低下する。この現象を利用すると，微粒子でも細管内を重力によって排出させることは可能であり，微量定量供給に応用できる[4,5]。

1.6 ゲート（gate）

流動性が比較的よく，架橋や閉塞を起しにくい粉体では，ゲートを操作端として利用できる。

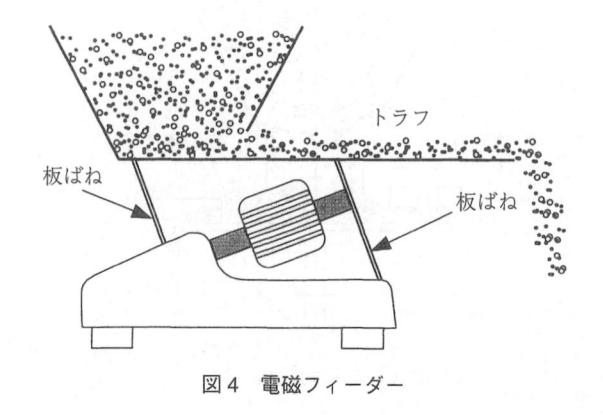

図4 電磁フィーダー

第1章　供給，分散，分級技術

また，モーターやエアシリンダーをゲートの駆動源に使用すると遠隔操作も行える。ただし，フラッシングを起しやすい粉体では，流量の調節が利かなくなるので，ゲートを操作端に用いるのは避けた方がよい。

2　分散

　凝集粒子を気流中で解砕して一次粒子にすることを気中分散（dry dispersion）という。この操作は，低濃度高速輸送や乾式分級の前処理として行われることが多い[6]。凝集粒子を解砕するには，粒子の付着力よりも大きな分離力を加える必要があるが，粒子径の減少に伴って，分離に必要な外力を与えることが難しくなる。現在，サブミクロン粒子あるいはナノ粒子の気中分散技術の開発が重要な課題になっている。

2.1　エジェクター式分散機

　流体をノズルから噴出すると，高速噴流の周囲には負圧が生じるので，吸引管を用いると粒子を噴流の中に導入できる（図5）。高速噴流の中では，流体の激しい動きに対応して，凝集粒子の各部に働く力に差が生じ，それが付着力を超えると凝集粒子は分散する。エジェクター式分散機は，機械的な駆動部を持たないので構造が簡単であり，しかも小型化が容易であるため広く利用されている。

2.2　回転翼型分散機

　高速回転翼型分散機[7]を図6に示す。インペラーを高速で回転させると，その上部には負圧が生じるので，供給管から凝集粒子を気流とともに導入できる。高速旋回流の中で生じる加速や剪断，あるいはインペラーや壁との衝突によって凝集粒子は解砕され，分散機の接線方向に取り付

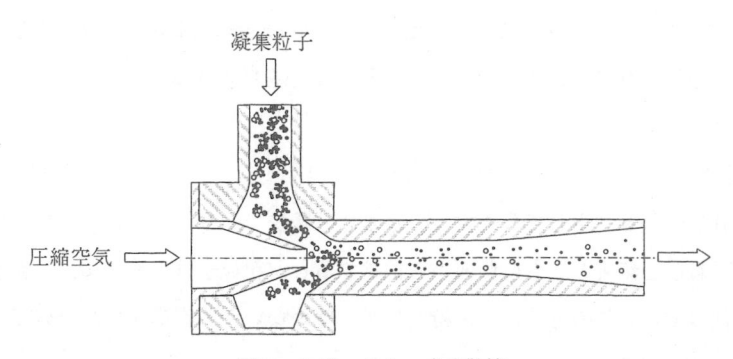

図5　エジェクター式分散機

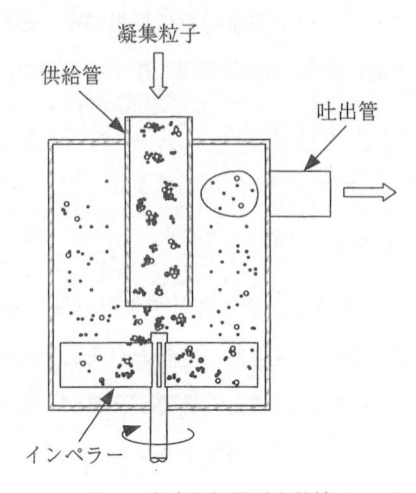

図6 高速回転翼型分散機

けられた吐出管から排出される。

2.3 流動層型分散器

比較的大きな粒子（粗粒子）を用いた流動層に，凝集粒子を下部から供給すると，粗粒子との衝突によって凝集粒子は解砕され，流動層内の気流によって搬送される。流動層内での凝集粒子の滞留時間は流動層の高さに依存するが，他の分散機に比べると滞留時間が長く，粒子の供給変動が平均化される傾向にあるので，流動層から排出される分散粒子の濃度を一定に保ちやすく，固気二相流の定量供給機として利用されることも多い。

3 分級

粒子の分級（classification）は，広義には，粒子径，粒子密度，形状など，種々の特性の差によって分けることをいうが，狭義には，粒度分級（size classification）を指すことが多い。ここでは，気中分散を行った後の分級技術として風力分級[8,9]を解説する。

3.1 重力分級法

粒子の沈降速度の差を利用して分級するのが重力分級法であり，図7に，水平流型重力分級機の概要を示す。粒子を気流とともに側面から供給すると，粗粒子は上流側に，微粒子は気流に乗って下流側に沈降する。この方法は，高精度分級は望めないが，機構が簡単なので，予備分級として用いられることが多い。

第1章　供給，分散，分級技術

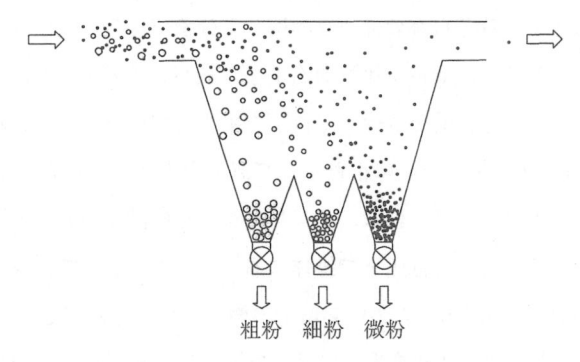

図7　水平流型重力分級機

3.2　遠心分級法

　粒子径の減少に伴って重力は利きにくくなるので，微粒子に対して重力分級法を適用することは難しいが，遠心力は重力よりも大きくできるので，遠心力を用いると微粒子でも分級できる。容器内に旋回流を発生させて，その中に粒子を導入し，遠心力によって気流から分離させて捕集する装置がサイクロン（cyclone）である。1回の操作では，粗粒子と微粒子にしか分けられないので，細分化するには多段にしなければならない。サイクロンは，自由渦を用いた遠心分級機であるが，回転体（ローター）に羽根を取り付けて高速回転させる強制渦式遠心分級機もある（図8）。この方法では，分離粒子径は，粒子に働く流体抵抗と遠心力との釣り合いから決まる。操作変数は，ローターの回転速度と空気の流量である。

3.3　慣性分級法

　粒子を気流で搬送するとき，気流の向きが変わらなければ，粒子は気流に沿って移動するが，気流の向きを変えると，粒子は慣性のために直進しようとするので流線から外れる。粒子径が大

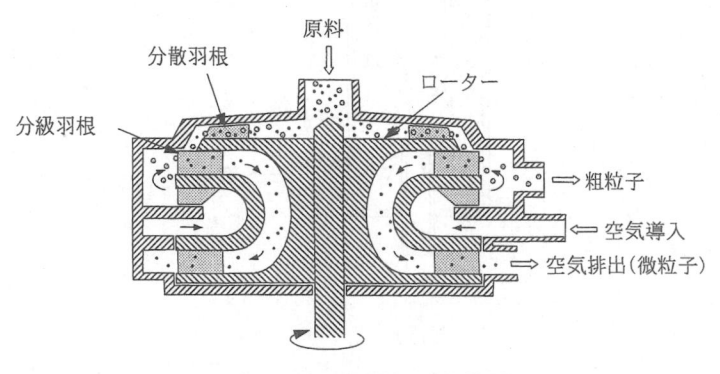

図8　強制渦式遠心分級機

きいものほど慣性も大きく，粒子軌跡の違いを利用して分級できる。慣性分級機にはいろいろな形式のものがあるが，工業的には構造が比較的簡単なルーバー型分級機が用いられている。粒度の測定には，気流を平板に垂直に衝突させて，粒子を平板上で捕集するインパクター (impactor) が使われている（図9）。ノズル径を順に小さくして流速を大きくすると，小さな粒子でも衝突板で捕集できるので，粒度分布の測定には，インパクターを多段に組み合わせたカスケードインパクターが使用されている。また，低圧下で操作すると，粒子の表面で流体に滑りが生じ，微粒子の慣性効果を高められるので，0.1ミクロン以下の微粒子でも分級できる。これを低圧インパクターという[10]。また，粒子の捕集板を取り除き，気流を二つに分けて粒子を連続分級できるよ

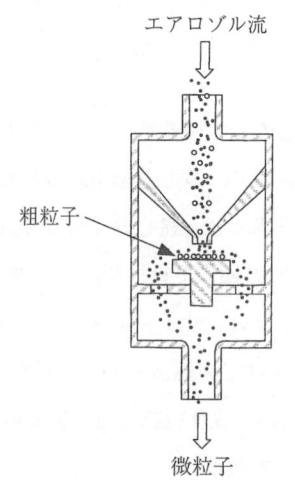

図9 インパクター

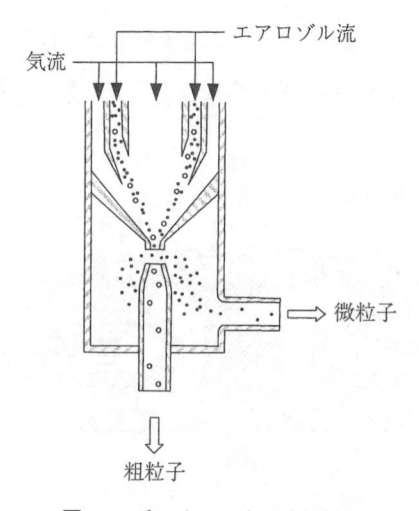

図10 バーチャルインパクター

うにしたものがバーチャルインパクター（virtual impactor）である[11]（図10）。

3.4 その他の分級法

ナノ粒子に一定量の電荷を与えて層流場に導き，流れに直交する方向に直流電界をかけると，電気移動度の違いによって分級できる（モビリティーアナライザー，mobility analyzer）。また，多数の細管群，平行平板群，あるいはスクリーンを用いてブラウン拡散の違いを利用して分級する方法（ディフュージョンバッテリー，diffusion buttery）もある。

文　献

1) 井伊谷鋼一ほか，粉粒体プロセスの自動化，日刊工業，p. 97（1975）
2) H. Masuda *et al.*, *Powder Technology Handbook*, CRC, p. 561（2006）
3) S. Matsusaka *et al.*, *Powder Technol.*, **135–136**, 150-155（2003）
4) S. Matsusaka *et al.*, *Advanced Powder Technol.*, **6**, 283-293（1995）
5) S. Matsusaka *et al.*, *Advanced Powder Technol.*, **7**, 141-151（1996）
6) 粉体工学会編，粉体工学便覧—第二版—，日刊工業，p. 308（1986）
7) 粉体工学会編，粉体工学叢書第3巻，日刊工業（2006）
8) 日本粉体工業協会編，分級装置技術便覧，産業技術センター（1978）
9) 日本粉体工業技術協会編，粉体分級技術マニュアル，広信社（1990）
10) 高橋幹二編著，応用エアロゾル学，養賢堂，p. 257（1984）
11) H. Masuda *et al.*, *J. Aerosol Sci.*, **10**, 275（1979）

第2章 微粒子のパターニング

増田佳丈*

1 はじめに

微粒子のパターニング技術には，様々な手法が提案されており，セラミックスや金属，ポリマー，生体細胞粒子などの様々な微粒子をパターニングすることが可能である。微粒子のランダム堆積物のパターニング技術の一例を挙げると，エアロゾル（気相中に分散した粒子）を用いたガスデポジッション法[1,2]や，コロイド溶液を噴射するインクジェットプリンティング法[3,4]，荷電ビーム描画法や接触帯電法を用いて作製した帯電パターンをテンプレートとし，コロイド溶液[5]やエアロゾルを用いてパターン化する帯電法，パターン化電極間の電気力線に沿ってパターン化する誘電泳動法[6]，などが提案されている。これらの手法によって様々なデバイス作製が行われているが，粒子集積体においては，最密充填構造とした際に表面積・密度が最高値を示すことから，様々なアプリケーションにおいて優位性を発揮する。さらに，微粒子を秩序化させて高い規則性を持つ構造体とした際には，フォトニックバンドギャップ等の新規特性の発現が可能である。

本章では，高い規則性を有する粒子集積体のパターニングに焦点をあて，自己組織化単分子膜（Self-assembled Monolayer，SAM）と呼ばれる薄い有機膜をテンプレートに用いた粒子のパターニングを紹介する。この手法では，高規則性・高いパターン精度の2次元粒子集積体パターニングが実現されており，単層粒子膜パターン，多層粒子膜パターン，粒子細線，単一粒子の精密配置，粒子細線アレイが作製されている。また，3次元での微細構造体作製も実現されており，粒子球状集積体およびそのパターンが作製されている。

なお，以下の項目については，他稿を参照頂きたい。自己組織化単分子膜の作製・パターン化[7,8]，自己組織化単分子膜を用いたコロイド溶液中での粒子集積化プロセス"液相パターニング"[9~15]，コロイド溶液の乾燥過程を利用した粒子集積化プロセス"ドライング-パターニング"[9,10]，二溶液法の詳細および構造・欠陥・形成メカニズム評価[16~18]，自己組織化現象（自己組織化単分子膜形成・粒子集積体形成）の熱力学的解説[16]，SAMの日本語名称の概説[16]，粒子の最密充填構造名称について（fcc，ccp，hcp）[18]。

---

* Yoshitake Masuda ㈱産業技術総合研究所　先進製造プロセス研究部門　研究員

第2章　微粒子のパターニング

2　液相パターニング（Liquid Phase Patterning）

　液相パターニングにおいては，パターン化SAMを基板上に形成し，溶液中に分散したナノ・マイクロ微粒子とSAM表面の官能基との間での，化学反応や静電相互作用を用いることにより，パターン化SAM上の特定領域にのみ微粒子を配置・配列・パターン化集積させることができる（図1)[19〜21]。この手法により，単層粒子膜パターン（図2a），直線・曲線状粒子細線（図2b-d），単一粒子の精密配置等を実現している[21]。

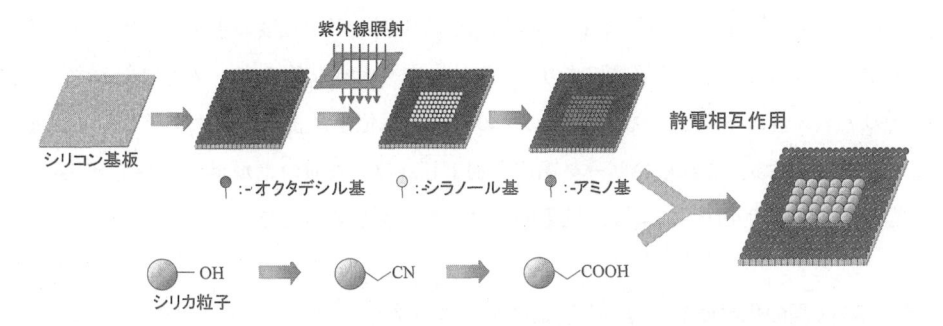

図1　粒子-SAM間の静電相互作用を用いた液相パターニング（カラー口絵写真）

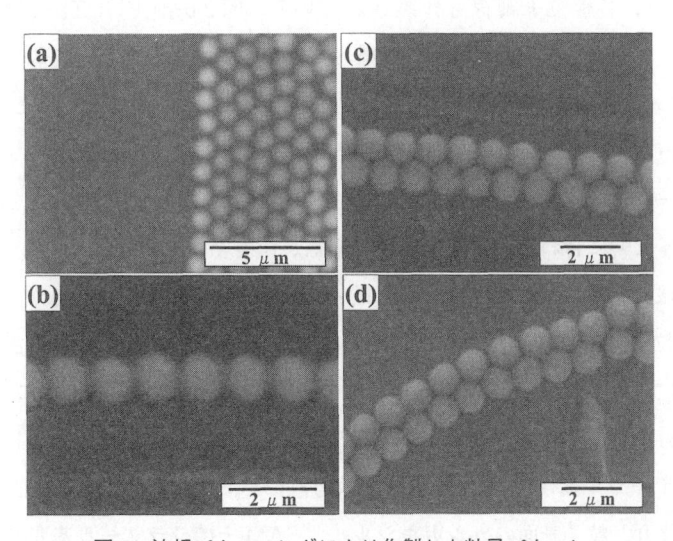

図2　液相パターニングにより作製した粒子パターン
　　 (a) 単層粒子膜パターン，(b) 粒子細線，
　　 (c) 二重粒子細線，(d) カーブした二重粒子細線

2.1 粒子-SAM間の静電相互作用を用いた液相パターニング

シリコン基板表面にOTS分子（octadecyltrichlorosilane）によるSAMを形成させて基板表面をカルボキシル基で表面修飾した後，フォトマスクを介して紫外線照射を行うことにより，露光領域のみをシラノール基へと変性した。さらに，シラノール基領域にAPTS（aminopropyltriethoxysilane）-SAMを形成させ，オクタデシル基領域とアミノ基領域でパターン化された基板を作製した[7,8]。また，OTS分子により，SiO_2粒子をカルボキシル基で表面修飾した。このSiO_2粒子を蒸留水に分散させ，オクタデシル基領域およびアミノ基領域にパターン化したSAM基板を粒子分散液に数分間浸漬することにより，アミノ基領域にのみ選択的にSiO_2粒子を集積化し，単層粒子膜パターンを作製した（図1，図2a）[21]。浸漬の際，pH7程度の水中において，粒子表面のカルボキシル基はプロトンの解離により$-COO^-$となり大きな負のゼータ電位を示す。一方，基板表面のアミノ基は$-NH_3^+$となり大きな正のゼータ電位を，また，オクタデシル基は小さな正のゼータ電位を示す。これらのゼータ電位を利用し，粒子表面のカルボキシル基とSAM上のアミノ基間での静電相互作用により，粒子のパターニングを実現している。

2.2 粒子-SAM間の化学反応を用いた液相パターニング

接触針の走査によるSAMの変性，および，脱水縮合による粒子-基板間の化学結合の形成を用いることにより，各種粒子細線も作製されている（図2b-d）[21]。OTS-SAMを接触針で加圧・走査することによりSAMを機械的に剥離して任意の箇所をシラノール基へと変性し，OTS-SAM上にシラノール基領域の細線がパターン化されたテンプレートを作製する。これをSiO_2粒子の分散した溶液中（HCl 5 mol/l）に10分間浸漬することにより，基板上のシラノール基と粒子表面のシラノール基との間での脱水縮合による化学結合（Si-O-Si）の形成を通して，シラノール基領域のライン幅に合わせた最密充填粒子細線が作製できる。また，直線ラインだけでなく，シラノール基領域の曲線に合わせてカーブを描いた粒子細線も作製することができる。

一方，個々の粒子（500 nmφ）を所定の箇所に1つずつ固定することも可能である[21]。この手法では，AFMプローブとSAM基板間に電圧を印加しながら走査することにより，OTS-SAM上に粒子径よりも小さな100 nm×100 nm四方のシラノール基領域を複数作製しテンプレートとしている。カルボキシル基修飾SiO_2粒子の分散溶液にパターン化SAMを浸漬した後に縮合剤を加えることにより，粒子表面のカルボキシル基とSAM上のシラノール基間でのエステル結合の形成を通して，個々の粒子を所定の箇所に固定している。

第2章 微粒子のパターニング

3 ドライング–パターニング（Drying Patterning）

3.1 コロイド溶液モールド法を用いた粒子集積体パターンの作製

　ドライング–パターニング（溶液乾燥プロセス）においては，コロイド溶液の収縮およびメニスカスによる表面張力を利用することにより，オパールに見られる最密充填構造である立方最密充填構造（ccp, Cubic Close Packing）（＝fcc（面心立方構造））や六方最密充填構造（hcp, Hexagonal Close Packing）を得やすいという利点がある。

　"コロイド溶液モールド法"では，親水性シラノール基領域と疎水性オクタデシル基領域にパターン化した SAM をテンプレートとし，ポリスチレン粒子（550 nmφ or 800 nmφ）が分散したコロイド溶液を滴下して親水性領域に沿ってコロイド溶液のモールド（鋳型）を形成させている。その後，乾燥条件等を精密に制御してこのモールドの形態を維持しながら，溶液を乾燥させることにより，パターン化 SAM の親水性領域に沿って粒子の集積体（コロイド結晶，オパール構造体）を作製している（図3)[22]。さらに，従来，コロイド溶液からは，宝石のオパールに代表される様な最密充填構造しか作製されないと考えられてきたが，溶液の乾燥過程・粒子間の相互作用・粒子–基板間の相互作用を巧みに制御することにより，粒子の再配列等をコントロールし，粒子の自己組織化プロセスにおいて，初めて非最密充填構造である四角格子からなる粒子細線を作製することにも成功している。平面上に最密充填構造の細線が形成される場合，細い細線

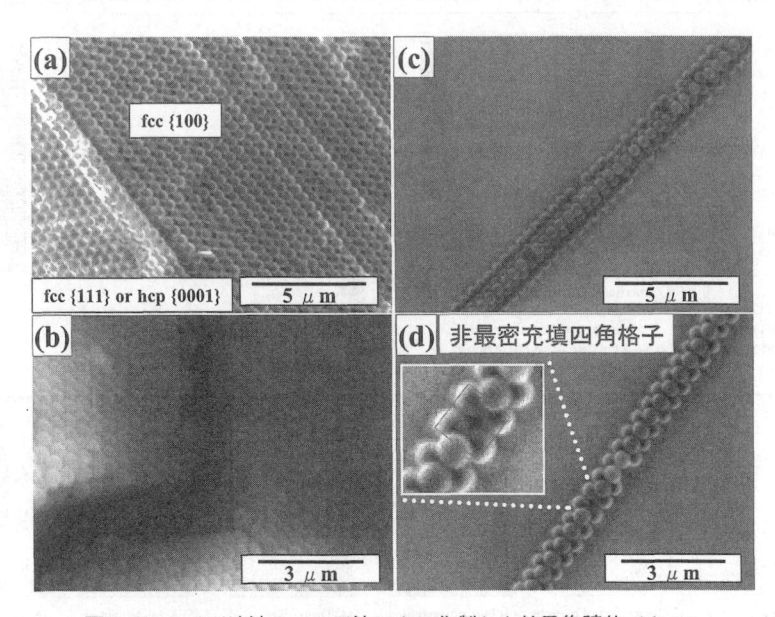

図3　コロイド溶液モールド法により作製した粒子集積体パターン
（a，b）fcc（hcp）構造の粒子集積体，（c）粒子細線，
（d）非最密充填構造である四角格子からなる粒子細線

では三角格子（図2c，d）に組まれ，線幅の拡大に従い，六角形に組まれて平面を構築（図2a）していくが，図3d中では一層目が非最密充填構造である四角格子に組まれており，二層目はその4粒子の中心位置に積層している（二層目粒子を取り除いた箇所を観察すると，一層目が四角格子であることが明瞭である）。

3.2 コロイド溶液気液界面の周期的な挙動を用いた粒子細線アレイの作製

基板全面にSAMを形成し，コロイド溶液中に立てた状態で，溶媒を乾燥させるプロセスでは，コロイド溶液の液面が基板表面で不連続に振る舞うことを利用して，等間隔で粒子細線が並んだ粒子細線アレイが作製されている（図4，図5上段，下段a-e）[23,24]。このプロセスでは，コロイド溶液中の溶媒を蒸発させて，基板上に形成した粒子膜に引きつけられた液面が周期的に下降する現象を利用している。溶液の下降速度（あるいは基板の引き上げ速度）を遅くした際には，基板全面に粒子の膜が形成されるが，その速度を速くすることにより，基板上に形成された粒子膜と液面とが，周期的に引き離される現象を発現させ，粒子細線のアレイを実現している。また，粒子濃度や液面下降速度を調整することにより，粒子細線の膜厚を一層（図5d）から十層程度（図5b-c，e）まで制御することができ，粒子細線の配列間隔も制御することが出来る。さらに，

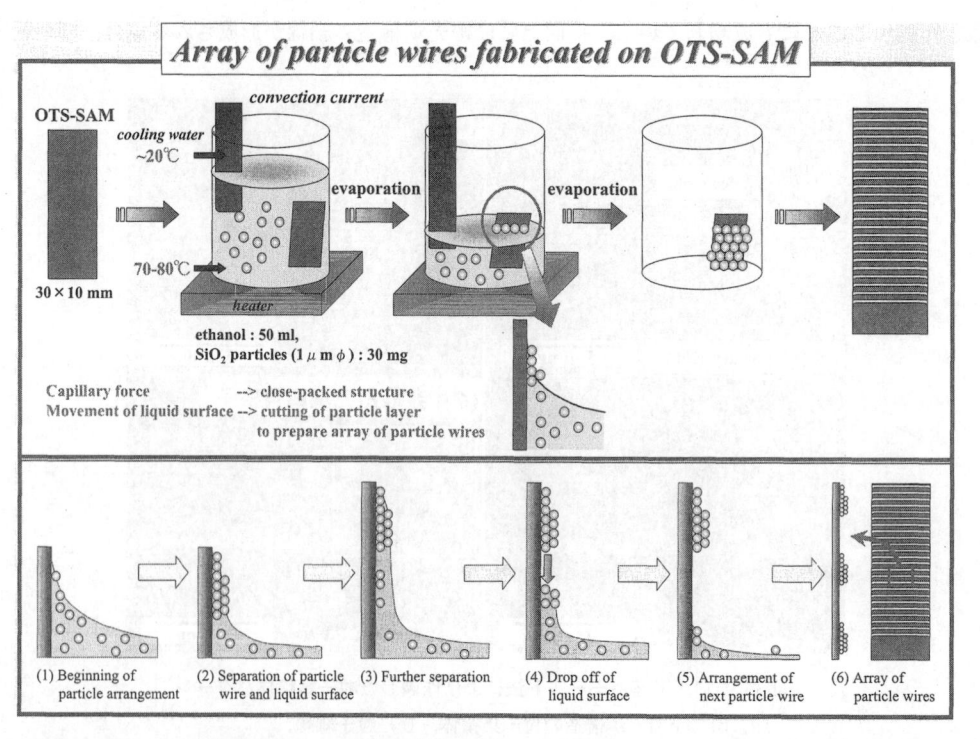

図4 コロイド溶液気液界面の周期的な挙動を用いた粒子細線アレイの作製（カラー口絵写真）

第 2 章　微粒子のパターニング

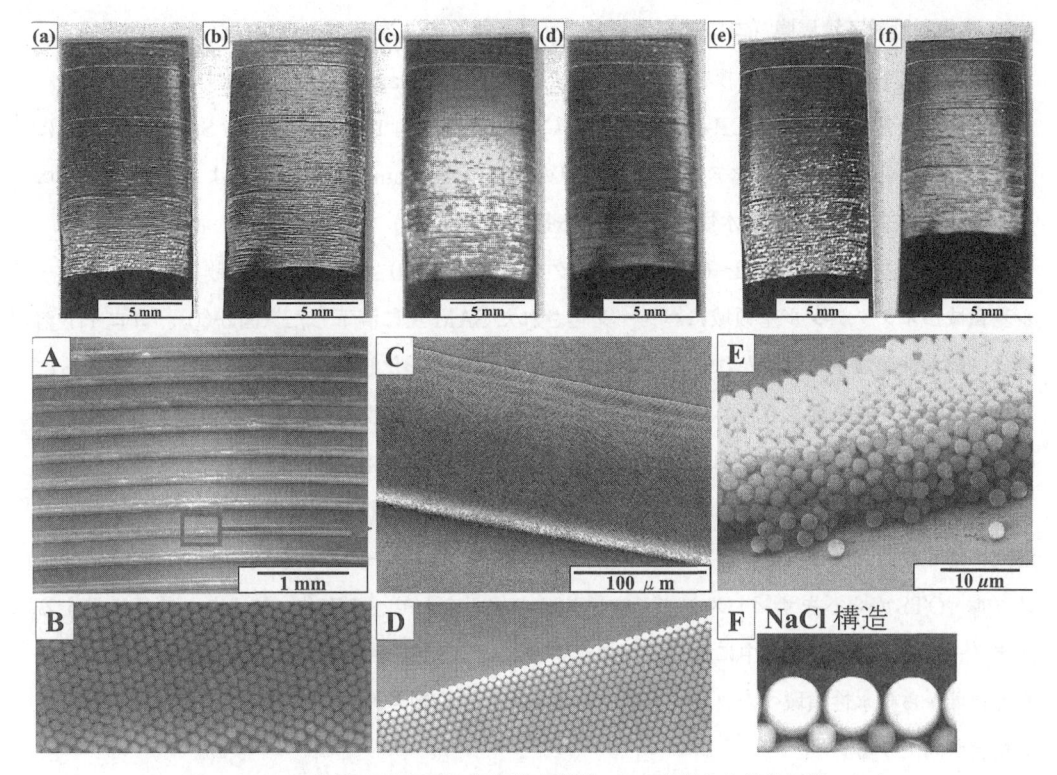

図 5　コロイド溶液気液界面の周期的な挙動により作製した粒子細線アレイ
　　　上段：同一サンプルの写真。観察方向により，異なった虹色の構造色が見られる。
　　　下段：粒子細線アレイの微細構造

異なる粒径を持つ 2 種類の微粒子を用いることにより NaCl 結晶構造型の粒子配列構造を持つ粒子細線（図 5 f）も作製することができる。このプロセスは，コロイド溶液からの粒子の自己組織化現象によっても，fcc（hcp）以外の複雑な構造体が作製可能であることを実証しており，自己組織化プロセスの高いポテンシャルを示すものである。

4　二溶液法による微粒子集積パターニング・3 次元構造体作製

4.1　二溶液法

　新規プロセス"二溶液法"を提案し，"高規則性粒子積層膜の 2 次元パターニング[25]"，および"粒子球状集積体の作製およびパターニング[26]"を行った。この手法は静的な液相プロセスと動的なドライングプロセスの双方の利点を有する手法であり，次世代デバイスへ適用できるナノ／マイクロ周期構造体の作製に対して，高いポテンシャルを有するものである。

4.2 高規則性粒子積層膜（コロイドフォトニック結晶）の2次元パターニング

窒素雰囲気下でシリコン基板を OTS（octadecyltrichlorosilane）溶液に浸漬することにより，オクタデシル基（Si-$(CH_2)_{17}CH_3$，疎水性，水に対する接触角 105°）を有する SAM を基板上に形成した。さらに，フォトマスクを介した UV 照射（184.9 nm，235 nm）により，任意の領域をシラノール基（Si-OH，親水性，水に対する接触角 5°以下）へと変性した。

SiO_2 粒子（1 μmϕ）（0.002～0.2 mg）をメタノール（20 μl）中に十分に分散させ，シラノール基領域とオクタデシル基領域にパターン化された SAM 上に滴下した（図6-①）。コロイド溶液は，疎水性領域からはじかれ，主に親水性領域にパターン化して存在する（図6-②）。さらに，基板をメタノールと混じり合いにくいヘキサン中にゆっくりと浸漬し，余分な溶液を取り去るためゆっくりと振動させた。これらのプロセスにより，コロイド溶液は OTS-SAM 領域から十分にはじかれ，親水性シラノール基領域に沿ってパターン化した状態となる（図6-③）。コロイド溶液に働く浮力および大気中とヘキサン中での OTS 上メタノールの接触角の違い（空気・メタノール・OTS からヘキサン・メタノール・OTS の組み合わせへの変化）により，基板に対するメタノールの接触角が大気中に比べてヘキサン中では，51.6°から129.5°へと大きく上昇し，親水性領域から疎水性領域へのコロイド溶液のはみ出しが抑制され，シラノール基領域へのパターン精度が向上する。

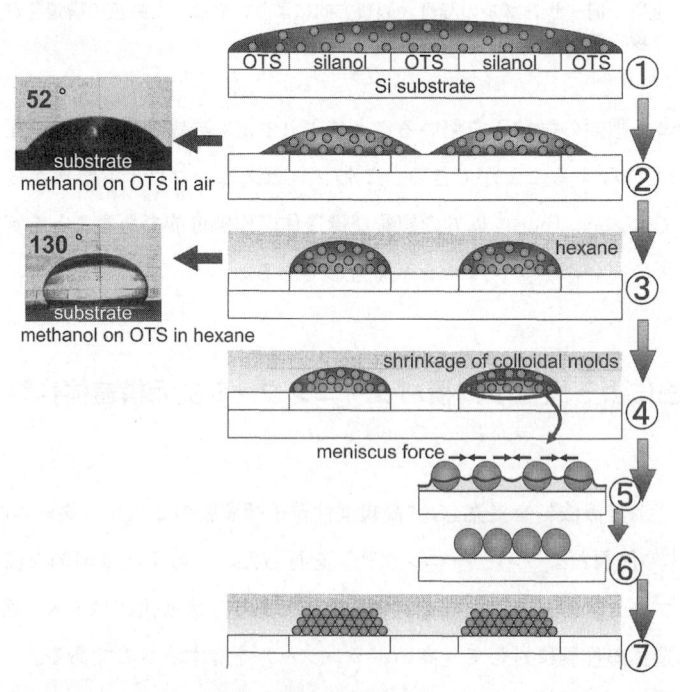

図6 二溶液法による高規則性粒子積層膜の2次元パターニング（カラー口絵写真）

第 2 章　微粒子のパターニング

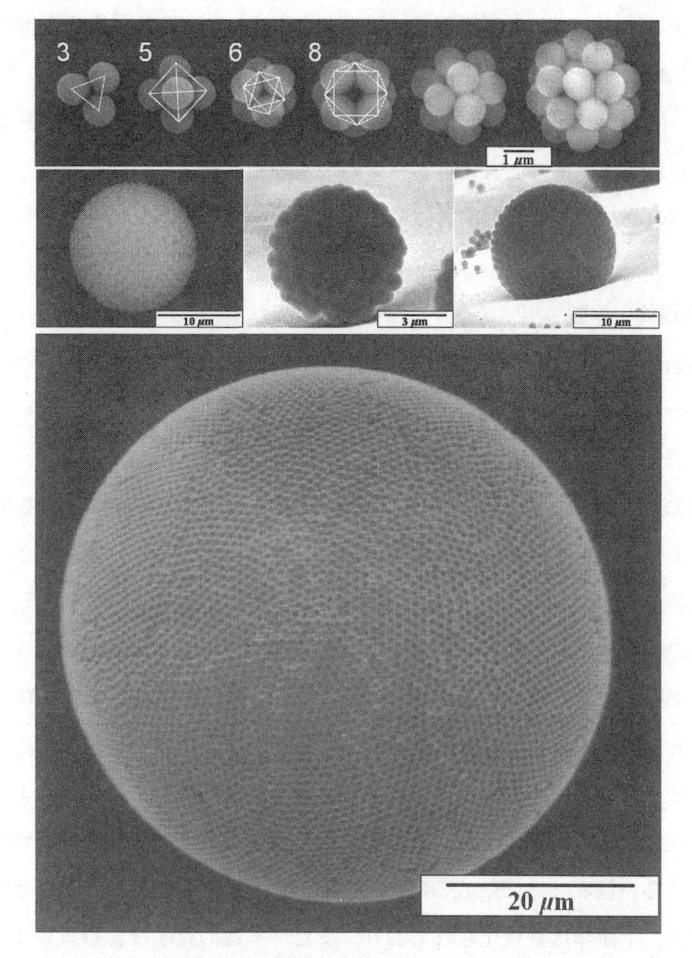

図 7　高規則性粒子積層膜の 2 次元パターンの SEM 像

　その後，コロイド溶液内のメタノールが外相のヘキサン中へと徐々に溶解し，コロイド溶液の体積を徐々に収縮させていく（図 6-④）。このメタノールの溶解により，粒子の存在できる領域は徐々に狭くなっていき，コロイド溶液内の粒子濃度は上昇する。高濃度のコロイド溶液となった状態においても，粒子が高い分散性を持つ条件とすることにより，粒子の凝集を抑え，fcc（hcp）化・最密充填化を進行させることができる。さらにメタノールの溶解が進むと粒子同士が接触せざるを得ないコロイド溶液サイズまで収縮する。この乾燥末期において，粒子-粒子間にカーブ（ヘキサン相に対して凹のカーブ）を描いたメタノール溶液の架橋が形成され，粒子同士を引きつけ合う様に，メニスカスによる表面張力が働く（図 6-⑤）。この力により，fcc（hcp）化・最密充填化が促進される（図 6-⑥）。これらのプロセスでは，親水性／疎水性パターン化 SAM 上に形成されるコロイド溶液パターンを，粒子集積化の鋳型として用い，コロイド溶液の収縮お

よび乾燥末期のメニスカスによる表面張力によりfcc (hcp) 化・最密充填化を進行させ，高規則性・高いパターン精度を有する粒子集積体パターンを作製している（図6-⑦）。図7 A-Bは多層粒子膜パターン，C, Dは2層粒子膜パターン，E-Hは単層粒子膜パターンである。

なお，高規則性粒子積層膜の2次元パターンの構造評価，パターン精度評価，二層円形粒子膜パターンの集積化過程，プロセスの検討に関しては他稿を参照頂きたい[16,25]。

4.3 粒子球状集積体の作製

3次元微細構造体の作製を目的として"二溶液法"をさらに発展させ，以下のプロセスにより，粒子球状集積体の作製およびパターニングを実現した。

SiO_2粒子を水に十分分散させた後，疎水性OTS-SAM上に滴下した（図8）。コロイド溶液の液滴を乗せたOTS-SAMを，さらにヘキサン中に浸漬させ，1分間の超音波処理を施した。この超音波処理により，コロイド溶液の大きな液滴が，小さい液滴へと分割される。分割後の小さな液滴も，疎水性OTS-SAM上で十分にはじかれて，球形を保つことができる。コロイド溶液中の水が，外相のヘキサン中に徐々に溶解することによりコロイド溶液の液滴サイズが小さくなり，内部の粒子が存在できる領域も縮小されていく[27,28]。球形を保ったままコロイド溶液を収縮させることにより，内部の粒子を球形に集積化し，粒子球状集積体を作製した。ヘキサン中で形成させた液滴のサイズおよび，コロイド溶液中での粒子濃度を調整することにより，3, 5, 6, 8個といった少ない粒子数の集積体から，数百個，数千個におよぶ粒子数の粒子球状集積体まで作製することができる（図9）。3, 5, 6, 8個からなる粒子クラスターは，それぞれ三角形，ピラミッド形，八面体，十面体に集積化されており，また，多数の粒子を含むコロイド溶液の液滴からは，最表面をヘキサゴナルパッキングした粒子層で覆われた大きな球状集積体が形成している。このプロセスでは，コロイド溶液の形状を疎水性OTS-SAM上で球形に維持したことにより，

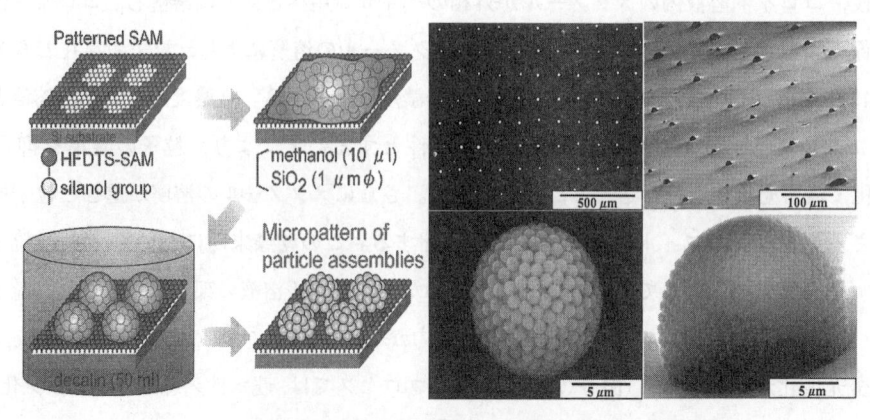

図8　二溶液法による粒子球状集積体の作製（カラー口絵写真）

第 2 章 微粒子のパターニング

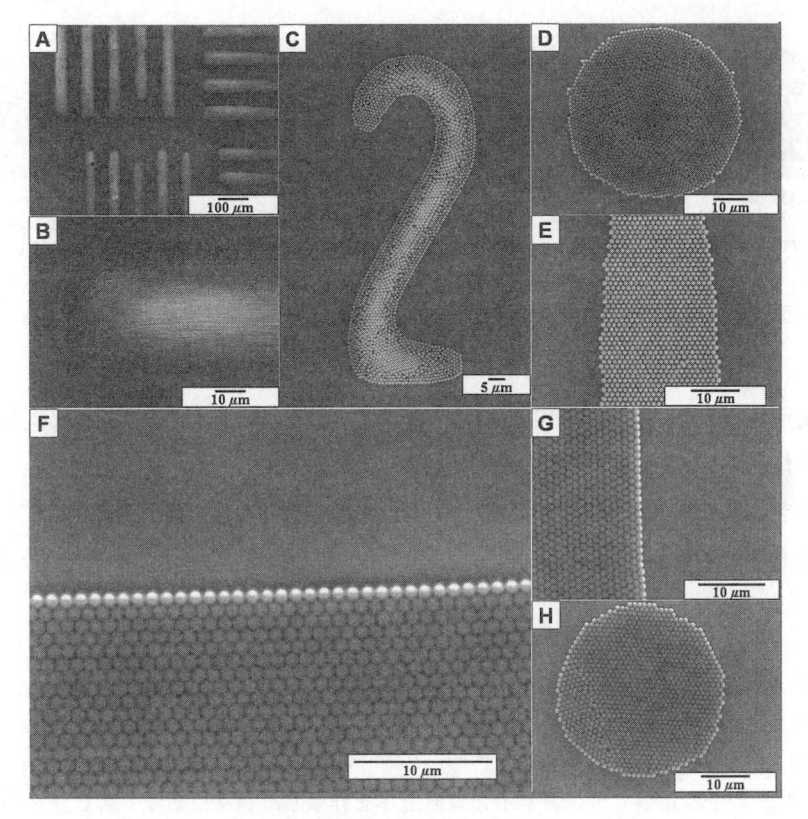

図 9 粒子球状集積体の SEM 像

集積体の形状を球状化することに成功している。

4.4 粒子球状集積体のマイクロパターニング

　SiO$_2$ 粒子をエタノール中に分散させ，疎水性 HFDTS (heptadecafluoro-1, 1, 2, 2-tetrahydrodecyltrichlorosilane) 領域と親水性シラノール基領域を有するパターン化自己組織化単分子膜上に滴下した（図 10）。このコロイド溶液でカバーされたパターン化 SAM を，デカリン中に浸漬し，余分なコロイド溶液を取り除くと共に，疎水性 HFDTS 領域からコロイド溶液がはじかれて親水性シラノール基上にのみパターン化して存在する様に，基板をゆっくりと振動させた。親水性シラノール基領域に沿ってコロイド溶液のパターンが形成され，このパターンは，2〜3 時間の浸漬によりさらに明瞭に観察される様になった。メタノール，デカリン，SAM 表面間の相互作用および，デカリン中でメタノールに働く浮力（エタノールの比重＜デカリンの比重）により，コロイド溶液は球形を形作る。コロイド溶液中のメタノールは徐々に外相のデカリン中へと溶解し，粒子集積体が形成されていき，パターン化 SAM 上のシラノール基領域中心部分に，ドーム

201

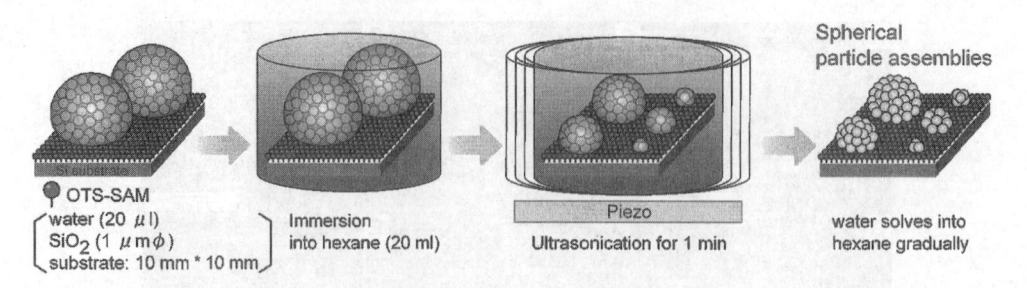

図10 二溶液法による粒子球状集積体のマイクロパターニング（カラー口絵写真）

状の粒子集積体が形成された（図10）。これにより，パターン化シラノール基領域に沿って，粒子球状集積体パターンを形成することができた。

なお，小さな粒子クラスターの形成過程[16,17,26]，球状集積体表面の線欠陥評価[16,17,26]，球における部分表面積の算出（supporting information[26]）に関しては他稿を参照頂きたい。

5 まとめ

電子材料，光学材料，医薬，農薬，化粧品，化学工学などの広い分野で高機能微粒子の開発が進むとともに，粒子を用いてナノ／マイクロ構造体を作製し，様々な領域で新しい材料・デバイスを作製しようという試みが盛んである。また，新しいScienceとして自己組織化が注目されており，粒子の自己組織化によるナノ／マイクロ構造体の作製も進展している。本章では，粒子の自己組織化により高い規則性を持つ粒子集積体を作製するとともに，粒子を自在にパターニングする手法を紹介した。これらのプロセスには，自己組織化単分子膜，粒子の集積化，自発的2次元パターン化といった，いくつもの自己組織化プロセスが含まれており，新規性・独自性が高いとともに，次世代に向けて更なる発展が期待される。今後，自己組織化による材料・デバイス開発が進展し，持続可能型社会の実現に寄与するとともに，新機能微粒子材料の開発と微粒子技術がさらに発展することを期待している。

文　　献

1) 明渡純，"超微粒子ビームによる成膜法と微細加工への展開"，応用物理，68，44-47（1999）

第2章 微粒子のパターニング

2) 渕田英嗣,"超微粒子利用乾式成膜法とその応用",金属,**70**(6),443(2000)
3) J. H. Song, M. J. Edirisinghe, Evans, J. R. G., *J. Am. Ceram. Soc.* **82**, 3374(1999)
4) P. T. Krein, K. S. Robinson, *Handbook of electrostatic process*. A. J. K. J. S. Chang, J. M. Crowley, Ed., pp. 294-320(Marcel Dekker, 1995)
5) H. Fudouzi, M. Kobayashi, N. Shinya, *J. Nanoparticle Research*, **3**, 193(2001)
6) T. Matsue, N. Matsumoto, I. Uchida, *Electrochimica Acta*, **42**, 3251(1997)
7) 増田佳丈,金属,**76**,32-40(2006)
8) 増田佳丈,河本邦仁,超微細パターニング技術―次世代のナノ・マイクロパターニングプロセス―,第26章,サイエンス&テクノロジー社,180-188(2006)
9) 増田佳丈,ナノパーティクルテクノロジー・ハンドブック,4.6.2章,日刊工業新聞社,(2006)
10) 増田佳丈,メタモルフォシス第10号,26-27,株式会社村田製作所(2004)
11) 増田佳丈,河本邦仁,"自己組織膜テンプレート型パターニング",セラミックデータブック,**28**(82),47-49(2000)
12) 増田佳丈,斎藤紀子,河本邦仁,"分子集合体表面局所場を利用したマイクロデバイス",セラミックス,**37**(8),615-620(2002)
13) 増田佳丈,立花薫,伊藤稔,河本邦仁,"機能性微粒子のパターニング・3次元配列の創製と応用",マテリアルインテグレーション,**14**(8),37-44(2001)
14) 増田佳丈,立花薫,伊藤稔,河本邦仁,新機能を生むマイクロ構造の創製とその応用―超はっ水・超親水,3次元マイクロ構造,マイクロ化学センシング―,2-2章,TIC出版(2003)
15) 増田佳丈,河本邦仁,"無機粒子が発現する新機能と粒子配列技術",無機マテリアル,**7**(284),4-12(2000)
16) 増田佳丈,粉体工学会誌,**43**(5),362-371(28-37)(2006)
17) 増田佳丈,村田学術振興財団年報,**19**,345-355(2005)
18) 増田佳丈,セラミックス,**41**(5),346-351(2006)
19) Y. Masuda, W. S. Seo, K. Koumoto, *Thin Solid Films*, **382**, 183(2001)
20) Y. Masuda, W. S. Seo, K. Koumoto, *Jpn. J. Appl. Phys.*, **39**, 4596(2000)
21) Y. Masuda, M. Itoh, T. Yonezawa, K. Koumoto, *Langmuir*, **18**, 4155(2002)
22) Y. Masuda, K. Tomimoto, K. Koumoto, *Langmuir*, **19**, 5179(2003)
23) Y. Masuda, M. Itoh, K. Koumoto, *Chem. Lett.*, **32**, 1016(2003)
24) Y. Masuda, T. Itoh, M. Itoh, K. Koumoto, *Langmuir*, **20**, 5588(2004)
25) Y. Masuda, T. Itoh, K. Koumoto, *Langmuir*, **21**, 4478(2005)
26) Y. Masuda, T. Itoh, K. Koumoto, *Adv. Mater.*, **17**, 841(2005)
27) V. N. Manoharan, M. T. Elsesser, D. J. Pine, *Science*, **301**, 483(2003)
28) Y. Masuda, T. Sugiyama, K. Koumoto, *J. Mater. Chem.*, **12**, 2643(2002)

第3章　分散と凝集技術

神谷秀博*

1　はじめに

　液中での微粒子の凝集・分散状態や成形体などの粒子集合体構造の評価とその制御は，セラミックスや粒子分散型複合材料などの材料機能や信頼性の向上などの他，塗料，医薬品など幅広い分野で重要となっている。微粒子の凝集・分散状態を支配するのは，粒子の運動状態と粒子間相互作用である。粒子の運動状態は粒子径，溶媒の粘度等で決まるブラウン運動と，攪拌・超音波照射など外力の作用による運動が考えられる。微粉になるほどブラウン運動が激しくなり，粒子が接触・付着凝集し易くなる。さらに，一度凝集を起こすと，サブミクロン以下の粒子では攪拌などの操作では凝集体の破壊が困難になってくる。そこで，こうした凝集現象を制御するには粒子間に働く付着・凝集力に打ち勝つ粒子間反発作用を生じさせる必要がある。本章では，液中での分散凝集を対象に，ある程度実用化が進んでいるものの，凝集などによるトラブルが起きているサブミクロン粒子と，合成・分散同時操作など従来にない新しい特殊手法を用いないと一般に凝集制御が困難な100 nm以下のナノ粒子に分けて，その凝集・分散挙動および充填体の構造評価，制御手法の基礎的理論とその応用例を紹介する。

2　液中凝集・分散挙動を支配する粒子間相互作用

　表1に粒子の凝集・分散現象を支配する粒子間相互作用をまとめた。一般に原料粒子の分散特性の評価や理論解析に用いられるDLVO理論は，van der Waals引力と界面電気二十層の重なりによる静電反発効果のみを考慮した理論である。溶媒中にイオンが存在すれば，水系，非水系問わず凝集・分散現象には静電的な相互作用は関与するが，この表の立体障害以下の非DLVO的作用が支配的になることも，特に非水系のサスペンジョンでは多い。ここでは，分散・凝集状態制御法について，界面電気化学的手法と非DLVO的方法の両面から概観する。

---

*　Hidehiro Kamiya　東京農工大学　大学院共生科学技術研究院　教授

第3章 分散と凝集技術

表1 液中で働く粒子間相互作用力とその発生機構

相互作用力	発　生　機　構
London van der Waals 力	物質間に働く普遍的引力。極性分子では永久または誘起双極子効果。非極性分子では電子軌道の瞬間的局在化（Londonの分散則）。
界面静電相互作用	粒子表面帯電に起因する界面電気二重層の重なりにより発生する斥力。ヘテロ系など表面電位が正負逆の場合は引力として作用する。
立体障害効果	界面活性剤など粒子表面に吸着した分子層による粒子接近防止効果。
架橋形成作用	高分子等が粒子間に架橋を作ることで発生する引力。
溶媒分子の構造形成力	溶媒分子が粒子表面近傍で結合構造を作り立体障害的な作用を示す効果。水分子の水和斥力が代表的。
Depletion（枯渇）効果	表面未吸着の高分子が粒子間に存在し，粒子の接近に影響する効果。
流体力学的作用	粒子運動により粒子間にある流体が排除，侵入する際に生じる流体からの作用。引力にも斥力にもなる。

3　凝集現象の DLVO 理論に基づく解析と評価

　気中や真空中に存在する粒子が帯電すると，相互作用はクーロンの法則で議論できる。しかし，液中で粒子表面が帯電した場合の静電的作用は，間の液体により表面電荷は遮蔽されるため直接作用せず単純にクーロン則では議論できない。液中では粒子の表面電位と反対符号の溶液中のイオン（対イオンと一般に呼ばれる）が静電的に表面に引かれる。集まったイオンは拡散して離れようとするため，表面の帯電層，表面から離れるほど対イオン濃度が低下する界面電気二重層をつくる。粒子が接近するとこの電気二重層が重なり，表面付近の対イオン濃度が平衡濃度以上になり，過剰の対イオンを排除しようと粒子に斥力が発生する。この斥力と van der Waals 力の関係を体系化したのが DLVO 理論で，詳細は多数の解説書[1~3]があるので参照されたい。

　この理論から導かれる粒子の凝集・分散挙動に関する重要な知見は，界面電気二重層の重なりで発生する斥力ポテンシャルと van der Waals 引力ポテンシャルの和ポテンシャル曲線 V_T と表面間距離 h の関係から得られる。計算結果の一例を図1に示す。この図は，粒子径は20および300 nm に設定し，表面電位を変化させた場合の結果を示している。縦軸のポテンシャルは正が斥力，負が引力側を示し　ボルツマン定数と絶対温度の積 kT（分子の運動エネルギーに該当）で無次元化している。ポテンシャル曲線は表面間距離数 nm で斥力ポテンシャルの極大値 V_{max} を示して斥力極大になるが，この障壁を越えて粒子が接近すると van der Waals 引力が優勢となって粒子は凝集する。一般に，ポテンシャル障壁 V_{max} が kT の 10～20 倍以上あれば粒子はポテンシャル障壁を越えて接近できず，凝集しないとされる。粒子径 300 nm の場合は，表面電位 Ψ_0 が 64.9 mV の条件で V_{max} はこの閾値を越え，粒子は分散する。しかし，20 nm では閾値に比べ V_{max} はかなり小さいため粒子は凝集する。20 nm の粒子は表面電位を 170 mV 以上にしない

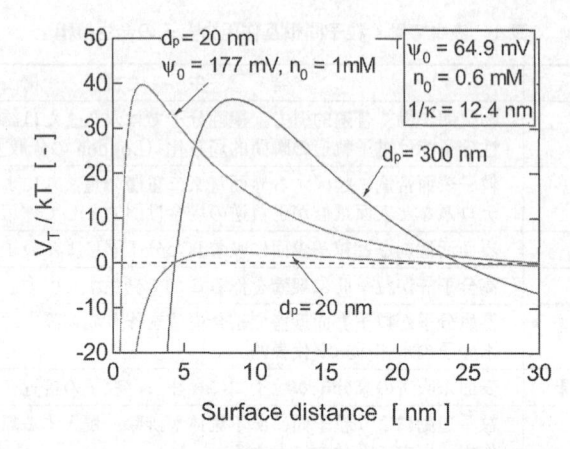

図1 DLVOポテンシャルの計算事例，粒子径と表面電位の影響

と 300 nm と同程度のポテンシャル障壁に達しない。

表面電位の制御法として電位決定イオンの濃度，C，により調製する方法がある。溶媒中に電位決定イオン濃度が高い程，粒子表面はイオンと同じ電位に高く帯電し，逆に濃度が低いと電位決定イオンが粒子表面から解離して，逆の電位に帯電する。電位決定イオン濃度が等電点，すなわち正負いずれにも帯電しない平衡濃度 C_0 付近では，次の Nernst の式[4]により，電位決定イオン濃度 C または pK で推定できる。特に，表面 OH 基を有し，水素イオンが電位決定イオンの場合には pK＝pH として計算できる。

$$\Psi_0 = -(kT/e)\ln(C/C_0) = -2.3(kT/e)(\mathrm{pK}-\mathrm{pK}_0) \sim -2.3(kT/e)(\mathrm{pH}-\mathrm{pH}_0) \tag{1}$$

ここで，pH_0 は等電点である。表面に -OH 基を有している金属酸化物を例にすれば，等電点の pH では OH 基は電離しないが，等電点より酸性側では溶媒中の H^+ イオンが吸着して，$-OH_2^+$ となり，アルカリ側では H^+ イオンが解離して $-O^-$ となる。等電点の pH は金属の電気陰性度に依存し，主な無機系材料の pH_0 を表2に示した。同じ物質でも表面の不純物濃度等で変化するため，既往の研究で報告されている等電点の範囲を示してある。粒子を凝集させる場合は電気的に中性，すなわち pH を等電点付近に設定すれば良く，分散させるのはその逆である。しかし，

表2 主な無機系粉体の等電点

物質名	等電点（pH）	物質名	等電点（pH）
$\alpha\text{-}Al_2O_3$	9〜10	$\gamma\text{-}Al_2O_3$	7〜9
SiO_2	2〜3	TiO_2	6〜7
$\alpha\text{-}Fe_2O_3$	8〜9	Y_2O_3	9〜10
ZrO_2	10〜11	Si_3N_4	4〜6

第3章 分散と凝集技術

(1)式はあくまでも等電点付近のみ成立する式で，等電点から離れると電位の絶対値の増加量は飽和する傾向があり，前述の 100 mV 以上の表面電位は pH 制御だけでは困難で，アニオン，カチオン系の界面活性剤を吸着させても飽和吸着量があるため，電位の増加量には通常の方法では限界がある。したがって，ナノ粒子になると静電反発作用だけでの分散は困難になる。

　この他の因子として，溶液中の対イオン濃度も重要である。イオン濃度が増加すると電気二重層が圧縮され，ポテンシャル障壁 V_{max} が増加しなくなる。したがって，分散には洗浄やイオン交換などによりイオン濃度を低下させることも分散設計に有効である[5]。

　上記に述べたナノ粒子のように静電反発作用だけでは十分な分散が得られない場合，あるいは溶媒中にイオンが存在しない無極性溶媒中では，DLVO 的な作用だけでは分散が困難であり，粒子の分散には立体障害などの非 DLVO 的な効果が重要になる。

4　非 DLVO 作用による粒子の凝集分散制御

　粒子凝集・分散状態の制御を目的とした粒子／溶媒界面の設計は，高分子系分散剤などの吸着，表面へのカップリング剤やチオールなどの反応による表面修飾など様々な方法が用いられている。こうした手法で有機鎖を吸着あるいは結合させることで，表1に示した立体障害効果や架橋形成作用，さらには枯渇効果などを発現させる。これらの作用は分散剤や有機鎖の分子構造や分子量，修飾量や吸着状態で著しく変化するが，DLVO 理論に該当するような理論体系はできていない。これは，使用する分散剤等の構造が多岐にわたり，溶媒の種類，粒子材質により複雑に変化することから体系的整理が，極めて困難であるためと考えられる。従来はこうした高分子分散剤の設計や作用については経験的，かつ概念的な予測に留まることが多かった。しかし，近年，原子間力顕微鏡や様々な表面解析技術の進歩により粒子表面の分子～ナノメーターレベルでの構造や粒子間相互作用の直接評価技術が発展し，これまで概念的にしか表現できなかった高分子分散剤等の作用機構が，科学的な証拠に基づいて示されつつある。以下では，その事例を紹介する。

4.1　高分子分散剤の吸着による分散状態の制御

　高分子分散剤による粒子の分散では，前述したように粒子の材質，粒子径，粒子の表面状態，溶媒との組み合わせにより様々な構造の分散剤が使用される。例えば，水系で無機系粒子を分散するためにはポリアクリル酸系の分散剤[6]が，非水系ではイミド系[7]の高分子分散剤が使用される場合が多い。アルミナ微粒子の高濃度サスペンジョンの流動特性におよぼす分散剤構造の影響を検討した一例を図2に示した[6]。この図は，分子量を約 10,000 に固定し，図2中の構造式で示したように親水基（アクリル酸アンモニウム塩）と疎水基（アクリル酸メチル）の比（$m:n$）

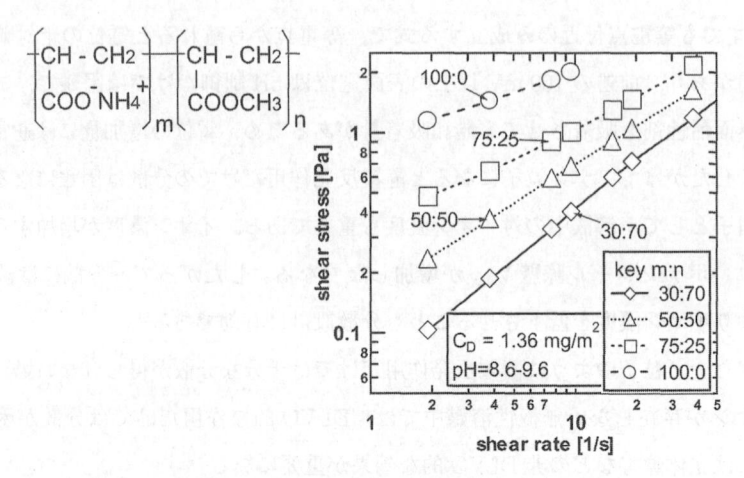

図2 構造の異なる分散剤を用いた高濃度アルミナスラリー
（35 vol%，0.1 μm）の流動特性

を変化させ，高濃度アルミナスラリー流動特性の評価結果を示している。親水基が10%の分散剤では，添加すると粘度が未添加に比べ増大し，粘度測定が不可能であった。流動化した中では親水基100%の分散剤が最も粘度が高く，親水基30%で極小となった。

この結果を微視的に解析するため，この分散剤をアルミナ焼結体鏡面研磨面に吸着させ，AFMにより表面間距離と斥力の関係を測定した結果を図3[6]に示した。縦軸正が斥力，負が引力である。図中には実測したζ-電位とイオン濃度を用いDLVO理論により求めた理論線も示した。数nm以上の表面間距離では理論と実測値は一致しているが，理論線で示される数nm以下の距離で観察されるvan der Waals引力は観察されず単調に斥力が増加している。これが分散剤吸着による立体障害効果と考えられ，親水基が30%の時最も大きい。この効果は親水基が増えるほ

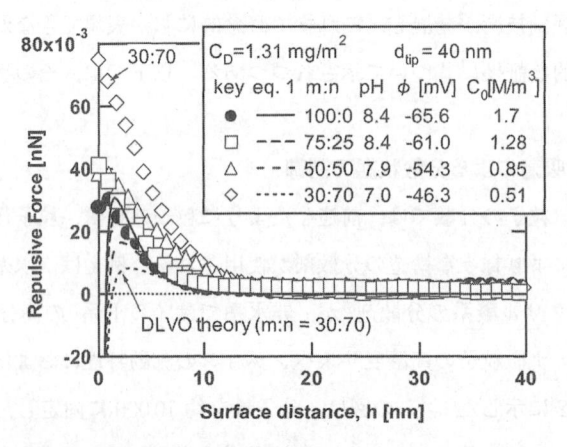

図3 構造の異なる分散剤吸着によるForce curveの変化

第3章　分散と凝集技術

ど減少し，親水基100%の分散剤では，DLVO理論線と実測値が全距離でほぼ一致し立体障害効果はほとんど作用していないと考えられる。アニオン系分散剤の吸着により表面電位は最大$-70\,\mathrm{mV}$近くまで増加しているが，静電反発作用より立体障害効果による斥力が大きく，凝集抑制に有効となっている。疎水基が適量存在すると分散剤がループ・トレイン型の構造に吸着するため，立体障害効果が現れるが，100%親水基の場合には分散剤が粒子表面にフラットに吸着し，静電反発効果しか現れず，結果的に凝集による粘度上昇が観察されたと思われる[6]。同様の解析は水系では，窒化珪素[8]，炭化珪素系[9]でも検討されている。

4.2　カップリング剤，表面グラフト重合などの表面修飾による分散状態の制御

無機系微粒子を有機溶媒や高分子に分散させる場合，粒子と溶媒・マトリックスの濡れ性が悪いため，粒子表面を炭化水素鎖で表面修飾して濡れ性の向上が試みられる。酸化物など表面にOH基を有する場合は，図4に示したようなシランカップリング剤，OH基を有さない貴金属粒子の場合は，硫黄原子を介したチオールなどが用いられる。また，一段での表面処理だけでは十分な分散性が得られない場合には，カップリング剤の炭化水素鎖の二重結合部分を利用して図4に一例を示したグラフト重合によりさらに表面を修飾する[10]。こうした表面処理により油中などでの分散安定性が向上するが，その機構として粒子表面間に立体障害的な斥力とともに粒子接触時の付着力も減少するため，凝集を阻害することが確認されている[11]。

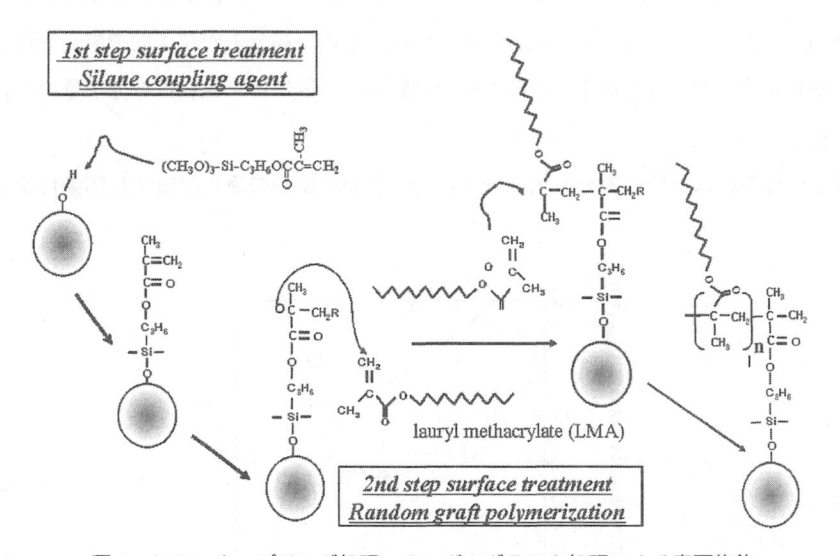

図4　シランカップリング処理，ランダムグラフト処理による表面修飾

5 ナノ粒子の分散制御

粒子径 100 nm 以下のいわゆるナノ粒子の分散制御は，サブミクロン以上の粒子とは異なる分散設計の困難さが伴う。DLVO 的な静電反発作用も，粒子が細かくなるほど大きな表面電位を与えないと分散できないことを先の図1の計算結果で示した。さらに注意すべきは，斥力ポテンシャルのピークは，表面間距離が数 nm 付近で現れるということである。ナノ粒子の高固体濃度分散系では，平均の表面間距離がこのピークが現れる距離以下になり，van der Waals 力で粒子は凝集する。粒子の平均表面間距離は，幾何学的に考えると粒子径（d_p）と粒子体積濃度（F）の関数で与えられる。Woodcock[12] は次式を提案した。

$$h = d_p [\{1/(3\pi F) + 5/6\}^{0.5}] \tag{1}$$

この式で計算した粒子表面間距離と粒子径，粒子濃度の関係を図5に示した。粒子径がサブミクロンの場合には粒子濃度が 50〜60 vol%以上にならないと図1で示した DLVO ポテンシャルの極大となる表面間距離に達しない。一方，粒子径 20 nm のナノ粒子になると 20〜30 vol%で数 nm となる。ナノ粒子でも低粒子濃度であれば DLVO 的作用で粒子分散は可能であるが，20〜30 vol%を超えるとこの作用だけで分散が困難になる。

サブミクロン粒子の液中での凝集分散制御には，一般に分子量 10,000 程度，分子サイズが数〜数 nm の高分子分散剤が用いられる。しかし，高粒子濃度のナノ粒子分散系ではこうした分散剤は粒子間に浸入できず，大きさが粒子サイズに近いため，高分子が粒子間で架橋を形成しかえって凝集を促進するケースもある。そのためナノ粒子の分散には，比較的低分子量の分散剤を使用する必要がある[13]。

ナノ粒子の分散には分散剤の分子量や分子構造，表面修飾剤の構造設計や反応条件などコロイ

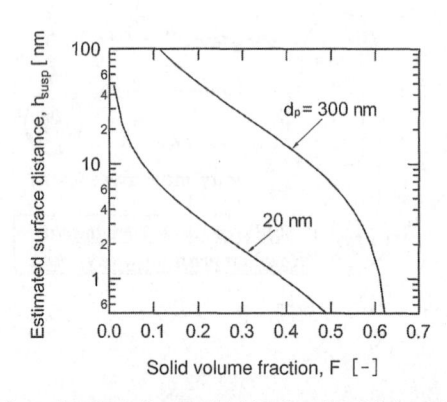

図5 表面間距離に及ぼす粒子径，粒子濃度の影響

第3章　分散と凝集技術

ド化学的な側面だけでなく，分散装置など機械的な装置条件も極めて重要となる。ナノ粒子の凝集構造の破壊，分散には，従来から遊星ミルや媒体攪拌ミルなど粉砕力の高い装置を用い，サブミリ以下の小媒体が利用されてきたが，近年では10μmオーダーの媒体が特にナノ粒子の分散に有効であることが報告されている[14]。

　ナノ粒子を作った後で分散させる方法は，市販のナノ粒子を使えるため低コストであるが，完全に分散させるには困難である。そこで，ナノ粒子を界面活性剤などで作った微小反応場（ナノプール）中で合成することで，合成段階で同時に粒子表面修飾を行う合成・分散同時操作も新たな手法として着目されている。逆ミセル法[15]やホットソープ法などがその代表的手法で，半導体ナノ粒子，所謂量子ドット等の合成法として利用されている。しかし，ミセル生成濃度に限度があり，合成粒子濃度を上げられないため，前述の量子ドットなど少量で高付加価値である製品でないと実用化に限界がある。

　近年，界面活性物質とナノ粒子の原料となる金属イオンとの錯体を水相あるいは油相中で生成させ，この錯体を核にして粒子を合成することで界面活性剤が核生成・成長段階で粒子表面に合成と同時に存在し分散性を維持する手法が報告されている[16,17]。この方法では，比較的高濃度で分散性の高い粒子が得られるため，今後発展する可能性が高い。

6　おわりに

　微粒子の分散・凝集制御法を主に液相を中心に概観した。この分野の技術的発展は著しく，ナノ粒子でも近年は比較的容易に高分散性で濃度の高いサスペンジョンが得られている。今後は，こうした分散性ナノ粒子の応用が課題となると考えられる。

文　　献

1) E. Verwey and J. Th. G. Overbeek : "Theory of the Stability of Lyophobic Colloids", Elsevier, Amsterdam, Netherlands, (1948)
2) J. Israelachvili : "Intermolecular & Surface Force", 2nd ed., Academic Press (1991)
3) 北原，渡辺："界面電気現象"　共立出版（1972）
4) T. W. Healy and D. W. Fuerstenau : *J. Colloid Sci.*, 20, 376-86 (1965)
5) M. Iijima, Y. Yonemochi, M. Kimata, M. Hasegawa, M. Tsukada, H. Kamiya, *J. Colloid & Interface Sci.*, 287, 2, 526-533 (2005)

6) H. Kamiya et al., *J. Am. Ceram. Soc.*, **82** (12), 3407-3412 (1999)
7) T. Kakui, T. Miyauchi and H. Kamiya,, *J. European Ceramic Society*, **25**, 5, 655-661 (2005)
8) H. Kamiya, S. Matsui and T. Kakui, *Ceramic Trans.* **152**, 83-92 (2004)
9) K. Sato, M. Hasegawa, M. Tsukada and H. Kamiya, *Ceramic Transactions*, **146**, 51-57 (2005)
10) C. H. Honeyman, E. A. Moran, L. Zhang, A. E. Pullen, E. J. Pratt, K.L. Houde, M. A. King, C. A. Herb, R. J. Paolini Jr., US Patent 2002/0185378 A 1
11) H. Kamiya et al., Proceeding of Nanotech 2006, (May, 2006, Boston)
12) L. V. Woodcock, Proceedings of a workshop held at Zentrum für Interdisziplinare Forschung University Bielefield, Nov. 11-13, 1985 Edited by Th. Dorfmuller and G. Williams
13) 神谷, 色材, **78**, 304-309 (2005)
14) 田原隆志, ケミカルエンジニアリング, **51**, 231-236 (2006)
15) T. Li, J.Moon, et al., *Langmuir*, **15**, 4328 (1999)
16) H. Kamiya et al., *J. Am. Ceram. Soc.*, **86** (12), 2011-18 (2003)
17) J. Park et al., *Nature Material*, **3**, 891-895 (2005)

第4章　材料プロセシング応用技術

1　半導体ナノ粒子の分散制御と蛍光特性

森　康維*

禁制帯を有する半導体粒子は，粒子径がボーア径の数倍よりも小さくなると，伝導帯と価電子帯の軌道の縮退が解け，禁制帯の幅（バンドギャップエネルギー）が広がる。粒子径がさらに小さくなると，このバンドギャップエネルギーはさらに大きくなる。このような現象を量子サイズ効果と呼ぶ。量子サイズ効果の例として，CdSeナノ粒子の発光現象が有名で，粒子径を5 nmから2.5 nmに小さくなると，蛍光波長が650 nmから480 nmに変化し[1]，同一の材料から複数の蛍光色を得ることが可能となる。すなわちこのように量子サイズ効果が出現すると，ナノ粒子の特性は粒子の大きさに依存し，粒子径の制御が極めて重要となる。このため量子サイズ効果を利用した蛍光材料の研究では，ナノ粒子の高い分散状態を保つだけでなく，精密な粒子径制御も同時に行う必要がある。この方法として次のような調製法が挙げられる。

1.1　逆ミセル法

非極性溶媒中で油溶性界面活性剤は水中のミセルと分子の向きが逆のミセル（逆ミセル）を作る。逆ミセルの内部は親水性であるから，水や無機塩水溶液を可溶化できる。逆ミセルの構成分子は動的に変化し，結果として逆ミセルそのものも合一分散を繰り返す。このため，逆ミセル内に可溶化されている物質も他のミセル内部の物質と混合・化学反応することが可能となる。これを利用することで，界面活性剤の保護作用で，高分散性を維持したナノ粒子の作製が可能となる。

逆ミセルを形成する界面活性剤にはビス（2-エチルヘキシル）スルホこはく酸ナトリウム（AOT）などのカチオン性界面活性剤，臭化セチルトリメチルアンモニウム（CTAB）などのアニオン性界面活性剤，非イオン性界面活性剤，あるいはそれらの混合物が用いられる。界面活性剤と水の濃度比（含水率，W_o）を変えることで内水相の大きさを制御でき，結果として調製されるナノ粒子の大きさを精密にコントロールできる[2]。図1は含水率3の逆ミセルを用いて作製されたZnSナノ粒子の吸収スペクトルである[3]。粒子作製直後から急激な吸収端とピークが観察されていることから，生成した粒子は単分散であることが分かる。また，作製から10日経つ

---

*　Yasushige Mori　同志社大学　工学部　物質化学工学科　教授

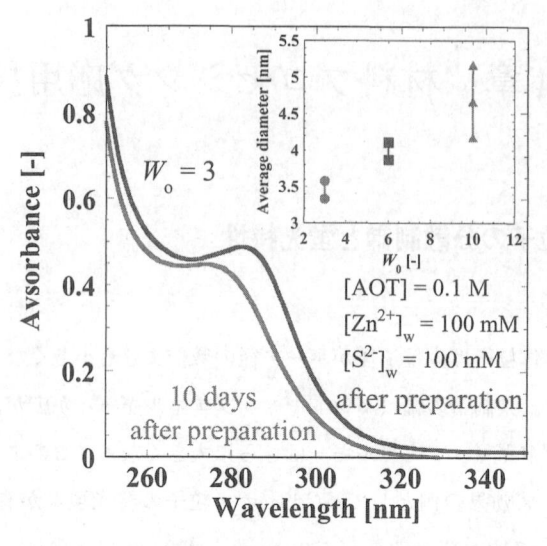

図1 逆ミセル中で作製した硫化亜鉛ナノ粒子の吸光度曲線と,それより求めた粒子径と含水率の関係

と,吸収端がレッドシフトしている。これは粒子径が僅かに大きくなっていることを示しており,逆ミセルは必ずしも長期間にわたって粒子の凝集を抑制するものではないことを示している。図1中の挿入図は含水率を変化させたときの結果である。含水率を大きくすると,粒子径を大きくすることができる。

しかしながら逆ミセル中で調製されたZnS：Mnナノ粒子のドーパント[4]やCdSナノ粒子の表

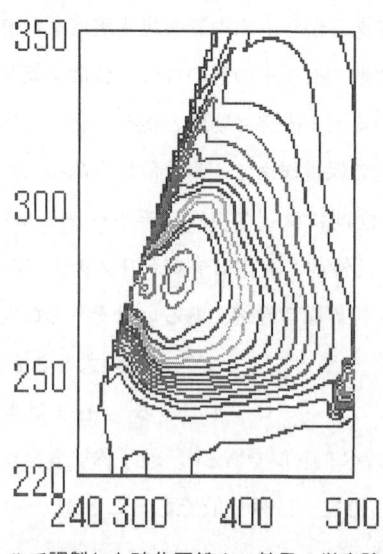

図2 逆ミセルで調製した硫化亜鉛ナノ粒子の蛍光強度マッピング
調製条件は図1と同条件,横軸は励起波長,縦軸は蛍光波長

第4章　材料プロセシング応用技術

面の欠陥準位[5]からの発光は粒子径に依存していないと報告されている。これは調製されたナノ粒子は表面に格子欠陥が多く存在し，この欠陥に励起された電子がトラップされるためにバンド端発光を得ることは難しいためである。そこでこの表面欠陥を除去することが可能になれば，バンド端発光を得ることができ，粒子径に依存した発光が得られるはずである。例えば図2に示すように，AOTの対イオンを亜鉛に置換した界面活性剤を用いた実験では，ZnSナノ粒子からバンド端発光を観察することに成功した[3]。ZhangらはCdS粒子の調製時にヘキサノールで環流操作を行うことで，ヘキサノールで表面欠陥を埋め，CdSのバンド端からの発光を得ている[6]。また，村瀬らは3～6 nmのCdTe粒子を20～30 nmのシリカ粒子中に取り込み，CdTe-シリカコロイドとすることで，数週間安定なCdTeのバンド端発光が得られたと報告している[7]。Hiraiらは逆ミセル内で作製したY-Eu水酸化物を焼成することで4～8 nmのY_2O_3：Eu^{3+}を合成した[8]。しかし，溶液法で作製されたマイクロサイズのものより蛍光強度が減少した。この理由を表面欠陥の増加によって，欠陥由来の非放射遷移過程へのエネルギー遷移量の増大によるとしている。なお，CdSを調製する溶媒によって，立方晶あるいは六方晶のCdSナノ粒子が生成するというBunkerの報告もある[9]。

1.2 有機溶媒中での表面修飾法（ホットソープ法）

　この方法は単分散で量子効率の高いバンド端発光を持つCdSeナノ粒子の作製方法として有名である[10]。ホットソープ法と呼ぶこの方法では，不活性ガス雰囲気下で界面活性剤のトリオクチルフォスフィン（TOPO）を融点以上に加熱して，高温の反応溶媒として用いる。ジメチルカドミウムとセレンをTOPO中で熱分解し，CdSeの核を作る。生成した核は溶媒であるTOPOで表面修飾され，粒子成長と凝集が抑制される。ホットソープ法で作製された粒子は極めて粒子径が揃っており，TOPOが表面欠陥を埋めるために高い量子発光効率が得られる。粒子径制御は，原料濃度や反応温度で行うことが一般的である[11]が，田代らは管型反応器で反応時間を変えることで粒子径制御に成功している[12]。さらに発光効率を高めるために表面をZnSなどのよりバンドギャップエネルギーの大きな半導体で覆う研究もある[13]。ホットソープ法は良好なナノ粒子を作製できるが，有機溶媒を大量に使用し合成温度が極めて高いため，汎用的な方法とは言い難い。

1.3 水溶液中での表面修飾法

　水を溶媒として約100℃で還流を行うと，ホットソープ法と同等の単分散性と発光効率を持つCdTeナノ粒子を得ることができたとGaponikらが報告している[14]。この方法では粒子を表面修飾する配位子にチオールやチオグリコール酸などのチオ基を持つ物質が用いられる。単分散性は粒子のオストワルド成長機構によって得られると考えられている。

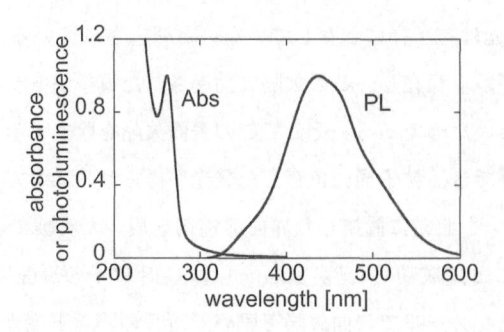

新機能微粒子材料の開発とプロセス技術

図3 チオグリセロールを用いて作製した銅ドープ型
硫化亜鉛ナノ粒子の吸光度と蛍光強度曲線

　水溶液法で用いるチオ基を持った界面活性剤は，金属イオンと容易に錯体を作り，粒子の溶解度積を大きく変える。このことを利用して本来ドープされにくい金属イオンをナノ粒子にドープすることができる。例えば銅イオンは亜鉛イオンに比べて硫化物を形成しやすく，亜鉛イオンと共沈させることが難しい。しかし，チオグリセロールで表面修飾されたCuSは溶解度が大きくなり，ZnSの溶解度に近づき，ZnSナノ粒子中に銅イオンをドープすることが容易となる。この様にして作製したZnS：Cuナノ粒子の吸収・蛍光スペクトルを図3に示す。吸収スペクトルから，水溶液法の特徴のひとつである単分散な粒子の生成が確認できる[15]。またZnSのバンドギャップ間に生成した銅イオンの準位からの発光が観察される。作製されたZnS：Cuナノ粒子の表面は界面活性剤のチオ基の硫黄イオンが粒子構成元素とイオン結合した状態になっているとの報告もある[16]。さらに界面活性剤の逆側に特定の官能基を導入することで薄膜化やガラスとの積層を実現する研究[17]や，特性の細胞のマーカーとして利用する研究[18,19]が盛んに行われている。また水溶液に分散した粒子をアルコールなどの貧溶媒の添加で凝集沈殿させ，遠心分離などで回収できる。回収した粒子は粉末状であり，水への再分散が容易である。

　チオ基を持った界面活性剤の他に，メタクリル酸[20〜22]，アクリル酸[23]などの短鎖長の有機酸や，ポリビニルアルコール[22]などの水溶性高分子が分散した溶液中で合成することで，蛍光強度を高める方法も報告されている。

文　　献

1) S. V. Gaponenko, Optical Properties of Semiconductor Nanocrystals, Cambridge University Press, pp. 41（1998, Cambridge）

第4章　材料プロセシング応用技術

2) M. P. Pileni, *J. Phys. Chem.*, **97**, 6961 (1993)
3) 新生恭幸，遠山貴也，森　康維，粉体工学会秋季研究発表会（2005，東京）
4) T. Hirai, Y. Nomura, *J. Chem. Eng. Japan.*, **37**, 675 (2004)
5) B. A. Harruff, C. E. Bunker, *Langmuir*, **19**, 893 (2003)
6) J. Zhang, L. Sun, C. Liao, C. Yan, *Solid. State. Commun.*, **124**, 45 (2002)
7) S. T. Selvan, C. Li, M. Ando, N. Murase, *Chemistry Letters*, **33**, 434 (2004)
8) T. Hirai, Y. Asada, I. Komasawa, *J. Colloid Inter. Sci.*, **276**, 339 (2004)
9) C. E. Bunker, B. A. Harruff, P. Pathak, A. Payzant, L. F. Allard, Y. P. Sun, *Langmuir*, **20**, 5642 (2004)
10) C. B. Murray, D. J. Norris, M. G. Bawendi, *J. Am. Chem. Soc.*, **115**, 8706 (1993)
11) M. Bruchez Jr., M. Moronne, P. Gin, S. Weiss, A. P. Alivisatos, *Science*, **281**, 2013 (1998)
12) 田代飛鳥，中村浩之，上原雅人，荻野和也，渡　孝則，清水　肇，前田英明，化学工学論文集，**30**, 113 (2004)
13) B. O. Dabbousi, J. Rodriguez-Viejo, FMikulec, J. R. Heine, H. Mattoussi, R. Ober, K. F. Jensen, M. G. Bawendi, *J. Phys. Chem. B*, **101**, 9463 (1997)
14) N. Gaponik, D. V. Talapin, A. L. Rogach, K. Hoppe, E. V. Shevchenko, A. Kornowski, A. Eychmueller, H. Weller, *J. Phys. Chem. B*, **106**, 7177 (2002)
15) 新生恭幸，水野雄介，土屋活美，森　康維，ナノ学会第4回大会（2006，京都）
16) A. Shavel, N. Gaponik, A. Eychmüller, *J. Phys. Chem. B*, **108**, 5905 (2004)
17) T. Tsuruoka, K. Akamatsu, H. Nawafune, *Langmuir*, **20**, 11169 (2004)
18) L. Y. Wang, L. Wang, F. Gao, Z. Y. Yu, Z. M. Wu, *Analyst*, **127**, 977 (2002)
19) C. Katie, *Anal Chem*, **77**, 354 A (2005)
20) R. N. Bhargava, D. Gallagher, X. Hong, A. Nurmikko, *Phys. Rev. Lett.*, 1994, **72**, 416 (1994)
21) Y. L. Soo, Z. H. Ming, S. W. Hunag, Y. H. Kao, R. N. Bhargava, D. Gallagher, *Phys. Rev. B*, **50**, 7602 (1994)
22) A. A. Bol, A. Meijerink, *J. Phys. Chem. B*, **105**, 10197 (2001)
23) M. Konishi, T. Isobe, M. Senna, *J. Lumin.*, **93**, 1 (2001)

2 微粒子分散型複合固体電解質材料

白川善幸*

　一般に電解質と聞いてイメージするのは液体であろう。専門書にも，電解質とはある溶媒に溶かしたときその溶液が電気伝導性を示す物質と記されている[1]。電解質を溶媒に入れたとき，電解質が解離して電荷担体（溶媒和したイオン）となり，溶液内に電場が印加されるとイオンが移動して電荷を運ぶ。このような性質は溶液に限らず溶融塩などイオンが自由に動ける状態であれば実現できる。通常，固体は液体に比べるとイオンが移動できる空間的自由度が低いため，溶液や融体と比較するとイオンは拡散し難い。しかし固体材料の中にはその特異な構造により固体の平均値より高いイオン伝導を示すものもあり，固体電解質もしくは超イオン導電体と呼ばれる[2]。代表的な固体電解質の構造を図1に示す。層状化合物は，比較的弱く結合している層間に可動イオンが入り，層間がイオンの2次元的移動経路となり高イオン伝導を示す[3]。例えばアルカリ金属とクロム酸，マンガン酸，コバルト酸などの化合物は，アルカリイオンがホストである層状酸化物に入り2次元イオン伝導する。またアルカリイオンを含む酸化物の中にはガラス化することで高いイオン伝導を示すものがあり，これは結晶よりガラスの密度が小さいため移動できる空間が広がることによる[4]。AgIは代表的な固体電解質であり，147℃で構造相転移をおこし，Iイオ

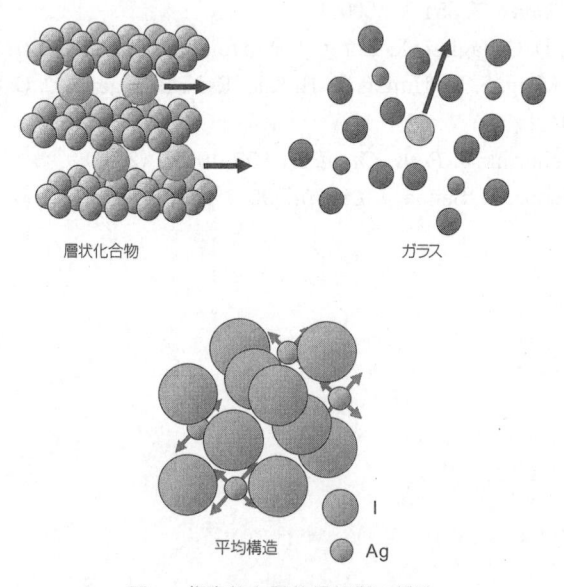

図1　代表的な固体電解質の構造

---

*　Yoshiyuki Shirakawa　同志社大学　工学部　物質化学工学科　助教授

第4章 材料プロセシング応用技術

表1 主な固体電解質のイオン伝導度

化合物名	イオン伝導度（S/m）	可動イオン
AgI	130（147℃） 300（400℃）	Ag
RbAg$_4$I$_5$	27（室温）	Ag
Na β-Al$_2$O$_3$	1.4（室温）	Na
Li$_3$N	4×10^{-2}（層に平行，室温） 10^{-6}（層に垂直，室温）	Li
Li$_{1.3}$Al$_{0.3}$Ti$_{1.7}$(PO$_4$)$_3$	7.0×10^{-2}（室温）	Li
Li$_{1.8}$Cr$_{0.8}$Ti$_{1.2}$(PO$_4$)$_3$	2.4×10^{-2}（室温）	Li
AgPS$_3$ ガラス	8×10^{-4}（25℃）	Ag
Na$_2$SiO$_3$ ガラス	2×10^{-5}（25℃）	Na
Na$_2$SiS$_3$ ガラス	1×10^{-3}（25℃）	Na
ZrO$_2$-CaZrO$_3$（CaO：～50%）	10^{-1}～100（1400℃）	O

ンが形成する格子間をAgイオンが容易に移動する平均構造になる[5]。これらの物質のイオン伝導度を表1に示す。このような高イオン伝導性は，限られた物質に見られる特異な構造による。しかし，現実の多くの物質に存在する構造欠陥がイオンの伝導を可能にする場合があり，これらを粒子に導入してイオン伝導性を付加することができる。そこで，イオンの拡散と格子欠陥の関係について最も簡単なFrenkel欠陥とSchottky欠陥で説明する。

図2に示すように理想的な格子点に配置されているイオンが，その位置からずれることによって欠陥が生じる。Frenkel欠陥は本来の位置からずれて格子の隙間に入り込んだ状態であり，隙間を縫って移動することで固体内を拡散する。Schottky欠陥はイオンが入り込むには格子間隙が狭い場合に多く起こり，中のイオンが表面にせり出して空格子点を作り，そこに別のイオンが移動し，それが続くことで空格子点が拡散して行く。イオン伝導度 σ は一般に

$$\sigma = Zn\mu \tag{1}$$

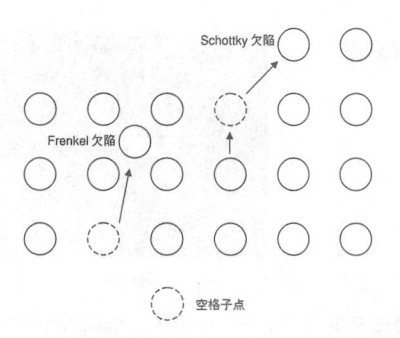

図2 Frenkel欠陥とSchottky欠陥の生成と拡散

と表すことができる。Z は可動イオンの有効電荷，n は可動イオンの密度，μ は可動イオンの易動度を表す。したがって，電荷，密度，易動度を上げれば伝導度は向上するのだが，電荷を上げて多価イオンにすると，周辺との相互作用が強くなり，易動度が減少する。したがって，欠陥を多く形成し，それが動きやすい環境を作ることが伝導度向上のための現実的な指針となる。粉体材料は，バルクよりも比表面積が大きいのでこのような欠陥が生じやすい。粒子表面の欠陥構造を制御することは固体電解質の材料設計には重要である。しかし，電解質として利用する場合，粉体材料を成形して焼結体にする場合が多いので成形体内におけるイオン拡散について考えてみる必要がある。

固体材料の多くは結晶粒によって構成されている多結晶材料である。その機能・性能は，材料を構成する個々の結晶粒の物性だけではなく，材料の微細組織，特に結晶粒間の境界である粒界，また複合粒子ならば異相界面の存在によって大きな影響を受けることが知られている[6]。特に粒界の結晶構造には格子欠陥が生成し易く，物質移動が起こり易い場である。この粒界場がイオン伝導経路となって完全な結晶よりもイオン伝導し易くなる。Zou らはいくつかの電子線による組織観察技術を用いて，(Sr, Ca) TiO_3 セラミックスの粒界における Na イオン拡散について調べ，図3のようなモデルを示している[7]。試料表面に存在していた Na イオンは，はじめに拡散し易い粒界を通って中に浸入し，それから粒内へと移動していくという順にセラミックス内に拡散していく。このように粒界と粒内ではイオンの拡散係数が異なり，イオンの自由エネルギーも異なるので粒界で偏析も起こる。これは，材料の電磁気的性質に大きく影響を与える。ところで，イオン伝導を向上させることを目的とする場合，前述したようにキャリア密度か易動度を上げなければならない。そこで電解質に酸化物微粒子を分散させてイオン伝導を上げる例を次に紹介しよう。

図4は NaCl を電解質とし，そこに Al_2O_3 を分散させた試料の SEM 写真である[8]。焼結前後で組織の様子が大きく変わっていることがわかる。焼結すると焼結前に多数存在していた NaCl 粒子間の粒界は消え，Al_2O_3 表面が NaCl に密着した状態，すなわち Al_2O_3 微粒子と NaCl マトリ

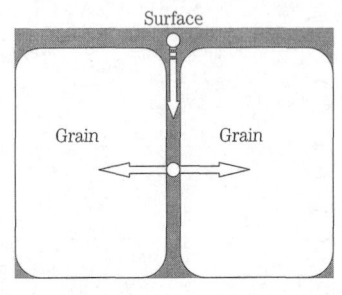

図3　粒界におけるイオン拡散モデル

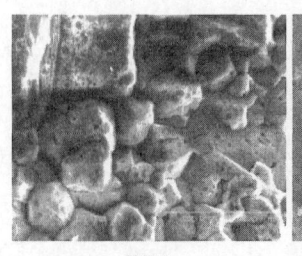

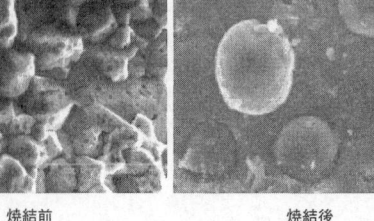

図4　NaCl マトリックスに Al_2O_3 微粒子を分散させた複合電解質の SEM 写真

第4章　材料プロセシング応用技術

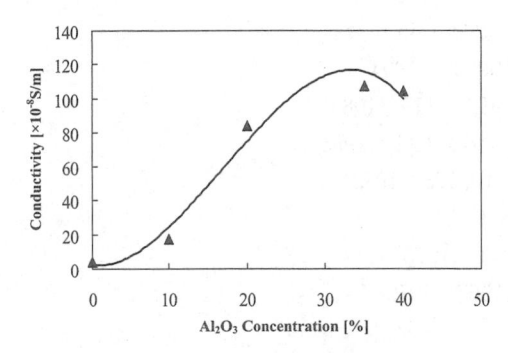

図5　NaClマトリックスに平均粒子径1.2 μm の Al_2O_3 微粒子を分散させた固体電解質のイオン伝導度

表2　複合型固体電解質の例

電解質	分散微粒子
LiI	SiO_2 / Al_2O_3
NaCl	Al_2O_3 / TiO_2
AgI	Al_2O_3 / SiO_2 / Fe_2O_3
CuCl	Al_2O_3
PbF_2	SiO_2 / Al_2O_3 / ZrO_2 / CeO_2

ックスの異相界面が形成されていることが分かる。この試料について LCR メーターを用いてイオン伝導度を測定した。その結果を図5に示す。イオン伝導度は微粒子体積割合0～35%にかけて連続的に上昇し，約35%で極大値を示し，その後減少することが分かる。これは NaCl 中に Al_2O_3 微粒子を分散させることにより，粒界における NaCl 側の結晶構造が乱れ欠陥濃度が高くなり式(1)の n が上昇し，それにともないイオン伝導度が上昇したと考えられる。一方，絶縁体微粒子を分散させることは，イオン伝導マトリックスである NaCl の相対量を減少させ，イオン伝導度が減少する。35%における極大値は，この両方の兼ね合いで決定されたと考えられる。このように電解質マトリックスに絶縁体微粒子分散させることでイオン伝導が上昇する系はいくつか存在し，その例を表2に示す[8～17]。以上，固体電荷質の数例を紹介したが，微粒子を用いた，特にナノ微粒子を用いた電磁気材料の開発はまだこれからであると考えられる。

文　献

1) 例えば永倉三郎ほか編，理化学辞典第5版，岩波書店（2002）
2) 齋藤安俊ほか編訳，固体の高イオン伝導，内田老鶴圃（1999）
3) 田中昭二ほか編，化学総説 No. 42，伝導性低次元物質の化学，学会出版センター（1983）
4) 山根正之ほか編，ガラス工学ハンドブック，朝倉書店（1999）
5) 星埜禎男，固体物理，16，298（1981）
6) 幾原雄一ほか，セラミックス材料の物理，日刊工業新聞社（1999）
7) Q. Zou *et al.*, *J. Am Ceram. Soc.*, 78, 58 （1995）

8) Y. Shirakawa *et al.*, *Adv. Powder Tech.*, (2006) in press
9) A. Kumar *et al.*, *J. Solid State Chem.*, **109**, 15 (1994)
10) F. W. Poulsen *et al.*, *Solid State Ionics*, **9&10**, 119 (1983)
12) K. Hariharan *et al.*, *J. Electrochem. Soc.*, **142**, 3469 (1995)
13) J. B. Phipps *et al.*, *Solid State Ionics*, **9&10**, 123 (1983)
14) K. Shahi *et al.*, *J. Electrochem. Soc.*, **128**, 6 (1981)
15) C. C. Liang, *J. Electrochem. Soc.*, **120**, 1289 (1973)
16) T. Jow *et al.*, *J. Electrochem. Soc.*, **126**, 1963 (1979)
17) 永井正幸, 化学工業, **12**, 828 (1999)

3 微粒子による燃料電池電極材料

福井武久*

3.1 はじめに

　燃料電池は，燃料の持つ化学エネルギーを直接電気に変換する電気化学発電デバイスである。その構造は通常の単電池と同様で，電解質を二枚の電極が挟み込んだ三層構造体である。通常の電池との違いは発電のための活物質を電極内に持たず，発電源である燃料と空気を外部から電極へ供給して半永久的に電気を得ることであり，ガス供給や廃熱回収等の補機類を組み合わせた発電システムとして適用される。火力発電のような熱エネルギーを適用した発電と比較して，燃料電池はカルノーサイクルの制約を受けず，千数百度の高温を必要としない直接発電のため，クリーンかつ高効率な発電システムとして注目を集め，世界各国で研究開発が活発に繰り広げられている。日本でも産官学挙げての開発が繰り広げられ，固体高分子形燃料電池（PEFC）では家庭用1kW級コージェネレーションシステムの実証導入が始まっている。また，PEFCより発電効率が高い高温型燃料電池である固体酸化物形燃料電池（SOFC）は1から数十kWの小型電源としての商用化の実証が，溶融炭酸塩形燃料電池（MCFC）は数百kW級の分散電源としての商用化が開始されている。

　この燃料電池の歴史は古く，イギリスのグローブ卿が1839年にその基礎原理を実証した実験が始まりと言われている。原理の実証は150年以上前と非常に古いが，燃料電池開発が本格化したのは1952年にガス拡散型電極が発明されてからである。燃料電池の電極では，ガス，電子，イオンが密接に係わる電気化学反応が生じている。この電極の反応がスムーズに進むためには，ガス，電子，イオンが出会う反応の場が広いことが不可欠であり，電極構造にその反応場が大きく影響される。燃料または酸素が電極内に拡散するガス拡散型電極の発明は，電極の性能を格段に向上し，高効率な燃料電池発電を初めて実現したのである。その後，米国において，1960年代に宇宙，軍事用電源のような特殊用途としてアルカリ形燃料電池（AFC）やPEFCの開発が進み，実用化されることになる。

　そのような燃料電池電極の構造制御には，原料となる粒子の微細構造（粒径，分布，形状，形態，組成，異種材料複合状態等）が大きく影響を及ぼす。例えば，PEFCやリン酸形燃料電池（PAFC）等の低温型燃料電池の場合，電極材料としてカーボンと貴金属の複合微粒子が適用されている。この貴金属はカーボン材料上に高分散担時された分散複合構造を形成し，貴金属の分散度や複合粒子の粒子径や分散状態が電極性能を大きく左右する。また，MCFCやSOFCの場合，Ni等の遷移金属やセラミックス材料が電極材料として適用され，原料粉体の粒度調整や組

＊　Takehisa Fukui　㈱ホソカワ粉体技術研究所　研究開発本部　執行役員　本部長

成制御等による電極構造制御が重要課題となっている。このように燃料電池開発では，原料となる粉体の総合的な微細構造制御，調整が重要な役割を果たしている。本稿では，原料微粒子の構造制御によるSOFC電極の高性能化に関する開発について解説する。

3.2 微粒子構造制御によるSOFC電極開発の概念

SOFCの電解質材料としてY_2O_3安定化ZrO_2（YSZと略称）が，空気極材料としてペロブスカイト酸化物：$La(Sr)MnO_3$（LSMと略称）等が，燃料極材料としてNi-YSZが一般的に活用されている。SOFCの構造と発電原理を図1に示す。SOFCでは，空気極側でイオン化された酸化物イオン（O^{2-}）が，電解質中を移動して，燃料極側で水素等の燃料と反応し，燃料の持つ化学エネルギーが電気エネルギーに変換される。SOFC燃料極を例として，電極微細構造と電極性能の関連を図2に示す。燃料極の内部では，水素等の燃料と空気極から電解質内を移動した酸化物イオン（O^{2-}）との電気化学反応が生じる。この電気化学反応は，Ni粒子，YSZ粒子と気相から成る反応の場（三相界面）で生じると言われている[1,2]。したがって，材料自体の持つ活性とともに，この三相界面の増大が電極性能向上をもたらし，NiとYSZ構成粒子の微細化とそれらの高分散化，さらにはNiとYSZの組成比が電極性能向上のための重要な制御因子となる。また，電極反応には，三相界面へのスムーズな酸化物イオンの移動と，反応により生じる電子の移動が不可欠である。したがってNi粒子ならびにYSZ粒子のつながりが重要となり，構成粒子サイズ，組成と分散性の制御が必要である。さらには，三相界面への水素等燃料の供給と，反応により生じる水等反応物の電極外への排出も必要であり，これらのガスがスムーズに拡散する多孔体構造

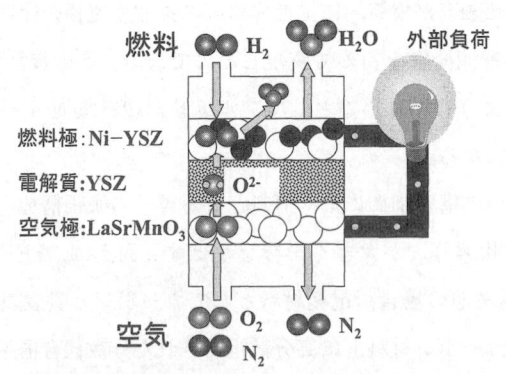

空気極反応：$O_2 + 4e^- \longrightarrow 2O^{2-}$
燃料極反応：$2H_2 + 2O^{2-} \longrightarrow 2H_2O + 4e^-$
Total反応：$2H_2 + O_2 \longrightarrow 2H_2O$

図1 固体酸化物形燃料電池の構造と発電原理

第4章 材料プロセシング応用技術

の制御も不可欠である。以上のように，燃料電池電極には複合的機能が要求され，その機能は微細構造に依存することがわかる。

原料微粒子の構造制御を活用した電極高性能化の概念を図2に示す。ナノからミクロサイズレベルでの粒径，粒度分布，組成制御，さらには微細構造制御により所望の原料微粒子を生み出し，その原料微粒子を活用して電極構造を高次に制御することにより，電極に必要な複合的機能（図3）を発現させることが本開発の概念である。所望の原料微粒子を生み出す合成，処理には，粉砕，分級や乾燥等従来の粉体処理に加え，複合化等微粒子の微細構造を制御するために，乾式機械的方法による粒子複合化技術や気相法，液相法による複合粒子合成技術が活用される。本概念に沿った SOFC 電極開発の二つの事例を以下に紹介する。

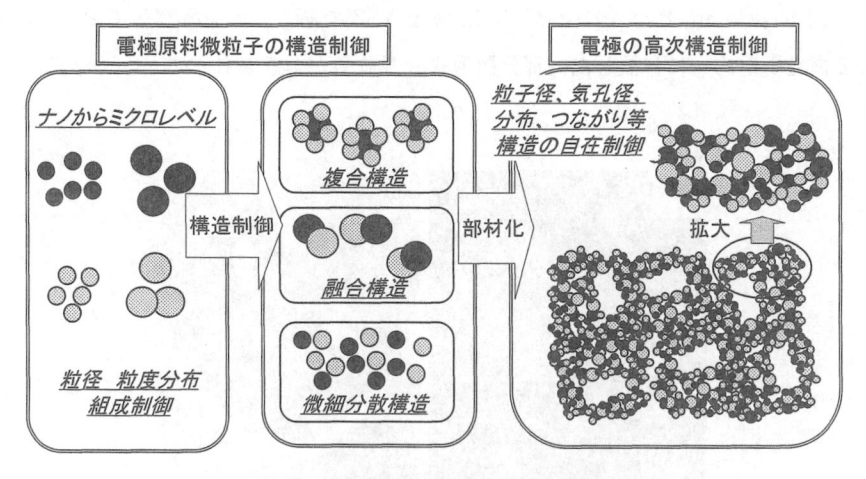

図2　高性能燃料電極の開発概念

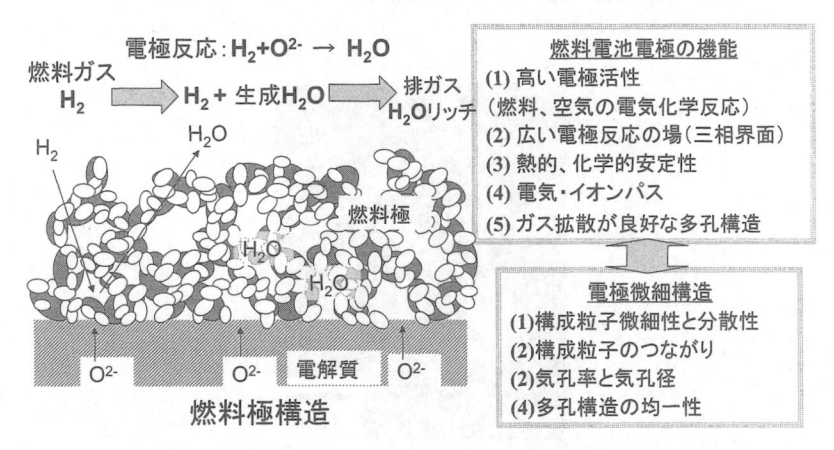

図3　Ni-YSZ サーメット燃料極の働きと微細構造の関連

3.3 LSM-YSZ 複合微粒子を用いた空気極の微細構造制御

　LSM 系の空気極では，LSM 粒子の微細化と YSZ との複合化による性能の向上が検討されてきた。それらの検討では，原料粉体の微細化，電解質への焼き付け時の粒成長抑制，YSZ 粒子との均一混合等が試みられ，空気極性能の向上が図られてきた。これらの開発の一つとして，LSM-YSZ 系空気極原料微粒子の構造制御に，液相法の一種である噴霧熱分解法が適用されている。噴霧熱分解法は，1 μm 前後の微粒子合成に適した方法であり，数元素の複合酸化物を組成ずれなく容易に合成することができる。YSZ ゾル（約 60 nm のコロイド微粒子）を用いた噴霧熱分解法により，合成された LSM-YSZ 複合微粒子の電子顕微鏡観察結果を図 4 に示す[3]。図 4(a)の SEM 観察結果から，サブミクロンの球状微粒子が，図 4(b)の TEM 観察結果から微粒子内部にナノサイズの一次微粒子が密に詰まった複合構造であることが確認できる。EDS 組成分析から，これら数十 nm サイズの微粒子は LSM と YSZ であることを確認しており，LSM 微粒子と YSZ 微粒子が均一に分散した内部分散型複合微粒子が合成されたことが分かる[3]。YSZ ゾ

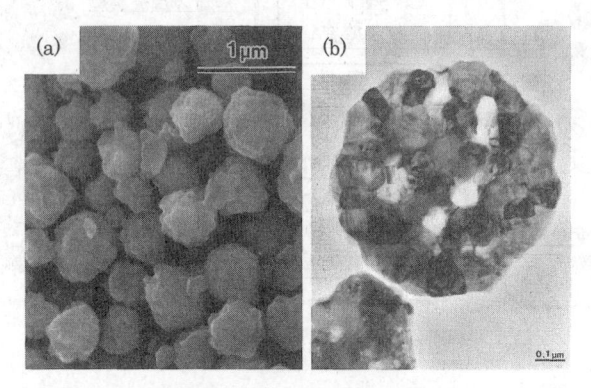

図4　LSM-YSZ 複合微粒子　(a)SEM 写真　(b)TEM 粒子断面写真[3]

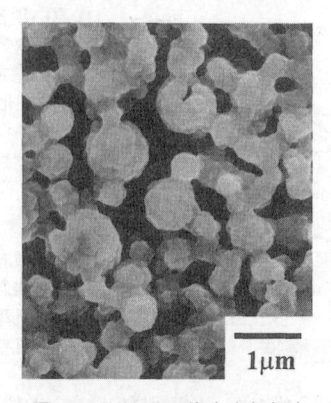

図5　LSM-YSZ 複合空気極[4]

第4章 材料プロセシング応用技術

ルがLSM一次粒子の微細化を促し，LSM-YSZ複合微粒子が合成されたものと考えられる。この複合微粒子を原料として，スクリーン印刷・焼き付け法によって作製された空気極の微細構造を図5に示す[4]。この空気極は100 nm程度の一次微細粒子から形成された二次粒子が結合した多孔構造となり，LSMとYSZ微粒子の高分散化が達成されている。なお，電極粒子の微細とYSZ複合効果により，800℃の中温域での空気極性能が向上されている[4]。

3.4 機械的粒子複合化によるNi-YSZサーメット燃料極の微細構造制御

Ni-YSZサーメット燃料極の性能向上を目指し，圧密・せん断力等の乾式・機械的処理を原理とする粒子複合化手法を適用したNiOとYSZ原料微粒子の構造制御が試みられている。この乾式機械的処理は，湿式処理と比較して工程が簡易であり，工業レベルの粉体製造に適した方法である。市販の安価なNiO及びYSZ原料粒子を原料として製造したNiO-YSZ微粒子の微細構造を図6に示す[5]。表面に点在する100 nm程度の微粒子がYSZであり，部分的にYSZ微粒子がNiOを被覆していることが分かる。このように，簡易な機械的手法によっても，NiO-YSZ複合微粒子の製造が可能である。この複合粉体を原料として作製したNi-YSZサーメット燃料極の構造を図7に示す[6]。図7(b)はNi元素の，図7(c)は酸素元素のマッピングであり，酸素元素マッピングはYSZ粒子マッピングを意味する。これらの図から，1 μm以下のNi微粒子の表面にYSZ微細粒子が埋め込まれるように存在するとともに，両微粒子が絡み合って多孔構造が形成されていることが確認できる。この電極微細構造は出発原料粉体の構造に依存し，YSZ微粒子をNiO粒子表面に強固に結合させた複合構造の結果と考えられる。なお，このNi-YSZ燃料極は，700

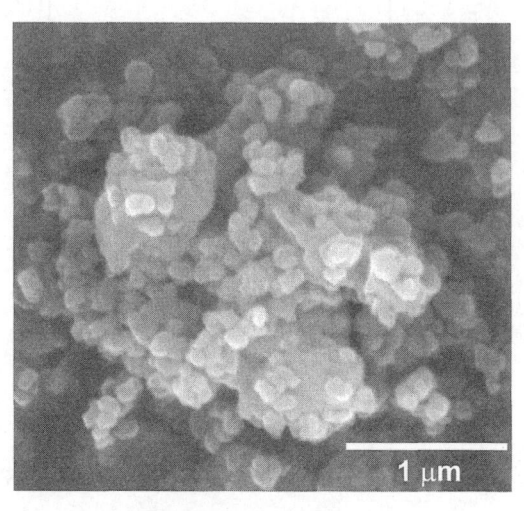

図6 NiO-YSZ複合微粒子[5]

図7 Ni-YSZ サーメット燃料極 (a)SEM写真 (b)Ni マッピング (c)酸素マッピング[6]

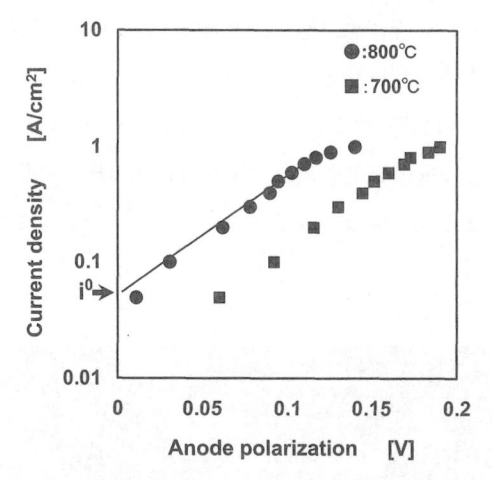

図8 Ni-YSZ サーメット燃料極の電極性能[7]

～800℃の中温作動でも優れた電極性能（図8[7]参照）を達成しており，微細な Ni と YSZ 粒子が高分散した微細構造制御が性能向上に貢献しているものと考えられる。

3.5 まとめ

原料となる粉体の合成，製造，処理技術等一連の粉体技術が燃料電池の製造に適用されている。燃料電池電極性能はその微細構造に依存し，性能向上のための粉体技術の意義と適用例について

第4章　材料プロセシング応用技術

紹介した。燃料電池の発電性能を向上するために，部材の高次な構造制御が有効な手段であり，粉体技術により生み出される構造制御された機能性微粒子がキーマテリアルとして活用されている。実用化が期待される燃料電池にはこれら機能性微粒子が不可欠であり，今後もさらにその必要性が深まると考えられる。

文　献

1) N. Q. Minh, *J. Am. Cerm. Soc.*, **76**, 563 (1993)
2) T. Kawada *et al.*, *Solid State Ionics*, **40/41**, 402 (1990)
3) T. Fukui *et al.*, *J. Am. Ceram. Soc.*, **80**, 261 (1997)
4) T. Fukui *et al.*, *J. Nanoparticle Research*, **3**, 171 (2001)
5) T. Fukui *et al.*, *J. Power Sources*, **115**, 17 (2004)
6) T. Fukui *et al.*, *Ceramic. Transaction*, **146**, 263-267 (2004)
7) K. Murata *et al*, *JCEJ*, **37**, 568, 7 (2004)

4 コロイド結晶の構造色を利用するセンシング材料

不動寺　浩*

4.1 はじめに

　自然界には構造色と呼ばれる色素や発光によらない発色現象が知られている。光の波長程度における屈折率の周期構造により生じるブラッグ反射はその典型例であり，玉虫の甲殻やモルフォ蝶の羽，孔雀の羽，真珠，貝殻などの生物あるいは化石の虹色アンモナイト，宝石のオパールなどで構造色が観察される。また，代表的な熱帯魚の1つであるルリスズメダイ（コバルトブルー）も構造色であることが知られている。興味深い点としてこのコバルトブルーの表皮色は周囲の環境によって瞬時に変化する。このメカニズムについては生物学者の藤井らによって研究された[1]。その結果，ルリスズメダイは図1Aの模式図に示した原理でチューナブルに構造色を変化していることが明らかとなった。ルリスズメダイの表皮には虹色素胞と呼ばれる組織が存在する。この組織は核を中心に高屈折率のナノサイズの反射小板が規則配列した構造を形成している。反射小板の周囲は低屈折率の細胞質なので屈折率の周期構造が形成されるため，光が選択的に反射される。ルリスズメダイの表皮がコバルトブルーに発色する原因である。さらに，この反射小板の間隔は環境変化や外的との遭遇によって拡大することで青色から緑色に構造色が変化する。

　この構造色変化を模倣することでコロイド結晶の構造色を変化させることが可能となる。コロイド結晶はコロイド粒子が規則配列しており，その周期によって入射光の特定波長の光が選択反射することで構造色が発色する。その原理は図1Bのように説明されている。コロイド結晶における入射光の選択反射は式(1)のスネル則を組み込んだブラッグ式に従う。この式で反射光波長（λ）が可視光領域（400-750 nm）に存在する時，構造色として識認することができる。

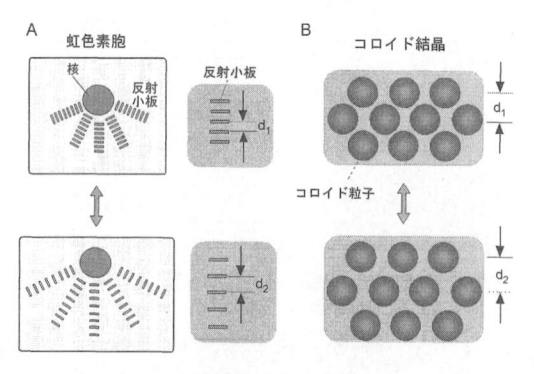

図1　ルリスズメダイの虹色素胞と配列周期が変化するコロイド結晶

---

*　Hiroshi Fudouzi　㈶独物質・材料研究機構　光材料センター　主任研究員

第4章　材料プロセシング応用技術

$$\lambda = 2d\sqrt{(n_{\text{eff}}^2 - \sin^2\theta)} \qquad (1)$$

ここで d はブラッグ反射面の配列周期，n_{eff} は平均屈折率，θ は光の入射角度となる。入射角度を一定とした条件で構造色を変えるには配列周期あるいは屈折率を制御することで可能となる。屈折率を変化させることで構造色を変化させる研究も行われているが，ここでは配列周期による構造色が変化することに注目した。図1Bに示すように，コロイド粒子の周囲を高分子などのフレーム物質によってコンポジット化することで固定できる。コロイド粒子の配列周期を d_1 から d_2 へ変化させると構造色はレッドシフトする。一方，d_2 から d_1 へ変化させると構造色はブルーシフトする。このような配列周期を制御することで構造色が変化するコロイド結晶の研究が活発である。材料自身が状況に応じて変色するスマートセンシング材料として期待されている。

4.2　コロイド結晶の分類

図2はコロイド結晶に関連する3種類のサブマイクロ構造体を説明する。いずれも図中に示したコロイドサスペンションより出発する。単分散のラテックス粒子はサスペンション中でブラウン運動とお互いの静電気斥力によりランダムな運動を行っている。粒子濃度を高めるあるいはコロイド溶液中からイオンを脱塩することで，粒子間に作用する静電相互作用によって粒子が規則的に配列した結晶を形成する。これはエントロピー効果によるアルダー相転移と呼ばれる現象である。その結晶格子は粒子濃度やイオン濃度などの各種条件によって面心立方，体心立方，単純立方などを形成することが知られている。この粒子配列による結晶はコロイド結晶と呼ばれ，古くから理学的な観点で多くの研究が行われてきた。最近，このコロイド結晶をフォトニック結晶や構造色を利用したセンサーへの応用に関心が高まっている。ここでは非最密充填型コロイド結晶と呼ぶことにする。なお，結晶化しただけの状態では単に液中でコロイド粒子が規則構造を形成しているだけで，少しの振動で結晶が崩壊する。そこでこの結晶を固定するため，紫外線架橋

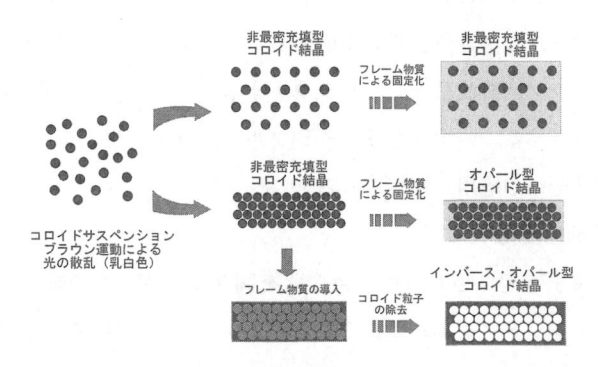

図2　構造色が変化するコロイド結晶の3つのタイプ

するハイドロジェルなどのフレーム物質で固定する。S. Asher によってこのコロイド結晶の構造色をセンシング分野へ応用しようというアイデアが提案された[2]。このハイドロジェルは pH, イオン濃度, グルコースの存在などにより湿潤変化を生じその変化が構造色の変化として認識できる。また, ハイドロジェルに圧縮応力を加えることで機械的に d を変化させ構造色が変色する材料も報告されている[3]。

これに対し, コロイド粒子が密にパッキングした最密充填型コロイド結晶を図2の中段に示す。コロイドサスペンション中の単分散粒子が移流集積などによって最密充填構造の3次元粒子集積体が形成される。このコロイド粒子集積体は天然にはオパールとしてローマ時代より知られており, 遊色効果と呼ばれる虹色の色彩は宝石としての価値を与えてきた。このオパールの虹色色彩は構成する単分散シリカ粒子のブラッグ反射面がばらつき異なる波長の光が回折するために生じる。現在, 人工オパールとして生産されている。ここでは最密充填型コロイド結晶あるいはオパール型コロイド結晶と呼ぶことにする。ところで, 乾燥したオパール型コロイド結晶はコロイド粒子が集積した状態のため非常に脆く崩れてしまう。そこで, 粒子間をフレーム物質で充填するとコンポジットとして安定な材料になる。このコンポジット材料の構造色を環境変化によって変色可能であることが報告されている[4]。

さらに, オパール型コロイド結晶からコロイド粒子を取り除いたインバース・オパール型のコロイド結晶が開発されている。規則的なポーラス構造を有しておりオパール型と同じように構造色が発色する。オパール型と同様に構造色が変化する新材料とそのセンシング特性が報告されている[5]。また, このインバース・オパール型のコロイド結晶は多孔質なので材料内部まで迅速に対象分子が短時間で浸透できる。センシング材料として重要な要素の1つである高レスポンス性が実現可能である。

4.3　構造色が変化するオパール型コロイド結晶

次に, 著者が行った研究を例とし, 図1Bに示した配列周期変化を拡大（膨潤）と収縮（機械応力）によるチューナブルな構造色材料を説明する。前者はオパール型コロイド結晶の結晶格子が拡大することでブラッグ回折波長がレッドシフトする。一方, 後者は結晶格子を収縮することで波長をブルーシフトさせる。いずれもリバーシブルな構造色変化でシフト量も制御可能な新材料でありセンシング分野への応用が期待できる。

4.3.1　膨潤による構造色変化[6]

溶媒の膨潤によって引き起こされる構造色変化を図3に示す。Aの写真はシリコンウェファ上に形成されたコンポジットフィルムである。このコンポジットは202 nm のポリスチレン粒子（Polysciences 社, Polybeads）とその隙間を埋めるシリコンエラストマー（Dow Corning 社, Syl-

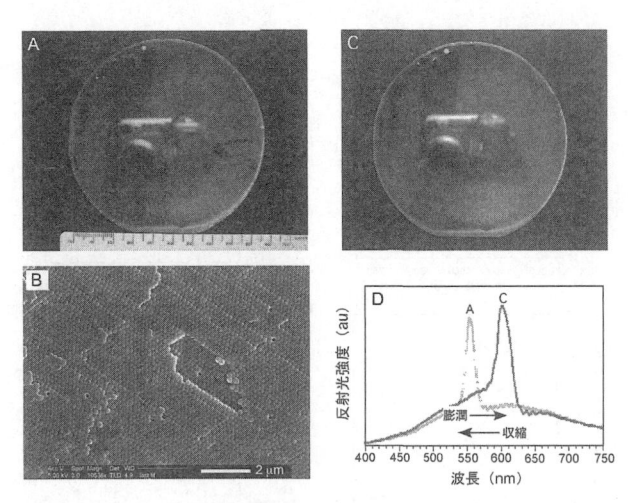

第4章 材料プロセシング応用技術

図3 シリコンエラストマーの膨潤・収縮による構造色の可逆的変化（カラー口絵写真）

gard 184）によって構成される。初期状態のコンポジットフィルムは緑色の構造色を示している。コンポジットフィルム表面を走査電子顕微鏡によって観察した2次電子像をBに示す。ポリスチレン粒子は最密充填しており規則的に配列していることが観察される。この最密配列粒子は最密充填配列層が3次元積層を形成している。また，基板であるシリコンウェファのほぼ全体（縁部を除く）の75 cm^{2}領域に図2の中段に示したようなオパール型コロイド結晶を形成している。

フィルム表面をイソプロピルアルコールで被覆すると写真Cに示すようにシリコンエラストマーの膨潤によって構造色が赤色へと変色した。この構造色変化は可逆的で溶媒が蒸発し，膨潤によって体積膨張したシリコンエラストマーは収縮することで構造色も初期状態の緑色に戻る。この膨潤・収縮による構造色変化はブラッグ回折する粒子配列面間隔の変化に起因する。Dの分光スペクトルより回折波長のピーク位置が膨潤あるいは収縮によって移動していることを示している。初期状態の反射ピークの位置は550 nmで膨潤状態では600 nmと50 nm高波長側へシフトした。図1Bの原理に基づく可逆的な構造色変化を引き起こす環境応答型の新材料といえる。

図4に示したように膨潤現象をブラッグ回折波長のピークを測定することで定量的に評価することが可能である。図4Aは異なる分子量のシリコンオイルによるシリコンエラストマーの膨潤度を示している。コンポジットフィルムは175 nmのPS粒子から構成されており，初期状態は紫色の構造色を呈していた。粘度（分子量）の異なるシリコンオイルで膨潤させると透過スペクトルのディプ位置は青，緑，黄，赤色へと移動し，かつその強度も増加することが示されている。シリコンオイルの分子量とブラッグ回折波長の関係を図4Bにプロットした。この結果から低分子のシリコンオイルほどシリコンエラストマーの膨潤度が大きいことが明らかとなった。

次に図4Cにメタノールとイソプロパノールの2種類のアルコールを混合した溶媒濃度の測定

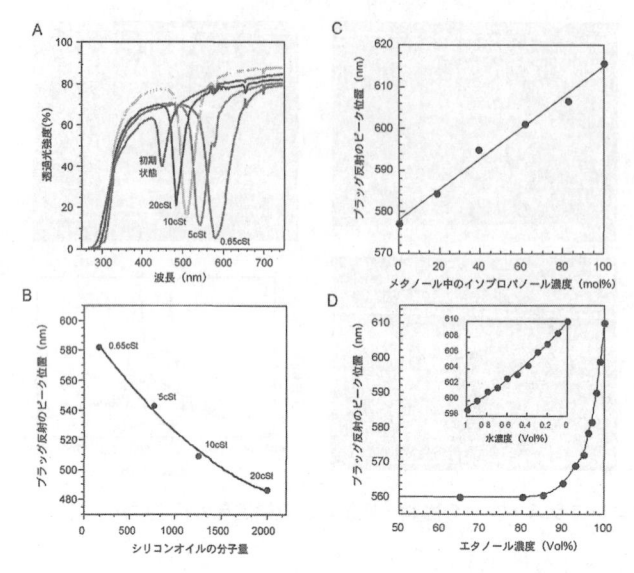

図4 膨潤の強度をブラッグ回折波長のシフト量として測定
(A, B は Figure 3 in Advanced Materials, 15, 895 (2003) より引用©Wiley-VCH)

結果を示す。波長ピークと溶媒濃度には比例関係が見られる。次に，シリコンエラストマーが膨潤現象を起こさない水とエタノール混合系の結果を図4Dに示す。この系では，エタノール濃度が80 vol%を超えるまで波長ピークの位置にほとんど変化が見られなかった。この濃度以上ではピーク位置が急速に増加し，シフト量は約50 nmであった。また，エタノール濃度が99 vol%以上の範囲を拡大した。このグラフから分かるように，エタノール中に含まれる1 vol%以下の微量水分の計測可能である事が示された。小型・簡易型のファイバー式分光スペクトル（Ocean Optics 社，USB 2000，波長分解能：0.1 nm）を使用して，エタノール中の0.1 vol%オーダーの水分濃度の違いを簡単に識別することができる。

4.3.2 機械応力による構造色変化[7]

機械応力による構造色変化するコロイド結晶の例として引き延ばすと色が変化するゴムシートを図5に示す。これはフッ素ゴムシート表面にオパール結晶型のコロイド結晶薄膜をコーティングする。写真Aは引っ張り応力を加える前の初期状態で構造色は赤色を呈している。この構造色変化は図1Bのモデルで粒子間にギャップがある下段のd_2が初期状態である。この試料に水平方向に引っ張り応力を印加した状態を写真Bに示す。弾性変形することで構造色は緑色に変化した。これは図1Bのモデルで配列周期がd_2からd_1へと縮小したことが原因である。弾性体であるゴムシート試料から印加している引張り応力を取り除くと，配列周期はd_1からd_2へと初期状態に戻る。従って，試料の構造色も緑色から赤色へと元の状態に回復した。このゴムシート

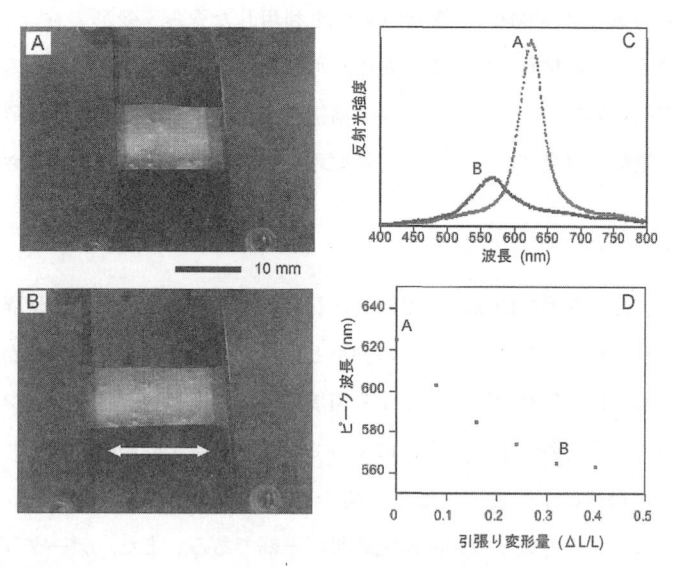

第4章　材料プロセシング応用技術

図5　引っ張り歪みによって構造色が可逆的に変化する弾性体シート（カラー口絵写真）

に対し繰り返し弾性変形を行ったが，構造色の消失などは見られなかった。

次に，弾性変形による構造色の変化をブラッグ回折の反射波長位置の変化として評価した。図5のグラフCは歪み量の異なる条件における分光スペクトルを示す。図中のAは初期状態でBは引き延ばした状態である。ゴムシートの伸長に応じ，反射ピークは低波長側へシフトした。また，その反射ピークの強度も減少しブロードになった。このピーク強度の低下は配列周期が乱れることでブラッグ反射光の強度が低下したと考えられる。伸び率（$\Delta L/L$）とピーク波長の関係をグラフDに示す。Cのそれぞれのピークを図中のA及びBとして表示している。引き伸ばし量が増加するに従いピーク波長は低波長側へシフトする。ところでポアソン比υを用いると垂直方向の歪み量ε_zと水平方向の伸び率（$\Delta L/L$）で表すことができる。また，反射ピークのシフト量$\Delta \lambda$はε_zに比例するので式2の関係が存在する。

$$\Delta \lambda \propto -\upsilon(\Delta L/L) \tag{2}$$

従って反射ピークのシフト量から伸び率（$\Delta L/L$）を求める新しい原理に基づく歪みセンサーとしての応用が可能である。

図5と同じ構造を塑性材料の表面に形成し塑性変形させるとその変形歪みを構造色変化として可視化することも可能である。例えば，塑性材料の試験片としてポリ塩化ビニルシート基板を使用した。初期状態の基板は鮮明な赤色の構造色を呈していた。この基板をガラス転移温度（100℃）以上に加熱し塑性変形を行った。その後，応力を加えた状態で冷却すると塑性変形がそのまま維持される。また，基板の一部に歪みが集中すると塑性変形の分布に応じた色変化を可視化す

ることができた（特願 2005-060454　構造色変化を利用した歪み・変形の検査法）。将来的には金属材料の塑性変形による材料のマイクロ歪みを可視化する簡便な検査技術への応用が期待できる。このような機械変形によるコロイド結晶の構造色変化を工学的に応用する研究に関心が高まっている。海外の複数の研究グループから同じ原理を利用した研究成果が報告されている[8]。

4.4　おわりに

コロイド結晶は古くより理学的な観点で研究が行われてきたサイエンスの世界であった。ここ数年は，フォトニック結晶あるいは構造色の利用という工学的な視点での研究が盛んに行われている。その中でも構造色が外部因子で変化する環境応答型の光学材料はセンシング分野での応用が期待されている。本稿が微粒子集積構造によって発現する高次機能の一例として読者の参考になれば幸いである。最後に本解説で使用した図3～5 はワシントン大学 Younan Xia 教授並びに物質・材料研究機構　澤田勉氏との共同研究成果の一部である。また，データ収集は今須淳子さんにご協力いただいた。本誌面をかりて感謝の意を表したい。

文　　献

1) 藤井良三, 細胞, 23, 11 (1991)
2) J. H. Holtz et al., *Nature*, 389, 829 (1997); J. H. Holtz et al., *Anal. Chem.*, 70, 780 (1998); K. Lee, et al., *J. Am. Chem. Soc.*, 122, 9534 (2000)
3) Y. Iwayama et al., *Langmuir*, 19, 977 (2003); S. H. Foulger et al., *Adv. Mater.*, 15, 685 (2003)
4) J. D. Debord et al., *Adv. Mater.*, 14, 658 (2002); A. C. Arsenault et al., *Adv. Mater.*, 15, 503 (2003); A. Rugge et al., *Langmuir*, 19, 7852 (2003); K. Yoshino et al., *JJAP*, 38, L 786 (1999)
5) Y. Takeoka et al., *Langmuir*, 19, 9104 (2003); Y. Takeoka, et al., *Adv. Mater.*, 15, 199 (2003); Y. J. Lee et al., *Adv. Mater.*, 15, 563 (2003); K. Sumioka et al., *Adv. Mater.*, 14, 1284 (2002); J. Li et al., *Chem. Phys. Lett.*, 390, 285 (2004)
6) H. Fudouzi et al., *Adv. Mater.*, 15, 892 (2003); H. Fudouzi et al., *Langmuir*, 19, 9653 (2003)
7) H. Fudouzi et al., *Langmuir*, 22, 1365 (2006)
8) A. C. Arsenault et al., *Nature Materials*, 5, 179 (2006); L. J. Otto et al., *Appl. Phys. Lett.*, 87, 101902 (2005)

5 セラミック微粒子を分散した高分子材料の光造形とフォトニッククリスタルおよびフラクタルの開発

桐原聡秀[*1]，宮本欽生[*2]

5.1 はじめに

　光造形法はCAD/CAMプロセスを用いて高分子製の三次元構造を高速作製する手法である。従来は工業製品の試作モデルの成型に用いられてきたが，著者らの研究グループでは高分子媒質にセラミック微粒子を分散させることで，誘電体の三次元構造を自在に造形する技術として確立した。本稿では誘電体の三次元構造により電磁波を空間的に制御するという発想をベースに，フォトニッククリスタルとフォトニックフラクタルと呼ばれる機能性構造体の開発について紹介する。フォトニッククリスタルは誘電体の周期的なパターンを有し，電磁波を回折させて完全反射する機能材料である。光や高周波の電磁波を効率よく制御できるため，国内外において活発な研究が進められている。一方，フォトニックフラクタルは誘電体の自己相似的なパターンを有し，電磁波を共振させて閉じ込める機能材料である。著者らの研究グループにより実証され，電磁波制御に新たな発想を与えるものとして注目されている。光造形法の基本原理や材料作製の過程について詳細を述べるとともに，得られた誘電体構造の電磁波特性についても解説する。

5.2 三次元光造形法の原理

　光造形法はCAD/CAMプロセスの一種であり，光硬化性樹脂を用いて三次元構造を作製するのが特徴である[1]。樹脂は液状で波長400 nm以下の紫外光により重合反応を起こして硬化するものを使用している。液面に紫外線レーザーを走査すると，その軌跡に沿って線状の硬化物を形成できるので，線を隣り合わせに何本も描けば，互いにマイクロ接合され二次元の薄い層となる。これらを積層していくという単純なプロセスの繰り返しで，複雑な三次元構造が作製できる。樹脂に高誘電率のセラミックス粉末を混合すれば，誘電体の三次元構造となる。我々が使用している光造形装置（D-MEC社製：SCS-300P）の概略を図1に示す。波長350 nmでスポット径100 μmの紫外線レーザーを樹脂液面に照射すると，直径120 μmの球状領域が形成される。レーザーを速度90 mm/sで走査し，厚さ100 μmの誘電体層を積み重ねていく。レーザーの走査やステージの移動など，すべての工程はコンピューターにより制御されている。

　CAD/CAMプロセスを採用している光造形法を用いれば，理論に基づいた設計に沿って，誘電体の三次元構造を簡単に作製することができる。以下は我々が実際に用いている手法であり，

　[*1] Soshu Kirihara　大阪大学　接合科学研究所　助教授
　[*2] Yoshinari Miyamoto　大阪大学　接合科学研究所　教授

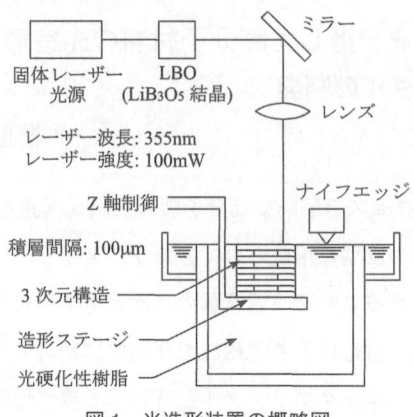

新機能微粒子材料の開発とプロセス技術

図1 光造形装置の概略図

　一般的な造形用データ作成法の一例として紹介する。はじめに作製する三次元構造をCADソフトウェアー（トヨタケーラム社製：Think Design Ver. 8.0）により設計する。三次元構造のデータファイル形式はSTL（Stereolithography）データとなる。これは光造形における標準的なファイル形式であり，構造体の表面を三角形の集合で多面体近似しているのが特徴である。つぎにスライスソフトウェアー（ディーメック社製：SCR Slice-Software Ver. 2.0）を用いて，三次元構造を二次元断面データの集合へと変換する。最後に二次元データからレーザー走査のパターンを作成するのであるが，このときに走査間隔や速度などのパラメーターを決定しなくてはならない。光造形樹脂に誘電体セラミック粒子を分散させる場合には，樹脂に対して効果的に紫外線エネルギーを与えるために，適切な造形パラメーターを選択する必要がある。

5.3　フォトニッククリスタルの開発

　半導体結晶が電子波を回折させてバンドギャップを形成するのと同様に，誘電体の人工的な周期構造も電磁波に対してバンドギャップを形成する。誘電率周期が電磁エネルギーのバンド構造を形成するという考え方は，1970年代のはじめごろ日本人研究者により世界に先駆けて提唱されたものである[2]。それから1990年代に入り，米国の研究者たちにより全方位に共通なバンドギャップが存在し得ることが理論的にも実験的にも証明され，誘電体周期構造がフォトニッククリスタルと命名されるに至ると，それに呼応する形で世界各国において研究開発ラッシュが巻き起こった[3~8]。近年ではナノ・テクノロジーの興隆と連動して光制御に強い関心が集まっているが，ミリ波やマイクロ波制御も産業応用に最も近い分野として活発な研究開発が進められている[9,10]。

　フォトニッククリスタル中に意図的に周期構造を乱すような欠陥を導入すると，バンドギャッ

第4章　材料プロセシング応用技術

プ中に許容準位を形成することも可能である。すなわち半導体結晶による電子制御と同様にフォトニッククリスタルによる電磁波制御が実現するのである[11,12]。あらゆる方向から入射する電磁波を完全反射するためには，全結晶方位にわたって同程度の周波数帯にバンドギャップが形成される必要がある。これを実現する理想的なフォトニック結晶として図2に示すダイヤモンド構造が提唱されてきた[13]。しかしながら極めて複雑な結晶構造を有するため作製が困難であり，工業的な応用への目算は立っていない状態が続いた。このような背景の基に著者らの研究グループでは，光造形法を用いてダイヤモンド構造を有するフォトニック結晶を作製しようと2000年頃から研究を始めた[14~18]。

　光造形法により作製したダイヤモンド型のフォトニック結晶を図3に示す[19,20]。直径2.85 mmで長さ4.28 mmの誘電体ロッドが三次元に展開することで格子定数が10 mmのダイヤモンド構造が精密に実現されているのがわかる。光造形法によれば任意の結晶面でカットしたサンプルを作製するのも非常に容易であり，CAD/CAMを採用したメリットが実感できる。このサンプルの結晶格子はエポキシ系樹脂で形成されており，チタニア系のセラミック粒子を15 vol%分散させてある。気孔などの欠陥もなく均一に分散していることが確認され，格子の比誘電率は測定により10であることがわかった。フォトニッククリスタルの実用化を考える場合に，格子の誘電率制御は重要な意味をもっている。比誘電率がεである媒質中では電磁波の波長が$1/\sqrt{\varepsilon}$に縮められるため，より高誘電率の格子によりフォトニッククリスタルを形成すれば，電磁波制御デバイスの更なる小型化が実現するからである。

　フォトニッククリスタルの電磁波特性はモノポールアンテナとネットワークアナライザー（Agilent Technologies HP-8720 D）を用いて測定した。測定系の概要を図4に示す。発信アンテナを結晶サンプルの中心に挿入し，受信アンテナを結晶の周囲で回転させながら電磁波の透過

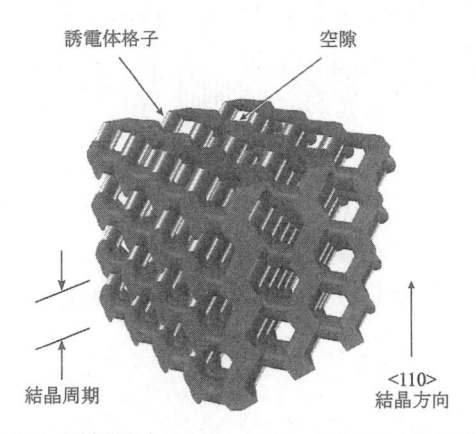

図2　ダイヤモンド構造を有するフォトニッククリスタルの三次元モデル

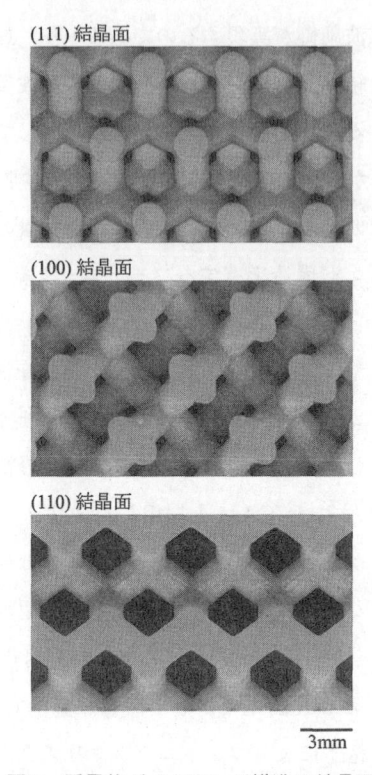

新機能微粒子材料の開発とプロセス技術

(111) 結晶面

(100) 結晶面

(110) 結晶面

3mm

図3 誘電体ダイヤモンド構造の結晶面

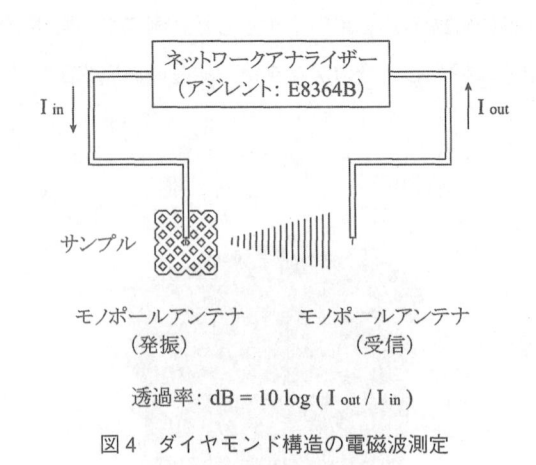

図4 ダイヤモンド構造の電磁波測定

透過率：dB = 10 log (I_{out} / I_{in})

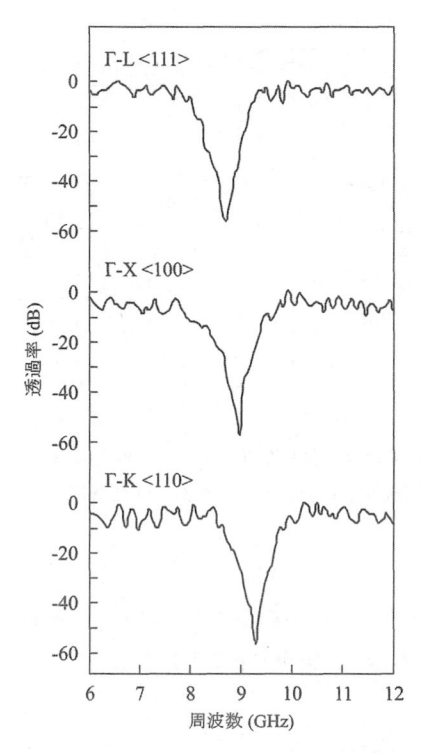

第4章 材料プロセシング応用技術

図5 ダイヤモンド構造によるフォトニックバンドギャップの形成

特性を評価した。サンプルに対する電磁波の透過率はデシベルで表される。これは電磁波の入力と出力強度の比の対数であり，0デシベルは入力強度と出力強度が等しく，電磁波がサンプルを完全に透過することを示すものである。もしフォトニッククリスタルがバンドギャップを形成し，電磁波を完全反射するのであれば，特定周波数領域における電磁波透過率の減衰が観察されるはずである。実際の測定結果である図5を見ると，Γ-L 〈111〉，Γ-X 〈100〉，Γ-K 〈110〉など主要な結晶方位に対しては，12～17 GHz 帯にわたり最大で 50 dB に達する透過率の減衰が観察され，誘電体の周期構造によるフォトニックバンドギャップの形成が確認されている。

　フォトニッククリスタルの電磁波特性は様々なシミュレーション手法によって予測されている。その中で平面波展開法による電磁気解析を紹介しよう。誘電体の無限格子に対して平面波を導入する過程の基にマクスウェルの電磁方程式を解き，バンド構造を描く解析方法である[21,22]。得られたダイヤモンド格子の電磁バンド構造を図6に示す。第一および第二ブリリアンゾーンの間において禁止帯があらゆる結晶方位で重なっており，完全フォトニックバンドギャップの形成が確認された。バンドギャップの測定値をあわせて示すと計算値と良い一致を示しており，平面波展開法は結晶構造の三次元設計に有効なツールであると言える。ギャップの共通周波数である 13.5

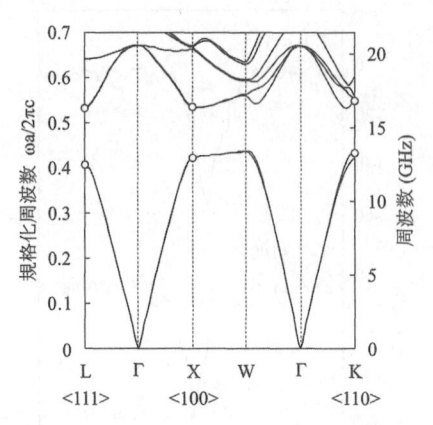

図6 平面波展開法により計算したダイヤモンド構造の電磁エネルギーバンド図
（○は電磁波透過率の測定により得られたバンドギャップ端）

～16.5 GHz 帯に属する電磁波は，結晶中をいかなる方向にも伝播できないため，内部に格子欠陥を導入すると，電磁波の閉じ込めが実現することになる．

5.4 フォトニックフラクタルの開発

フラクタルは海岸線や入道雲の複雑な隆起など，自然界に多く見られる複雑構造である[23〜25]．1975年頃に米国の数学者 Mandelbrot により提唱された幾何学概念であり，一部分が全体の縮図となる自己相似性を有する．画像解析や材料特性の予測をはじめ，流体の運動や経済の動向など，主に計算機シミュレーションにおいて，複雑系の取り扱いに威力を発揮してきた．ところが近年になって，現実に形を持つフラクタル構造が，振動に対して特異な共振を示し，固有モードを形成するとの予想が理論系の研究者の間で話題に上るようになった．金属粒子のコロイドやパターニングを施した金属薄膜など，二次元のフラクタル構造に電磁波を照射することで，共振挙動を解析する事例が多く見られた[26〜33]．我々はこのフラクトンと呼ばれる固有モードを三次元フラクタル構造において発見するべく，誘電体でフラクタル構造を作製し，電磁波挙動を解析しようと考えた．すると，電磁波が共振により構造体内部に閉じ込められるという現象が観察された．我々はこの新しい機能材料をフォトニックフラクタルと命名して研究を進めている[34,35]．

現在までの研究では，フラクタル構造としてメンジャースポンジ型を採用している[25]．その形成過程を図7により説明する．基本となる立方体を図7(a)，(b)に示すように 3×3×3 個に分割し，面心および体心位置から7個の小立方体を抜き取る．残りの小立方体に同様の操作を図7(c)，(d)のように繰り返せば，自己相似形のフラクタル構造が得られる．操作数が n 回であればフラクタル構造は第 n ステージと称され，第0ステージの立方体は特にイニシエーターと称

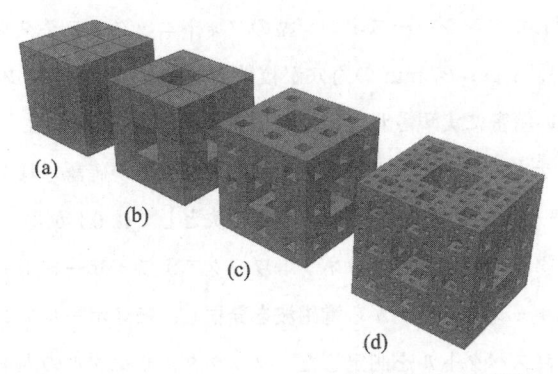

第4章 材料プロセシング応用技術

図7 メンジャースポンジ型フラクタル構造の形成過程
(a)イニシエータ，(b)第1ステージ，(c)第2ステージ，(d)第3ステージ

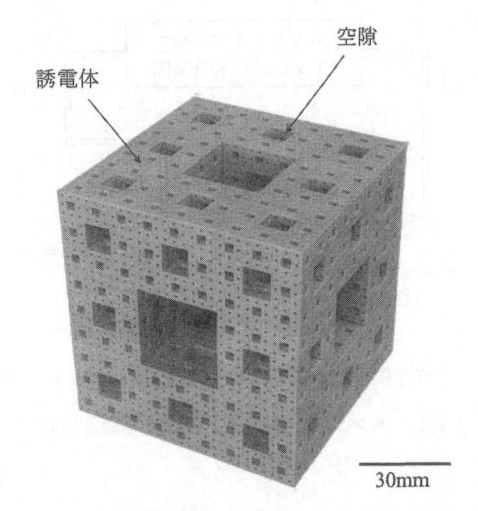

図8 メンジャースポンジ型フォトニックフラクタル（第4ステージ）

される。一般に全体形状を $1/S$ に縮小した単位 N 個によって元の全体形状が構成されるとき，その構造次元 D は式(1)により定義される。メンジャースポンジ構造では，1/3に縮小された単位が20個含まれるので2.73次元となり，数学的には平面から立体に移る間のフラクタル次元として表現される。メンジャースポンジ型フォトニックフラクタルの作製において，イニシエーターを一辺が a の誘電体バルクとするなら，第 n ステージでは寸法 $a/3$，$a/3^2$，…$a/3^n$ の角孔が貫通する形で自己相似性を有する構造の誘電率変化が実現される。

$$N = S^D, \ D = \frac{\log N}{\log S} \tag{1}$$

N：自己相似構造の数　　S：イニシエーターの分割数　　D：フラクタル次元

光造形法により作製したメンジャースポンジ型のフォトニックフラクタルを図8に示す[35]。一辺81 mmの立方体に1, 3, 9, 27 mmの角穴が複数貫通することで第4ステージの自己相似構造がCADモデルに従い精密に実現されている。媒質の組織をSEMにより観察したところ，エポキシ樹脂中におけるチタニア系セラミック粒子の均一な分散が確認された。粒子の分散量は10 vol%であり，比誘電率としては8.7が得られ，誘電損失としては0.1が得られた。

フォトニックフラクタルの電磁波特性はネットワークアナライザーを用いて評価した。測定系の概要を図9に示す。ホーンアンテナから電磁波を発振し，モノポールアンテナを受信器に用いて透過スペクトルや散乱スペクトルを測定した。フラクタルサンプルの内部および外部をモノポールアンテナで探査することで，電場強度の分布も評価した。第4ステージのサンプルにおける

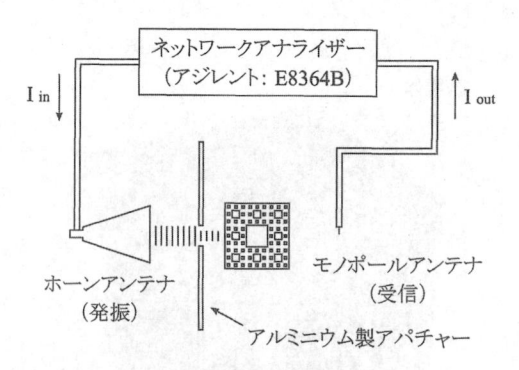

透過率, 電場強度: $dB = 10 \log(I_{out}/I_{in})$

図9 メンジャースポンジ構造の電磁波測定

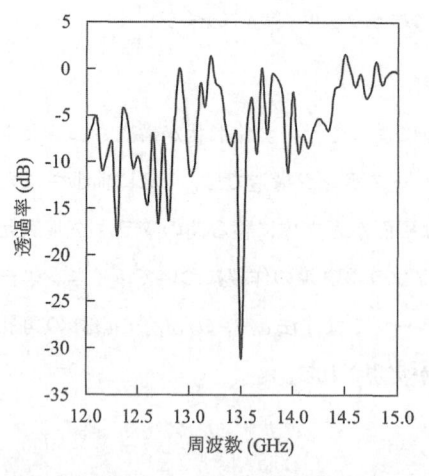

図10 メンジャースポンジ構造の電磁波透過スペクトル

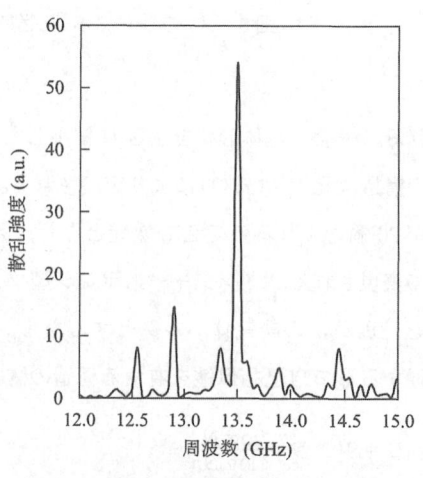

図11 メンジャースポンジ構造の電磁波散乱スペクトル

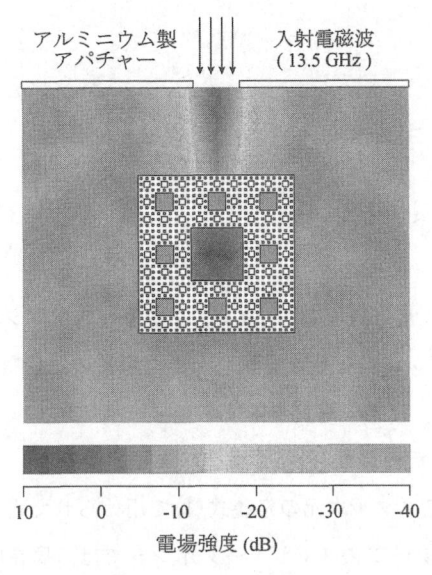

第4章　材料プロセシング応用技術

図12　メンジャースポンジ構造の内部および周辺における赤道面の電場強度分布

電磁波の透過スペクトルおよび散乱スペクトルを図10および図11にそれぞれ示す。周波数13.5 GHzにおいて構造体に対する電磁波の透過率が減少し，それに伴って構造体からの明瞭な電磁波散乱が観測されている[36]。この周波数においてフラクタル構造の内部および外部における電場強度の分布を調査したところ，図12に示すように構造体内部での電磁波局在が確認された。入射した電磁波のエネルギーが自己相似的な誘電体構造配列に共振することで局在し，一部は誘電体に吸収され，残りが全空間へ散乱光として散逸していく過程を指し示す結果が得られたと考えている。フラクタル構造のステージ数を減少させると，誘電体の体積率が増加することにより，局在周波数が低周波側へ移動する傾向が見られた。これまでの研究から局在波長を予測する実験式を得ていたが，測定によって得られた結果は良い一致を示すことが確認された。実験式は誘電体の自己相似的な配列に起因した共振を表しており，フラクタル構造による電磁波の局在や散乱が構造から生じた効果であることが裏付けられたと考えている。

エポキシ樹脂の誘電特性は，セラミック粒子の分散により向上する。異なる媒質のメンジャースポンジ構造で電磁波特性を比較すると，局在波長λおよび周波数fを表わす回帰式(2)が得られた[34]。サンプルの寸法aと有効誘電率ε_{eff}の関数となっている。有効誘電率ε_{eff}は媒質の比誘電率ε'および体積率V_fを用いて複合則から式(3)のように計算できるし，媒質の体積率V_fはフラクタル構造における幾何学的な関係から，ステージ数nと構造の次元mを用いて式(4)のように計算できる。

$$\lambda = \frac{c}{f} = \frac{2}{3} a \sqrt{\varepsilon_{\text{eff}}} \qquad (2)$$

$$\varepsilon_{\text{eff}} = \varepsilon' V_f + \varepsilon_a (1 - V_f) \qquad (3)$$

$$V_f = \left(\frac{N}{S^n} \right)^m \qquad (4)$$

λ：局在波長　　f：局在周波数　　a：メンジャースポンジの寸法
ε_{eff}：メンジャースポンジの有効誘電率　　ε'：媒質の比誘電率
ε_a：空気の比誘電率　　V_f：媒質の体積率
m：フラクタルのステージ数　　n：構造の次元

ここで N および S はフラクタル次元の定義式(1)で用いられた自己相似構造の縮尺と個数である。図8に示した第4ステージのメンジャースポンジでは、局在周波数は 13.5 GHz と予想され、測定結果と良い一致を見る。このことは、フラクタル構造の設計により電磁波特性が制御できることを表しており、フラクトンモードの形成が定量的に取り扱える現象であると確認された。

5.5　セラミック構造体の自由造形

光硬化性樹脂にセラミック粒子を混合して誘電体の三次元構造を作製する試みは、著者らの研究グループが他者に先駆けて行ってきた。最近の研究においては樹脂への粒子分散量を飛躍的に増加させるとともに、粉体焼結に関わる熱処理プロセスを取り入れることで、セラミック構造体の自由造形にも成功している。この種の光造形では、アクリル系の光硬化性樹脂に平均粒径170 nm のアルミナ粒子を 40 vol% 分散した粘性材料を用いる。自動制御のナイフエッジを用いて金属平板上に厚さ $50 \mu m$ で塗りならし、樹脂表面に紫外線レーザーを照射して任意の2次元硬化層を形成する。この工程を繰り返せばセラミック／高分子系の複合材料により複雑な3次元形状が造形できる。サンプルを大気中において昇温速度 0.3℃/min 程度で加熱 900℃ の脱脂処理を施し、高分子成分を緩やかにガス化させて取り除いた。その後に加熱温度 1700℃ で保持時間 1 hs の焼結処理を施し、3次元形状を損なうことなく焼結密度 97% 以上のセラミックス構造体を得ることに成功した。脱脂・焼結処理により構造には体積収縮が生じるが、3次元構造の設計段階においてあらかじめ収縮率を考慮すれば精密なセラミックス造形が可能である。

光造形法を用いて作製したアルミナ製フォトニッククリスタルを図13に示す。ダイヤモンド格子をモデルとした周期構造であり、寸法 Φ0.4 mm×0.6 mm の誘電体ロッドにより格子定数 1.45 mm を実現している。焼結密度は 97% 程度であり、媒質の比誘電率は 9.1 程度と見積もられた。結晶構造において Γ-X〈100〉方向に対する電磁波の透過特性を評価すると、周波数 100

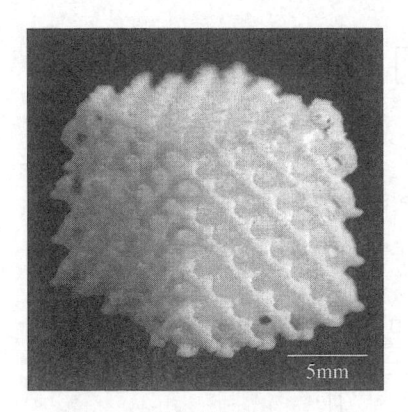

第 4 章　材料プロセシング応用技術

図 13　ミリ波制御用アルミナ製フォトニッククリスタル

図 14　ミリ波制御用アルミナ製フォトニックフラクタル

~125 GHz 程度において透過率の減衰が生じているのが観察された。平面波展開法で求めた予測値とも良い一致を確認することができた。

　光造形法を用いて作製したアルミナ製フォトニックフラクタルを図 14 に示す。寸法 7.9 mm × 7.9 mm × 7.9 mm の立方体に断面寸法 7.9/33 mm，7.9/32 mm，7.9/31 mm の角穴が 3 方向に貫通することで，メンジャースポンジ型のフラクタル構造が実現されている。焼結密度はアルキメデス法により 97% 程度である。密度の値から媒質の比誘電率を算出すると 9.1 程度となる。得られたサンプルの電磁波特性を評価したところ，周波数 120 GHz 付近において透過率の減衰と局在に応じた位相シフトの変化が生じているのが観察された。電磁波の局在周波数を見積もる実験式を提案してきたが，このときの実験結果も予測値と良い一致を示していた。

5.6　セラミック製マイクロ構造とその応用

　次世代の情報通信ネットワークには，さらなる高速・大容量化が求められることは明らかであり，電磁波もより高周波へ移行し，ミリ波およびテラヘルツ波制御の時代が到来するものと予想される。一方で，この波長域で動作するレーダーを作製すれば，材料表面の微小な亀裂や欠陥を迅速に検知できる新しい機器が実現し，航空機エンジンや電子デバイス材料の検査に有望である。また，テラヘルツ波は遠赤外線領域にも属するため，生体への親和性が高いとされている。皮膚がんの早期発見や食品の品質検査など応用範囲は広い。さらに，爆薬や麻薬などの検知にも有効であるとの報告もあり，安心・安全社会構築の一助となると期待される。

　我々の研究グループが新たに開発したマイクロ光造形装置（D-MEC 社製：SI-C 1000）を用いれば，誘電体による微細な周期構造や自己相似構造の形成が可能であり，テラヘルツ領域のフォトニックフラクタルやクリスタルの作製に威力を発揮すると考えている。構造の概要を図 15

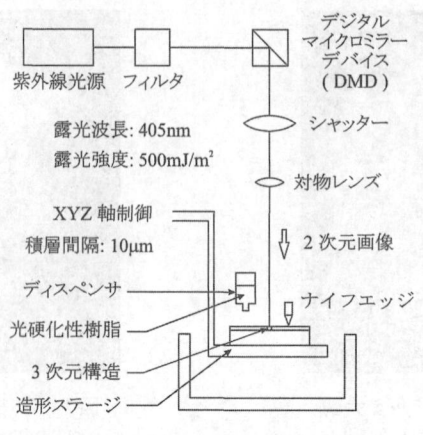

図15 マイクロ光造形装置の概略図

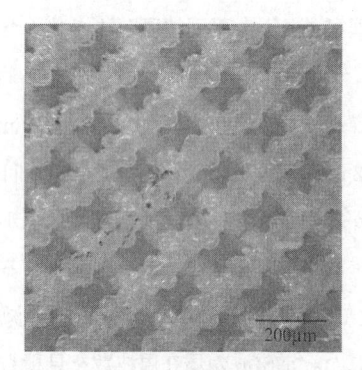

図16 テラヘルツ波制御用アルミナ製
　　　フォトニッククリスタル

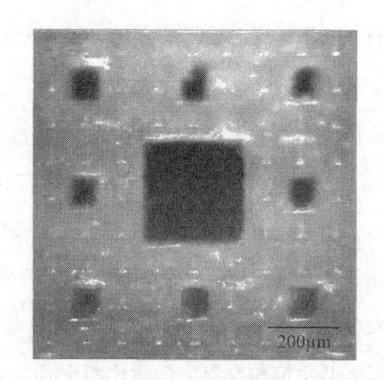

図17 テラヘルツ波制御用アルミナ製
　　　フォトニックフラクタル

に示し，実際に作製したフォトニッククリスタルおよびフラクタルを図16および図17にそれぞれ示す。アルミナ粒子を分散したアクリル系樹脂で構成されており，焼結処理を施すことでセラミック製のフォトニッククリスタルやフラクタルを作製することも可能である。セラミックス粒子を分散させた高粘度の樹脂を用いて光造形を行う手法自体は従来と同様であるが，断面イメージの露光により2次元硬化層を形成するのが特徴である。波長405 nmの光をDMD（Digital Micro Mirror Device）を用いて結像する方式を採用しており，分解能2μmで画像露光が可能である。

5.7 おわりに

現在のマイクロ波を用いた通信技術では，金属による反射や誘電体セラミックスにおける共振を利用して，電磁波の受発信や波長選択を行っている。今後より多くの情報をやり取りするため

には，より高い周波数での通信が必要になると予想されるが，100 GHz に近い超高周波になると，金属や誘電体による電磁波のエネルギー損失が大きな問題となる。セラミック製のフォトニッククリスタルやフォトニックフラクタルによる電磁波制御は，エネルギー損失が低く効率が良いことが予想される。さらに次世代の安全安心社会を構築するにあたり，テラヘルツ波の制御は最重要課題の一つと考えられるが，この周波数領域においてもマイクロ光造形法を用いたフォトニッククリスタルやフラクタルの製造技術が威力を発揮し得る。従来の電磁波制御材料の物性向上とは一線を画した，新しい発想による構造体成型法や電磁波制御技術が次世代の通信やセンシング技術を発展させるものと期待している。

文　　献

1) 丸谷洋二，"光造形法—レーザーによる3次元プロッター"，日刊工業新聞社，5（1990）
2) K. Otaka, "Energy Band of Photons and Low-energy Photon Diffraction.", *Physical Review B*, **19**, 5057（1979）
3) E. Yablonovitch, "Inhibited Spontaneous Emission in Solid-State Physics and Electronics.", *Physical Review Letters*, **58**, 2059（1987）
4) E. Yablonovitch, T. J. Gmitter, "Photonic Band Structure : The Face-Centered-Cubic Case.", *Physical Review Letters*, **63**, 1950（1989）
5) E. Ozbay, A. Abeyta, G. Tuttle, M. Trigides, R. Biswas. C. T. Chan, C. M. Soukoulis, K. M. Ho, "Measurement of a Three-Dimensional Photonic Band Gap in a Crystal Structure Made of Dielectric Rods.", *Physical Review B*, **50**, 1945（1994）
6) S. Y. Lin, J. G. Fleming, D. L. Hetherington, B. K. Smith, R. Biswas, K. M. Ho, M. M. Sigalas, W. Zubrzycki, S. R. Kurtz, J. Bur, "A Three-Dimensional Photonic Crystal Operating at Infrared Wavelength.", *Nature*, **394**, 251（1998）
7) H. B. Sun, S. Matsuo, H. Misawaa, "Three-dimensional Photonic Crystal Structures Achieved with Two-photon-absorption Photopolymerization of Resin.", *Applied Physics Letters*, **74**, 786（1999）
8) S. Noda, K. Tomoda, N. Yamamoto, A. Chutinan, "Full Three-Dimensional Photonic Bandgap Crystals at Near-Infrared Wavelengths.", *Science*, **289**, 604（2000）
9) E. R. Brown, C. D. Parker, E. Yablonovitch, "Radiation Properties of Planar Antenna on a Photonic-Crystal Substrate.", *Journal of Optical Society of America B*, **10**, 404（1993）
10) 川上彰二郎，"フォトニッククリスタル技術とその応用"，シーエムシー出版，1（2002）
11) J. D. Joannopoulos, R. D. Meade, J. N. Winn, "Photonic Crystals.", Princeton University Press, *New Jersey*, 3（1995）
12) J. D. Joannopoulos, "Photonic Band Gap Materials.", Kluwer Academic Publishers, *Nether-*

lands, (1996)
13) E. Yablonovich, "Photonic Ccrystals.", *Journal of Modern Optics*, 41, 173 (1994)
14) 桐原聡秀，宮本欽生，梶山健二："光造形法による高分子／セラミック系フォトニッククリスタルの試作"，粉体および粉末冶金，47, 239 (1999)
15) S. Kirihara, Y. Miyamoto, K. Kajiyama, "Fabrication of Ceramic/Polymer Photonic Crystals by Stereolithography and Their Microwave Properties.", *Journal of the American Ceramic Society*, 85, 1369 (2002)
16) S. Kirihara, Y. Miyamoto, K. Kajiyama, "Fabrication of Ceramic/Epoxy Photonic Crystals with Graded Lattice Spacing by Stereolithography.", Proceeding of 6 th International Symposium on Functionally Graded Materials, 3 (2000) Colorado.
17) 桐原聡秀，宮本欽生，武田三男，迫田和彰，"傾斜格子構造を有するダイヤモンド格子型および反転型フォトニッククリスタルによる電磁波制御"，粉体および粉末冶金，49, 1139 (2002)
18) 桐原聡秀，宮本欽生，笹辺修司，河原正佳，須原一樹，中川卓二，田中克彦，"フォトニッククリスタルを応用した電磁波制御用デバイス"，電磁環境工学情報　EMC，15, 100 (2002)
19) S. Kirihara, Y. Miyamoto, K. Takenaga, M. W. Takeda, K. Kajiyama, "Fabrication of electromagnetic crystals with a complete diamond structure by stereolithography.", *Solid State Communications*, 121, 435 (2002)
20) S. Kirihara, M. W. Takeda, K. Sakoda, Y. Miyamoto, "Control of Microwave Emission from Electromagnetic Crystals by Lattice Modifications", *Solid State Communications*, 124, 135 (2002)
21) J. W. Haus, "A Brief Review of Theoretical Results for Photonic Band Structures.", *Journal of Modern Optics*, 41, 195 (1994)
22) K. H. Ho, C. T. Chan, C. M. Soukoulis, "Existence of a Photonic Gap in Periodic Dielectric Structures.", *Physical Review Letters*, 65, 3152 (1990)
23) B. B. Mandelbrot, "The Fractal Geometry of Nature", *Freeman*, San Francisco, (1982)
24) 高安秀樹，本田勝也，佐野正巳，田崎晴明，村山和郎，伊藤敬祐，"フラクタル科学"，朝倉書店 (1987)
25) J. Feder, *Fractals* (Plenum, New York, 1988)
26) V. A. Markel, L. S. Muratov, M. I. Stockman, T. F. George, *Phys. Rev.* B 43, 8183 (1991)
27) V. M. Shalaev, R. Botet, A. V. Butenko, *Phys. Rev.* B 48, 6662 (1993)
28) C. Sibilia, I. S. Nefedov, M. Scolora, M. Bertolotti, *J. Opt. Soc Am.* B 15, 1947 (1998)
29) D. P. Tsai, J. Kovacs, Z. Wang, M. Moskovits, V. M. Shalaev, *Phys. Rev. Lett.* 72, 4149 (1994)
30) V. P. Safonov, V. M. Shalaev, V. A. Markel, Yu. E. Danilova, N. N. Lepeshkin, W. Kim, S. G. Rautian, R. L. Armstrong, *Phys. Rev. Lett.* 80, 1102 (1994)
31) W. Wen, L. Zhou, J. Li, W. Ge, C. T. Chan, P. Sheng, *Phys. Rev. Lett.* 89, 223901-1 (2002)
32) X. Sun and D. L. Jaggard, *J. Appl. Phys.*, 70, 2500 (1991)
33) V. N. Bolotov, *Technical Physics*, 45, 1604 (2000)

34) M. W. Takeda, S. Kirihara, Y. Miyamoto, K. Sakoda, and K. Honda, *Phys. Rev. Lett.*, **92**, 093902-1（2004）
35) Y. Miyamoto, S. Kirihara, S. Kanehira, M. W. Takeda, K. Honda, and K. Sakoda, Int'l. *J. Appl. Ceram. Tech.*, **1**, 40（2004）
36) Y. Miyamoto, S. Kirihara, M. W. Takeda, *The Chemistry Letters* **35**, 342（2006）

第Ⅳ編　微粒子シミュレーション技術

第1章　分子シミュレーション

白川善幸*

　微粒子から材料を作るとき，原料となる粒子の表面状態は最終製品の性能を決定するばかりでなく，製造プロセスにおけるハンドリングの容易さも左右するので，粒子を材料に構造化する段階でも影響を与え，特に注意を払わなければならない。これは，固体粒子が小さくなればなるほど粒子全体における活性な表面の割合が増えるためであり，粒子の物性は表面状態の影響を大きく受ける[1]。また，焼結プロセスにおける粒界での原子・分子の移動現象，触媒粒子表面の分子の吸着など，シングルナノサイズにおける粒子間ならびに粒子表面における原子・分子の挙動は，材料の機能設計において必要な情報である[2,3]。したがって，ナノレベルの状態や挙動の解析ツールは粒子設計に不可欠と考えられる。

　コンピュータシミュレーションは計算機の高速化にともない，物理や化学，材料科学の分野で重要性を増している[4]。しかし，コンピュータシミュレーションといっても極めて多くの種類があり，扱う系によって，また得たい情報によって使い分けなければならない。ナノレベルの原子・分子集団を扱うシミュレーションは，分子動力学法（MD），モンテカルロ法（MC）が一般的であろう。これまでMDもMCも各分野で極めて多くの研究がなされ，たくさんの成書，解説がある[4〜7]。そこで本章ではMDに注目し，その概略と微粒子を扱う上での問題点ならびに今後の展望について述べる。

　MD法とは，系を構成する粒子（原子や分子）について，運動方程式を数値積分することにより，粒子の位置や速度の変化を求め，粒子の運動を追跡することにより微視的および巨視的な物理量の評価を行うものである。したがって，粒子に働く力の計算がMD法にとって極めて重要になる。最近は電子状態計算を考慮して相互作用力を導出するMD法が盛んに行われているが[8]，ここではMD法の基本として粒子間相互作用力を経験的パラメーターから決定したポテンシャルから導出する古典分子動力学法を示す。

　N 個の粒子からなる系において，その中の i 原子に注目し，i 原子と他の原子との相互作用を考える。原子間のポテンシャル $\Phi(r)$ は，i 原子と j 原子の原子間距離を r_{ij} とすると，i 原子とそれ以外の $N-1$ 個の個々の原子との相互作用ポテンシャルの和で表されると近似できる。すな

---

*　Yoshiyuki Shirakawa　同志社大学　工学部　物質化学工学科　助教授

わち，

$$\Phi_i(r_{ij}) = \sum_{j=1}^{N-1} \varphi(r_{ij}) \tag{1}$$

となる。代表的なポテンシャルとして不活性ガス分子でよく使われるレナード・ジョーンズポテンシャルは

$$\varphi(r_{ij}) = 4\alpha \left\{ \left(\frac{\sigma}{r_{ij}}\right)^{12} - \left(\frac{\sigma}{r_{ij}}\right)^{6} \right\} \tag{2}$$

のように表される。σ は原子半径に関係するパラメター，α は結合の強さに関係するパラメターである。中心力場では原子に働く力は

$$F_i = -\text{grad}(\Phi_i) = -\nabla \sum_{j=1}^{N-1} \varphi_{ij}(r_{ij}) \tag{3}$$

で表される。したがって，質量 m の i 原子が受ける力 $\mathbf{F}_i$ について，ニュートンの運動方程式は

$$\frac{d^2 \mathbf{r}_i}{dt^2} = \frac{\mathbf{F}_i}{m} \quad (i = 1, 2, \cdots N) \tag{4}$$

となる。ここで $\mathbf{r}_i$ は粒子の位置ベクトルであり，運動方程式を数値積分するため，微分方程式である (4) 式を差分方程式で近似する。

$$\frac{d\mathbf{r}}{dt} = \frac{\mathbf{r}(t+\Delta t) - \mathbf{r}(t)}{\Delta t} \tag{5}$$

これを展開する方法として，代表的な Verlet の方法を示す。

時刻 t における粒子 i の位置 $\mathbf{r}_i(t)$ と速度 $\mathbf{v}_i(t)$ とを，次の2式より求めることができる。

$$\mathbf{r}_i(t+\Delta t) = 2\mathbf{r}_i(t) - \mathbf{r}_i(t-\Delta t) + (\Delta t)^2 \frac{\mathbf{F}_i(t)}{m} + O((\Delta t)^4) \tag{6}$$

$$\mathbf{v}_i(t) = \frac{1}{2\Delta t} \{\mathbf{r}_i(t+\Delta t) - \mathbf{r}_i(t-\Delta t)\} + O((\Delta t)^2) \tag{7}$$

この方法は $t+\Delta t$ における座標を用いて t の速度を計算するので，座標と速度とは Δt だけ時間のずれをともない，とびとびの離散時刻 $n\Delta t$ ($n=1, 2, 3\cdots$) における粒子の位置と速度の値が求まる。(6) 式は次のように表すことも可能である。

$$\Delta r_i(t+\Delta t) = \Delta r_i(\Delta t) + (\Delta t)^2 \frac{F_i(t)}{m} \tag{8}$$

$$r_i(t+\Delta t) = r_i(t) + \Delta r_i(t+\Delta t) \tag{9}$$

(6) 式と (8) 式，(9) 式は数学的に等価であるが，計算機での演算においては若干の違いがあ

第1章　分子シミュレーション

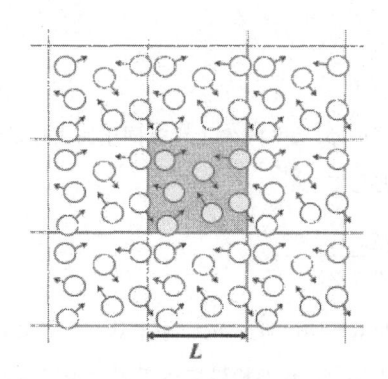

図1　周期境界条件

る．それは，$|r_i|$ に比べて $|\Delta r_i|$ は数桁小さいため，(6) 式を直接計算すると計算機内での丸め誤差が生じ，時間ステップを進めるにつれてその誤差が蓄積される．そこで，(6) 式を (8) 式と (9) 式の2段階に分けることにより後刻の座標にはその影響は伝播しなくなる．他にもニュートンの運動方程式を解くためによく使われるアルゴリズムは，velocity Verlet 法，leapflrog 法，Beeman 法，Gear 法などがある．

　MD 法では原子または分子の集合体を取り扱うわけであるが，その際，原子数は計算機の能力により制限されてしまう．扱う材料の構成分子数を考えると，1 mol としても 6.02×10^{23} 個あるため，計算機が発達したとは言えこれだけの粒子数を扱うのは難しい．したがって，シミュレーション可能なサイズで計算した結果が，実際の系とどれくらい異なるかが問題になってくる．そこで，この影響をできるだけ小さくするために用いられるのが，周期境界条件である．図1のように，中央に着目する体系として一辺 L の立方体（基本セル）を配置し，その基本セルの前後，左右上下に基本セルと同様のセル（イメージセル）を配置する．基本セルとイメージセルの境界に物理的壁はなく，粒子は境界を越えて自由に出入りできる．また，基本セル内の粒子の運動とまったく同じ運動がすべてのイメージセルで繰り返されているので，基本セルからとび出した粒子は相対する基本セルの壁から入ってくることになる．MD 法では計算時間の大部分が原子に作用する力 F_i の計算に費やされる．計算時間の削減のためにある距離 r_c（カットオフ距離）を決め，r_c 以上の相互作用を無視する方法がとられている．しかし，カットオフ距離は力が十分弱くなる範囲まで取る必要があり，したがって，基本セルサイズもそれに見合ったサイズをとらなければならない．しかしながら，クーロン力のように長距離にわたり力が減衰しない場合には，カットオフ距離 r_c を導入する近似は使えない．そこで，クーロン力を精度よく計算する方法として Ewald の方法がある[5]．

　今，系は体積 $V=L^3$ の基本セル内で計 N 個の正負イオンからなり，その電荷の総和はゼロとする．イオン i の電荷を $Z_i e$ とすると，

$$\sum_{i=1}^{N} Z_i e = 0 \tag{10}$$

である。系のクーロンエネルギー ϕ_c は系内のイオン同士およびそれとイメージセル中のイオンとの間に働くエネルギーの和として

$$\phi_c = \frac{e^2}{2} \sum_{i=1}^{N} \sum_{j=1}^{N}{'} \sum_{n} \frac{Z_i Z_j}{|\mathbf{n}L + \mathbf{r}_j - \mathbf{r}_i|} \tag{11}$$

と表される。ここで，ベクトル $\mathbf{n} = (n_1, n_2, n_3)$, $n_i = 0, \pm 1, \pm 2 \cdots (i=1, 2, 3)$ は基本セルとすべてのイメージセルの位置であり，$\mathbf{n}$ の和はすべてのセルについて行う。また，j についての和は $\mathbf{n}=(0, 0, 0)$ のとき $i=j$ の項を除く。L を長さの単位とし，イオンの位置 $\mathbf{r}$ をスケーリングすると

$$\mathbf{r} = L\mathbf{r}^* = (Lx^*, Ly^*, Lz^*) \quad 0 \leq x^*, y^*, z^* \leq 1 \tag{12}$$

となる。ここで，$\mathbf{r}^*$ は無次元化ベクトルである。そして，クーロンエネルギー ϕ_c は下式に書き換えられる。

$$\phi_c = \frac{e^2}{L} \phi_c^* \tag{13}$$

$$\phi_c^* = \frac{1}{2} \sum_{i=1}^{N} \sum_{j=1}^{N}{'} \sum_{n} \frac{Z_i Z_j}{|\mathbf{n} + \mathbf{r}_j^* - \mathbf{r}_i^*|} \tag{14}$$

Ewald の方法をまとめると以下のようになる。

$$\phi_c = \frac{e^2}{L} \phi_c^* = \frac{e^2}{L} (\phi_c^{*(1)} + \phi_c^{*(2)} + \phi_c^{*(3)}) \tag{15}$$

$$\phi_c^{*(1)} = \frac{1}{2} \sum_{i=1}^{N} \sum_{j=1}^{N}{'} \sum_{n} \frac{Z_i Z_j}{|\mathbf{n} + \mathbf{r}_j^* - \mathbf{r}_i^*|} erfc[\chi |\mathbf{n} + \mathbf{r}_j^* - \mathbf{r}_i^*|] \tag{16}$$

$$\phi_c^{*(2)} = \frac{1}{2\pi} \sum_{i=1}^{N} \sum_{j=1}^{N}{'} \sum_{h} \frac{Z_i Z_j}{|\mathbf{h}|^2} \exp\left[-\frac{\pi^2 |\mathbf{h}|^2}{\chi^2}\right] \cos[2\pi \mathbf{h} \cdot (\mathbf{r}_j^* - \mathbf{r}_i^*)] \tag{17}$$

$$\phi_c^{*(3)} = -\frac{\chi}{\sqrt{\pi}} \sum_{i=1}^{N} Z_i^2 \tag{18}$$

ここで χ はパラメーターであり，補誤差関数は

$$erfc(x) = \frac{2}{\sqrt{\pi}} \int_{x}^{\infty} e^{-\rho^2} d\rho \tag{19}$$

と定義される。また，$\mathbf{h}$ は $\mathbf{n}$ と同様に $\mathbf{h} = (h_1, h_2, h_3)$, $h_i = 0, \pm 1, \pm 2 \cdots$ で定義される。$\mathbf{h}$ に関する和において $\mathbf{h}=0$ 項は総電荷 0 の条件 (10) 式によって除かれる。以上のように力の計算

第 1 章 分子シミュレーション

が行われるわけであるが，ミクロな原子・分子の挙動をマクロな物理量と結びつける必要がある。この原子・分子サイズの情報と測定されるマクロな物性値は統計力学で結び付けられる。したがって，ある温度・圧力下でのシミュレーションを行う場合，統計力学的束縛条件をシミュレーションにかける必要がある。そしてどのような物性値を求めたいかによってシミュレーションを支配する適切な統計集団を選択しなければならない。例えばミクロカノニカル集団に従う系を取り扱うときは粒子数(N)，体積(V)，エネルギー(E) 一定条件でシミュレーションを行う。ニュートンの運動方程式はエネルギー保存則を満足するのでNVE一定のシミュレーションに使用される。しかし他の統計集団を使う場合には，別の運動方程式を使わなければならない。例えば温度一定条件で計算する場合，カノニカル集団を適用する。この温度一定を実現する方法の一つに，速度スケーリング法がある。MD法では温度が運動エネルギーの平均値として計算結果から得られるため，温度を変えることは速度を変えることになる。しかし，ステップ数を重ねるとポテンシャルエネルギーと運動エネルギーとの間でエネルギーの移動が起こるため，目的の温度を実現させるには冷却・加熱プロセスを繰り返す必要がある。すなわち，数ステップごとに速度を変更し，これを繰り返すことにより目的温度に近づけていく。今，統計平均から系内全粒子の運動エネルギーの和 E_k は

$$\langle E_k \rangle = \frac{1}{2} \langle \sum m_i v_i^2 \rangle = \frac{3}{2} nRT = \frac{3}{2} N k_B T \tag{20}$$

と表される。ここで，R，n，T，k_B はそれぞれ，気体定数，物質量，絶対温度，ボルツマン定数である。(20) 式より系の温度は次式のように表される。

$$T = \frac{\langle \sum m_i v_i^2 \rangle}{3 N k_B} \tag{21}$$

また，目的温度 T_{set} における粒子速度を $\mathbf{v}'_i$ とすると，T_{set} は次式で表される。

$$\Delta \mathbf{v}'_i(t) = \Delta t \frac{\mathbf{F}_i(t)}{m_i} = \sqrt{\frac{T_{set}}{T}} \Delta \mathbf{v}'_i(t) \tag{22}$$

(21) 式を差分運動方程式中に組み込むために，(9) 式を次のように書き換える。

$$\mathbf{r}_i(t + \Delta t) = \mathbf{r}_i(t) + \sqrt{\frac{T_{set}}{T}} \Delta \mathbf{r}_i(t) \tag{23}$$

(23) 式を用いてあるステップ毎に補正を行うことにより，一回の補正量はそれほど大きくならず，また長時間での温度平均は一定でかつ設定温度に保たれることになる。

先にも記したように，微粒子では表面積の割合が多く，表面構造が粒子物性に大きく影響を与える。表面における原子の配列は，バルク中の構造と異なる。これは原子の配位に起因する。つまり表面の原子は，配位する原子の数がバルク中と異なるために周囲から受ける力の合力が違う

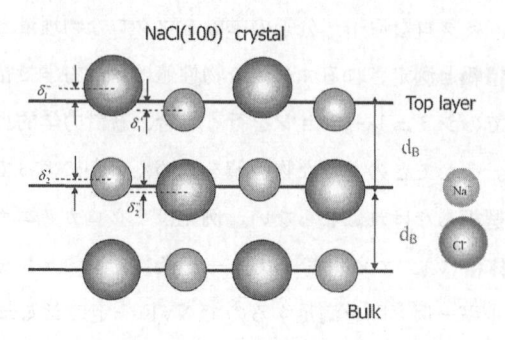

図2　塩化ナトリウムのランプリング構造

ため，表面エネルギーが最小になるように構造を変える。図2に示す表面構造は，表面のエネルギー増加を緩和するために起こる構造変化の一つで，ランプリング構造と呼ばれるものである[3,9]。陰イオンと陽イオンが表面の法線方向に互いに逆向きに変位するのが特徴で，アルカリハライドなどのイオン結晶表面で見られる構造である。また，多くの金属は，表面の原子が法線方向にわずかにずれる緩和構造をとるが，d電子を持つような一部の金属，たとえばIr，Pt，Auなどはバルクのfcc構造に表面層は六方最密をとるなど大きくその構造を変える。共有結合半導体などでは，表面原子の共有結合が切断された部分が高いエネルギーを持つダングリングボンドとなる。生成したダングリングボンドは距離が近いボンド同士は結合し，その密度を減らして全体のエネルギーを下げる。例えばSiの(001)表面では1つのSi原子にダングリングボンドが2つできるが，隣接するSi原子が近づき2量体（ダイマー）を形成しダングリングボンドの数を減らし，あと一つはダングリングボンドのまま残る。2量体形成により，表面のSi原子配列の対称性が変化することになる。これら構造の再構成の度合いは，原子の移動とダングリングボンドの減少によるエネルギー変化の兼ね合いで決まると考えられる。以上のように表面構造は，バルク（結晶内部）の断面から想像するものと大きく違うこともある。特に配列対称性がバルクと異なる場合，表面に他の分子が吸着するときの吸着サイトをバルク構造から推測するのは難しくなる。これは粒子設計を考えると極めて重要な情報であり，したがって表面構造を正確に表現できるシミュレーションを使った粒子表面設計法が望まれる。

　具体的な表面構造変化の例として，上述のランプリングについて少し詳しく見ていこう[3,9]。図2に示すように第一層目と第二層目が表面の影響で構造変化しているとする。このとき，表面第一層と第二層とがバルクと同じ面間隔d_Bで，陽イオンと陰イオンもバルクと同じ平衡位置に存在したとすると，第一層目の陽イオンと陰イオンのバルクの平衡位置からのずれをそれぞれδ_1^+，δ_1^-，同様に第二層目のずれをδ_2^+，δ_2^-とする。このとき，第一層目と第二層目の面間隔とバルクの面間隔の違いを表す緩和は以下の式で表される[10]。

第1章 分子シミュレーション

$$\varepsilon = \left(\frac{\delta_1^+ + \delta_1^-}{2 d_B} - \frac{\delta_2^+ + \delta_2^-}{2 d_B}\right) \times 100 \tag{24}$$

また,第 n 層における陽イオンならびに陰イオンの平衡位置に違いを表すランプリングは,次式のように定義される。

$$\delta\varepsilon_n = \left(\frac{\delta_n^+ - \delta_n^-}{d_B}\right) \times 100 \tag{25}$$

KI について実験,理論(シェルモデル)ならびに MD シミュレーションで比較した例を Table 1 に示す[10]。定性的によく一致している。

表1 KI 表面における緩和と第 n 層のランプリング割合についての比較

	$\varepsilon(\%)$	$\delta\varepsilon_1(\%)$	$\delta\varepsilon_2(\%)$
シェルモデル	−1.67	5.50	−3.01
実 験 値	−1.63±0.4	1.78±0.3	0.59±0.4
シミュレーション結果	−2.31	4.77	−1.47

以上は理想的に平坦な表面の構造で実際はさらに複雑な構造をしている[11,12]。例えば図3に示すように表面には階段状になったステップ,凹み部分にあたるキンクや他にも原子が抜けた欠陥などが存在する。このような部分はエネルギー的に不安定である場合が多く,結晶成長の成長端となる。このような表面形状における溶液内結晶成長の MD シミュレーション例を示す[13]。図4は立方晶 NaCl の表面に溝を掘りステップとキンクを作り,そこに溶質イオンが吸着していく様子をシミュレーションした結果である。やはり,平らな部分(テラス)よりもキンク,ステップに溶質イオンが優先的に付着していることがわかる。

これまでにも表面の MD 計算は数多くあり,粒子設計にとって興味深い結果も得られてい

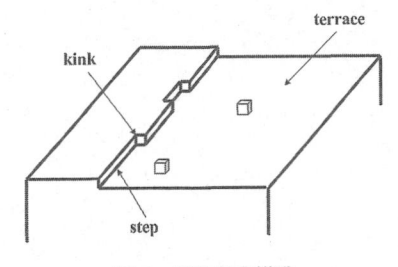

図3 結晶表面構造

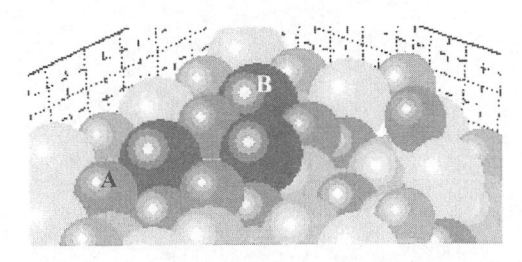

図4 結晶表面への溶質イオン吸着挙動のシミュレーション結果(カラー口絵写真)
(赤球は付着した Na イオン,青球は付着した Cl イオンを表す。オレンジ,水色の球はそれぞれ結晶表面でステップの縁となる Na イオンと Cl イオンである。)

る[14]。しかし，今後粒子や材料の機能と表面特性を結び付けて微粒子設計するためには，今より分子シミュレーションの計算スケールを拡大し，いくつかのシミュレーション方法とハイブリッドさせることが必要であると思う。

文　献

1) 例えば椿　淳一郎ほか，最新粉体物性図説（第3版），エヌジーティー（2004）
2) 塩嵜　忠ほか，絶縁・誘電セラミックスの応用技術，シーエムシー出版（2003）
3) 本多健一ほか，表面・界面工学大系　上巻　基礎編，フジ・テクノシステム（2005）
4) 川添良幸ほか，コンピュータシミュレーションによる物質科学-分子動力学とモンテカルロ法，共立出版（1996）
5) 上田　顯，コンピュータシミュレーション-マクロな系の中の原子運動-，朝倉書店（1990）
6) 岡崎　進，コンピュータシミュレーションの基礎，化学同人（2000）
7) 神山新一ほか，分子動力学シミュレーション，朝倉書店（1997）
8) S. R. Phillpot *et al.*, Microscopic Simulation of Interfacial Phenomena in Solids and Liquids, Material Research Society（1998）
9) 小間　篤ほか，表面科学入門，丸善（1994）
10) 岡沢哲晃，アルカリハライド結晶の表面構造とダイナミクスの高分解能イオン散乱と分子動力学計算による解析，博士論文，立命館大学（2003）
11) 後藤芳彦，結晶成長，内田老鶴圃（2003）
12) 齋藤幸夫，結晶成長，裳華房（2005）
13) 門田和紀ほか，粉体工学会誌，41，17（2004）
14) 高見誠一ほか，粉体工学会誌，39，459（2002）

第2章　微粒子挙動シミュレーション

宮原　稔*

1　はじめに

　粒子間や，粒子-固体表面間には，種々の起源からの相互作用力が存在し，分散・凝集・構造形成などの粒子集団の挙動に第一義的な影響を及ぼす。これは，媒質を伴う粒子分散系で特に顕著である。一般に，相互作用を持つ多数要素の集団としての挙動は予測が困難であり，とくに，非平衡あるいは動的な挙動の解明については，計算科学手法を活用し，実験的な評価解析法と組み合わせることで，それらの挙動の特性解析を行うことが望まれよう。

　前章で解説された分子シミュレーション手法は，近年の計算機能力の飛躍的向上に伴い，有用な工学ツールとして相平衡挙動や速度物性などの予測などに活発に利用されている現状にあるが，「ナノ粒子分散系」というメゾスケールかつ不均相の系を表現する手法はいまだ発展途上といえる。分子サイズから全くはずれたスケールの「粒子」や，密度が変化する領域である「固液界面」を含む不均相系では，分子シミュレーションで扱うような小スケールのセルのみでは表現しきれない重要な現象が多々存在するからである。また一方で，通常の計算流体力学のスキームに多数の粒子とその間の相互作用力を組み込むことは容易ではない。

　しかし今後の技術社会を支えるべきものは，均相系では作れないような高い機能を持った材料であり，その材料開発・技術開発に対して，絨毯爆撃的または経験的な方法から脱却し，開発のスピードや精度を向上させ得る工学ツールは，今後ますます切望されるものとなろう。

　本章では，いまだ混沌の世界にあるメゾスケールおよび粒子分散系のシミュレーションについて，「分子特性」を基礎にした分子シミュレーションと連携して，マクロ挙動の予測につなげ得るようなメゾシミュレーション手法の構成と可能性を述べる。分子，界面活性剤や高分子などの複雑分子や，粒子，マクロ流動場など，サイズがはるかに異なる構成要素を取り扱うためには，その構成は階層構造をとるのが必然となるが，分子特性をマクロにまで生かすには，階層間で分子特性を内包する情報を的確に橋渡しすべきであり，これは後述のような種々の相互作用力という情報であろう。この「橋渡し」を前提にしつつ，注目すべき手法のいくつかをとりあげ，適切なシミュレーションの組み合わせの一つとして提案したい。なお，本稿は，極めて限られた筆者

---

*　Minoru Miyahara　京都大学　大学院工学研究科　化学工学専攻　教授

の知見と，偏った興味に基づくものゆえ，網羅的検討の結果ではあり得ず，一つの「可能性」としてご理解いただきたい旨，あらかじめお願い申し上げたい。また，浅学の故の誤りや不適切な記述があれば，ご教示，ご指摘を賜れば幸いである。

2 時間・空間スケールマッピング

2.1 メゾの空白

分子シミュレーション手法の活用は盛んに行われつつあり，また，離散要素法（DEM）やストークス動力学[1]（SD：Stokesian Dynamics）の活用事例も多く見出されるが，数 nm からサブミクロン間の，いわゆるメゾスケール領域のシミュレーション事例が少ないのが現状と思われる。

この断絶が存在すると，分子情報をマクロ挙動に結びつけることが不可能となる。例えば分子動力学（Molecular Dynamics：MD）における分子間相互作用力は，Lennard-Jones 型などの経験的なものだけではなく，量子化学計算を用いた 2 分子間の安定化エネルギーから定めることも可能であり，こうした方向で相互作用データベースを構築しようとする試みも数多く，シミュレーションの階層構造の間をいわば「橋渡し」した情報のやりとりが可能である。一方で，例えば SD ではこのような情報を与え得る直下の階層が確立されていないため，もし無理矢理に分子情報から粒子間力を求めようとすれば，ミクロンオーダという（分子にとっては）超巨大規模での MD を実行せねばならない。従って，ミクロンスケール粒子間相互作用力は，現状では，コロイドプローブ原子間力顕微鏡測定（AFM）での実測フォースを用いるか，あるいは，静電系では DLVO 理論などの連続媒体の仮定に立つ予測値を用いるしかない。いずれにしても，分子情報からの道は閉ざされている。

2.2 メゾをつなぐ階層構造の一例
2.2.1 ブラウン動力学

メゾの断絶を埋める階層構造の一例として，横軸に対象系の空間スケール，縦軸に時間スケールをとった図 1 のスキームが考えられる（なお本図は各手法が多用される領域の大略を例示したものであり，手法の限界を示すものではない）。まず，今後，機能材料構成要素としてますますその重要性が高まる（数百 nm 領域までを含む広義の）ナノ粒子の挙動を予測可能な手法の確立が必要となろう。サブミクロン粒子では，熱因子であるブラウン運動の効果が顕在してくるため，これを表現可能なブラウン動力学（BD：Brownian Dynamics）がその手法として採用すべきものと考えられる。個々の溶媒分子は計算対象には含めない代わりに，その熱運動を粒子へのランダム力として表し，また粒子と溶媒の相対速度に比例する摩擦減速因子を設定するものである。

第2章　微粒子挙動シミュレーション

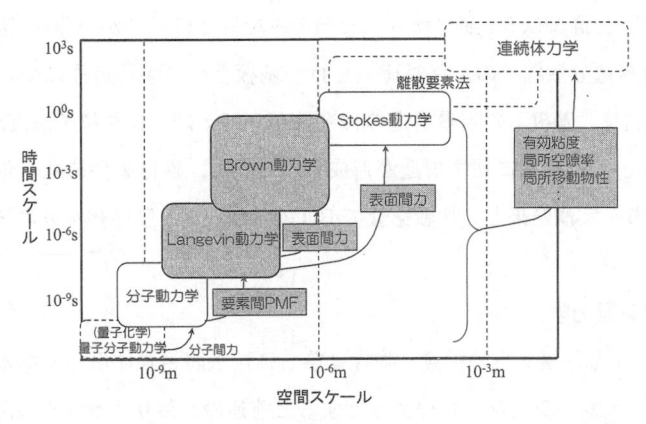

図1　分子特性をマクロにつなぐ粒子系シミュレーション階層例

また，SDと同様に，ある粒子の運動が媒体を通じて他の粒子に影響を与える，いわゆるHydrodynamic Interaction（HI）を取り込むことが可能である。

BD自体は，Ermakら[2]のHIを取り込んだBDの研究を皮切りに，主に物理学分野で80年代頃から検討が進められているが，工学分野，特に濃厚系での適用例は未だ不十分であろう。その結果として，工学的・技術的課題解決にどの程度まで有効であるのか，改善すべき点は何なのかなどが明確でない現状にあると思われる。分子動力学やモンテカルロ法は統計力学の原理を忠実に表現しており，設定された相互作用の前提で，系が示す「真の姿」を表現するが，熱運動を近似表現するBDでは，実測結果との比較・検証を得て初めて「予測」手法となり得る。このような意味で，著者らは最近，BDを用い，「広義の」ナノ粒子の基板上での秩序構造形成に関する

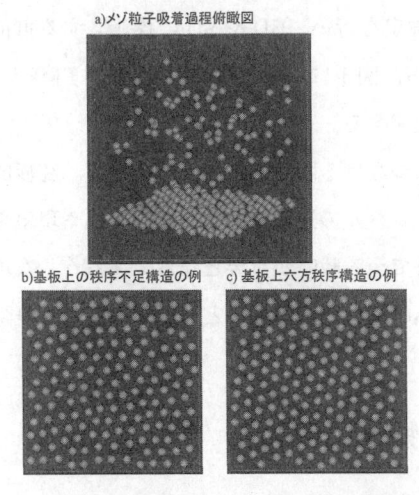

図2　メゾ粒子の基板上吸着による秩序構造形成

検討を進めている[3,4]。詳細は5.1節に譲り，一例のみを図2に示すが，(a)の俯瞰図のような，半径50 nm程度の静電分散粒子の，反対荷電を持つ基板上への吸着過程について，そのダイナミクスを追跡した結果，基板上の吸着構造の秩序性が，例えばバルク粒子濃度が低い場合(b)に比べて，高い場合(c)には容易に秩序構造が形成されるなど，操作条件に強く依存して変化することを見出しており，実測結果との比較を経てBDの手法確立と秩序化メカニズムの解明を行ってきている。

2.2.2 ランジュバン動力学

BDで必要となる下部階層からの橋渡し物性は第一に粒子間相互作用力であるが，もしこれをMDなどの分子シミュレーションから得ようとすると前述のとおりスケールの困難が生じるとともに，分散系で重要な界面活性剤や添加剤などの表面間力への効果をMDで直接見出すのも難しい。また，コロイドプローブ原子間力顕微鏡 (AFM) による直接測定は，ミクロン以下の粒子については多大な困難がある。そこで，表面間力を得るための下部階層が望まれるが，これがここで言うランジュバン動力学 (LD：Langevin Dynamics) である。

これは，BDと同様に「溶媒を省略する動力学」であり，溶媒の存在を織り込んだ相互作用ポテンシャルを用い，かつ溶媒の熱運動をランダム力として組み込む。基礎式はBDと共通 (Langevin方程式) であることから，これらを区別せず，まとめてBDと呼んだり，Stochastic Dynamicsと呼ぶこともあるが，ここで言うLDは，慣性項をあらわに持ち，前項で言うBDよりも熱運動の近似精度が高い手法である――前項で言うBDは，粒子サイズに比して溶媒分子サイズが無視小の場合に，ランダム速度を平滑化して成立するものであるが，溶媒分子集団中の界面活性剤などにはこの近似が成立しないため，ここで言うLDが必要となる。本手法も物理学分野での歴史は長いが，BDと同様，工学的応用例が少ない。この活用により，例えば界面活性剤吸着表面間の相互作用力の推定を行い，BDやSDに橋渡しする可能性が考えられる。LDではその下部階層であるMDから，図1に示すように，「要素間PMF」という橋渡し物性を得る必要があるが，これは次項で説明する。

以上が分子情報をマクロにつなげる階層構造の一例である。究極的には，これらの階層化手法群を駆使して，装置スケールレベルの連続体力学へと諸物性や現象を橋渡しすることで，工学的な「設計」問題への適用にまで至る戦略が重要となるであろう。次項では，各階層の手法について，逆にミクロからマクロへの順に，基礎式とともにその特徴を概説する。

3 メゾ領域の手法と特徴

本節で解説する各手法の特徴と基礎式を，MDと対比させて図3にまとめて示す。分子スケー

第2章　微粒子挙動シミュレーション

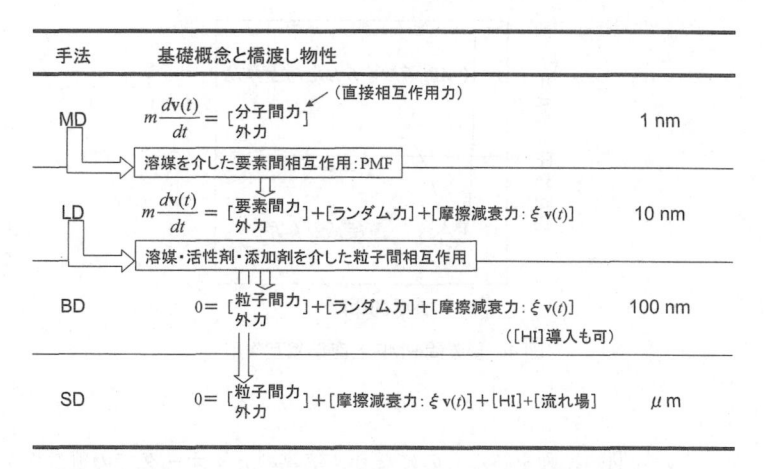

手法	基礎概念と橋渡し物性	
MD	$m\dfrac{d\mathbf{v}(t)}{dt} = \begin{bmatrix}\text{分子間力}\\ \text{外力}\end{bmatrix}$　（直接相互作用力）	1 nm
	溶媒を介した要素間相互作用：PMF	
LD	$m\dfrac{d\mathbf{v}(t)}{dt} = \begin{bmatrix}\text{要素間力}\\ \text{外力}\end{bmatrix} + [\text{ランダム力}] + [\text{摩擦減衰力}：\xi \mathbf{v}(t)]$	10 nm
	溶媒・活性剤・添加剤を介した粒子間相互作用	
BD	$0 = \begin{bmatrix}\text{粒子間力}\\ \text{外力}\end{bmatrix} + [\text{ランダム力}] + [\text{摩擦減衰力}：\xi \mathbf{v}(t)]$　（[HI]導入も可）	100 nm
SD	$0 = \begin{bmatrix}\text{粒子間力}\\ \text{外力}\end{bmatrix} + [\text{摩擦減衰力}：\xi \mathbf{v}(t)] + [\text{HI}] + [\text{流れ場}]$	μm

図3　ナノ〜メゾ領域の各手法の基礎概念と特徴

ルであるMDの典型的な空間スケールはnmオーダとなる。これと対比させながら，メゾスケール手法の特徴を見てゆく。

3.1　ランジュバン動力学

　ナノ粒子間の相互作用力や，分散系で重要な界面活性剤や添加剤の表面間力への効果を見出すのは分子シミュレーションでは困難となる。そこで，複雑分子挙動や表面間力を検討するためのメゾスケール手法として，ランジュバン動力学（LD：Langevin Dynamics）が重要となる。
　溶媒を省略し，界面活性剤や添加剤などの溶質のみを計算対象要素とする代わりに，基礎式には，ランダム力（溶媒分子の熱運動を表現）と，速度に比例する摩擦減衰力（溶媒粘性を表現）を含むランジュバン方程式を用いる。
　また，用いるべき溶質間の相互作用力は，分子動力学のような直接相互作用力ではない。例えば水中でのイオン間や界面活性剤の各サイト（親水部，疎水部）間に実質的に働く力は，介在する水分子の影響により直接の相互作用力と顕著に異なる。この力は，着目した2サイト間の距離を一定値に固定して水分子を含むMDシミュレーションを行い，各サイトが全ての周囲分子から受ける力から求めることが可能である。これを種々の距離で行い，作用力を距離で積分することで，平均力ポテンシャル（PMF：Potential of Mean Force または Solvent Averaged Potential とも呼ばれる）が得られる。このPMFを，着目する2サイト間相互作用として設定すれば，溶媒分子がなくとも各サイトはあたかも溶媒が存在するような力を感ずることになる。従って，これがMDからLDに橋渡しすべき物性となる。図4に概念的に示すように，MDでの分子間の直接相互作用が一般に滑らかな曲線であるのに対し，溶媒を介した2つのサイト間のPMFは，

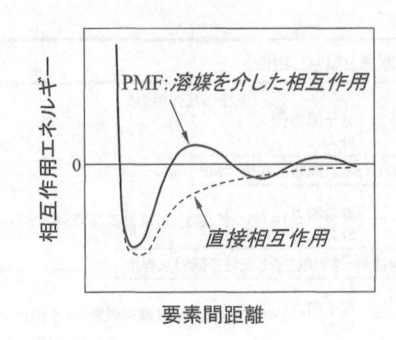

図4 要素間PMFと直接相互作用

例えば分子スケールの周期の振動を持つものになり，溶媒の分子オーダでの離散性が表現されている。最近接の安定点（ポテンシャル井戸）の深さは，溶媒との相互作用により，直接作用より大きくも小さくもなる。最近の事例は文献[5]を参照されたい。

また，実際の各サイトは周囲の溶媒分子から絶えず衝突を受けてランダムな運動をしているので，これを表現するために，ランダム力と摩擦減衰力を組み合わせて設定する。すなわち，あるサイトがある時刻に受けたランダム力による運動が，溶媒との摩擦によって減衰し，時々刻々とこれを繰り返すことでランダムな動きを模倣することができる。ここでは詳細は省略するが，あるサイトに対するランダム力の強さと摩擦減衰力は，揺動-散逸定理とEinsteinの関係によって，設定温度と無限希釈時の拡散係数に基づいて設定することができる。「ランダム力は摩擦減衰と合わせることで一定温度の熱浴の役割を果たしている」とも言える。MDから溶媒分子を省いても熱力学的に健全であるポイントは，PMFの活用と揺動-散逸関係という二点にある。理論の詳細は参考書を参照されたい[6,7]。

微小時間幅 Δt での差分化と数値積分のためのアルゴリズムは，Gunsteren & Berendsen[8]や，Allen[9]などの方法がある。例えばHattonのグループ[10,11]は，界面活性剤ミセル形成のシミュレーションを試みている。しかし彼らの問題点は，MDからではない非現実的な（振動のない）PMFを用いていることである。PMF中の振動の有無は溶質分子の配位構造に大きく影響する[12]。界面活性剤などの固体表面上／間での挙動を明らかにし，メゾスケール粒子間力の予測を可能にするには，最近の研究事例[13]に見られるように，振動を正しく取り込んだPMFに基づくLDシミュレーションが望まれよう。

より小さな溶質や短時間の挙動をシミュレートする場合には，摩擦項に「記憶関数」を導入し，またランダム力に時間相関を持たせることが必要になる。これはGeneralized Langevin Dynamicsと呼ばれ，水中のイオンの挙動を取り扱った例[14]などが見出せるが，表面力を演繹しようとする目的には，ここまでの精密化は不要と思われる。また，本来PMFは濃度依存性を持つが，

第2章 微粒子挙動シミュレーション

希薄系で求めたものを用いても良好な予測が可能であることが同文献にも述べられている。

3.2 ブラウン動力学（慣性項を無視したLD）

LDで得た粒子表面間力を基礎にBDを行うことが可能である。シングルナノ粒子では慣性項が顕在する可能性が高いが，数十～数百nm程度の粒径であれば慣性項はほぼ無視小としてよく，結果として基礎式は図3に示したものとなる。ランダム力と摩擦項はLDと同様である。この場合，「力の釣り合いで速度が決まる」ことになり，アルゴリズムは単純である。ただし，時間刻み Δt は，瞬間的な熱運動が平滑化される程度に長く，かつ，粒子間距離があまり変わらず粒子間力が一定と見なせるほど短い，という中庸の値を設定する必要がある。また，この結果として，粒子の速度はMDやLDに見るものとはその物理的意義が異なることに留意せねばならない。

本法は静電分散系など比較的希薄な粒子分散系に適用可能であり，基板表面上への粒子吸着を取り扱った例[15]などがある。

3.3 流体力学的効果を含むブラウン動力学

濃厚系では，ある粒子の運動が他の粒子に媒質を介して影響を与える。これはHydrodynamic Interaction（HI）と呼ばれ，適切な訳語がないため，ここでもこの略称を用いる。これは単に力を追加することでは表現不可能で，その長距離性・多体性と，ランダム力の存在のために，アルゴリズムはBDやSDよりもはるかに複雑になる。Ermakら[2]によってこの定式化は見事になされたが，数学的記述は複雑[2,7]で，まず，3次元N粒子系のHIは並進運動だけでも $3N \times 3N$ の行列を用いて表記され，メモリ負荷が大きく，また計算時間は N^2 に比例してしまう。さらに，HIの存在により，各粒子のランダム力が独立とならずに相関が生ずるため，全粒子のランダム変位の組み合わせが関与する特殊な乱数を発生させるという膨大な計算負荷が生じる。

従って，「ブラウン運動が無視できない小粒子の濃厚分散系で大規模系のシミュレーションを行う」ことがこの困難に直面するケースであり，これを解決可能な新たな展開が望まれる現状にある。この展望については次項でさらに述べる。

4 流体を組み込んだ最近の手法

上述のように，サブミクロン粒子の濃厚系に困難が多く，流動場が加わればさらにその困難が増す。一方で，これはナノ粒子を利用した機能性材料分野などで最も重要な系と思われ，これまでの手法の枠を越えた解決が切望されよう。流体の効果を組み込んだ粒子力学の代表例は，本節の冒頭で述べたBradyらによるストークス動力学[1]である。これは，Ermakの考えに基づき，

流体をあらわに扱うのではなく，HI を粒子間相対速度ベクトルによって表現される流体の抵抗として表現したものであるが，コーディングの複雑さ，計算安定性の悪さや計算負荷の膨大さなどの点で問題が多く，多数の粒子からなる濃厚系への適用は困難と思われる。以下に，最近発展しつつあるいくつかの手法を紹介する。

4.1 散逸粒子動力学（DPD：Disspative Particle Dynamics）

注目すべき手法として Hoogerbrugge と Koelman[16]が提案した散逸粒子動力学がある。詳細は解説[17,18]に譲るが，これは BD や LD のように溶媒を「省く」のではなく，流体を，粗視化したメゾスケール流体塊の集合として表し，その流体塊と粒子にランダム力と摩擦減衰力を作用させることで，流体と分散粒子の挙動を表現するものであり，BD では取り扱い困難な HI を完全に表現可能である。また，計算負荷は粒子数 N に線型である。

揺動-散逸原理からその基礎式が LD と同一になることが，ここで特に本手法に注目する理由である。即ち，計算手法に LD と高い共通性を持つと思われ，Generalized Mesoscale Simulation とも呼ぶべきシミュレーション体系を構築できる可能性がある。ただし現状では，粗視化流体塊サイズ，時間刻み，コロイド粒子表面での境界条件などに一般的指針がなく経験的に設定されており，この点に解決がなされればその有用性は極めて高いものとなろう。今後の発展に期待したい。

4.2 流体粒子動力学（FPD：Fluid Particle Dynamics）

流体ベースのシミュレーション法を粒子分散系に適用できれば，自ずと HI を取り込んだものとなるが，固体の粒子をそのまま流体中に設定すると，運動する境界条件を取り扱うことになり，多大な困難が生ずる。もともと複雑流体の相分離過程を研究していた Tanaka らは，粒子を「相分離した極めて高粘度の流体」と捉えることで，この困難を排除することに成功し，「流体粒子動力学」として提案した[19]。粒子は「高粘度物質の濃度場」として表現され，系全体は連続流体と見なせるため，Navier-Stokes 式で系全体を表現できる。コロイド粒子を表す高粘度流体の媒体に対する粘度比は 50 程度で十分な精度が得られると報告している。これを用いて，粒子凝集過程において，HI の有無によって生成する凝集構造が全く異なるという興味深い結果を例示している。

4.3 格子ボルツマン法（LBM：Lattice Boltzmann Method）

FPD と同様に，流体のシミュレーション手法である格子ボルツマン法をコロイド系に適用できれば，HI を表現可能なはずである。LBM は，流体を，計算対象領域の格子点間隔に応じた有

第2章　微粒子挙動シミュレーション

限速度ベクトルを持つ多数の仮想粒子の集合体で近似し，その並進と衝突の過程を，仮想粒子の速度分布関数を用いて計算することで，非圧縮性流体の流れ場を求める方法である。アルゴリズムが単純で並列化に適するため，有限要素法などに比してはるかに高速・大規模の計算が可能とされている。例えばLadd[20]は，粒子表面近傍での境界条件と分布関数の取り扱いの工夫により，たかだか5格子点ほどのサイズをコロイド粒子の領域として取り扱うことに成功し，万単位のコロイド粒子の挙動を計算可能としている。しかし粒子の取り込み方法や表面での境界条件の取扱いは，いまだ確定したものではなく，さらに，粒子間力やブラウン運動の取り込み方法の検討が必要と思われるが，今後の活用が期待できる手法であろう。

4.4　Smoothed Profile (SP) 法

最近 Yamamoto ら[21]が提案したものであり，粒子表面を数学的な「面」として境界条件を与える通常の Eulerian-Langrangian 的な方法と対照的に，有限な厚み（計算格子2メッシュ程度）を持つなめらかな関数を「界面領域」として与え，その内部は1, その外部では0となる Smooth な Profile を持つ関数によって粒子の存在を表現する方法である。これによって，煩雑な移動面（粒子表面）での境界条件を取り扱う困難から逃れ，全系を一括して Navier-Stokes 式に基づいて解くことに成功している。

前述のFPD法でも，（濃度場という形式で）同様にSmoothな界面を持つ関数で粒子を表現している点で，これらは互いに類似の手法といえるが，SP法では，粒子内部は，定式化の基本条件として完全な剛体性が保証されている点に大きな違いがある。すなわち，FPD法では粒子内部の粘性（高粘度）によって，数値解の時間刻みに制限が生じるが，SP法ではこのようなことがなく，本来の媒質流体のみを考慮して条件を設定すればよい。また，粒子内部への流体不可侵という条件も，本法では基礎アルゴリズムとして保証されており，粒子表面に侵入を防ぐエネルギー障壁をおく方法などと比して，簡便かつ効率の良い方法と Yamamoto らは述べている。

本法は，HIの表現に留まらず，粒子まわりの電気二重層の変形を伴う電気泳動過程や，濃厚系の諸問題への適応例が示されており[22]，また，Open Source の Freeware としての公開が予定されている点からも，注目に値する手法と考えられる。

5　おわりに

メゾスケールでの粒子分散系シミュレーション手法は，物理学分野などで種々に検討されてはいるものの，現実の工学的課題に適用された事例が少なく，また工学者・技術者が使いやすい形で整備された状態にはない。一方で，メゾスケールの粒子ダイナミクスこそが，機能性材料開

発・製造にとって最も重要な現象であろう．理学的な詳細検討が成熟するのを待つだけではこの領域の未来は遠い．工学分野でこのような問題意識が共有され，実験的知見とシミュレーション手法開発を緊密に結びつつ，この領域での手法開発・技術開発が発展してゆくことを期待したい．

文　献

1) J. F. Brady and G. Bossis, *J. Fluid Mech.*, **155**, 105 (1985)；G. Bossis and J. F. Brady, *J. Chem. Phys.*, **80**, 5141 (1984)
2) D. L. Ermak and J. A. McCammon, *J. Chem. Phys.*, **69**, 1352 (1978)
3) M. Miyahara, S. Watanabe, Y. Gotoh and K. Higashitani, *J. Chem. Phys.*, **120**, 1524 (2004)
4) S. Watanabe, M. Miyahara and K. Higashitani, *J. Chem. Phys.*, **122**, 104704 (2005)
5) H. Shinto, S. Morisada, and K. Higashitani, *J. Chem. Eng. Japan*, **37**, 1345 (2004)
6) M. P. Allen and D. J. Tildesley, "Computer Simulation of Liquids", Clarendon Press, 257 (Chapter 9) (1987)
7) 神山新一，佐藤明，"流体ミクロ・シミュレーション"，朝倉書店，pp. 52 (7章) (1997)
8) W. F. van Gunsteren and H. J. C. Berendsen, *Mol. Simul.*, **1**, 173 (1988)
9) M. P. Allen, *Mol. Phys.*, **40**, 1073 (1980)
10) F. K. von Gottberg, K. A. Smith and T. A. Hatton, *J. Chem. Phys*, **106**, 9850 (1997)
11) F. K. von Gottberg, K. A. Smith and T. A. Hatton, *J. Chem. Phys*, **108**, 2232 (1998)
12) 例えば J. Trullas, A. Giro and J. A. Padrp, *J. Chem. Phys*, **91**, 539 (1989)
13) H. Shinto, S. Morisada, M. Miyahara and K. Higashitani, *Langmuir*, **20**, 2017 (2004)
14) M. Canales and G. Sese, *J. Chem. Phys*, **109**, 6004 (1998)
15) M. R. Oberholzer, N. J. Wagner and A. M. Lenhoff, *J. Chem. Phys*, **107**, 9157 (1997)
16) P. J. Hoogerbrugge and J. M. V. Koelman, *Europhys. Lett.*, **19**, 155 (1992). J. M. V. Koelman and P. J. Hoogerbrugge, *Europhys. Lett.*, **21**, 363 (1993)
17) 大橋弘忠，ながれ，**18**, 5 (1999)
18) P. B. Warren, *Curr. Opinion Colloid Interface Sci.*, **3**, 620 (1998)
19) H. Tanaka and T. Araki, *Phys. Rev. Lett.*, **85**, 1338 (2000)
20) A. J. C. Ladd, *Phys. Rev. Lett.*, **76**, 1392 (1996)；A. J. C. Ladd, *Phys. Rev. Lett.*, **88**, 048301 (2002)
21) Y. Nakayama and R. Yamamoto, *Phys. Rev. E*, **71**, 036707 (2005)
22) K. Kim, Y. Nakayama, R. Yamamoto, *Phys. Rev. Lett.*, in press (2006) URL=http://arxiv.org/abs/cond-mat/0601534

第3章　粉体挙動シミュレーション

下坂厚子*

　固体粒子群の集合体である粉体の挙動は，個々の構成粒子が隣接する粒子間でのみ力を伝達しさらにその接触点には摩擦力が働くため，強い離散性を示す。この特異な性質のため連続体理論に基づいた粉体動力学理論の構築は非常に難しく，現時点における粉体挙動のシミュレーションとしては，粉体を離散モデルとして扱う手法が有用である。1970年代に土質力学の分野で剛体ブロック個々の運動を直接追跡する個別要素法（Distinct Element Method, DEM）がCundallによって提案され[1]，この応力伝達の不連続性にともなう粉粒体の特異な動的挙動が的確に表現されるようになった。その後，粉粒体を扱う多くの分野において，離散要素法（Discrete Element Method, DEM）および粒子要素法（Particle Element Method, PEM）[2]などとも呼ばれて活発に適用され，粉体挙動に関する微視的な観測や物理量の推算に大変威力を発揮している。さらにその適用範囲は，コンピュータの高速化にもともなって，液体架橋力や電磁気的付着力の導入，流体計算との連成などによって急速に広まっている。現在では，並列計算を併用することで100万オーダーの粒子を扱うことも可能になってきており，粉体挙動の巨視的な検討が成される例も出てきている[3～5]。一方，この手法は基本的に粒子を個々に扱うため計算負荷が非常に大きく，実際の装置内における粉体挙動の直接シミュレーションに対しては，やはり連続体力学に立脚する手法あるいは粒子数の壁を越える新しいアプローチも求められている。扱う物質や現象に応じて，新たな数理モデルの提案や，既存の連続体モデルを用いる場合においても，いかにして連続体と近似しその特異な挙動を表現するかといった粉体系独自の創意工夫が要求されている。本節では粉体挙動シミュレーションの主流であるDEMを中心にその適用例を紹介する。

1　離散要素法

　DEMが非常に多くの分野における粉体挙動シミュレーション法として普及した要因は，サブミクロンパウダーから岩盤規模までの非常に幅広いスケールの粒子群が扱えることとそのアルゴリズムの明快さであろう。個々の粒子を直接扱うDEMのアルゴリズムは原子間相互作用を2体

---

*　Atsuko Shimosaka　同志社大学　工学部　講師

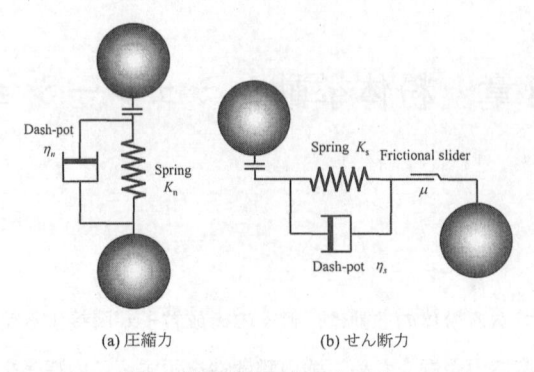

図1 粒子間相互作用力モデル

(a) 圧縮力　(b) せん断力

間ポテンシャルとして与える古典分子動力学法と同様で，着目粒子の運動は接触粒子からの合力にしたがってニュートンの運動の第2法則で表される。DEM における粒子間相互作用力の扱いは非常にフレキシブルで，非弾性衝突と動摩擦によるエネルギー散逸を導入すれば種々のモデルを用いることが可能である。すなわち，粒子間の弾性的および非弾性的相互作用は図1に示すように粘性ダッシュポットと弾性スプリングによるフォークトモデルで表現し，せん断方向成分には粒子間の滑りを考慮する摩擦スライダが導入されるが，この弾性スプリングや粘性ダッシュポットの扱いは現象に応じて決定されている。弾性スプリング K は，粒子の物性値に基づく接触時の変形量や接触時間，接触面積などの接触状態を重要視する微視的な解析が必要とされる場合，次式で与えられる Heltz-Mindlin の弾性接触理論[6~7]に基づく非線形バネが用いられる。

$$K_n = \frac{4\,b}{3}\frac{E_i E_j}{(1-\nu_i^2)E_j+(1-\nu_j^2)E_i},\quad K_s = 4\,b\left(\frac{(2-\nu_i)(1+\nu_i)}{E_i}+\frac{(2-\nu_j)(1+\nu_j)}{E_j}\right)^{-1}$$

$$b = F_n^{1/3}\left[\frac{3}{4}\left(\frac{1-\nu_i^2}{E_i}+\frac{1-\nu_j^2}{E_j}\right)\left(\frac{r_i r_j}{r_i+r_j}\right)\right]^{1/3} \tag{1}$$

ここで r，E，ν は粒子の半径，ヤング率，ポアソン比，b は接触力 F_n における粒子間の接触幅である。一方，粒子間の衝突によって引き起こされる粒子群運動挙動の解析のみに着目すれば，反発効果のみを与える線形バネが用いられることも多い。一方，粘性係数は反発係数 e より次のように決定する。接触点における並進運動は次の振動方程式で与えられ，

$$m_p\ddot{\chi} + \eta_n\dot{\chi} + K_n\chi = 0 \tag{2}$$

ここで m_p は粒子質量，χ は並進変位を示す。(2) 式の一般解は次式で表される。

$$\chi = \frac{\dot{\chi}_0}{q}\sin(qt)\exp(-\gamma\bar{\omega}t)+\chi_0 \tag{3}$$

ただし $\bar{\omega}=\sqrt{K_n/m_p}$，$\gamma=\eta_n/(2\sqrt{m_p K_n})$，$q=\bar{\omega}\sqrt{1-\gamma^2}$ であり，振動周期は $Tc=2\pi/q$ である。

第 3 章　粉体挙動シミュレーション

したがって $t=0$ における粒子速度と $t=T/2$ における粒子速度の比が反発係数であるので次の関係を得る。

$$\dot{\chi}_{Tc/2} = -\dot{\chi}_0 \exp\left(-\frac{\gamma\bar{\omega}\pi}{q}\right) \quad \Rightarrow \quad e = -\frac{\dot{\chi}_{Tc/2}}{\dot{\chi}_0} = \exp\left(-\frac{\gamma\bar{\omega}\pi}{q}\right) \tag{4}$$

γ について整理すると次式の粘性係数が求まる。

$$\gamma = -\frac{\ln e}{\sqrt{\pi^2 + \ln e}} \tag{5}$$

$$\eta_n = \gamma \cdot 2\sqrt{m_p K_n} = -\frac{2\sqrt{m_p K_n}\ln e}{\sqrt{\pi^2 + \ln e}} \tag{6}$$

接線方向の粘性係数も同様に求められる。

　粉体挙動をもっとも特徴づける摩擦については，通常固体表面のすべり摩擦係数が用いられるが，実際には不規則形状の粒子を球形で近似してシミュレーションをおこなうため，転がり摩擦係数を含めた現象とのフィッティングが多くの場合必要となる。

　粉体粒子を用いた材料の開発においては，粉体粒子に流体力や電磁気力などの外力を作用させて制御を行うことが多い。このような力は粒子の中心に働く外力として DEM に組み込むことができる。また，微粒子や帯電粒子を扱う場合には粒子間に働く液架橋付着力，ファン・デル・ワールス力，静電付着力などを導入することも求められる。

2　DEM を用いた粉体挙動のシミュレーション

2.1　金型への粒子充填シミュレーション[8]

　粉体粒子は大きさや密度あるいは表面性状が均一でないため，粉体が運動すると偏析が必ず生じる。偏析現象は，古くから粉体の流動過程でのトラブル源として追及されていたが，これまでそれほど大きな問題となることはなかった。しかし，その特性が材料微構造に鋭敏に左右される高機能性材料などにおいては，生産プロセスで発生するわずかな偏析に起因する微構造のバラつきが無視できなくなっている。粉末冶金やセラミックスの製造過程で行われる金型への充填時における偏析は，その後の成形・焼結操作を経て得られる材料の形状を目的寸法から逸脱させたり，目的の特性を得られない原因となっており，粉体シミュレーションを用いた偏析の機構の解明とその防止法に関する検討が求められている。超硬合金用顆粒の充填シミュレーションの例を示す。

　金型への充填装置の概略を図 2 に示す。ホッパーを通して顆粒を給粉機に供給する給粉プロセスと給粉機が金型の上をスライドして金型内に顆粒を充填する充填プロセスから成る。シミュレーションでは計算時間短縮のため，給粉プロセスは給粉機内に粒子をランダムに発生させること

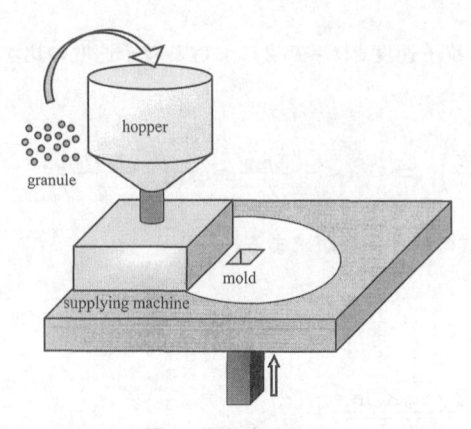

新機能微粒子材料の開発とプロセス技術

図2　顆粒充填装置

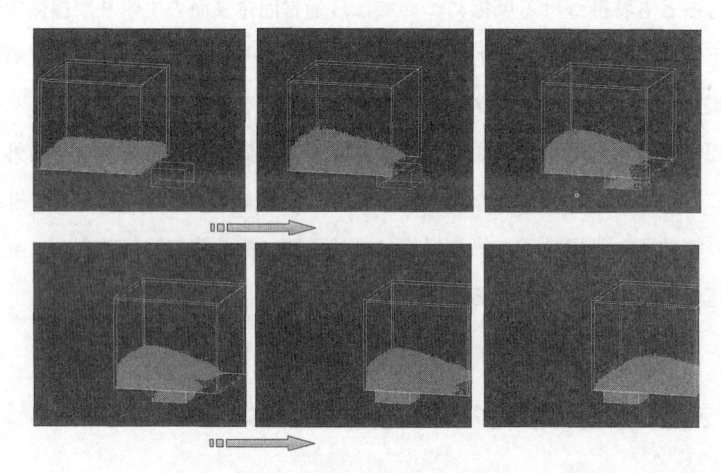

図3　金型への顆粒充填シミュレーション（カラー口絵写真）
容器サイズ（15 mm×15 mm×7.5 mm），粒子数 30625 個
粒子径範囲 600〜120 μm，給粉機移動速度 0.22 m/s

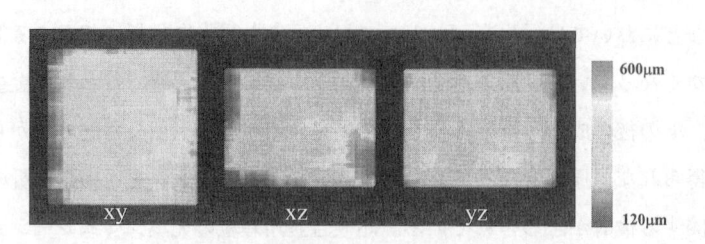

図4　金型内の充填粒子の粒子径分布マップ（カラー口絵写真）
給粉機移動速度＝0.22 m/s，給粉方向＝0°，粒子間摩擦係数＝0.60

第3章 粉体挙動シミュレーション

で省略し,粒子の運動が静止した後に給粉機の移動を開始する方法で金型への充填を行なった。粒子数30,625個,粒子径範囲600～120μm,給粉機移動速度0.22 m/sでシミュレートした結果のスナップショットを図3に示す。さらにこれらの結果より得られた金型内の充填粒子の粒子径分布マップを図4に示す。金型内を64×64×48のセルに分割しそれぞれのセルに格納された粒子の平均粒子径を算出し,全粒子の平均粒子径を基準値としてそれより小さい値を示した部分を青色で,大きい部分を赤色で示している。XZ面の解析より金型内右側下方に大きい粒子が集中していることが確認される。このように粒度偏析が定量的に評価でき,操作条件や顆粒特性の影響がこのシミュレーションによって詳細に検討できることが分る。

2.2 粒子群干渉沈降挙動のシミュレーション[9]

粉体プロセスでは,流体力を利用して粉体の離散的な流動を緩和させてその挙動を制御することが多い。また微粒化が進む現在の材料開発では,流体力の影響が無視できないケースが増えている。したがって,粒子群と流体の流れを詳細に解析できるDEMと流体計算を連成させた混相流のシミュレーションが盛んに行われるようになっている。流体中を粒子群が流体力や粒子間接触力などの干渉作用力を受けながら沈降する粒子群干渉沈降現象は混相流の運動現象の中では最も基本的なものの一つであり,古くより実験による研究が数多く行われている。Robinson[10],Steinour[11~13],Richardson＆Zaki[14,15]らによって導出された干渉沈降速度式は,粒子径分布の影響を実験的に検討することが困難なためいずれも1粒子の沈降速度式であるStokesの式を粒子濃度で補正したものであった。現在飛躍的に計算機の能力が伸びたことで大規模な混相流のシミュレーションが可能になり,実験では観測不可能な詳細な知見を得ることが可能である。干渉沈降シミュレーションを用いて沈降速度におよぼす粒子濃度および粒子径分布の影響を詳細に検討した結果を示す。

流体計算には格子サイズを粒子径よりも小さく設定する直接数値計算モデル (Direct Numerical Simulation; DNS)[16]をもちいて粒子周りの流体流れを厳密にシミュレートし,粒子に働く流体抵抗力を正確に求めている。まず,粒子表面の流体速度 u を次式で定義する。

$$u = (1-\alpha)u_f + \alpha u_p \tag{7}$$

ここで α は格子内部における粒子の体積占有率であり, u_p, u_f は粒子および流体の速度である。次に SMAC 法により (8)式の連続の式と(9)式のナビエ・ストークス式から粒子–流体間の相互作用力 f を除いた式を計算し,得られた流速 $\hat{u}$ が(7)式に従うように,(10)式を用いて強制する。

$$\nabla \cdot u_f = 0 \tag{8}$$

$$\frac{\partial u_f}{\partial t} + u_f \cdot \nabla u_f = -\frac{1}{\rho_f}\nabla p + f + \frac{\mu}{\rho_f}\nabla^2 u_f \tag{9}$$

$$f = \alpha(u_p - \hat{u})/\Delta t \tag{10}$$

ここで ρ_f は流体密度である。粒子に対する流体抵抗力 F_f は得られた相互作用力 f を粒子の体積 V_p で積分して求める。

$$F_f = \rho_f \int_{V_p} f dV \tag{11}$$

したがって，粒子挙動は DEM にこの流体抵抗力を外力として導入した次式でシミュレートできる。

$$m_p \dot{u}_p = -F_f + \sum F_p + V_p(\rho_p - \rho_f)g \tag{12}$$

なお粒子の回転運動についても同様に流体力と粒子間接触力を考慮した運動方程式を解く。

このように DEM-DNS 連成モデルは流体計算の格子数が非常に多く必要であるため，多くの粒子を扱うには通常計算コードの並列化およびベクトル化が必要となる。図5に粒子濃度を 1%, 10%, 20% (粒子数：5,000, 50,000, 100,000 個) と変化させて干渉沈降シミュレーションを行った結果を示す。白黒のコンタは流体速度を表し黒い程上向きの流速が大きいことを表す。濃度の増加にともない粒子群の沈降による上昇流がより誘起され，沈降速度が減少していることが分る。シミュレーションにより求めた粒子濃度と沈降速度の関係を Steinour および Richardson らの実験値とともに図6に示す。実験値とシミュレーション結果はよく一致しており，濃度の増加にともなう沈降速度の減少が良く再現されている。さらに，二成分径粒子群についてその体積割合および粒径比を変化させて沈降シミュレーションを行い，流体速度および相互作用力を求めた結果を図7に示す。大粒子の割合が多いほど，上昇流速度や流体抵抗力が大きくなり沈降速度が

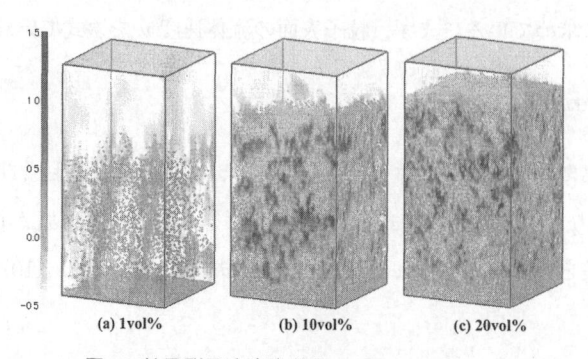

図5　粒子群干渉沈降挙動シミュレーション

第3章　粉体挙動シミュレーション

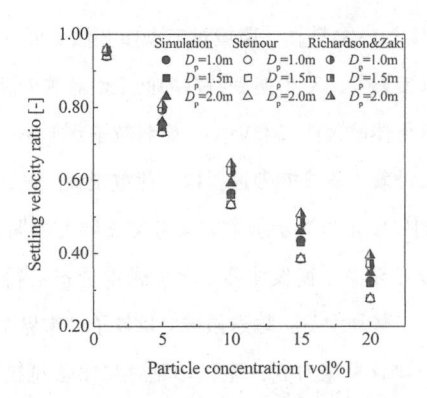

図6　干渉沈降速度におよぼす粒子濃度の影響

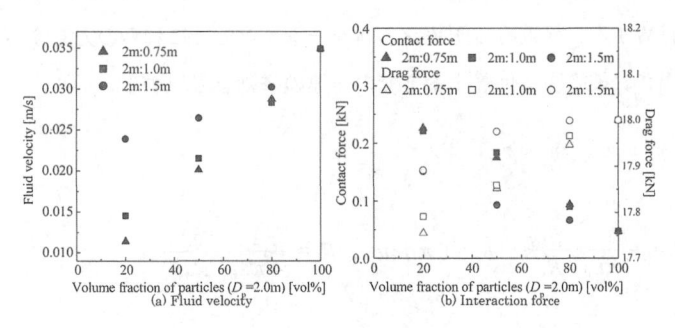

図7　二成分粒子群における流体速度および相互作用力

減少することが確認でき，粒子群干渉沈降挙動に及ぼす粒子径分布の影響が明らかである。

2.3　電場における帯電粒子の付着挙動シミュレーション[17]

　現在精力的に開発が進む機能性を追及する粒子は，微粒化，複合化によって非常に複雑な構造となっており，さらにそれらの微粒子を目的の場所に精度よく輸送させることが求められている。したがってこれらの新規な微粒子を扱うプロセスでは粒子群の流れる特性に加えて電気的，磁気的外力を利用した粒子挙動の制御が必然的に行われており，電磁場の利用による微粒子の配列・配向制御などは機能性材料のキーテクノロジーと言われている。しかしながら，多数の帯電あるいは磁化した機能性粒子群の挙動の多くは未解明であり，粒子間に働く近接作用力を扱うDEMに，遠距離力であるクーロン力や磁気的作用力を導入したシミュレーションが必要不可欠になっている。

　コロナ帯電あるいは摩擦帯電によって塗料粒子である高分子粒子を帯電させ，接地された被塗装物に対して静電的に塗着させ，加熱することで塗膜を形成させる粉体塗装法は，VOC(Volatile Organic Compounds：揮発性有機化合物）排出規制により溶剤塗装における有機溶剤の使用量

を削減すると共に,「地球に優しい塗料」,「環境対応型塗装法」のコンセプトのもとに将来性を有する塗装法として注目されており,その塗装特性の向上が急務の課題となっている。

コロナチャージ方式の静電粉体塗装法において,塗料粒子が加圧空気によりスプレーガンから吐出され帯電し被塗物表面に付着するまでの過程は,荷電領域,輸送領域,付着領域に区分できる。荷電領域では高電圧印加によるコロナ放電により被塗物との間に電界 E が発生し,電界中に吐出された高分子粒子 i はイオンと衝突することで帯電量 q_i を得て,電界からクーロン力 F_e を受けながら電気力線に沿って移動する。輸送領域では粒子は電界からのクーロン力の他に,他粒子 j との間に作用するクーロン反発力 F_c,空気の粘性による抵抗力 F_a,重力及び浮力 $F_{g,b}$,搬送用空気流れなどを受けながら被塗物に向かって移動する。そして,付着領域では鏡像電荷による鏡像力 F_i が働き,被塗物と接触した粒子にはファンデルワールス力 F_v も作用し,より強固な力で被塗物に付着する。静電粉体塗装シミュレーションではこれらの力をすべて DEM に導入して,粒子が吐出され被塗物に付着するまでの一連の挙動を表現する。

$$F = F_e + F_c + F_a + F_{g,b} + F_i + F_v$$

$$F_e = q_i E, \quad F_c = \frac{1}{4\pi\varepsilon_0}\frac{q_i q_j}{R_{ij}}, \quad F_a = 6\pi\eta r u_p, \quad F_i = \frac{1}{4\pi\varepsilon_0}\frac{q_i^2}{R_{im}^2},$$

$$F_v = -\frac{A}{12 z^2}\frac{r_i r_j}{r_i + r_j}\left(1 + \frac{\delta}{z}\right) \tag{13}$$

ここで, ε_0 は誘電率, R_{ij} は粒子間距離, η は空気の粘性係数, R_{im} は粒子 i と鏡像電荷との距離, A は Hamaker 定数, z は粒子間の分離距離, δ は接触時の粒子の変形量である。針状コロナ放電電極と接地された被塗物との間に形成される電界分布 E は静電位に関する三次元ラプラス方程式を有限差分法によってもとめた電位分布 ϕ の勾配で与えられる。周期境界条件のもとで,点電極を領域左壁の中心に配置し,電極-被塗物間距離 10 mm,印加電圧 -10 kV の場合に形成される電界分布を図 8 に,さらにこの電場に帯電粒子が送入され基板に付着するまでの一連の挙動をシミュレートした結果を図 9 に示す。領域内で粒子は電界からのクーロン力と粒子間相互作用力であるクーロン反発力により電気力線に沿うように発散状に広がりながら基板に向かって移動し,基板に付着して塗膜を形成している様子を良く表現している。また,粒子は粒子径により濃淡表示しているが,粒子径の大きな粒子が中心部に優先的に付着し,続いて小さい粒子が同心円状に付着して塗装面積が広がっていることが分かる。また粒子径 10 μm, 20 μm の粒子の塗着効率が低くその原因は,搬送途中で他粒子からのクーロン反発力により外向きにはじき出されるため大部分が基板近傍まで到達しないことなど,粒子径の影響を明確に確認することができる。このシミュレーション法にさらに搬送用空気流れを考慮した報告も最近成されており[18],シミュ

第3章　粉体挙動シミュレーション

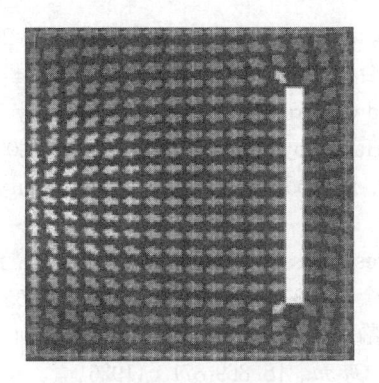

図8　電界分布（XZ平面）

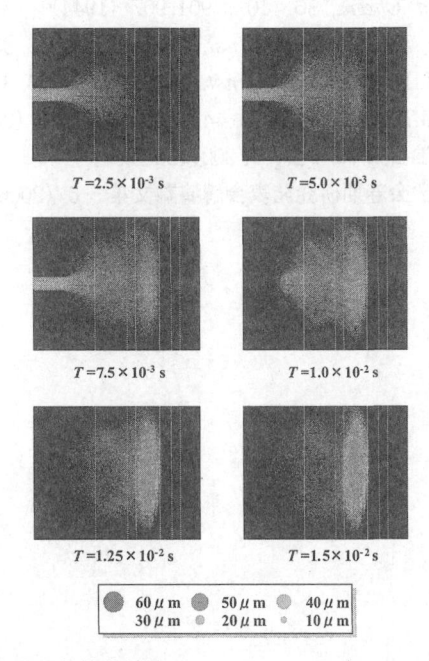

$T=2.5\times10^{-3}$ s　　　$T=5.0\times10^{-3}$ s

$T=7.5\times10^{-3}$ s　　　$T=1.0\times10^{-2}$ s

$T=1.25\times10^{-2}$ s　　　$T=1.5\times10^{-2}$ s

● 60μm　● 50μm　● 40μm
30μm　　20μm　　10μm

図9　静電粉体塗着挙動シミュレーション（カラー口絵写真）

レーションによる詳細な解析が塗膜品質向上のために期待される。

文　献

1) P. A. Cundall and O. D. L. Strack, *Geotechnique*, **29**, (1), 47 (1979)

2) 粉体工学会,"粉体シミュレーション入門",産業図書, pp. 29-44 (1998)
3) 山本　昂ほか,粉体工学会秋期研究発表会講演論文集 13-14 (2005)
4) P. W. Cleary *et al.*, World Congress of Particle Technology 5, 210 a, (2006)
5) 松岡　慶宏ほか, Japan Hardcopy 2005 Fall Meeting 13 (2005, 11)
6) S. P. Timoshenko and J. N. Goodier, "Theory of Elasticity", Mc-Graw-Hill, New York (1951)
7) R. D. Mindlin and H. Deresiewics, *J. Appl. Mech. Trans. ASME*, **20** 327 (1953)
8) 高橋良輔ほか,化学工学会　第 37 回秋季大会, p. 314 (2005)
9) 西浦泰介ほか,化学工学論文集, **32**, (4), 331 (2006)
10) C. S. Robinson, *Ind. Eng. Chem.*, **18**, 869-871, (1926)
11) H. H. Steinour, *Ind. Eng. Chem.*, **36**, (7), 618-624 (1944)
12) H. H. Steinour, *Ind. Eng. Chem.*, **36**, (9), 840-847 (1944)
13) H. H. Steinour, *Ind. Eng. Chem.*, **36**, (10), 901-907 (1944)
14) J. F. Richardson and W. N. Zaki, *Trans. Inst. Chem. Eng.*, **32**, 35-53 (1954)
15) J. F. Richardson and W. N. Zaki, *Trans. Inst. Chem. Eng.*, **38**, 33-42 (1960)
16) T. Kajishima, *et al.*, *JSME. Int. J.*, Ser. B, **44**, (4), 526-535 (2001)
17) 松本勇二ほか,化学工学会第 70 年会, K 202 (2005)
18) 後藤正輝ほか,粉体工学会春期研究発表会講演論文集 5-6 (2006)

第4章 材料微構造の設計シミュレーション

日高重助*

1 はじめに

　機能性粒子や材料が希望の粒子機能やエネルギー変換特性を発現するためには，多くの化学成分が材料内に適切に分布した粒子構造あるいは材料構造（いわゆる微構造）を有することが必要である。材料機能が高度化するにつれて，粒子や材料の機能はこの粒子構造や材料微構造に極めて鋭敏で，機能性粒子や材料の生産には，所定の特性を有する粒子や材料の微構造を予め設計し，それを正確に形成するプロセスの精密設計法を構築しなければならない。この機能性材料や粒子の微構造設計法は，現代工学における一般的設計法と同じく図1に示すように機能の発現機構に対する数理モデルをもとに粒子や材料微構造を定量的に設計できることが大切で，その設計法は生産プロセス設計の設計情報とともに新規機能を持つ材料設計にも適用することができる。ここでは，一例として機能性セラミックス材料の微構造設計法について述べる。

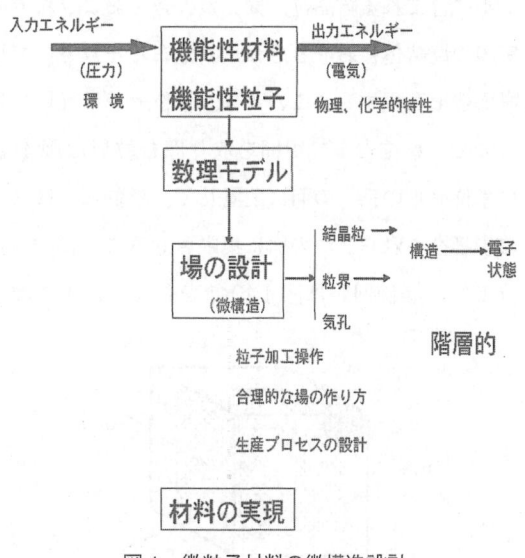

図1　微粒子材料の微構造設計

2 誘電セラミックス材料の微構造設計[1,2]

2.1 誘電率推算モデル

　誘電セラミックス材料の微構造は，原料粉体や顆粒の特性，成形あるいは焼結条件によって多様に変化し，それが誘電率に大きな影響を与える。この微構造の多様な変化と誘電率の関係を実

＊　Jusuke Hidaka　同志社大学　工学部　物質化学工学科　教授

験的に追究するには限界があり，適切な推算モデルにもとづく予測法が必要である。セラミックス材料の電気特性の表現には古くから等価回路モデルが用いられてきた[3,4]。この等価回路モデルを発展させ，誘電率と焼結体組織を構成する結晶粒，気孔と粒界の大きさ，ならびにそれらの分布の関係を与える誘電率推算モデルを導く。

2.1.1 微構造の構成要素―単位セル―

焼結体の組織は図2に示す通り結晶粒，粒界と気孔から成る。そこで，この組織の構成要素として，図3(a)に示すように強誘電相である結晶粒，常誘電相である粒界と空気相である気孔から成る単位セルを考える。この単位セルを図3(b)のように三次元的に積み重ね，それぞれの単位セルに含まれる結晶粒，気孔の大きさおよび粒界の厚さを実際の焼結体におけるそれらの分布と一致させて焼結体の微構造を表現する。このとき，単位セルは互いに積み重ねるので，単位セルの周囲を取り囲む粒界は図4(a)のように単位セルの三つの面に配置して，単位セルにおける粒界の影響をこれら三つの面に集中させることにする。この単位セルの等価回路は図4(b)で表される。すなわち，気孔，

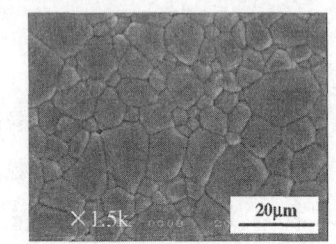

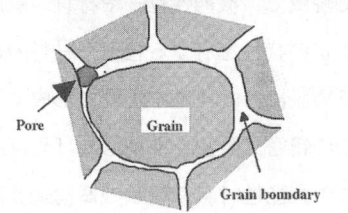

図2 セラミックスの微構造

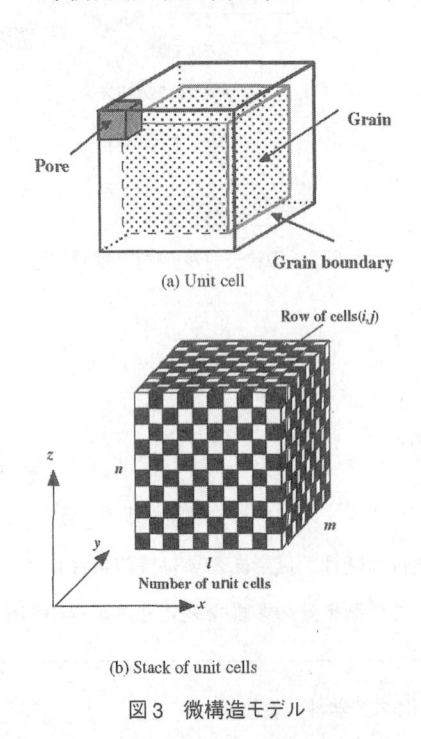

図3 微構造モデル

図4 単位セルと等価回路

第4章 材料微構造の設計シミュレーション

結晶粒と粒界が直列に結合する回路①，結晶粒と粒界が直列に結合している回路②および粒界部分のみの回路③の三つの回路が並列に結合している。そこで，いま各部の抵抗 R_g, R_b, R_p を無限大と仮定すると[4]，単位セルの誘電率を次のように導くことができる。

一般に，体積比がそれぞれ $v_1, v_2\cdots, v_k$，誘電率がそれぞれ $\varepsilon_1, \varepsilon_2, \cdots \varepsilon_k$ である相1から k までの体積と誘電率を異にする k 個の相が直列または並列に接続されている物質があるとき，その物質全体の誘電率 $\bar{\varepsilon}$ は次式で表される。

a) 直列
$$\bar{\varepsilon} = \frac{1}{\sum_{i=1}^{k}\left(\frac{v_i}{\varepsilon_i}\right)} \tag{1}$$

b) 並列
$$\bar{\varepsilon} = \sum_{i=1}^{k} \varepsilon_i \cdot v_i \tag{2}$$

そこで，結晶粒の粒径を d，気孔の大きさを a，粒界の厚さを t とし，それらの誘電率をそれぞれ ε_g, ε_p, ε_b とすると，図4(a)における結晶粒と気孔を合わせた部分の誘電率 ε^{gp} は次式で与えられる。

$$\varepsilon^{gp} = \varepsilon_g \left[\left\{ \frac{a^2}{d} \frac{\varepsilon_p}{(d-a)\varepsilon_p + a\varepsilon_g} \right\} + \left(1 - \frac{a^2}{d^2} \right) \right] \tag{3}$$

この結晶粒と気孔を合わせた部分は粒界とその底部では直列に，また側面は並列に結合されているので，それを考慮すると，単位セル全体の誘電率 ε^c は次式で表される。

$$\varepsilon^c = \frac{d^2}{(d+t)^2} \left\{ \frac{\varepsilon^{gp} \varepsilon_b (d+t)}{\varepsilon_b d + t\varepsilon^{gp}} \right\} + \frac{\varepsilon_b(2d+t)}{(d+t)^2} \tag{4}$$

焼結体の誘電率

図3(b)のように集積した単位セルに配置された結晶粒，気孔の大きさならびに粒界の厚みはそれぞれのセルで異なる。したがって，各単位セルの幾何学的な大きさは本来異なるべきであるが，本モデルではセルの集積を容易にするために，幾何学的な大きさが一定であるセル内にそれぞれの特性を持つセルを格納し，それらのセルは互いに周囲のセルと連結されているものとする。誘電率の推算に十分多くのセルを用いるならば，この集積方法による誤差は小さいものと考えられる。

いま，x, y, z 軸に沿ってそれぞれ l, m, n 個のセルが並ぶように集積させて図3(b)に示した直方体を作成すると，この集積した直方体全体の z 方向の電界に対する誘電率は式(6)で与えられる。すなわち，z 方向には n 個の単位セルが直列に結合しており，さらに $l \times m$ 個の直列に結合したセル列が互いに並列に結合している。このとき，z 方向に直列で結合しているセル列 (i,j) の誘電率 $\bar{\varepsilon}_{ij}$ は次式で与えられる。

$$\bar{\varepsilon}_{ij} = \frac{\prod_{k=1}^{n} \varepsilon^c_{ijk}}{\prod_{k=1}^{n} \varepsilon^c_{ijk} \cdot \sum_{k=1}^{n} \left(\frac{v_{ijk}}{\varepsilon^c_{ijk}}\right)} = \frac{1}{\sum_{k=1}^{n} \left(\frac{v_{ijk}}{\varepsilon^c_{ijk}}\right)} \tag{5}$$

したがって，セル列 (i, j) が並列結合したセル集合体全体の誘電率 $\bar{\varepsilon}_T$ は次式で得られる．

$$\bar{\varepsilon}_T = \sum_{i,j=1}^{l,m} \bar{\varepsilon}_{ij} \cdot v_{ij} \tag{6}$$

2.2 誘電率の推算

実験で得られる結晶粒径分布は，一般に対数正規分布にしたがう．そこで平均，最小および最大結晶粒径 d_{50}，d_{min}，d_{max} と幾何標準偏差 σ_{gg} をもとに，乱数を用いて対数正規分布になるように各単位セルの結晶粒径を決めた．気孔径についても，同様に相対密度を考慮に入れて測定した気孔径分布に一致するように，ランダムにそれぞれの単位セル内に異なる大きさの気孔を配置した．

一方，結晶粒の誘電率は結晶粒径に依存する．そこで Arlt ら[5]が報告している結晶粒径と誘電率の関係をもとに各結晶粒径に対応する誘電率を与えた．また竹内ら[4]は BaTiO$_3$ 焼結体の粒界の厚みが 4 nm であること，およびその誘電率が 100 であることを報告しており，以下の推算にはこの値を採用した．また，x，y，z 軸にそれぞれ 100 個ずつのセルを配置した立方体とし，合計 100 万個のセルを用いた．

平均気孔径 a_{av} を 0.05 μm，粒界の厚さ t を 4 nm とし，

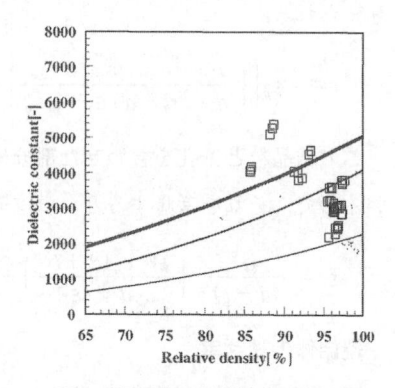

図5 誘電率と相対密度の関係

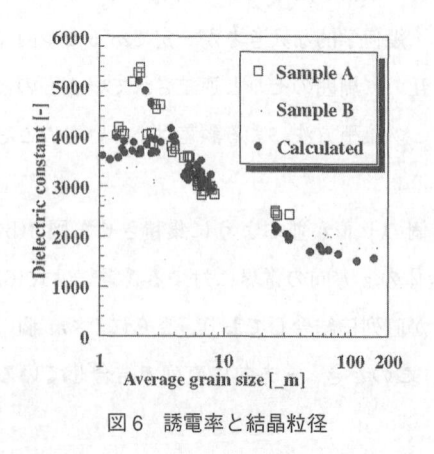

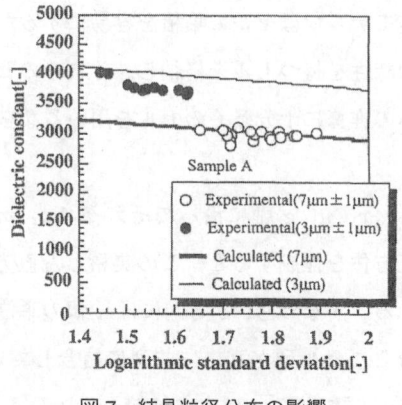

図6 誘電率と結晶粒径

図7 結晶粒径分布の影響

第 4 章　材料微構造の設計シミュレーション

相対密度に応じて気孔径分布を調整しながら誘電率の推算を行った。その結果を平均結晶粒径をパラメータとして図 5 に実線で示す。同様に平均結晶粒径ならびにその分布と推算誘電率の関係をそれぞれ図 6，7 の図中に実線で示す。誘電率の推算値はいずれも実験結果と非常によく一致しており，さきに提案した推算モデルが妥当であることが分かる。

2.3　微構造の設計

提案モデルにもとづく誘電率のシミュレーションは，セラミックスの誘電率と微構造（結晶粒径ならびに気孔径分布，粒界の厚さや誘電率など）の関係について詳しい情報を与え，希望の誘電率を得るための微構造を設計することができる。ある希望の誘電率を示す微構造は無数にあるが，設計例として誘電率が 4000 である 3 種の微構造を表 1 に示した。実際の設計では，成形あるいは焼結操作における制約から相対密度あるいは結晶粒径などが決まるので，それに対応する粒界の誘電率など他の微構造パラメータを知ることになる。

表 1　相対誘電率 4000 の微構造

	ρ_r [%]	d_{50} [μm]	σ_{gg} [-]	a_{av} [nm]	σ_{pg} [-]	t [nm]
Case 1	88.0	1.5	1.22	0.05	1.5	5.0
Case 2	95.0	2.0	1.34	0.05	1.5	4.0
Case 3	99.9	3.0	1.20	0.05	1.5	4.0

3　磁性セラミックスの微構造設計

3.1　磁気特性推算モデル

図 8 に Ni-Zn フェライトの微構造を示すように，磁性セラミックスも焼結条件などにより微構造が鋭敏に変化する。そこで磁性セラミックスについても，単位セルをキューブ状に積み上げてグレインを表現するセル集積モデルを用い，磁性体の特性がよく知られているスピネル型の結晶構造を持つ Ni-Zn フェライトの微構造設計を試みる。

図 8　Ni-Zn フェライトの微構造

まず，図 9 に示すように単位結晶格子内部に磁化ベクトルを一つ格納し，磁化容易軸の一つが鉛直方向に一致するようにセル内部に配置する。このとき，飽和磁束密度 M_S は一定とし，磁化ベクトルの方向余弦を $v(\alpha, \beta, \gamma)$ とすると，磁化 M は次式で与えられる。

$$M = M_S \cdot v(\alpha, \beta, \gamma), \quad v \cdot v = 1 \tag{7}$$

したがって，磁性体の磁化構造は磁性体の全エネルギー E を極小にする $v(\alpha, \beta, \gamma)$ を求めることにより得られる。磁性体の全エネルギー E は，交換エネルギー E_x，異方性エネルギー E_k，外部磁界によるエネルギー E_h，静磁エネルギー E_d と磁気弾性エネルギー E_{el} の5つのエネルギーからなる。

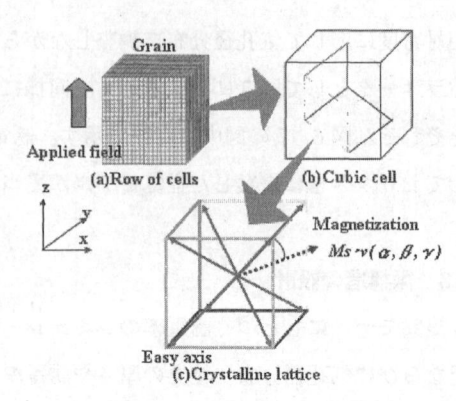

図9 磁性セラミックスの微構造モデル

$$E = E_x + E_k + E_h + E_d + E_{el} \tag{8}$$

異方性エネルギーは次式で与えられる。

$$E_k = V \cdot K_1 (\alpha^2 \beta^2 + \beta^2 \gamma^2 + \gamma^2 \alpha^2) \tag{9}$$

ここで K_1 は異方性定数，V は単位セルの体積である。なお Ni-Zn フェライトの異方性定数 K_1 は，$-927.981\ \mathrm{J/m^3}$ とした。

交換エネルギーは，隣接する磁化ベクトルに作用するエネルギーであり，次式で与えられる。

$$E_x = \int \left\{ -2JS_x^2 \cos(\Delta\theta_x) \times \frac{N_x}{a^2} \right\} dS \tag{10}$$

ここで，J は交換積分，S_x はスピン量子数，$\Delta\theta_x$ は結晶格子間のスピンの角度の差，N_x は磁壁の距離に相当する結晶格子の数，a は格子定数である。Ni-Zn フェライトの物性を考慮すると次式となる。

$$E_x = \sum \left(-0.3\, k_B (T_c - T) \cos(\theta_x/N_x) \times \frac{N_x}{a^2} \times S_x \right) \tag{11}$$

次に，静磁エネルギーは気孔の存在する角度，気孔の大きさ，グレインサイズ，そして磁化方向によって決定される。真空中に磁性体が存在する時は，静磁エネルギー E_d' は次式で表される。

$$E_d' = \frac{M^2}{2\mu_0} V \tag{12}$$

ここで，μ_0 は真空の透磁率である。図10に示すように気孔が接している面にエネルギーが働くと仮定すると，式(12)は次式となる。

$$E_d = \frac{M_s^2 (\cos\theta_d)^2}{12\mu_0} R_d d_d^2 \tag{13}$$

第4章 材料微構造の設計シミュレーション

ここで θ_d は磁化方向と気孔の位置との角度差,d_d は気孔径,R_d は単位セルの一辺の長さである。

磁気弾性エネルギーは次式で与えられる。

$$E_{el} = \frac{3}{4}\lambda_s \sigma \left((\alpha_1^2 \alpha_2^2 + \alpha_2^2 \alpha_3^2 + \alpha_3^2 \alpha_1^2) - \frac{1}{3} \right)$$

(14)

ここで,σ はひずみによる圧力,λ_s は磁歪定数,α_1,α_2,α_3 はそれぞれ x,y,z 軸からの方向余弦である。

外部磁場によるエネルギーは外部磁場方向と磁化ベクトルの角度から次式により計算する。

$$E_h = -V_i \cdot M_s \cdot H \cos\theta$$

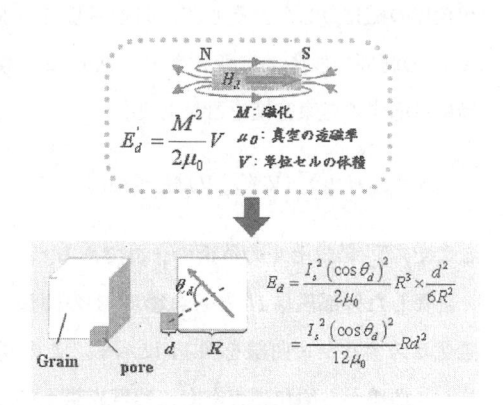

(15)

図10 気孔と静磁エネルギー

ここで,H は外部磁界,θ は磁化ベクトルと外部磁場との角度,である。E_h は磁化ベクトルが外部磁場と同じ方向を向くとき最も小さく,エネルギー的に安定であり,外部磁場方向との角度が大きくなるほど高く,エネルギー的に不安定になる。

一方,これらのエネルギーのほかに,粒界やグレインサイズの変化が磁化に影響を与える。粒界には不純物が偏析し,磁性が劣化している。このため,本シミュレーションモデルではキュービック状に積み上げた立方体の表面のセルを粒界とみなし,磁性体の重要な性質である異方性エネルギーと交換エネルギーを無視し,磁性を劣化させて粒界を表現した。また,セラミックスの結晶粒は,焼結の進行とともに粒成長するが,このとき,磁性体内部の磁区幅 d は結晶粒の大きさに依存して変化する。これをサイズ効果と呼び,結晶粒の大きさに応じて次式により磁区幅 d を与えた。

$$d = \sqrt{\frac{3\,bt\,\sqrt{A_x K_1}}{-K_1}}$$

(16)

ここで,t はグレインサイズ,A_x は交換定数,b は結晶に関係し,かつスピンの回転面に関係する定数である。

異方性エネルギー,交換エネルギー,気孔による静磁エネルギー,磁気弾性エネルギー,外部磁場によるエネルギー,粒界,そしてグレインサイズ,及び磁区幅を組み込み z 軸方向に外部磁場を印加し,各グレインの磁化を計算した。全てのエネルギーを各セルで計算し,全エネルギーの和 E が最小となる方向に磁化されるように磁化方向を決定し,それらの磁化の合計を結晶

粒全体の磁化とした。そして，外部磁場を－3000〜3000 A/m の範囲で段階的に変化させ，次式により各外部磁場に対応する磁束密度を計算した。

$$B = \mu_0 H + \sum_{i=1}(V_i/\sum V)M_s\cos\theta \tag{17}$$

ここで，$\sum V$ はセルの体積の合計である。

計算した外部磁場 H と磁束密度 B の関係，すなわち磁気ヒステリシス曲線を図11に示す。この磁気ヒステリシス曲線から飽和磁束密度，残留磁磁束密度，そして保磁力を求めた。

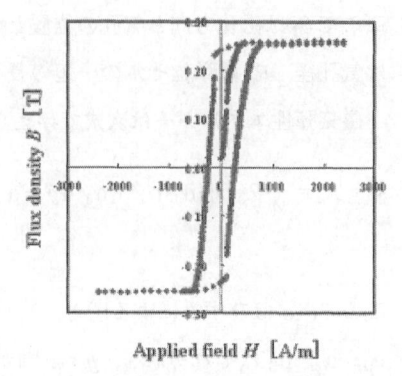

図11 磁気ヒステリシスの推算

3.2 磁気特性と微構造

磁化過程の一例として，相対密度95％，平均結晶粒径 1.0μm のときの磁化ベクトルのスナップショットを図12に示す。このスナップショットは z 方向に磁場を印加しているときの yz 平面における磁化の様子を示している。矢印の方向が結晶単位の磁化であり，色濃度で磁化の強さを表している。z 方向に平行で濃くなるほど磁化されたことを示す。隣接した磁化ベクトルが順に反転し，いわゆる磁壁移動によって磁化されていく様子が確認できる。また，図12から，結晶粒の表面の磁化ベクトルは，飽和状態でも，いろいろな方向を向き，磁性の劣化している粒界もうまく表現されていることが分かる。図13は磁性セラミックスの相対密度ならびに平均結晶粒径と最大磁束密度の関係であるが，この例にみるように磁気特性の推算値は実験値とよく一致

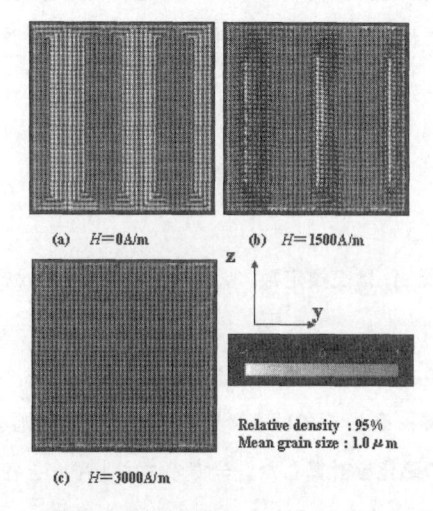

図12 磁化挙動のシミュレーション

第4章 材料微構造の設計シミュレーション

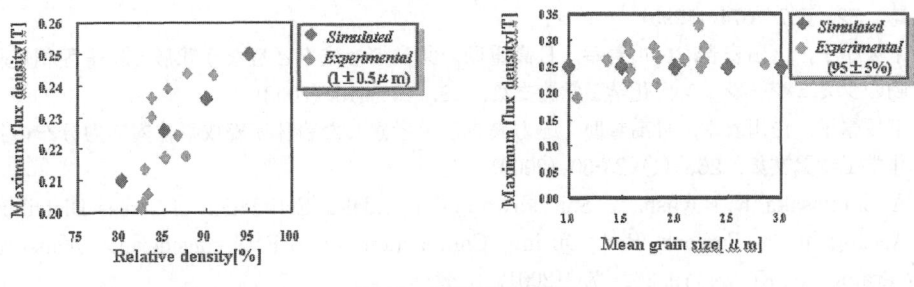

図13 磁性特性の推算

しており推算モデルが信頼できることを示しており，本モデルを用いて磁性セラミックスの微構造設計が可能である。

4 おわりに

典型的な機能性材料であるエレクトロセラミックスを例として材料微構造の設計シミュレーションについて述べた。シミュレーションを利用する粉体材料設計ならびに粉体操作の設計[6~11]]に関する追求は極めて活発であり，今後のコンピュータの発達と新しいシミュレーション法の提案により，その実用性は急速に向上するものと思う。

文　献

1) 下坂厚子，日高重助他，誘電体セラミックスの微構造設計，化学工学論文集，26，(6) 855-860 (2000)
2) 下坂厚子，日高重助他，圧電セラミックスの微構造設計，化学工学論文集，29. (2) 278-286 (2003)
3) Chiou, B. S. and S. T. Lin, Equivalent Circuit Model in Grain-Boundary Barrier Layer Capacitors, J. Am. Ceram. Soc., 72, 1967〜1975 (1989)
4) Takeuchi, T., K. Ado, H. Kageyama, K. Honjyo, Y. Saito, C. Masquelier, O. Nakamura, Analysis of Double Layered Structure of Submicron BaTiO$_3$ Grains Using Equivalent Circuit Model J. Ceram. Soc. Japan, 102, 1177-1181 (1994)
5) Arlt, G., D. Hennings and G. de With, Dielectric Properties of Finegrained Barium Titanate Ceramics J. Appl. Phys., 58, 1619-1625 (1985)
6) 下坂厚子，日高重助他，粒子初期焼結挙動のコンピュータシミュレーション，粉体工学会

誌，32，667〜674（1995）
7) 下坂厚子，上田安志，白川善幸，日高重助，共晶の形成をともなう球形二粒子固相焼結挙動のシミュレーション，化学工学論文集，28，409-416（2002）
8) 下坂厚子，白川善幸，日高重助，応力異方性を考慮した粉体圧縮成形体内応力分布の推算，化学工学論文集，26，(1) 23-30（2000）
9) A. Shimosaka, K. Hayashi, Y. Shirakawa and J. Hidaka, Estimation of Stress Distribution Arising in a Powder Bed During Compaction by FEM considering Anisotropic Parameters, *KONA*, 19, 262-273（2001）
10) 下坂厚子，日高重助他，均質な圧縮成形体への顆粒設計，化学工学論文集，29，(6) 802-8102（2003）
11) 下坂厚子，山本優子，白川善幸，日高重助，スプリングバック挙動シミュレーションによる圧縮成形用顆粒の設計，化学工学論文集，29，811-818（2003）

第5章　シミュレーション利用技術

1　微粒子集積操作の設計

宮原　稔[*1]，渡邉　哲[*2]

1.1　はじめに

　本編第2章に述べたように，ナノからミクロン間の，「メゾ」の領域については，シミュレーション手法も，現象の理解も，全く不十分なレベルに留まっている一方で，このようなメゾのスケールは，機能性材料の研究が活発に繰り広げられている領域である。我々はメゾスケール粒子集積材料開発に関する基礎知見の集積を目的に，いまだ工学的応用事例の少ないBrown動力学法に着目し，シミュレーション手法開発と現象解析に取り組んできており，以下に概要を紹介する。

1.2　対象とする系

　メゾスケール粒子が基板上に規則的に配列した集合体は，特異な光学特性などを有する機能性材料として近年注目を集めており，反射防止膜・光センサー・フォトニック結晶など光学デバイスとしての用途を始め，表面の微細加工技術としての展開も期待できる。

　このような微粒子の2次元規則構造を形成する方法として，「大量」の粒子を「一度」に並べるという観点から，基板上での粒子の自己集積を利用することが重要なポイントになる。自己集積を利用する方法は，移流集積法[1]やLangmuir-Blodgett法などが報告されているが，粒子サイズや作成できる構造に制限がある。本研究では，静電反発力により安定化されたコロイド粒子分散系に粒子と反対電荷を有する基板を浸漬させる系[2,3]に着目した。ここでは，基板上での吸着粒子間の反発力による自発的な構造形成が期待できるが，そのためには，反発力が支配的になるような「密」な吸着量を得ることが必要となろう。しかし，その「密」の程度をはじめ，どのような条件でどのような構造が形成されるか，についての統一的な理解は未だ得られていない。

　そこで我々は，ブラウン動力学法を基礎に粒子間および粒子-基板間の相互作用力を組み込んだ3次元モデルを開発し，液中分散コロイド粒子の基板上への吸着シミュレーションを行い，秩

　＊1　Minoru Miyahara　京都大学　大学院工学研究科　化学工学専攻　教授
　＊2　Satoshi Watanabe　京都大学　大学院工学研究科　化学工学専攻　助手

序化を決定づける因子の特定，および基板上秩序構造形成メカニズムの解明，さらにその Universality の探求に取り組んだ。

1.3 シミュレーション手法
1.3.1 ブラウン動力学法

ブラウン動力学法では，粒子 i の運動は次のランジュバン方程式で表される。

$$m_i \frac{d\mathbf{v}_i}{dt} = \mathbf{F}_i^P - \xi \mathbf{v}_i + \mathbf{F}_i^B \tag{1}$$

ここで，m_i，$\mathbf{v}_i$ は粒子 i の質量，速度ベクトル，$\mathbf{F}_i^P$ は粒子間および粒子-基板間ポテンシャルによって粒子 i に作用する力，摩擦係数 ξ はストークスの抵抗則より $\xi = 6\pi\eta a$ で与えられる。また $\mathbf{F}_i^B$ はブラウン運動を引き起こすランダム力で，平均が零，標準偏差が $\sqrt{2\xi k_B T / \Delta t}$ のガウス分布である（k_B：ボルツマン定数，T：絶対温度，Δt：刻み時間）。静電分散粒子同士は電気二重層斥力によって離れて存在するため，流体力学的相互作用（HI）は考慮していない。また粒子半径 a は 50 nm と設定し，溶媒分子と比べて非常に大きいため，式(1)での慣性項は無視できて，粒子 i の位置ベクトル $\mathbf{r}_i(t)$ が次のように離散化される。

$$\mathbf{r}_i(t + \Delta t) = \mathbf{r}_i(t) + D \frac{\mathbf{F}_i^P}{k_B T} \Delta t + \Delta \mathbf{r}_i^B \tag{2}$$

なお D は粒子の拡散係数で，Stokes-Einstein の関係から $k_B T / \xi$ に等しい。$\Delta \mathbf{r}_i^B$ は $\mathbf{F}_i^B$ に起因するランダム変位であり，標準偏差 $\sqrt{2D\Delta t}$ のガウス分布を持つ。

1.3.2 DLVO ポテンシャル

粒子間および粒子-基板間相互作用は，DLVO 理論に基づき，静電相互作用と van der Waals 相互作用の和によって与えた。基板面は粒子と反対電荷と設定し，よって，粒子-基板間には引力が作用する。詳細は文献[4,5]に譲るが，種々に定式化されている DLVO 理論の中で，本研究では，Poisson-Boltzmann 方程式を $r > \kappa^{-1}$ の領域に対して漸近的に解いて得られた静電ポテンシャル関数をもとに，重ね合わせ近似[6]によって相互作用を定式化したものを用いた。これは任意の電解質濃度（もしくは Debye 長さ κ^{-1}）および 200 mV 程度までの高い表面電位に対しても適用可能である。なお $r < \kappa^{-1}$ の領域に対してはその精度は保証されていないが，分散安定を保てる表面電位であれば，粒子間距離が $r < \kappa^{-1}$ まで近づくことは実質的に起こらないので，工学的に広く用いることが可能な有用な式と言える。

以下にたびたび言及する κa は Debye 長さ κ^{-1} と粒子半径 a との比を表し，静電相互作用が及ぶ距離に関わる重要なパラメータである：大きな κa は薄い電気二重層を意味し，相互作用の及ぶ範囲が小さくなる。用いた物性値は，粒子としてポリスチレンラテックスを，基板としてマ

第 5 章　シミュレーション利用技術

イカを，溶媒として水を想定している。粒子の表面電荷密度とマイカの表面電位に関しては，文献 4) では，それぞれ 27.4 mC/m², －100 mV の値が用いられており，実測値[7〜9]の範囲内であるため，本研究においてもこれに従った。

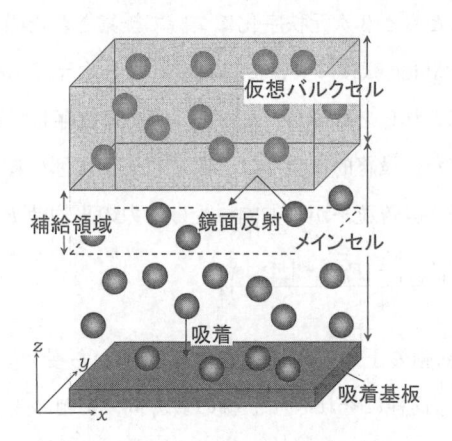

1.3.3　シミュレーションセル

シミュレーションセルは図 1 に示すようにメインセルと仮想バルクセルの 2 つの部分から成る。粒子は静電引力によってメインセル下面の基板に吸着する一方，吸着した分だけ粒子をメインセル上部に補給することで，バルク粒子濃度を一定に保つ。メインセルの側面 4 方向に周期境界条件を設定し，上面では粒子は鏡面反射して戻る設定である。また，仮想バルクセルの役割は，メインセル内粒子の上端への偏在を防ぐことにある。全方向に周期境界条件を課した独自のバルク領域である仮想セルをおき，そこからの反発作用をメインセル内粒子に「感じさせる」ことで，メインセル上端部においても粒子の一様分布を保てる。以上の工夫により，吸着基板を有した分散系のシミュレーションを任意の粒子濃度で行うことが可能となった。

κa とバルク中の粒子体積濃度 ϕ を主な操作パラメータとして種々に設定し，基板上吸着粒子の 2 次元的配位構造を解析し，二体相関関数およびその Fourier 変換である静的構造因子を判断基準[10〜12]に，秩序化／未秩序を決定し，操作条件の影響を詳細に検討した。

図 1　シミュレーションセル概略図

1.4　結果と考察

1.4.1　秩序化決定因子とその Universality に関する検討[3,14]

基板上には，バルク粒子濃度が高いと迅速に，低い濃度ほど長時間を経て，規則配列構造が生成するが，その構造は κa によって顕著に異なる（図 2）。κa が大きいほど密に配列するのは電気二重層が薄くなるためであり，本系では塩濃度によって粒子間隔を制御できることを示している。

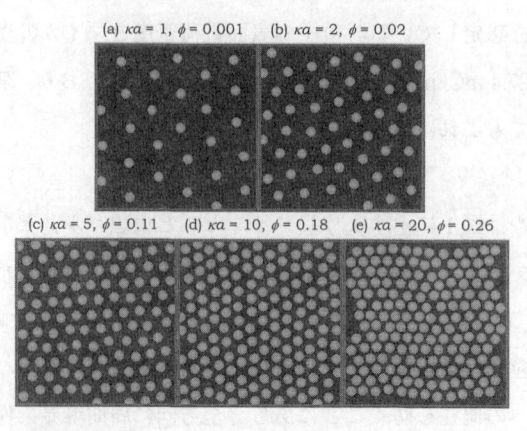

図2 種々のκaにおける秩序構造（1辺 1.5 μm）

(a) $\kappa a = 1, \phi = 0.001$ (b) $\kappa a = 2, \phi = 0.02$
(c) $\kappa a = 5, \phi = 0.11$ (d) $\kappa a = 10, \phi = 0.18$ (e) $\kappa a = 20, \phi = 0.26$

まず検討したのは，その秩序／未秩序を決定づけるような，任意のκaに共通した物理的因子が存在するのかということである。粒子が密に詰まれば配列し得るという観点から被覆率は重要な因子と考えられるが，図2から分かるようにκaが異なれば秩序構造を形成する限界の被覆率も異なり，秩序化決定因子とは言えない。それではどのような因子が考えられるであろうか？これまでの研究例から，もともと3次元秩序化について提案された吸着構造のポテンシャルエネルギー[8]や，剛体球系でのAlder転移について提案された2次元圧力[13]がその候補と考えられたが，吸着粒子構造についてこれらを計算したところ，κaに依存して異なる秩序化境界値を示し，共通の支配因子ではなかった。最終的に我々は，吸着粒子が周囲の粒子から受ける「力」に着目し，次式で表されるような，吸着粒子が一方向に受ける力の平均値F_{av}について検討した。

$$F_{av} = \frac{1}{N}\left\{\sum_{i=1}^{N}\left(\frac{|F_{x+}^i| + |F_{x-}^i| + |F_{y+}^i| + |F_{y-}^i|}{4}\right)\right\} \tag{3}$$

ここで$|F_{x+}^i|$は粒子iがx軸の正の方向に存在する粒子から受ける力の和の絶対値を表し，$|F_{x-}^i|, |F_{y+}^i|, |F_{y-}^i|$についても同様にそれぞれ$x$軸の負方向，$y$軸の正方向，負方向に存在する粒子から受ける力の和の絶対値であり，全方向・全吸着粒子数Nについての平均値がF_{av}である。

5種類のκaについて，この平均力を吸着表面の粒子被覆率に対して図3に示した。秩序構造化したものは黒いプロットで示している。すなわち，平均力が，どのκaについても共通の秩序化境界値F^cを越えたとき初めて秩序構造が発現しており，これこそが秩序化の支配因子であることが明らかとなった。この秩序化境界値F^cは吸着構造を乱そうとするブラウン運動を抑え，粒子を特定の位置に局在化させるのに最低限必要な力であると解釈することができる。

それでは，秩序化境界値F^cの値の起源は何であろうか？ この力は「圧力」に非常に近い概念を持つが，長さで規格化していないところが異なる。この点について，さらに精密に，Alder

第5章　シミュレーション利用技術

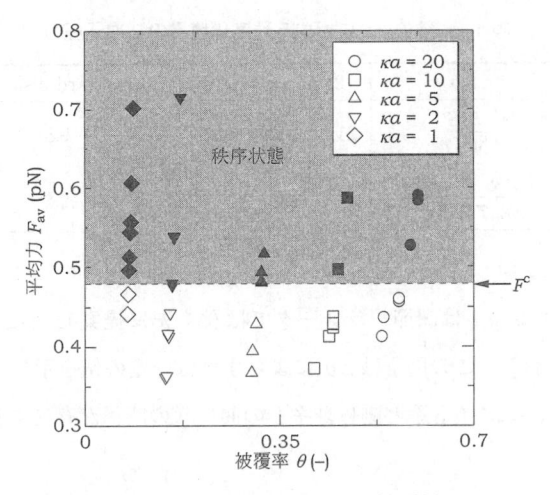

図3　被覆率 θ と平均力 F_{av} の関係

転移との関係を検討した結果，以下のような Universality を見出し[14]，κa はもとより任意の温度・粒径について，F^c の値自体を予測することが可能となった（一例をシミュレーション結果（●は秩序化）とともに図4に示すが，ほぼ良好に秩序化境界平均力を予測可能である）。

表1に，秩序化境界の2次元圧力 P^c を無次元化した形で求め，Alder らの二次元剛体球（Hard Disk：HD）系における固液相転移の境界圧力 $P_{HD}S/N_{HD}k_BT$ と比較したものを示す（S は基板面積，N は粒子数）。前述のように，無次元圧力 P^cS/Nk_BT は，κa に対して共通した値を示さない。我々は，粒子が電気二重層に覆われているため，κa に依存して粒子1個あたりの有効専有面積が異なることがその原因であると考えた。そこで，電気二重層の効果まで含めた粒子の有効半径 a_{eff} を導入し，剛体球系の有効半径 a_{HD} との比を無次元圧力に掛けた因子 $P^cS/Nk_BT \times$

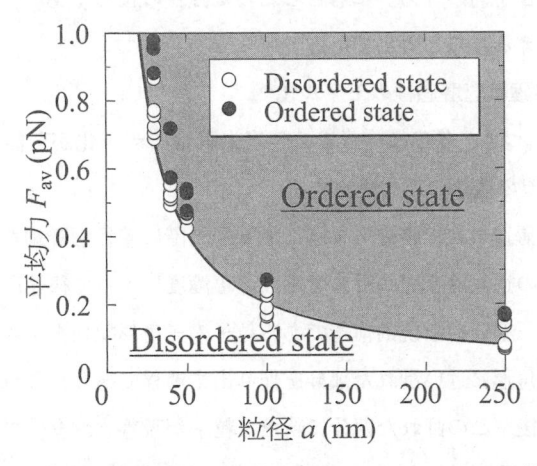

図4　秩序／未秩序境界平均力の予測とシミュレーション結果

表1 4種のκaに対する秩序化境界の2次元圧力

κa	2	5	10	20	Hard disk
$\dfrac{P^c S}{N k_B T}$	21.8	15.3	13.1	12.7	9.8
$\dfrac{P^c S}{N k_B T} \times \dfrac{a_{HD}}{a_{eff}}$	10.1	10.1	10.4	11.5	9.8

(a_{HD}/a_{eff})を求めた。なおa_{eff}は調節パラメータではなく先に提案したモデル[3]により予測可能な値である。表1のとおり，この因子はκaによらずほぼ一定の値を示し，さらに剛体球系と良好に一致することから，コロイド系と剛体球系との間に次の関係が存在することが明らかになった。

$$\frac{P^c S}{N k_B T} \times \left(\frac{a_{HD}}{a_{eff}}\right) = \frac{P_{HD} S}{N_{HD} k_B T} \cong 10 \qquad (4)$$

すなわち，コロイド系の秩序–未秩序の境界は，剛体球系の境界圧力を用いることによって記述可能であることになり，式(4)こそが，これらを包含するUniversalityを持つ統一的な秩序構造形成条件である。この式をさらに展開すると，粒子1個が占める"有効長さa_{eff}"に渡って受けている圧力が一定であることを暗示しており，じつはこれが平均力の閾値F^cの起源そのものと判明した。従って式(4)は，F^cを指標とした秩序化条件の，より一般的な表現であると言える。

この秩序化決定因子を特定し，かつ推算可能とした意義は大きく，これを用いれば，原理的には，斥力系粒子間のフォースカーブさえあれば，その力の起源によらず，秩序構造の被覆率・粒子間隔といった幾何情報や，以下に述べる秩序構造形成過程のモデル化が可能である。すなわち，2次元秩序膜の「構造設計」と「操作設計」が机上で推論可能となったのである。秩序化を決定する因子として，吸着粒子間の「力」に着目したのは独自の視点であり，2次元秩序構造形成に関する新たな知見を与えるものと考えている。

1.4.2 秩序構造形成の確率速度過程のモデル化[15]

前項のF^cの発見に基づき，秩序構造形成の速度過程のモデル化が可能となった。詳細は文献に譲り[15,16]，以下にはその概念のみを概説する。

未秩序構造から秩序構造への転移を引き起こす吸着段階に着目し詳細な観察を行った結果，まず，その吸着は二段階の逐次的なプロセスであり，塩濃度によって律速段階が異なることを明らかにした。第一段階は，部分的な規則構造である粒子の三角形配列を未吸着粒子がアタックして乱し，吸着が容易な4角形に近い乱れた部分を作り出す過程であり，これはκaが小さい条件で律速段階となる。その後，この乱れた部分に新たな粒子が吸着し，全体の秩序化が生じるが，この段階は小さなκaでは迅速である一方，大きなκaではこちらが律速段階とわかった。

第 5 章　シミュレーション利用技術

　いずれの過程でも，粒子はかなり密に詰まった吸着表面にアタックあるいは吸着しなければならないが，粒子間には静電斥力が作用するため，既に吸着した粒子がこれらの過程を阻害しようとする。そのため各段階の達成にはエネルギー障壁 $V_{\max}$ を越えなければならない。同時に，このような障壁を越える過程は核発生過程と同様に確率的に生じるため，秩序化自体も確率的に生じると理解できよう。各段階は，アタックしつつある粒子が既吸着粒子を押し，基板上で作用している F^c の力に抗しつつ間隙を広げる過程としてモデル化でき，それぞれの段階に存在するエネルギー障壁の推算モデル，および，ある時刻 t までに秩序化していない確率 $P(t)$ でこの確率速度過程を表すモデルを構築した。

　図 5 に種々の κa におけるモデル予測とシミュレーション結果を比較する。ここでのシミュレーション結果とは，秩序化直前の状態から始めて粒子 1 個が最終吸着（秩序化）するまでを 1 セットとするシミュレーションを，それぞれの κa に対して 200 セットずつ行い，経過時間に対して $P(t)$ の形式に整理したものである。両者の一致は良好であり，モデルの定量的な妥当性が確認される。すなわち，本モデルを用いることで，得られる構造およびそこに至る過程を，バルクの操作条件から解析的に予測することが可能となった。また，κa による律速段階の違いを明らかにしたことで，各過程に応じた操作条件設定が可能であり，効率の良い構造形成の指針が本モデルによって得られることが明らかとなった。

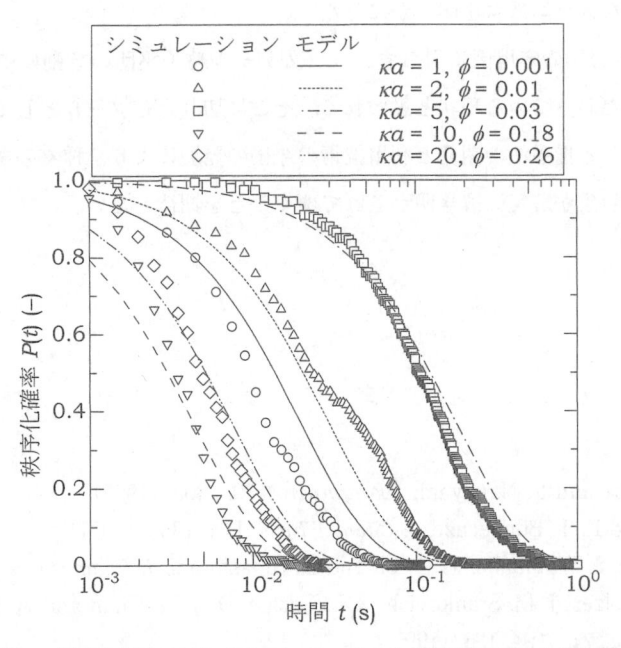

図 5　秩序化確率 $P(t)$ のシミュレーション結果とモデルとの比較

1.5 検討結果まとめ

Brown動力学を基礎に，吸着基板を有するコロイド分散系を任意のバルク濃度でシミュレートできる3次元モデルを開発し，コロイド粒子の吸着シミュレーションを行った。基板上での秩序構造形成過程に関する検討を通して，以下の結論を得た。

・秩序化を決定する因子が，吸着粒子に働く「一方向の平均力」であることを見出した。さらに，Alder転移を含むUniversalな秩序構造形成則を見出し，秩序化境界平均力 F^c を予測可能とした。

・秩序構造をもたらす最後の粒子の吸着過程の観察結果を基に，秩序化のエネルギー障壁の推算モデルを開発するとともに，秩序構造生成が確率的な過程であることを示し，その速度過程を秩序化確率の時間関数として記述するモデルを開発し，定量的な妥当性を確認した。

なお，本稿では省略したが，これまでに以下の検討結果も得ている。

・基板と粒子との間の摩擦力が，粒子を固定化してしまうほど強いときは，秩序構造は形成されない。しかし，摩擦力が適度な大きさであれば，摩擦力はブラウン運動を抑制することで，秩序構造化を促進することが示唆された[16]。

・数万個の粒子（数千個の吸着粒子）による大規模シミュレーションにより，基板上の秩序ドメインの成長・融合過程を検討したところ，κa の大きな場合はその融合が容易に進行し単一ドメインへと成長するのに対し，小さな κa では複数のドメインが拮抗し融合が困難であることと，その定性的なメカニズムを明らかにした[17]。

以上のBrown動力学の応用例に限らず，メゾスケール粒子集団の挙動については，未解明の世界が未だ広く横たわっている現状と思われる。そこに切り込むツールとしてメゾシミュレーションは有用であり，各種手法の開発と利用技術の今後の発展により，種々の微粒子集積操作におけるメゾスケール現象が着実に解き明かされてゆくことを期待したい。

文 献

1) A. S. Dimitrov and K. Nagayama, *Langmuir*, 179, 1303 (1996)
2) J. J. Gray and R. T. Bonnecaze, *J. Chem. Phys.*, 114, 1366 (2001)
3) M. Miyahara, S. Watanabe, Y. Gotoh and K. Higashitani, *J. Chem. Phys.*, 120, 1524 (2004)
4) M. R. Oberholzer, J. M. Stankovich, S. L. Carnie, D. Y. C. Chan and A. M. Lenhoff, *J. Colloid Interface Sci.*, 194, 138 (1997)
5) J. E. Sader, *J. Colloid Interface Sci.*, 188, 508 (1997)

第 5 章　シミュレーション利用技術

6) G. M. Bell, S. Levine and L. N. McCartney, *J. Colloid Interface Sci.*, **33**, 335 (1970)
7) C. A. Johnson and A. M. Lenhoff, *J. Colloid Interface Sci.*, **179**, 587 (1996)
8) M. Semmler, E. K. Mann, J. Ricka and M. Borkovec, *Langmuir*, **14**, 5127 (1998)
9) J. N. Israelachvili and G. E. Adams, *J. Chem. Soc. Faraday Trans.*, **74**, 975 (1978)
10) J. Q. Broughton, G. H. Gilmer and J. D. Weeks, *Phys. Rev. B*, **25**, 4651 (1982)
11) J. M. Caillol, D. Levesque, J. J. Weis and J. P. Hansen, *J. Stat. Phys.*, **28**, 325 (1982)
12) S. Ranganathan and K. N. Pathak, *Phys. Rev. A*, **45**, 5789 (1992)
13) B. J. Alder and T. E. Wainwright, *Phys. Rev.*, **127**, 359 (1962)
14) M. Miyahara and S. Watanabe, 2006 Materials Research Society Spring Meeting, San Francisco, USA, April 17-21, W 1.6 (2006)；渡邉哲，宮原稔，東谷公，化学工学会第 70 年会研究発表講演要旨集（CD-ROM），名古屋大学，3/22, B 119 (2005)
15) S. Watanabe, M. Miyahara and K. Higashitani, *J. Chem. Phys.*, **122**, 104704 (2005)
16) 宮原稔，渡邉哲，東谷公，粉体工学会誌，**41**, 812 (2004)
17) 渡邉哲，宮原稔，化学工学会第 37 回秋季大会研究発表講演要旨集（CD-ROM），岡山大学，9/16, C 216 (2005)

2 粉体トナー帯電設計

吉田幹生*

2.1 はじめに

　粉体トナーを用いる電子写真システムは，①大きな画像形成速度，②画像の保存性が高い，③画像を形成する紙質の自由度が高いなどの卓越した特長を持つことから，複写機，プリンタやファクシミリにおける情報可視化法の主流になりつつある。個人が情報を自由に送受信することが可能となった現代社会では，電子写真機器のさらなる高画質化，高速化，小型化が強く求められている。これらの要求に応えるには現像部の最適設計が不可欠であるが，そのためには，まず電子写真システム内で適切な帯電量を有するトナー粒子の帯電設計ならびに帯電量の予測法が必要である。トナー粒子はバインダー樹脂として熱可塑性高分子を用い，その中に顔料，ワックスなどの高分子添加剤を分散させた粒径5μm程度の着色粒子である。しかしながら，現在でもトナー粒子は勿論のこと，その基材である高分子物質の帯電機構さえ十分に明らかにされていない。以下には，実験およびシミュレーションの両面から高分子粒子の帯電量推算式の導出と高分子物質の帯電機構を検討した結果を紹介する。

2.2 高分子粒子の帯電量推算式の導出

2.2.1 単一粒子衝突帯電実験[1~3]

　トナー粒子は現像部内部の金属壁（ブレード）ならびにキャリア粒子などの金属物質との衝突により帯電し，帯電したトナー粒子同士の衝突により電荷移動が生じている。したがって，トナー粒子の帯電量推算式を構築するためには，①トナーが衝突する相手の材質，②衝突条件，ならびに，③衝突前の帯電量（初期帯電量）の3つの情報から衝突後の帯電量を予測できる必要がある。この点を考慮すると，粒子群全体の帯電傾向を求める実験では不十分であり，帯電挙動の詳しい観察が可能な系で実験を行わなければならない。そこで，トナー粒子の基材である熱可塑性高分子球の帯電挙動と同種高分子同士の電荷移動現象を単一粒子による衝突帯電実験によって検討した。単一粒子衝突帯電実験はエアーガンによって球形高分子粒子を打ち出し，所定の衝突角度θ（衝突板表面の法線方向と粒子の入射方向がなす角度）でターゲット板に衝突させる。この時，その衝突前後で高分子球を通過型ファラデーケージに通すことによって，衝突前後の帯電量ならびに衝突速度を測定することができる。球形粒子としてPTFE（ポリテトラフルオロエチレン），PP（ポリプロピレン）製を用い，粒子径は3.2 mmである。また，衝突板には金属板としてAl，高分子板としてPTFEとPPを用いた。温度25±5℃，相対湿度35±5%に保たれた雰

---

　　*　Mikio Yoshida　岡山大学　大学院自然科学研究科　機能分子化学専攻　研究員（産業技術）

第 5 章　シミュレーション利用技術

図 1　単一粒子衝突帯電の実験結果と計算結果の比較
((a), (c)：PP-Al,　(b), (d)：PP-PP，プロット点：実験, ライン：計算)

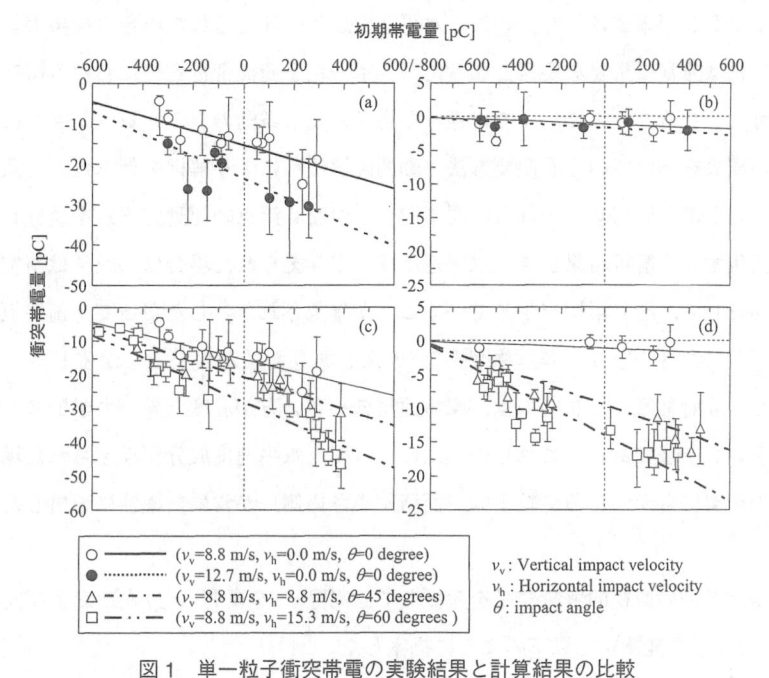

囲気中で行った。まず，衝突板に対する法線速度成分の影響を調べるために衝突角度を0度（正面衝突）として実験を行った。図1（a），（b）にPP粒子の結果（プロット点）を示す。(a)，(b) はそれぞれ衝突板が Al と PP 板の場合である。金属板との衝突においては，負極性の衝突帯電量（衝突前後の帯電量の差）を獲得し，その絶対値は法線速度成分と共に増加した。一方，同種高分子板との衝突においては法線速度成分にかかわらず，ほぼ一定の帯電量しか獲得できていないことが確認できる。つづいて，衝突板に対する水平速度成分の影響を検討するため，法線速度成分を一定とし，水平速度成分を変化させて実験を行った。図1（c），（d）に PP 粒子の結果（プロット点）を示す。先程と同様に（c），（d）はそれぞれ衝突板が Al と PP 板の場合である。どちらの衝突板を用いた場合も，水平速度成分の増加に伴い，帯電量（負極性）が増加することが明らかとなった。また，衝突帯電量は初期帯電量にも依存していることが確認できる。同種高分子同士の衝突においては，どちらの極性に帯電するかは予想さえできないが，水平速度成分が与えられた場合には粒子側が常に負極性の電荷を獲得していることが確認できる。この理由については衝突挙動の微視的解析結果をもとに後述する。

2.2.2　高分子粒子の帯電量推算式[1]

単一粒子による衝突帯電実験より，衝突板に対する粒子の法線ならびに水平速度成分が帯電量

に影響を及ぼすことが確認された．特に，水平速度成分が与えられた場合の衝突板上での粒子の滑り量や回転量は非常に重要な要素となるため，単一粒子衝突帯電実験における衝突挙動の微視的解析が不可欠となる．そこで，すでに様々な物質の変形挙動のシミュレーションに適用され，信頼性の高い成果を挙げている有限要素法（動的陽解法）により解析を行った．有限要素法は物体をいくつかの要素で区切り，それらの要素同士をつなぐ節点の運動方程式を積分して，物体全体の運動を表現する．解析結果より，水平速度成分が与えられた場合は，粒子は衝突板上においてほとんど回転せず，滑り摩擦を生じていることが確認された．したがって，衝突板側の面積が粒子側よりも常に大きくなり，非対称摩擦[4]（摩擦しあう面積が異なる）が生じていることが明らかとなった．非対称摩擦においては，摩擦面積の小さい方が温度上昇，力学的ストレス，さらに破壊の度合いも顕著である．これらの理由によって，水平速度成分が与えられた場合では同種高分子同士の衝突にもかかわらず粒子側（面積が小さい側）が常に負極性に帯電したと考えられる．

これらの衝突挙動の微視的解析結果を考慮して，高分子-金属間（(1)式）および同種高分子同士（(2)式）の帯電量推算式を以下のように提案した．

$$Q_{mp} = K_{m1}S + K_{m2}\sum(F \cdot l) \tag{1}$$

$$Q_{pp} = K_{p1}\sum(F \cdot l)^{0.5} \tag{2}$$

ここで，S は球の接触面積，F と l は有限要素の各節点における接触力と滑り距離を示す．また，K_{m1}，K_{m2}，K_{p1} は初期帯電量依存関数であり，単一粒子衝突帯電実験の結果より決定した．したがって，金属-高分子間の帯電は接触帯電による項と摩擦帯電による項の重ね合わせで表現し，同種高分子同士の電荷移動は摩擦帯電による項のみで表現している．図1にこれらの帯電量推算式による計算結果（実線および点線）を先ほど示した実験結果（プロット点）と合わせて示す．両者の結果の比較より，これらの帯電量推算式は単一粒子衝突帯電実験の結果をよく反映していると言える．

2.3 高分子物質の帯電機構の検討[5]

2.3.1 第一原理分子軌道法

すでに示した帯電量推算式には物質に依存する初期帯電量依存関数（K_{m1}，K_{m2}，K_{p1}）を含んでおり，これらの決定のためには高分子およびトナー粒子が変わるごとに毎回実験を行わなければならず，非常に多くの時間および労力を必要とする．この問題を解決するためには，実験的方法ではなく帯電機構に立脚した理論的方法でこれらの関数を決定する必要がある．そこで，第一原理分子軌道法の1つである DV（Discrete variational）-Xα 法[6]によって帯電機構の解明を試み

第5章　シミュレーション利用技術

た。この方法はある特定の1つの電子を考え，その電子が原子核と他の原子とで作る時間的に平均化された場（セルフ・コンシステント・フィールド（SCF））の中を運動するとして，その電子に関する波動関数を計算する手法である。一般に第一原理法では計算負荷が大きいことが欠点であるが，本手法では非常に計算時間がかかる交換相互作用項を電子密度の汎関数で表現することによって計算負荷を軽減可能である。解析対象として単一粒子衝突帯電実験を行った組み合わせであるPTFE-AlとPP-Alの高分子-金属間の帯電現象を採用した。

2.3.2　ダングリングボンドに基づく帯電機構

高分子の結晶化度はせいぜい60%であるが，帯電に関与すると考えられる高分子粒子の表面は微視的に見ると分子鎖が表面に対して様々な方向に並んだ多結晶状態であると考えられる。極端な例として図2に示すように分子鎖が界面に対して縦（Type A）と横（Type B）に並んだ2つの方向を考慮すれば，あらゆる方向の分子鎖をこれらの重ね合わせとして表現可能と考えられ

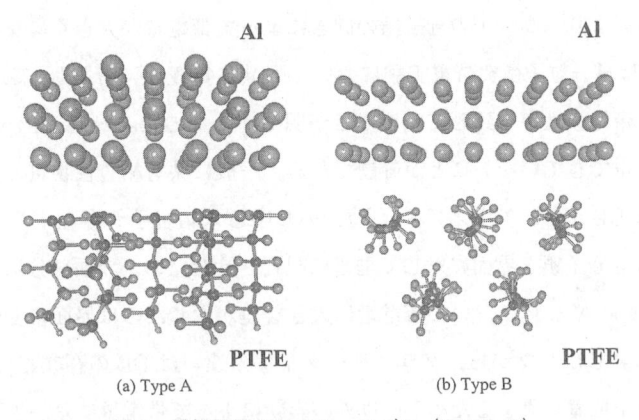

図2　異相界面クラスターモデル（PTFE–Al）

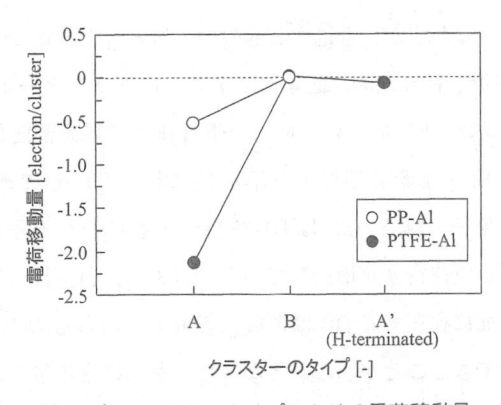

図3　各クラスタータイプにおける電荷移動量

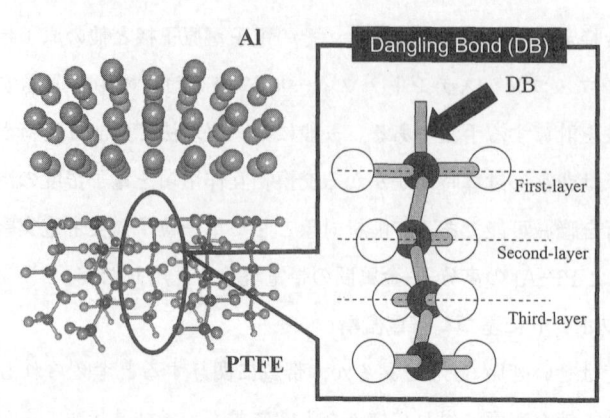

図4 ダングリングボンド
(PTFE-Al, Type A)

る。図3に各クラスタータイプにおける帯電量を示す。A'（H-terminated）のクラスターについては後述する。結果より，高分子の分子鎖の向きによって帯電量が大きく異なることが確認できる。PTFEとPPは単一粒子衝突帯電実験においても共に負極性に帯電しており，Type Aにおいては実験結果と帯電極性が一致していることが明らかとなった。一方，Type Bにおいてはほとんど帯電量を獲得できていないことが確認できる。一般に共有結合性物質の表面には化学的に極めて活性であるDB（ダングリングボンド），いわゆる未結合手が存在する。図4に示すようにType Aの場合も分子鎖を界面に対して垂直に配列させたため，界面部分にDBが存在していることになる。Type AとBにおいて帯電量に大きな差が生じたのは界面のDBが要因の1つであると考えられる。しかしながら，クラスタータイプの違いはDBの存在だけでなく，Al界面に対する個々の原子位置も異なるためDB以外の影響によって帯電量に差が生じた可能性も否定できない。そこで，Type AのDBに水素を結合させることによって終端したクラスターをType A'（H-terminated）とし，帯電量を計算した。図3にType AとBの結果と共に示す。DBを水素終端するとType Bよりはわずかに帯電するものの，ほとんど帯電できなくなることが確かめられた。さらに詳細な解析を行うため，図4に示すようにクラスター中央部の各層（1～3層）での炭素（C）およびフッ素（F）原子において，帯電前後の電荷密度を算出した。図5に帯電前後の電荷密度と共にDBを水素終端により不活性にしたPTFEの電荷密度の結果（図中点線）も合わせて示す。C原子の場合（a）はDBを持つ1層目のC原子だけでなく，2層目のC原子も1層目と同じぐらい電荷密度が増加している，つまり，負極性に帯電していることが確認できる。したがって，界面に存在するDBは帯電に不可欠であるものの，DBを直接所持していない内部の原子でも帯電できることが明らかとなった。さらに帯電後の電荷密度はDBが存在しないPTFEの電荷密度に近づいていることが確認できる。したがって，帯電機構は以下のよう

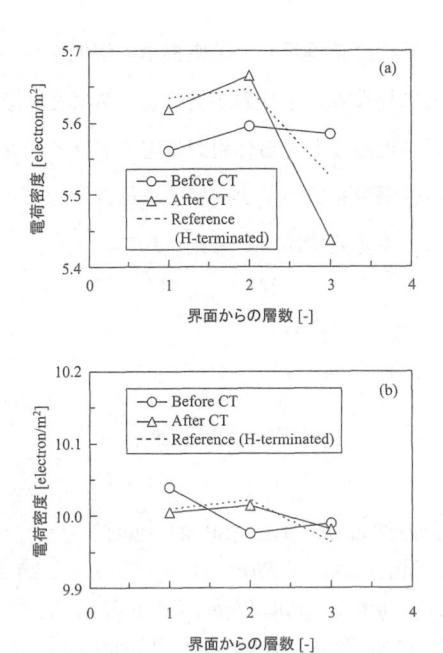

第5章　シミュレーション利用技術

図5　界面に対する奥行き方向の各原子における電荷密度変化
((a)：C原子，(b) F原子，CT：Charge Transfer)

に説明できる。DBが存在しないPTFEは分子鎖がつながっている状態（バルク状態），すなわち，自然界に存在する最も安定な状態だと考えられる。まず，加工によりPTFEに表面（DB）が生じることにより電荷密度は変化し，不安定な状態となる。そして金属と界面を形成することにより，元の安定な電子状態（バルク状態）に戻ろうと電荷を獲得すると考えられる。F原子の場合（b）も，C原子と縦軸のスケール間隔を同じに設定してあることから，DBの生成に基づくF原子の電荷密度の変化量はC原子に比べて小さいことが確認できる。これは，F原子の電気陰性度が高いため，たとえDBが生じても電子を保ち続けようとするためだと考えられる。この場合もC原子の場合と同様に元の安定な電子状態に戻るように帯電している様子が確認できる。したがって，実際のトナー粒子においても，DBなどの表面構造をコントロールおよび設計することによって帯電量を制御可能であることが示唆された。

2.4　まとめ

衝突する相手の材質，衝突条件，ならびに，初期帯電量の3つの条件から衝突帯電量の予測モデルを得ることを目的として，球形粒子の接触および摩擦帯電に関する基礎的知見が得られる単一粒子衝突帯電実験を行った。また，粒子衝突挙動の微視的解析に基づいて帯電量推算式を導き，これらの式が実験結果を非常によく表すことを確認した。さらに，第一原理分子軌道法を用いて，

高分子の帯電前後における電子状態を解析し，帯電機構の解明を試みた。その結果，DBが発生することによりバルク状態とは異なる電子状態が発現し，金属と界面を形成した時に元のバルク状態と同様の安定な電子状態に戻ろうとする作用が帯電のドライビングフォースとなる機構を提案した。したがって，所望の帯電量を持つトナー粒子を設計するには，DBなどの表面構造をコントロールおよび設計することが重要であると考えられる。

文　　献

1) M. Yoshida *et al.*, *Powder Technol.* 135-136, 23 (2003)
2) T. Matsuyama and H. Yamamoto, *J. Phys.* D : *Appl. Phys.*, 28, 2418 (1995)
3) N. Masui and Y. Murata, *Jpn. J. Appl. Phys.*, 22, 1057 (1983)
4) P. S. H. Henry, *Brit. J. Appl. Phys.*, Supp. 2, 31 (1953)
5) M. Yoshida *et al.*, *Chem. Eng. Sci.*, 61, 2239 (2006)
6) H. Adachi *et al.*, *J. Phys. Soc. Jpn.*, 45, 875 (1978)

3 電子写真システムにおける現像システムの設計

三尾　浩*

3.1 はじめに

近年の急速な IT 化に伴い，情報出力機に対する需要や性能向上に対する要求は高まってきており，印刷機の高速化，高画質化，省エネルギー化，低価格化等が求められている。あらゆる要求を満たすためには，システム内における現像剤流動挙動を正確に把握し，制御することが必要不可欠である。しかし，電子写真システム内は電界，磁界，静電気，熱，力学的作用等が混在し，実験的に検討するのは非常に困難である。そのため，粉体シミュレーションによる詳細な解析が切望されている。本節では，電子写真システム現像部におけるシミュレーション技術の最近の事例を紹介する。

3.2 シミュレーション法

微粒子であるトナーやキャリアを扱う電子写真システムにおいて，粒子群の挙動解析をする手法としては DEM[1] (離散要素法，Discrete Element Method) が適している。この手法は粒子を離散体として取り扱い，全ての粒子に作用する力をモデル化し，個々の粒子に対する運動方程式を解くことにより粒子群の挙動を再現するものである。電子写真システム現像部においては重力 (F_G) と粒子間接触力 (F_{CT}) 以外に，現像電界による静電気力 (F_E)，帯電したトナー粒子によるクーロン力 (F_C)，ファン・デル・ワールス力 (F_v)，二成分現像システムにおいては，さらにマグネットロールが作る磁界による磁気力 (F_M) 等を考慮する必要がある。

① 静電気力

電荷を持つトナー粒子は現像電界および静電潜像による電場から作用力を受ける。電荷 q を有するトナーが強さ E の電界に存在する時，粒子に作用する静電気力 $\vec{F_E}$ は次式で表される。

$$\vec{F_E} = q\vec{E} \tag{1}$$

$$\vec{E} = -\mathrm{grad}\phi \tag{2}$$

ここで，ϕは電界 $\vec{E}$ のポテンシャル (電位) であり，その電位分布はポアソン方程式より式(3)と表される。

$$\mathrm{div} \cdot \mathrm{grad}\phi = -\frac{\rho}{\varepsilon} \tag{3}$$

ε は誘電率，ρ は体積電荷密度である。現像領域に存在するトナー粒子の有する電荷や，磁気ブ

---

* Hiroshi Mio　㈱けいはんな　京都府地域結集型共同研究事業　雇用研究員

ラシは現像電界に大きく影響する。

② クーロン力

現像領域に搬送されてきたトナーは所定の電荷をもつ。そのためトナー粒子間には静電気的斥力，また，二成分現像システムにおいてはキャリア粒子表面に逆極性の電荷が存在し，トナー–キャリア粒子間には静電気的吸引力が働く。それらは式(4)より求められる。

$$\vec{F}_{C,i} = \frac{1}{4\pi\varepsilon_0} \frac{q_i q_j}{|\vec{R}_{ji}|^2} \frac{\vec{R}_{ji}}{|\vec{R}_{ji}|} \tag{4}$$

ここで，ε_0 は真空の誘電率，$\vec{R}_{ji}$ は j 粒子位置から i 粒子位置へのベクトルである。

③ ファン・デル・ワールス力

粒子径 d_i, d_j の2粒子間に働くファン・デル・ワールス力は次式で表される。

$$\vec{F}_{v,i} = -\frac{A}{12h^2} \frac{d_i d_j}{d_i + d_j} \frac{\vec{R}_{ji}}{|\vec{R}_{ji}|} \tag{5}$$

ここで，h は粒子表面間距離であり，粒子接触時は Born の斥力と粒子間引力とのつりあいにより $h=0.4$ nm となる。Hamaker 定数 A は物質に依存する定数であり，異種物質間では式(6)より求められる。

$$A = \sqrt{A_i A_j} \tag{6}$$

④ 磁気力

二成分現像法において，磁性キャリア粒子はマグネットローラが作る静磁界により式(7)の吸引力を受ける。

$$\vec{F}_M = \vec{F}_{field} + \vec{F}_{particle} \tag{7}$$

$\vec{F}_{field}$, $\vec{F}_{particle}$ はそれぞれ外部磁界，および，磁化した他キャリア粒子から受ける作用力であり，次式で表される。

$$\vec{F}_{field,i} = (\vec{m}_i \cdot \nabla)\vec{B}_{i,field} \tag{8}$$

$$\vec{F}_{particle,i} = \sum_{j=1(\neq i)}^{n} (\vec{m}_i \cdot \nabla)\vec{B}_{i,j} \tag{9}$$

$$\vec{B}_{i,j} = \frac{\mu_0}{4\pi}\left[\frac{3(\vec{m}_j \cdot \vec{R}_{ji})}{|\vec{R}_{ji}|^5}\vec{R}_{ji} - \frac{\vec{m}_j}{|\vec{R}_{ji}|^3}\right] \tag{10}$$

ここで，$\vec{B}_{i,field}$, $\vec{B}_{i,j}$ はそれぞれ i 粒子の位置におけるマグネットローラの磁界により生じる磁束密度，および，磁化した j 粒子の磁界により生じる磁束密度である。$\vec{m}_i$ は i 粒子の磁気双極

第5章　シミュレーション利用技術

子モーメントであり，キャリア粒子を球形と仮定すると式(11)で表される。

$$\vec{m}_i = \frac{4\pi}{\mu_0} \frac{\mu_r - 1}{\mu_r + 2} r_i^3 \vec{B}_i \tag{11}$$

ここで，μ_0，μ_r は真空の透磁率，および，キャリア粒子の比透磁率，r は粒子半径である。式(11)における磁束密度 $\vec{B}_i$ はマグネットローラの磁場と磁化した粒子による磁場を重ね合わせることにより求められる。

$$\vec{B}_i = \vec{B}_{i,field} + \sum_{j=1(\neq i)}^{n} \vec{B}_{i,j} \tag{12}$$

$\vec{m}_i$ および $\vec{B}_i$ は式(10)〜(12)を反復収束計算することにより求める必要があるが，粒子数が増加するとその計算負荷は飛躍的に増大し，計算不可能となる。そのため，$\vec{B}_i$ はマグネットローラによる磁場のみを考慮する手法がとられることもある。

3.3　一成分現像システム

　一成分現像システムはトナーを金属ブレード-現像ローラー間で摩擦帯電させながら搬送し，現像ローラー上に薄層を形成させ電界により現像する方式であり，現像ローラー上のトナーコート量や帯電量を一定に保つ必要があり，シミュレーションによる詳細な解析が求められている。村本ら[2]はトナー粒子の回転量で帯電量を推算する回転帯電モデルを提案し，ブレード通過後のトナー帯電量分布の推算をした。菅原ら[3]はトナー表面を複数の帯電サイトに分割し，ブレード

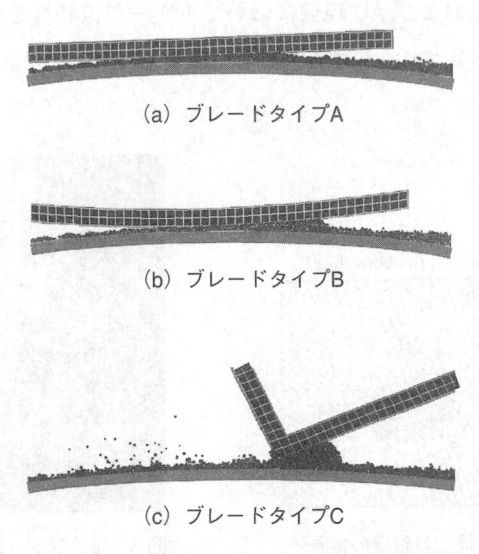

(a)　ブレードタイプA

(b)　ブレードタイプB

(c)　ブレードタイプC

図1　ブレード-現像ローラ間のトナー流動の様子[4]

との接触による電荷移動をサイト毎に解析し，ニップ通過前，ニップ内，ニップ通過後の単位質量当たりの電荷量を検討した。更に，杉浦ら[4]はブレードの変形をFEM（有限要素法）を用いて解析し，DEMとのハイブリッドシミュレーションにより図1に示すような3種類のブレード形状におけるトナー挙動解析，ならびに帯電量の解析を行っている。

3.4 二成分現像システム

二成分現像システムは磁性粒子（キャリア粒子）表面にトナー粒子を付着させ，マグネットロールによる磁界により，スリーブ上に磁気ブラシを形成させ，トナーを現像部まで搬送し，現像を行う方法である。磁気ブラシ形状や，強度，抵抗率などは，現像特性に大きく影響するため，任意の物性値をもったキャリア粒子に対する効果をシミュレーションで予測できることが求められている。日高ら[5]は二次元解析によりブレード-スリーブ間ギャップ幅や磁極位置によるキャリア粒子間応力との関係を明らかにした。中山ら[6]は，ソレノイドコイル状に形成させた磁気ブラシ形状を実験とシミュレーションにより評価した。また，栗林ら[7]は境界要素法を用い，キャリア粒子表面上の磁場変化を考慮し，図2に示すような微細領域における局所的な磁場を精度良く解析した。さらに，その磁場解析結果をDEMによるキャリア粒子挙動計算に適応した。しかし，この手法の計算負荷は非常に大きく二次元においても粒子数には制限がある。磁気ブラシ計算負荷低減法としては，松阪ら[8]による磁気双極子モーメントの新規計算法や，並列計算機を用いた大規模計算[9]，磁気作用力計算処理回数の低減法[10]などが報告されている。二成分現像システムにおいては，磁気ブラシが現像電界や潜像に大きく影響を及ぼす。岸ら[11]は磁気ブラシ-潜像間の電界を解析し，DCおよびAC現像においてトナー現像特性を評価した。また，宇佐美ら[12]は図3に示すような磁気ブラシ先端部周辺と潜像部との電界を三次元的に詳細に解析し，磁

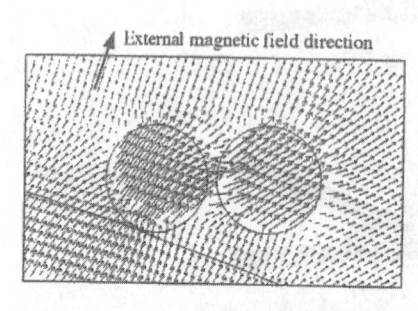

図2　キャリア粒子周辺の磁場の様子[7]

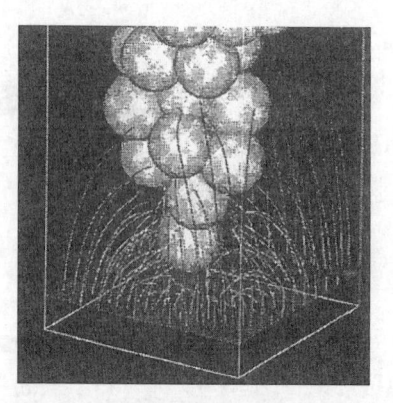

図3　磁気ブラシ先端部周辺と潜像部との電界の様子[12]

第5章 シミュレーション利用技術

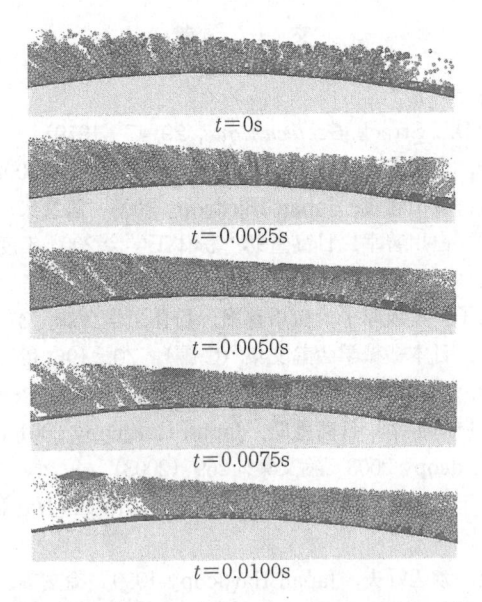

図4 二成分現像システムにおける現像剤挙動の様子[14]

気ブラシの電極としての役割を議論した。トナーを含めた二成分現像シミュレーションは粒子数や作用力計算処理回数の増大による計算負荷のため解析が困難とされており，藤田ら[13]はトナー粒子の衝突にハードスフィアモデルを適応したシミュレーション法を提案した。松岡ら[14]はDEMの粒子検索部の効率化[15,16]等を行うことにより高速化したアルゴリズムを利用し，図4に示すようにトナー粒子数100000個での二成分現像シミュレーションを達成し，実機に近いトナー濃度での解析を可能とした。今後は，宇佐美らのようにキャリア表面と潜像間電位を詳細に解析したものを組み合わせることにより，トナー物性や装置操作条件が現像特性に及ぼす影響等を詳細に解析できると期待される。

3.5 おわりに

本節では，電子写真システム現像部におけるシミュレーション事例を紹介した。近年のコンピュータハードウェアの高性能化やアルゴリズムの改良により，大規模計算例も報告されてきている。今後は，その大規模シミュレーションにより，現像部のみならず，その他の電子写真プロセス（転写，定着，クリーニング等）を網羅した電子写真システムシミュレータの構築が期待される。

文　献

1) P. A. Cundall and O.D.L. Strack, *Geotechnique*, 29, 47 (1979)
2) 村本秀也，下坂厚子，白川善幸，日高重助，Japan Hardcopy 2002 Fall Meeting, 9 (2002)
3) 菅原邦義，長井新吾，多田達也，Japan Hardcopy 2005 論文集, 119 (2005)
4) 杉浦元紀，下坂厚子，白川善幸，日高重助，粉体工学会2004年度秋期研究発表会論文集，42 (2004)
5) 日高重助，佐々木陽子，下坂厚子，白川善幸，粉体工学会誌, 37, 672 (2000)
6) 中山信行，川本広行，日本機械学会論文集（C編），70, 196 (2004)
7) 栗林夏城，三矢輝章，保志信義，日本機械学会論文集（C編），68, 1693 (2002)
8) 松阪晋，下坂厚子，白川善幸，日高重助，Japan Hardcopy 2001 Fall Meeting, 12 (2001)
9) 渡辺孝宏，Japan Hardcopy 2003 論文集, 269 (2003)
10) 三尾浩，松岡慶宏，下坂厚子，白川善幸，日高重助，Japan Hardcopy 2005 Fall Meeting, 17 (2005)
11) 岸由美子，門永雅史，渡辺好夫，Japan Hardcopy 1999 論文集, 177 (1999)
12) 宇佐美元宏，門永雅史，Japan Hardcopy 2004 論文集, 283 (2004)
13) 藤田俊介，下坂厚子，白川善幸，日高重助，Japan Hardcopy 2001論文集, 241 (2001)
14) 松岡慶宏，三尾浩，下坂厚子，白川善幸，日高重助，Japan Hardcopy 2005 Fall Meeting, 13 (2005)
15) H. Mio, A. Shimosaka, Y. Shirakawa and J. Hidaka, *J. Chem. Eng. Jpn.*, 38, 969 (2005)
16) H. Mio, A. Shimosaka, Y. Shirakawa and J. Hidaka, *J. Chem. Eng. Jpn.*, 39, 409 (2006)

4 セラミックプロセスの精密設計

下坂厚子*

　粒界や界面を巧みに利用できる機能性セラミックスは新規機能の発現に多くの可能性を秘めており，化学組成にもとづく機能性の開発とともに材料微構造の制御が大変重要になっている。すなわち機能性セラミックスの開発においては，積極的に化学組成を多層化させてその機能を多様化，高精度化させるため，この材料の組織構造，いわゆる微構造がエネルギー変換特性を鋭敏に左右する。したがって新規なセラミックス材料の創製には，まず希望の機能を有する材料の微構造を知り，材料生産システムで，その微構造を正確に形成させることが求められる。

　セラミックスの微構造は粉末の調整，造粒プロセス，成形プロセスそして焼結プロセスの各段階を通して形成されていくが，現状では各プロセスで形成すべき粒子構造が定まらないままに，この順序に従って試行錯誤的に操作条件を選定するため，目的の特性を発現する微構造が出来上がるまでには，多大の労力，時間および費用を要している。この状況を打開するには，従来の物質収支や熱収支などにもとづく量的側面に重きをおいた巨視的設計法にかわり，各プロセスの状態を数理工学的に予測して，目標の機能を発言する微構造を形成させるように焼結操作をまず最適化し，最適化された焼結の初期条件に向かって成形操作，つづいて造粒操作を最適化するという逆向きの方向で精密な生産プロセスの設計がなされなくてはならない。そしてこれらを可能にするためには，理論的，実験的アプローチとともに，数理モデルにもとづくシミュレーションによって粉体現象の理解と工学解析のレベルを向上させ，これまでの経験的要素を極力排除することが必要不可欠になる。本節では，粉体ミュレーションを利用したセラミックス生産プロセスの精密設計について紹介する。

4.1 焼結プロセス

　希望の特性を発現するように設計された微構造を焼結操作によって正確に形成させるには，焼結条件と物質移動との関係を明らかにし，焼成プロセスで形成される微構造を予測することが必要となる。焼成中には再結晶や結晶粒成長および溶融や溶解さらに結晶析出など多くの状態変化を伴う現象が関与する。さらに，その物質移動は分子原子の拡散が基本であるにもかかわらず，熱力学的に非平衡状態にある微構造の発展をミクロンスケールで予測しなくてはならない。このようなナノスケールからメゾスケールまでのシミュレーション手法として，メトロポリスモンテカルロ法を応用したQ-ポッツモデルが注目され精力的に行われてきた[1～5]。Q-ポッツモデルで

＊　Atsuko Shimosaka　同志社大学　工学部　講師

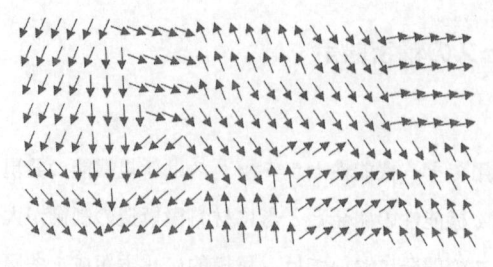

新機能微粒子材料の開発とプロセス技術

図1　多状態ポッツモデル

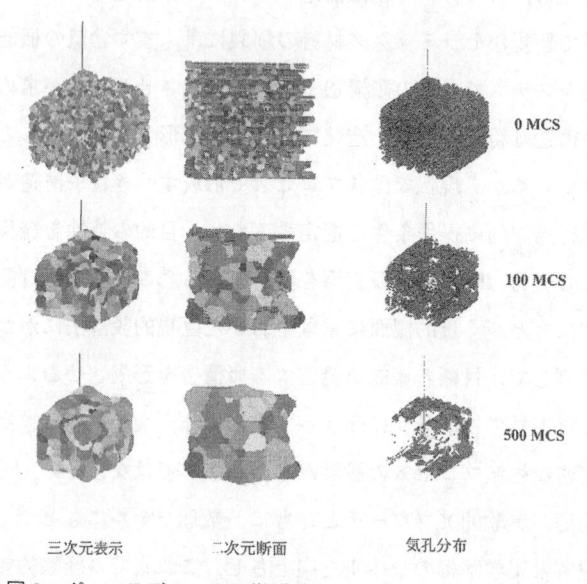

図2　ポッツモデルによる微構造形成挙動シミュレーション

は図1に示すように同一のスピン領域を定義して複数の状態の扱いを可能とし，さらにこの領域は同方向に配位する結晶粒，また領域の境界を粒界ともみなせるため，モンテカルロ試行による定義域界面の進行を系の熱平衡への時間発展に対応させることで非平衡状態も取り扱える。現在，核生成，再結晶，粒成長など非常に応用範囲の広い手法となっている[6~8]。

この手法を用い，拡散過程を素過程として時間概念を取り入れ[9]代表的セラミックス材料であるアルミナ粒子の焼結挙動をシミュレートした結果を図2に示す。各MCSに対する焼結体の三次元と任意の断面における二次元スナップショット，および内部気孔のスナップショットである。MCSの増加，すなわち焼結が進むにつれてネックの形成や粒成長が起こり，内部気孔の移動と減少とともに平均グレインサイズが大きくなっている。また，図3はMCSを実時間に換算して，粒成長過程と気孔の収縮過程を実験値と比較したものである。α-アルミナの焼結では，Al^{3+}の拡散が支配的である[10]ためAl^{3+}の体積拡散係数を用いて変換を行っている。両者はほぼ一致しており，実時間への変換が可能であることが窺える。さらに，図4は原料粒子群として，実験で

第5章 シミュレーション利用技術

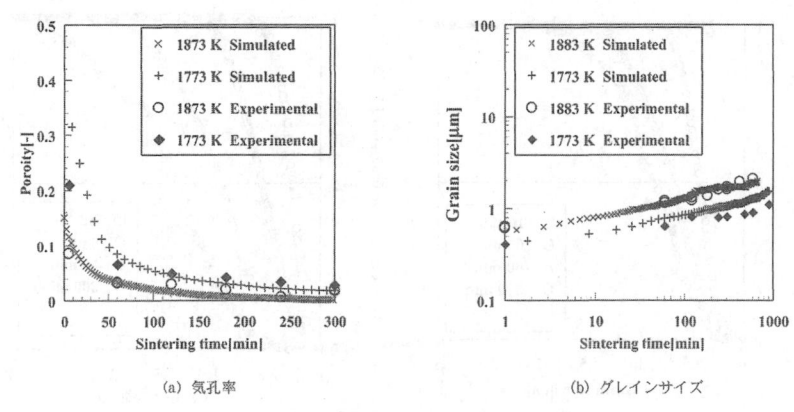

図3 気孔の収縮過程と粒成長過程の実験値との比較
昇温速度＝400 K/h，焼結温度＝1873 K，
焼結保持時間＝400 min

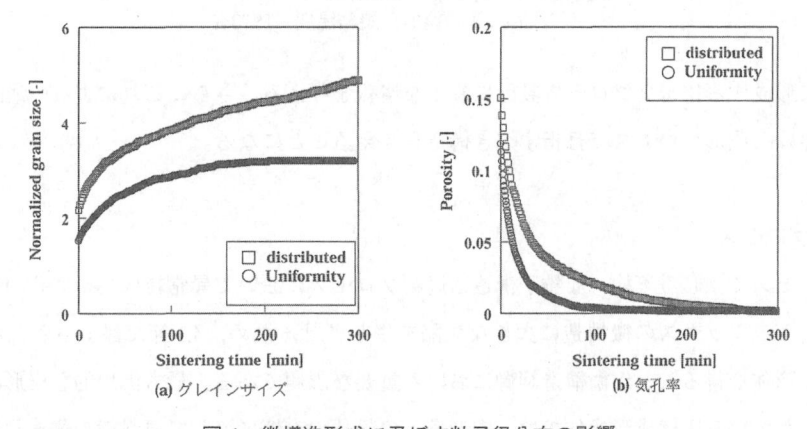

図4 微構造形成に及ぼす粒子径分布の影響
初期値；平均粒子径＝0.332 μm，
気孔率＝0.401，焼結温度＝1873 K

用いた成形体と同じ分布を持つ粒子群と理想的に均一な分布をもつ粒子群をともに平均粒子径および初期空隙率が一致するように格子点上にランダムに配置させてシミュレーションを行った結果である。均一系は非均一系に比べ粒成長速度は抑えられ，しかも緻密化速度も早いことが分る。またこのときの両者のグレインサイズ分布の推移を図5に示す。均一系においても，初期の充填構造が規則配置ではないため，この充填密度分布に起因する粒成長のばらつきが焼結時間とともに大きくなっている。焼結プロセスでは粒成長を抑えて緻密化させることや異常粒成長を起こさせない焼結条件が望まれるが，このように初期の充填構造も粒成長に大きく影響することが示された。このような，Q-ポッツモデルを用いたシミュレーションによる焼結温度や原料粒径分布および充填状態がおよぼす微構造形成挙動への影響の詳細な検討は，希望の特性を発現する微構

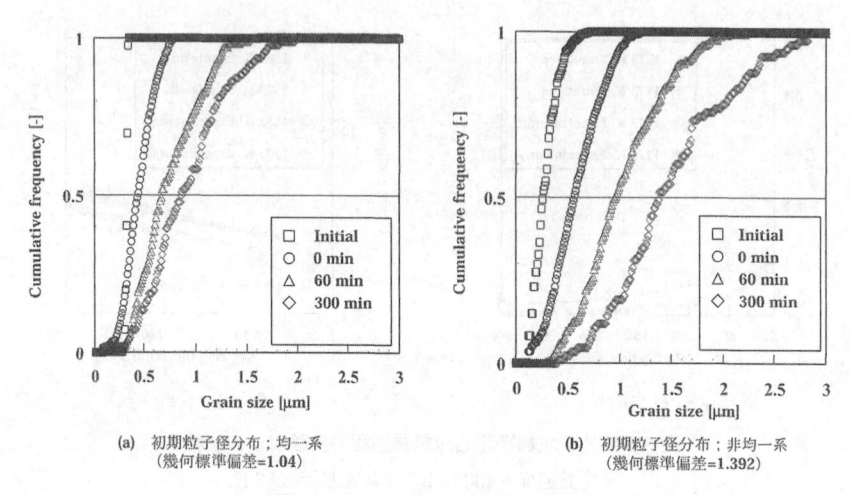

新機能微粒子材料の開発とプロセス技術

(a) 初期粒子径分布；均一系
（幾何標準偏差=1.04）

(b) 初期粒子径分布；非均一系
（幾何標準偏差=1.392）

図5　グレインサイズ分布の推移
初期値；平均粒子径＝0.332 μm，
気孔率＝0.401，焼結温度＝1873 K

造を正確に形成する精密なプロセス設計に有用な情報を与える。さらにこれによって最適化された初期条件は，成形プロセスで目指すべき構造を与えることになる。

4.2　成形プロセス

　成形プロセスで生じる不均一な粒子構造は焼結プロセスにおいて異常粒成長や気孔の発達の要因となり，セラミックスの微構造に大きな欠陥を生じさせるため，4.1節で設計された粒子構造を有する成形体を得ることが微構造制御における重要な課題である。最も汎用的な成形法として広く用いられている圧縮成形操作では，成形型への粉体の充填に際して原料微粉体を顆粒にして流動性を高めているが，この顆粒の内部構造，強度，変形特性が成形体の粒子構造ならびに圧縮特性に大きな影響をおよぼすことが知られている[11,12]。したがって，目的の粒子構造を有する成形体を得るには，顆粒特性と圧縮成形挙動との関係を明らかにし，最適な力学特性を有する顆粒を設計することが必要である。しかしながら，1粒子のミクロな特性と成形体のマクロな変形挙動を同時に扱うことは困難であり，新しい手法が求められていた。本節では，単一顆粒の変形挙動や応力伝達の不連続性を的確に表現するDEM（Ⅳ編5章3，参照）と圧縮成形体内応力分布の定量的な推算に有効な有限要素法（FEM）をもちいた力学的手法を紹介する[13]。

　濃厚スラリーを噴霧乾燥して得られる顆粒は球状粒子のため非常に流動性が良く，圧縮初期から弾性変形とともに大きな体積変化をともなう塑性変形が同時に生じる。このような変形挙動をFEMで解析するには，顆粒層を圧縮性の弾塑性体と近似し，降伏条件式に圧縮性やひずみ硬化性を考慮できるDrucker-Plagerの条件式を適用した弾塑性応力-ひずみマトリクス$[D^{ep}]$を用

第5章 シミュレーション利用技術

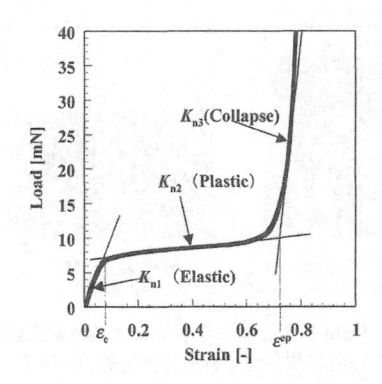

図6 1粒子圧壊試験によるバネ定数の決定

表1 三軸圧縮シミュレーション条件（DEM）

Number of particles	2523	[–]
	86.0×10^{-6}	[m]
Geometric standard deviation	1.435	[–]
Desity of particle	2.20×10^3	[kg/m³]
Springconstant		
Elastic（k_{n1}）	1.50×10^3	[N/m]
Plastic（k_{n1}）	33.0	[N/m]
Collapse（k_{n3}）	6.73×10^3	[N/m]
Elastic strain（ε^e）	0.40	[–]
Elasto-plastic strain（ε^{ep}）	0.72	[–]
Coefficient of friction		
particle–particle	0.839	[–]
particle–well	0.577	[–]
Cohesion force	$4.00 \times 10^{-6} \times \exp(7.64\,p)$	[N]
Poisson's ratio	0.300	[–]
Time step	1.00×10^{-7}	[s]

いて構成関係を与えることが要求される。さらに成形中の顆粒は時々刻々その粒子構造を変化させるとともに変形し，破壊するため，マトリクス中に含まれる力学特性値も時々刻々変化し，これらの力学的パラメータを圧縮状態に対応する変数として扱う必要がある。この数式化は通常，三軸圧縮試験から得られる力学パラメータを最小主応力 σ_3 やひずみ ε の関数として種々の形に表して行われている。ここでは，単一顆粒の特性と各パラメータとの関係を関連づけるために，図6に示す単一顆粒の微小圧縮試験で求まる応力-歪み関係を直接 DEM の法線方向のバネ定数 K_n として取り入れて三軸圧縮シミュレーションを行った。シミュレーション条件を表1に，得られた偏差応力-ひずみ曲線を図7に示す。この曲線群より，FEM に用いる力学特性値の中でも特に重要であるヤング率 E とひずみ硬化率 H' が最小主応力や歪みの関数として求まる。

$$E = \frac{d\sigma'}{d\varepsilon^e} = E(\sigma_3), \qquad H' = \frac{d\sigma'}{d\varepsilon^p} = H'(\sigma_3, \varepsilon)$$

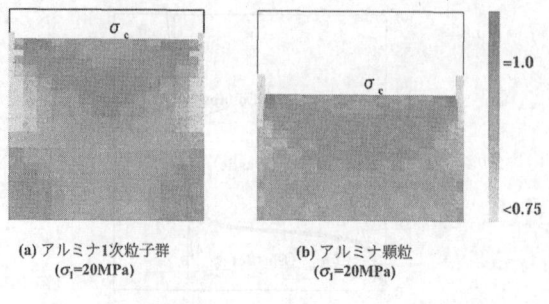

(a) アルミナ1次粒子群　　　　(b) アルミナ顆粒
(σ_l=20MPa)　　　　　　　　(σ_l=20MPa)

図7　FEMシミュレーションによる単軸圧縮成形
体内の規格化された応力分布（σ/σ_c）

表2　単軸圧縮シミュレーション条件（FEM）

Elastic-plastic element		
Young's modulus	$4.159 \times 10^2 \times \sigma_3^{0.7803}$　　$\sigma_1 < 2 \times 10^7$	[Pa]
	$1.282 \times 10^4 \times \sigma_3^{0.6044}$　　$\sigma_1 > 2 \times 10^7$	[Pa]
Strain-hardening rate	$23.50 \times \sigma_3 \times \exp((8.832 \times 10^{-5} \times \sigma_3 - 18.92) \times \varepsilon)$	[Pa]
Coefficient of friction	0.787	[-]
Cohesive stress	$6.893 \times 10^{-10} \times \sigma_1^2$	[Pa]
Joint element		
Unit joint stiffness		
normal direction	1.77×10^5	[N/m]
shear direction	$2.94 \times 10^3 \times \sigma_n + 9.77 \times 10^8$	[N/m]
Coefficient of friction	0.529	[-]
Cohesive stress	110	[Pa]

　次に，得られた力学特性値（表2）を用いて，FEMによる単軸圧縮挙動のシミュレーションを行った結果を図8に示す。圧縮応力20 MPaにおける成形体内応力分布である。比較のため，一次粒子であるアルミナ粉体の結果も同時に示している。図の応力値は顆粒層上端面中央の鉛直応力σ_cに対する比で表している。両者のひずみ量はかなり異なり，粉体層ではプランジャー直下壁近傍の応力集中や底部への不均質な応力伝達が見られる。一方，顆粒層では若干顆粒層底部の壁面近傍および顆粒層上部で応力の集中がみられるがかなり均質な応力分布であり，顆粒層の応力伝達特性を良く捉えている。また，圧縮成形後の弾性応力緩和によって生じるスプリングバック現象も再現でき実験値と良い一致を得ている[14]。このような大きなひずみを伴う変形挙動をFEMでシミュレートすることはこれまで非常に困難とされていたが，提案した顆粒層の力学特性値の推算および取り扱いにより可能となった。このように本手法によって個々の顆粒特性と圧縮変形挙動が定量的に関係付けられるため，顆粒強度（各ばね定数および変形量）や表面特性（摩擦係数および付着力）また粒子径分布などすべてのパラメータを考慮に入れて，目的の粒子構造を有する成形体を得るための顆粒設計が緻密に行えることがわかる。
　さらに，顆粒の最適設計がなされれば同様にその顆粒の力学特性や表面性状を目指して造粒プ

第5章　シミュレーション利用技術

ロセスにおけるスラリー条件や乾燥条件もシミュレーションによる精密設計が可能となるであろう。スラリーの分散・凝集挙動シミュレーションおよび乾燥挙動シミュレーションを現在精力的に開発中である[15]。

文　　　献

1) M. P. Anderson, *et al.*, *Acta Metall.* **32**, 783-791 (1984)
2) D. J. Srolovitz, *et al.*, *Acta Metall.* **32**, 1429-1438 (1984)
3) I-W. Chen, *et al.*, *J. Am. Ceram. Soc.* **73**, 2857-64 (1990)
4) I-W. Chen, *et al.*, *J. Am. Ceram. Soc.* **73**, 2865-72 (1990)
5) M. H. Shimizu *et al.*, *J. of the Ceramic Soc. of Japan*, **110**, 1067-1072 (2002)
6) P. Tavernier, and J. A. Szpunar, *Acta Metall.* **39**, 557 (1991)
7) D. J. Srolovitz, *et al.*, *Acta Metall.* **36**, 2115 (1988)
8) Anderson M. P., *et al.*, *Acta Metall.* **32**, 783-791 (1984)
9) 下坂厚子ほか, 化学工学論文集, **30**, 697-704 (2004)
10) 守吉祐介ほか, セラミックスの焼結, P. 41, P. 115, P. 185, 内田老鶴圃 (1996)
11) Y. Kondo, *et al.*, *J. Ceram. Soc. Japan*, **103**, 1037-1040 (1995)
12) 植松敬三, *Powder Science & Engineering*, **32**, 59-65 (2000)
13) 下坂厚子ほか, 化学工学論文集, **29**, 802-810 (2003)
14) 下坂厚子ほか, 化学工学論文集, **29**, 811-818 (2003)
15) 西浦泰介ほか, 化学工学会第71年会講演要旨集 (2006, 3)

5 メカノケミカル法によるアモルファス物質の設計

白川善幸*

　通常アモルファス材料を作製するには，気相もしくは液相から急冷し，過冷却な状態から固化させる[1]。原理的にはどんな物質でもアモルファスにできるが，実際には急冷速度に限界があるため，どれでもと言う訳にはいかない。過冷却状態から固化できるかどうかは，安定位置に移動する前にエネルギーを奪う必要があるので，移動しにくいような分子量の大きな物質はアモルファス化し易い。したがって，高分子はアモルファス化し易く，むしろ結晶化し難いので多くの材料がアモルファスを含む。

　結晶とアモルファスの構造を比較すると，アモルファスは急冷で作製することから分かるように結晶のような長距離周期構造は無い。したがって，同じ物質でも結晶とアモルファスでは多くの物性値が異なる。そこで，結晶とアモルファスを複合化させた場合，それぞれ単体では得られない機能が期待できる。この発想で作られた物質が結晶化ガラス（ガラスはアモルファスに含まれる）で，ガラスを作ってから熱処理をして作製する[1]。新機能を期待する場合は良いが，高分子のようにアモルファス化し易い物質では製造プロセスでその構造が大きく変化し，同じものを作ったつもりでもアモルファスの割合が異なることで違う物性を示すものができてしまうこともある。そこで，アモルファスと結晶の割合を制御できるプロセスはきわめて魅力的である。これを実現できる方法のひとつにメカノケミカルプロセスがある。

　機械的方法による粒子複合化は，固体物質に加えられた機械的エネルギーが固体の形態，結晶構造などの変化や，それにともなう物理化学的な変化を誘起するメカノケミカル効果[2]によってもたらされる。固体に対するメカノケミカル効果は，二種類のかなり性質の異なるポテンシャルエネルギーの増大による。その第一は，10^{-7}〜10^{-8}sの短寿命で高エネルギーを状態生じさせるものであり，第二は熱力学的に準安定状態を引き起こす。前者の短寿命の活性状態は，ある固体表面に高速で運動する別の固体が衝突した瞬間に運動エネルギーの一部がほとんど断熱的に固体のごく狭い領域に蓄積され，その際周囲に存在する他の物質との反応を著しく促進し，異種物質間の複合化の駆動力になると考えられている[3]。こうして起こる反応はしばしばトライボケミカル反応とも呼ばれる。これに対して，後者の長寿命のエネルギー蓄積は粒子形状，比表面積など，形態の変化にともなう全表面エネルギーの増大，格子歪みの増大や部分的無定形化などの構造変化などにともなう過剰エンタルピーの増大や，結晶多形間の転移などによるメカノケミカル活性化[4]である。これは，反応速度や物質移動速度を増大させる効果がある。上述の二種のメカノケ

＊　Yoshiyuki Shirakawa　同志社大学　工学部　物質化学工学科　助教授

第5章 シミュレーション利用技術

ミカル効果は機能性粉体を作製する上で非常に重要な役割を担う。しかし，機械的エネルギーによる固体の活性状態への遷移機構が十分に解明されていないため，メカノケミカル現象を用いた粉体材料設計は経験的知見に依存しているのが現状である。トライボケミカル反応を用いた複合粒子の物性やメカノケミカル活性化を受けた材料の物性は，機械的エネルギーの種類や大きさに加え，処理中に作用した機械的エネルギーの履歴にも大きな影響を受ける。したがって，メカノケミカルプロセスを用いて目的の機能を有する粉体材料を設計するには，処理装置内で粉体に作用する機械的エネルギーを把握し，それによって形成される活性点の生成機構を解明することが重要となる。そこで，機械的エネルギーに対して構造変化が起こりやすい Se を用いて，投入する機械的エネルギーに対する Se の構造変化を実験的方法とコンピューターシミュレーションによる計算的方法の両面から検討した例を紹介しよう[5]。

図1は遊星ボールミルを用い，自転速度 600 rpm でミリングした Se の粉砕実験において，粉砕条件と Se の構造変化の関係を示したものである。ミリング時間の増加により各結晶面のピーク強度が減少していくことがわかる。20時間後に Bragg ピークは消失し，Se が完全にアモルファス状態に転移したことが分かる。粉砕媒体の遊星運動によって生じる機械的エネルギーは，Se 粒子の粉砕，構造不整の導入および熱エネルギーへの変換などに消費される。そこで，各回転速度で生じる機械的エネルギーと粒子の状態変化との関係を明らかにするために，DEM シミュレーションを用いてミルから投入されたエネルギーを計算し，アモルファス転移率との関係を調べた。その結果を図2示す。300〜1000 rpm では回転速度にかかわらず積算投入エネルギーでアモルファス転移率が決定されることが分かる。したがって，試料の結晶−アモルファス複合化は投

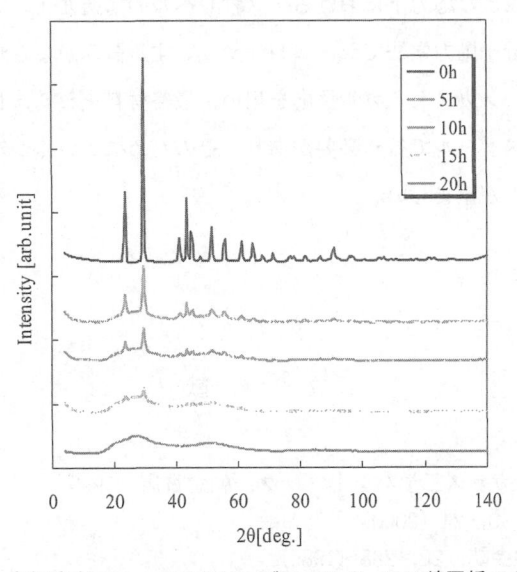

図1 自転速度 600 rpm のミリングによる Se の X 線回折パターン

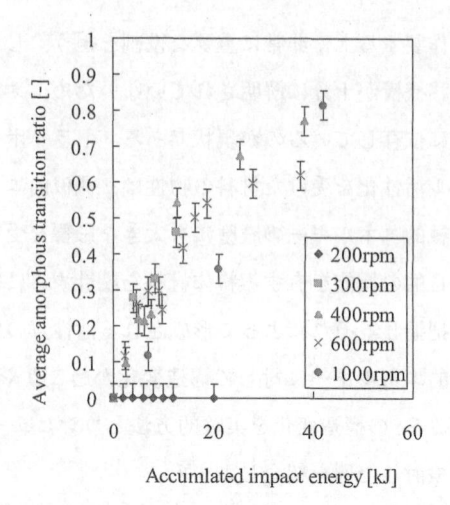

図2 積算投入エネルギーとアモルファス転移率の関係

入エネルギーで制御できる。しかし，200 rpm ではミリングを続けてもアモルファス転移しない。これは，転移が生じるための最低瞬間投入エネルギーがあり，それはおそらく結合エネルギーに関連する量であろうことが推察できる。

このように DEM シミュレーションを使うとアモルファス転移のような比較的安定な構造変化，メカノケミカル反応の反応速度[6]，粉砕による砕料の粒子径変化が予測[7]でき，粉砕機の設計が可能となる[8]。加えてミル内での衝突時に極めて短い寿命で生じる機械的活性状態はメカノケミカル反応に直接かかわり，この状態をシミュレーションすることができれば機械的反応が設計可能となる。最近，このような応力下におけるナノ秒レベルの構造変化，つまりトライボケミカル反応につながる過程を分子動力学法でシミュレーションする試みがなされている[9]。

機能粒子創製のためにメカノケミカル反応を用い，最終材料をシミュレーションで設計する場合，できるだけ幅広いスケールで行う必要があり，そのためにはいくつかのシミュレーションをハイブリッドさせることが望ましい。

文　　献

1) 山根正之ほか編，ガラス工学ハンドブック，朝倉書店（1999）
2) 斉藤文良，粉砕，39，24（2000）
3) 仙名保，粉体工学会誌，22，288（1985）

第5章　シミュレーション利用技術

4) 仙名保, セラミックス, **19**, 948 (1984)
5) Fuse *et al.*, *J. Nanoparticle Res.*, **5**, 97 (2003)
6) H. Mio *et al.*, *Mater. Trans.*, **42**, 2460 (2001)
7) J. Kano *et al.*, *J. Chem. Eng. Japan*, **32**, 747 (1999)
8) H. Mio *et al.*, *Chem. Eng. Sci.*, **59**, 5883 (2004)
9) 大槻宏人ほか, 粉体工学会秋期研究発表会発表論文集, 21 (2004)

新機能微粒子材料の開発とプロセス技術《普及版》（B1009）

2006年 8 月 31 日　初　　版　第 1 刷発行
2012年 8 月 13 日　普及版　第 1 刷発行

監　修	日高重助
発行者	辻　賢司
発行所	株式会社シーエムシー出版

Printed in Japan

東京都千代田区内神田 1-13-1
電話 03 (3293) 2061
大阪市中央区南新町 1-2-4
電話 06 (4794) 8234
http://www.cmcbooks.co.jp

〔印刷　株式会社遊文舎〕　　　　　　　Ⓒ J. Hidaka, 2012

落丁・乱丁本はお取替えいたします。

本書の内容の一部あるいは全部を無断で複写（コピー）することは，法律で認められた場合を除き，著作者および出版社の権利の侵害になります。

ISBN978-4-7813-0551-6　C3043　¥5200E